JN094526

稲村 哲也・山極 壽一・清水 展・阿部 健一 編
INAMURA Tetsuya　YAMAGIWA Juichi　SHIMIZU Hiromu　ABE Ken-ichi

レジリエンス人類史

HUMAN RESILIENCE: PAST, PRESENT AND FUTURE

京都大学学術出版会

CONTENTS 目次

Phase I　危機とレジリエンスのはじまり・かたち

目次

Phase IV　現代の危機とレジリエンス

Phase V 人新世を転換する

「希望の未来」を求めるために過去に学び今を考える

序

この本を始めるにあたって

稲村哲也

われわれはどこから来たのか　われわれは何者か　われわれはどこへ行くのか。

　フランスの画家ポール・ゴーギャンがタヒチ島民の生き方の聖と俗を描いた有名な絵のタイトルです。晩年，日常生活の懊悩と失意のなかで，「南太平洋の楽園」に救いをもとめながら，描かれた作品です。

　新型コロナウイルスのパンデミック（COVID-19）という「何ものか」に翻弄され続けた今，この言葉に託された問いかけが私たちの心に響きます。思えば，「戦争の世紀」と呼ばれた20世紀が冷戦の終焉と共に幕を閉じたとき「希望の世紀」の幕開けを期待しました。しかし，それはニューヨーク同時多発テロで始まり，新たな覇権争い，人権抑圧，経済的社会的格差と分断の連鎖が続きました。日本では，東日本大震災と原発事故が起こりました。自然破壊が進み，「地球温暖化」による異常気象も頻発しています。そして，COVID-19。どうやら，私たち人類が「危機」の時代に生きていることは間違いないようです。

本書は，危機の時代，大きな転換の時代にあって，レジリエンスすなわち「危機を生きぬく知」の視座から，ヒトの来た道を振りかえります。これを「レジリエンス史観」と呼んでもよいでしょう。それによって，多角的に包括的にヒトの特性をとらえ，これからの社会と生き方を考えることを目的としています。編者・執筆者一同に共通するのは，これまでの研究実践の成果を「より良き未来の選択」のために活かしたいという思いです。

危機とレジリエンスの拡大再生産

　「レジリエンス史観」とは何なのか。それを示すために，ここで人類史を少しだけ紐解いてみましょう。私たちヒト（ホモ・サピエンス：賢い人）は，これまでも，幾度となく危機に直面しながら，そのつどレジリエンス（危機を生きぬく知）を発揮して乗り越えてきました。もともと霊長類（サルの仲間）の一種に過ぎなかったひ弱な人類は，森からサバンナに進出したとき，肉食獣のかっこうの餌食でした。しかし，「3度の食物革命」（第1章参照）を経て，高い共感力を発揮し，チーム力でそれを克服しました。やがて，人類は私たちの直接の祖先であるヒト（ホモ・サピエンス）に進化し，6-7万年前にアフリカから出て，寒冷地など新たな環境に適応しながら世界に拡散します。約1万年前，氷期が終わると環境が激変しました。その機に，ヒトは食糧生産（農耕牧畜）を開始し，食糧不足の危機を克服します。しかしこんどは人口増加によって争いや感染症などの新たな危機に直面します。それでも，ヒトはさらに人口を増やし，古代文明の形成，産業革命，情報革命へと突き進みます。このように，次々と現れる危機にそのつどうまく対応し（レジリエンスを発揮し），人類は今や高度な現代文明を築いて地球の覇者となった，ように思えます。

　しかし，実のところレジリエンスと危機とは螺旋状に連鎖しつつ拡大再生産してきたのではなかったのか。このままでは，進歩の果てに破局が待っているのではないか。私たちが，すでに取り返しのつかない（不可逆的な）地球規模の大惨事の淵にいると言う科学者・知識人も少なくありません。本書Key concept 3で論じるプラネタリー・バウンダリー（地球の限界）という認識です。人類の営みが地質学的なレベルで地球に多大な影響を与えている現代を「人新世」とする考えも定着しつつあります。私たちは，これまでとは異なるレジリエンスを発揮して，方向性を大きく転換すべき時にいるようです。

科学・技術のさらなる発達，とりわけAIの進歩によって，現状の課題が解決できると言う人たちもいますが，そうした考えは，どうも単純すぎるようです。私たちが直面している深刻な危機は，「進歩」の果ての現代文明の発展の中にあるからです。そうであるなら，現代文明の外側から，私たちの社会を見直すことが不可欠です。つまり，時間軸としては，近代以前の社会，さらには人類の来た道，進化の過程を知ること，そして空間軸としては，近代社会の中心としての先進国や大都市からではなく，世界の周縁から見直すことが重要です。前者はヒトの生物学的側面を扱う「自然人類学」，後者は，先住民社会などの暮らしから学ぶ「文化人類学」の得意分野です。時代の転換点にあって，社会を根本から見直すためには，この「人類学」の2つの分野の統合的な視点が重要だといえます。

「人類学」の実践

本書の編者4人は，長年にわたって「人類学」に実践的に携わってきました。

編者の山極は，霊長類学・自然人類学の分野で，人類の起源と進化を探ってきました。実践研究としては，アフリカのゴリラと密着して暮らし，彼らの社会から多くを学んできました。そして何よりも，日本の学術界を代表する立場で，現代社会が直面する様々な課題に取り組んできました。

阿部は，人と環境の相互作用を研究する生態人類学（文化人類学の範疇に入るが自然科学・自然人類学との境界領域）と地球環境学に携わってきました。世界各地の森林などの生態系と人々の暮らしとの相互作用について研究し，とくに東ティモールでの有機コーヒー栽培を調査し，それを外部世界とつなぐNPO活動も実践してきました。

清水と稲村は，文化人類学が専門です。清水は，フィリピンで焼き畑・狩猟を営んできた少数民族アエタと共に暮らし，彼らの生業・文化・社会について長年現地調査を行ってきました。その調査地は1991年のピナトゥボ山大噴火で火砕流に埋もれたのですが，その後，清水は被災者への支援活動に専心しました。その活動の記録は，図らずも「災害人類学」の画期的な研究として実を結びました。

稲村の研究フィールドは広範囲におよびます。メキシコ・グアテマラの先住民（農村社会）の現地調査を皮切りに，ペルー・アンデスの高地のリャマ・アルパカ牧民，ヒマラヤ・チベットのヤクなどの牧民，モンゴルの牧民など，厳しい自然環境で家畜と共に暮らす人々と生活を共にしました。そうした社会の自然と人との間に当然

のように埋め込まれているサステイナブル（持続的）な生業，レジリエントな（危機対応力のある）暮らしから，多くのことを教えられました。

転換期における知の統合

実は，本書の構想には，その前段階があります。それは，奈良由美子（本書第19章の執筆者）と稲村が共同で制作した放送大学の2018年開講テレビ科目「レジリエンスの諸相：人類史的視点への挑戦」です。この科目は，そもそもリスクマネジメントを専門とする奈良が，災害レジリエンスを中心テーマとして新科目を企画したものでした。

この科目の制作にあたって，レジリエンスをテーマとして，時間軸については類人猿から人類への進化，食料生産，古代文明盛衰から現代まで，空間軸については，遺伝子・細菌から，個としてのヒト，集団，国家，地球規模までに広げてビッグ・ストーリーを展開することにしたのです。そして，山極，清水，阿部，さらに，遺伝学，考古学，医学（感染症），心理学，地理学などの専門家に協力を求めました。

この科目制作の過程は私たち自身が学ぶ場でもありました。船出の段階では，行きつく港は決まっていなかったのです。多分野の専門家の間で，まずレジリエンス概念を共有する必要がありました。度々の研究会とその後の深夜におよぶ多分野間の議論，その後の制作の過程で，「レジリエンス」という多義的，曖昧な語の「扱い方」がある程度見えてきました。すなわち――個，集団，人類全体，地球など，主体によって異なること，したがって，主体を明確に意識すべきこと。客体，すなわち私たちが直面する危機・逆境の種類（心的外傷，感染症，社会的分断，争い，自然災害，自然破壊・劣化，気候変動，資源枯渇，科学技術制御不全・人為災害など）によってレジリエンスの様相が異なること。強靭性よりもむしろ柔軟性，多様性などが重要な要素であること。レジリエンスはダイナミック（動的）であること，そのため時間軸の考察が重要であること。そして，ヒトの特性のうち，認知能力，とりわけ共感力に着目すべきこと。共感力は利他的行動として集団内のレジリエンスとして強く働く一方，集団外に対しては残酷な争いの要因となること。したがって，共感力を地球レベルに広げることが究極のレジリエンスであること――などです。

基本概念としてのレジリエンス

　こうした研究の成果がまとまりを見せたときに襲ったのが，COVID-19のパンデミックでした。まさにこの新たな危機を前にして，これからの生き方や社会について考え，時代を転換するための「確かな知の土台作り」をしようという，私たちのさらなる挑戦として本書は企画されました。それは一人の研究者にとっては，身の丈を大きく超える挑戦であることは明らかです。しかし，多様な分野の知を統合的に組み立てれば可能となります。本書には，「人類学」（及び考古学）を中心に置きながら，26名もの多彩な研究者が参加しました。その分野は，霊長類学，自然人類学，文化人類学，生態人類学，脳科学，遺伝学，医学（感染症），考古学，社会学，フィールド栄養学，自然地理学（防災），リスクマネジメント，心理学，社会学，哲学，科学史，地球環境学と多岐にわたります。

　多分野の論稿がバラバラにならないために，これまでの成果を踏まえて，各執筆者がまずドラフトを書きました。発行元の京都大学学術出版会の編集長や造本デザイナーも参加して，それらを読みあい，オンライン研究会などで何度も議論しあって相互理解を深めました。そのうえで，25の章を5つのPhaseとして組み立てたのが本書の構成となっています。普通，書籍を編む場合は「パート」（部）などとするでしょう。しかし本書では，あえてPhase（局面）という言葉を使うことで，扱う時間，空間，テーマの連続性を示したいと思いました。「本書の射程と鍵概念」として簡単な見取り図をつけましたが，各章のテーマは，時間的にも，空間的にも，事柄としても，強く連関していることが分かっていただけると思います。

　共通のキーワードである「レジリエンス」は，多様な分野が共有できるように，「危機を生きぬく知」と緩く定義しました。一般には，レジリエンスを回復力と訳すことが多いのですが，元に戻るのではなく変化することを重視したのです。また，「力」ではなくあえて「知」としたのは，ヒトのレジリエンスが，とくに認知や共感力に基づいているからです。そこには，厳しい現状を直視することで，「智恵」によってより良い方向にも変われるのだという「楽観性」が込められています。

　レジリエンス概念は，ＳＤＧｓとして注目されているサステイナビリティ（持続性）と重なる部分がありますが，本書ではレジリエンスをより動的な概念として捉えています。私たちの社会は危機的な状況にありますが，これらは私たち自身が地球の環境を改変してきた結果です。そのことは，守りの姿勢ではなく，より良い方

序

「希望の未来」を求めるために過去に学び今を考える

本書の射程と鍵概念

7Ma	4Ma	2.6Ma	2Ma	1.8Ma	0.7Ma	0.25Ma	80Ka	50Ka	15Ka

初期猿人　猿人　　　　原人　　　　　旧人　　現生人類　現生人類の
　　　　　　　　　　　　　　　　　　　　　　　　　　　ユーラシア
　　　　　　　　　　　　　　　　　　　　　　　　　　　への拡散

　　直立二足歩行　　　　　　脳容積の急速な拡大　　　　　　近太平洋
　　　　　　　　　　　　　　幼児の遅い成長　　　　　　　　への進出

草原への適応
食物分配
　　石器の製作と使用
　　による肉食の増加

　　家族集団　　　　集団的育児　複数の家族間の協力と共同体

　　　　　　　　　　　　　　　　　音楽的コミュニケーション　芸術・装飾

　　攻撃性の抑制　　　　　介護他者の追悼　　　　　　シンボル言
　　　　　　　　　　　　　　　　　　　　　　　　　　語の獲得

　　仲間への共感　利他行動　　他者を気遣うという共感力
　　　　　　　　　共助　　　　環境世界・万物諸霊への畏怖

　　　　　　　　　　　　　　　　想像力と表象能力の発達
　　　　　　　　　　　　　　　　精神的・技術的な自然環境
　　　　　　　　　　　　　　　　適応と社会的適応の強化

Ma：百万年前　Ka：千年前　ya：年前
　　　　　Great acceleration

Phase 1

向に改変することが可能だということも意味します。

　緩く定義したレジリエンス概念を共有すると共に，この序論に，Key concept として「1 災害レジリエンス」，「2 心のレジリエンス／レジリエンシー」，「3 生態学的レジリエンス」の三本柱を据えました。それによって，レジリエンス概念の基本を包括的に理解することができます。

　Key concept 1 では，災害レジリエンス概念の展開，特にシステム・アプローチによるレジリエンスのメカニズムがまとめられています。Key concept 2 では，個と集

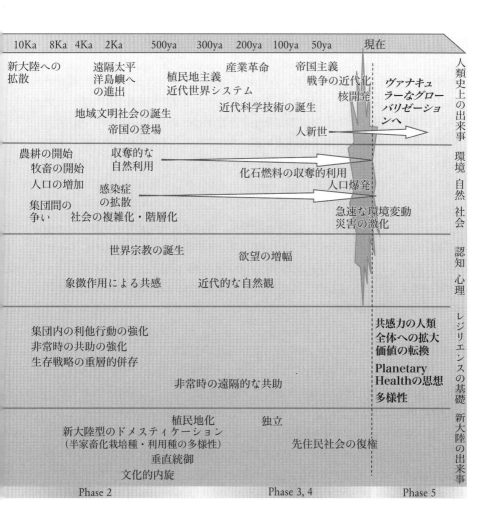

| 10Ka | 8Ka | 4Ka | 2Ka | 500ya | 300ya | 200ya | 100ya | 50ya | 現在 |

新大陸への拡散　遠隔太平洋島嶼への進出　植民地主義　近代世界システム　産業革命　帝国主義　戦争の近代化　核開発　ヴァナキュラーなグローバリゼーションへ　地域文明社会の誕生　近代科学技術の誕生　帝国の登場　人新世

農耕の開始　牧畜の開始　人口の増加　収奪的な自然利用　化石燃料の収奪的利用　人口爆発　感染症の拡散　集団間の争い　社会の複雑化・階層化　急速な環境変動　災害の激化

世界宗教の誕生　欲望の増幅　象徴作用による共感　近代的な自然観

集団内の利他行動の強化　非常時の共助の強化　生存戦略の重層的併存　非常時の遠隔的な共助　共感力の人類全体への拡大　価値の転換　Planetary Healthの思想　多様性

植民地化　独立　新大陸型のドメスティケーション（半家畜化栽培種・利用種の多様性）　先住民社会の復権　垂直統御　文化的内旋

人類史上の出来事　環境　自然　社会　認知　心理　レジリエンスの基礎　新大陸の出来事

Phase 2　　　　Phase 3, 4　　　　Phase 5

団の関係性における，危機対応の2つの側面として，レジリエンシー（適応能力）とレジリエンス（相互作用のプロセス）の違いなどが整理されています。その対比は重要で，いくつかの章でその論点から議論されますが，本書全体では，（レジリエンシーを含めた）レジリエンスという語で論を進めています。Key concept 3では，社会生態系の「適応サイクル」などが解説されています。このモデルは，災害レジリエンス，心のレジリエンスにも当てはまります。そして，危機とレジリエンスのダイナミズムの総合的な理解に役立ちます。

「希望の未来」を求めるために過去に学び今を考える

本書の構成

　本書は，5つのPhaseで構成され，各Phaseが5つの章から成っています。編者が各Phaseのリード文を書き，そのPhaseのテーマと5つの章の関連性を示しています。それらを通読していただければ，本書全体の論旨がわかる仕組みとなっています。

　本書の全25章は相互に関連していますが，それぞれ独立した内容を持っています。したがって，関心の高い章，理解しやすい章から読んでいってもかまいません。

　ここでは，5つのPhaseを通したストーリーラインをごく簡単に示しておきたいと思います。Phase Ⅰ「危機とレジリエンスのはじまり・かたち」は，ヒトのレジリエンスの本質を，霊長類学，人類学，脳科学，遺伝学などの立場から論じる，本書の議論の根幹を占めるパーツです。レジリエンスの根幹として「共感力による社会性」に着目します。このPhaseにはKey concept 4「セルフ・ドメスティケーション（自己家畜化）」を置きました。私たちヒトは，共感力による（災害復興などで大きな力を発揮する）「利他的行動」や優しさという特性をもっていますが，一方で残酷な暴力をふるうという，相反する特性ももっています。「セルフ・ドメスティケーション」論は，このパラドックスに対する一定の説明が可能です。

　ヒトのレジリエンスは，人類史のなかでどのように展開していくのでしょうか。西アジアで始まる食糧生産によって生まれた「複雑社会」に新たな危機が現れます。「文明は感染症のゆりかご」と言われるように，人獣共通感染症がその一つです。Phase Ⅱ「食糧生産革命と文明形成」では，そうした危機にどのようにレジリエンスが働いたのか（また，働かなかったのか）を見ていきます。事例として，ヒトの移動拡散の終着点である南北アメリカ大陸での文明の盛衰が紹介されます。それは旧大陸（アフリカ，ユーラシア）との対比において，大いなる自然実験場として重要な地域です。「複雑社会」のもうひとつの大きな危機が戦争です。日本における「文明形成期」における戦争とその超克のモデルも論じられます。このPhaseには，農耕開始モデルをまとめたKey conceptを置いています。

　その後，ヒトは世界の多様な環境で生きぬくために，どのようなレジリエンスを発揮してきたのでしょうか。Phase Ⅲ「レジリエンスの多様なひろがり」では，主として民族誌・文化人類学的研究から，「伝統的な」生業を維持して現代に生きる人々のレジリエンスの在りようを学びます。世界の狩猟採集民の全体像，オセアニアへのヒトの拡散と適応に続き，モンゴルの遊牧民，アマゾンの焼畑農耕・狩猟民，

そしてアンデス高地の牧民の事例を紹介します。とくに，環境と生業，外部世界との関係，それにともなう変化の諸相を重視しています。このPhaseには，新旧大陸の比較を含む，牧畜のタイプを整理したKey conceptを置いています。

今の時代を生きている私たちにとって，Phase IV「現代の危機とレジリエンス」は，最も身近なテーマです。まず，文化人類学的研究から，自然災害（フィリピンにおける火山噴火），人為災害（ミクロネシアにおける原水爆実験と福島における原発事故）の被災と復興のプロセスの実例が論じられます。続いて，自然地理学・防災とリスクマネジメントの現場から，日本の災害，COVID-19パンデミックに対応するレジリエンスの課題とあるべき姿を論じます。さらに，心理学の立場からパンデミック下において個々人の多様な個性を活かしたレジリエンスのあり方などについて論じます。

最後に，Phase V「人新世を転換する」で，私たちの社会の未来について考えます。文化人類学，フィールド栄養学，地域社会学，哲学，科学史・国際関係学，生態人類学の異なる視点からの論稿です。どの章でも結論を出そうという意図はないのですが，5つの論点を結び合わせると，個と世界（あるいは自然），地域と世界，過去と現在と未来，在来知と科学知，それらを結びつける知，危機の政治性，多様性と良き選択，「楽観性」に基づく「変容可能性（トランスフォーマビリティ）」など，いくつかの重要な示唆が浮かびあがってくると思います。

豊かに生きる，ためにも

Covid-19パンデミックは私たちの意識と社会を大きく変えました。この「危機」が目に見えず，私たちの身体の内に潜むという特性は，私たちに「ソーシャル・ディスタンス」という名のもとで避けあわなければならないという皮肉な状況を強いています。一方で，世界中のすべての人々が共通の「危機」をもったことは，共感力と絆を地球レベルに広げるチャンスでもあります。このチャンスはなんとしても活かさなければなりません。

過去の歴史における感染症パンデミックへの対応を考えてみれば，ウイルスという「危機」の正体を知り，（選択肢はいくつもあるにせよ）合理的な判断が可能になったという点では，現代の科学知がレジリエンスとして機能しているといえます。「科学的エビデンス」という言葉を日常的に耳にするようになりましたが，私たちは科

学知の重要性を再確認したといえるでしょう。

　しかし，一方では，科学・技術の発達は，すでに述べてきたような膨大なリスクも生み出してきました。近代科学の専門化と各分野の高度化が進んだ状況にあって，最先端の科学知が「一般市民」の理解を超えていること，そのために，社会による包括的な科学・技術のコントロールが不全に陥っていることは大きな問題です。科学者に任せるのではなく，一般市民を含めた，科学・技術のコントロールと「良き選択」のしっかりした仕組みを作ることは喫緊の課題でしょう。

　そして，人間は自らの生きる意味を求める動物ですが，科学はそれを教えてくれません。科学知を身に着けながら，生きる意味や価値は各個人が見つけなければなりません。近代・現代とはそのような時代なのでしょう。

　ゴーギャンの生涯をモデルとして小説『月と6ペンス』を書いたサマーセット・モームは，生きる価値を問い続けました。小説家としての名声にもかかわらず強く「生きづらさ」を感じていた彼は，自らの人生について厳しく問いながら「人生に価値などはない」と言います。一方，モームは，人生を芸術になぞらえて論じます。絵の材料（紙や顔料）には価値はないけれど，キャンバスに描かれた絵（それぞれの人生）には芸術的価値があると。

　人は（ハイデガーの言う）頽落のなかで生きることしかできないのだけれど，目先の利益や効率，過剰な機器や情報に振り回されるような生き方は豊かとはいえないでしょう。個々の人生が時間と空間の交点です。世界の人と自然は，同時代を生きる時間と空間を共有する絆でつながっています。それを意識することは，人生を豊かにすると思います。本書の論旨にそった言い方をすれば，個のレジリエンスと地球のレジリエンスを結びつける生き方です。そのために，親しい仲間とともに，自分にできる活動をすることが，社会のあり方を変え，人生も豊かにするに違いないと思います。本書がそのための一助になるのであれば，それは編者・執筆者一同にとって大きな喜びです。

　なお，編者たちが，本書での主張をさらに仮説的・大胆に議論した座談会「レジリエンス人類史 総合討論」の電子書籍版が無料でダウンロードできます。入手方法については，右のQRコードをご覧ください。

災害レジリエンス

奈 良 由 美 子

レジリエンスという概念は様々な事象の検討に際して用いられる。今日この概念がもっともよく扱われ議論されている事象のひとつが災害である。本節では，災害レジリエンスの意義とその含意について整理する。

災害対策の方向性── ロバストネスからレジリエンスへ

わが国のこの半世紀の災害対策を俯瞰したとき，そこには少なくとも三つのパラダイムの変遷が認められる［林 2013］。一つめは，災害が発生した場合に，当該災害への限定的かつ対処療法的な策を講じるというものである。この考え方のもとでは，例えば災害対策に関する法体制についても，災害が発生する都度，必要に応じて個別に臨時特例法が制定されて災害復旧対策が講じられていた。

この考え方は，1960年代に災害対策基本法さらに1970年代に大規模地震対策特別措置法が制定されるなかで変わってゆく。二つめの，被害抑止としての防災を志向するパラダイムへの転換である。高度経済成長と時を同じくし，この頃の防災はおもに，高い防潮堤，堅牢な高速道路，耐震性の高いビルの建設など，施設や構造物に対する工学的アプローチに注力し，ハード対策の強化によるロバスト（robust）な社会の構築が目指された。

しかしこの考え方も，21世紀に入る頃から見直しを余儀なくされることとなる。その背景には，阪神・淡路大震災や東日本大震災がつきつけた現実がある。すなわち，設定外力を超えた災害事象は起こるものであり，ハードは壊れるものであり，被害は出るものである。むろん災害による被害は小さいほうが良く，従来の工学的アプローチは引き続き重要となる。これに加えて，被害を受けて

もそこから柔軟に復旧，復興できるような災害対策が志向されるに至る。レジリエンス（resilience）の向上を目指す，三つめのパラダイムの登場である。

国際的動向としての災害レジリエンス

レジリエンスの志向は国際的な動きでもある。2005年1月，兵庫県神戸市で開催された第2回国連防災世界会議において「兵庫宣言」と「兵庫行動枠2005-2015」が採択された。この行動枠組のキー概念として打ち出されたのがレジリエンスである。

国連国際防災戦略事務局UNISDR（United Nations International Strategy for Disaster Reduction 2009，2019年より「国連防災機関」United Nations Office for Disaster Risk Reduction: UNDRRへ名称変更）は，レジリエンスを「ハザードにさらされているシステム，コミュニティ，社会が，リスク管理を通じた本質的な基本構造と機能の維持・回復を含め，適切なタイミングかつ効率的な方法で，ハザードの影響に抵抗し，吸収し，対応し，適応し，転換し，回復する能力」と定義している。

レジリエンスは，現在では国連システムや地域機関による防災活動の根幹概念となっている。2015年には仙台において第3回国連防災世界会議が開催され，「仙台宣言」と「仙台防災枠組2015-2030」がとりまとめられた。そこでもレジリエンスの重要性は継承されている。

仙台枠組のなかでは，災害リスクに対して，より広範で，より人間を中心にした予防的アプローチがなければならないとすると同時に，災害対応の強化，さらには「よりよい復興（Build Back Better）」のための国内外の多様な主体による取り組みの必要性が唱えられている。また，文化的機関やその他の歴史的・文化的・宗教的意義のある場所の保護または支援や，貧困への対処など災害により著しい影響を受ける人々の能力強化と支援への投資を重視していることも，同枠組の特徴のひとつである［UNDRR 2015］。

システム・アプローチによるレジリエンス概念

災害分野におけるレジリエンスの概念は，当初，物理的側面に着目した脆弱性へのアプローチを中心に，脆弱性評価の枠組のなかで用いられてきた。さらに社会的側面にも着目した脆弱性研究を経て，逆境や危機に見舞われるくらしや社会を「システム」としてとらえながらレジリエンス概念を検討するシステム・アプローチへと発展していく。

システムとは，複数の要素（人間，物財，情報，意識，行動など）が，ある目的を達成するために，ある法則にしたがってまとめられたものをいう。複数の要素およびその相互作用の総体と言い換えることもできる。生物の身体，コンピュータなどの人工物，社会集団，森林や都市や地球，さらには生活や経済や政治など，ミクロからマクロまで様々な事象・現象はシステムとなる。それ自身がシステムでありながら同時に他のシステムの一部でもあるものを，サブシステムという。

　災害分野に限らず，レジリエンスの定義にはしばしばシステム概念が用いられる。ストックホルム大学ストックホルム・レジリエンスセンター［Stockholm Resilience Centre 2015］はレジリエンスを「（個人，森林，都市，経済といった）システムが継続的に変化し適応していく能力」と定義している。また，「レジリエンスとは，騒乱・擾乱などのショックに対し，システムが同一の機能・構成・フィードバック機構を維持するために変化し，騒乱・擾乱を吸収して再構築するシステムの能力」［半藤・窪田 2012］といった定義もある。

　当該システムがどれくらいレジリエントであるかを把握するための項目としては，多様性，モジュール性，密接なフィードバックが一般に指摘されている［枝廣 2015］。このうち多様性とは，同質性の高い要素・部分だけでなく，いろいろな種類からシステムが構成されているかどうかをいう。例えばひとつの資源のみに依存したエネルギー政策は多様性が小さくレジリエントではない。多種多様なものがあればどれかひとつうまくいかなくても，ほかの要素が補完したり生き残ったり出来る。

　モジュール性とは，各部分が互いに自律性を持ちながら結合されているかということである。モジュール性が高ければ，他の部分やそれとの結びつきに問題が生じても，当該部分は自分だけで成り立つ。例えば，過度に分業化した社会・経済システムのなかでの生活はモジュール性が低く自給自足はモジュール性が高いと言える。

　かと言って，他の部分の状態にまったく無頓着でもいけない。それが密接なフィードバックである。密接なフィードバックとは，システムのある部分に起こる変化を，他の部分が感じて反応する速さと強さのことをいう。自分以外の部分に生じる変化に関する情報を適時適切に得ることが出来なければ，その変化が自分に及ぶ頃には手遅れになってしまうという事態になり得る。

災害レジリエンスの合意するもの――復元から転換まで

　災害に対してレジリエントである，と聞くとどのような姿が思い浮かぶだろう。大

地震で持ち家も職も失うという逆境に立たされた家族が，力を合わせてそれを克服してゆく姿だろうか。大水害による甚大な被害を受けた地域コミュニティが，公的資金の導入や住民の連帯さらにはボランティアの活躍によって以前よりも活気あるまち並みをとりもどしてゆく姿だろうか。

　思い浮かべるレジリエンスの像は様々であっても，その像を結ぶ前提に，「壊れること」と「時間経過」の2つは共通する。災害発生により，当該システム（ある家族や，ある地域）がそれまで保っていた平衡状態がいったん壊れる，そこから時間をかけて，当該システムにとって望ましい状態になっていくということである。

　いっぽう，どういう状態が「立ち直る」とか「取り戻す」と言えるのかは多義的である。結論を先取りして述べると，災害レジリエンスは，必ずしも原状回復だけを意味していない。望ましい状態を災害発生前の状態とする場合もあれば，あらたな望ましさが見いだされる場合もある。

　塩崎ら［2015］はシステムのレジリエンスに関する先行研究をレビューし，それらを，工学的レジリエンス，生態学的レジリエンス，社会生態システムのレジリエンスと，三つのアプローチから整理している。このうち工学的レジリエンスは，外力を受けたあとシステムが平衡状態に迅速に戻る能力と定義されている。生態学的レジリエンスは，外力を受けてもシステムがその主要な性質を維持する能力，あるいはシステムが従前の平衡状態にとどまる能力である。そして社会生態システムのレジリエンスでは，システムが外力を受けたあと，もとの平衡状態にとどまることができなくても，別の望ましい状態に移行することができればよいとされている。

　この整理にてらすと，災害分野が扱うレジリエンスの概念は，工学的レジリエンスや生態学的レジリエンスの考え方を内包した社会生態システムのレジリエンスとしてとらえられる。それが既述のUNISDR［2009］が定義するレジリエンス概念にも「……ハザードの影響に抵抗し（resist），吸収し（absorb），対応し（accommodate），適応し（adapt），転換し（transform），回復する（recover）能力」のように反映されている。

　もとより被災は不可逆的であり，原状回復は困難である。とりわけ復興過程ではシステムの適応力と転換力が重要となってくる。また，どのような状態が「望ましい状態」なのかがシステムによって異なることも，災害レジリエンスを扱う際におさえるべき重要なポイントとなる［奈良 2021a］。

心のレジリエンス/レジリエンシー

平野真理

レジリエンスとレジリエンシー

心理学におけるレジリエンスとは，逆境状況において大きなストレスやショックを受けても，致命的な状態に陥らずに，適応や回復することを指す概念である。東日本大震災以降，一般社会の中でもレジリエンスという言葉がよく用いられるようになったが，訳語が与えられずにカタカナのまま表記されていることもあり，今一つ"よくわからない"概念だと認識されやすいようである。人々がレジリエンス概念を捉えにくい理由は，その定義や基準が明確ではないからだと考えられる。レジリエンスは大まかには「逆境状況における適応」と定義されるが，「逆境」とはどのような状況を指すのか，「適応」とはどのような状態かについて，画一的な基準があるわけではない。例えば逆境状況には，災害のように人間のコントロールを越えたものから，人間関係における別離や喪失，傷つき，経済的な困窮，大きな挫折体験，さらには日常的な困りごとまで，さまざまなものが含まれている。そして同時に，その逆境状況においてどのような状態になれば「適応」といえるのかについても明確な基準があるわけではない。すなわち，同じレジリエンスという言葉をつかっていても，そこで想定されている「逆境」や「適応」は，その対象者が生きる世界（社会文化，コミュニティなど）や，現在置かれている状況（病気に対するレジリエンス，学校生活におけるレジリエンスなど），さらには研究者の背景知識の違いによって，異なるものが想定されている可能性がある。

レジリエンス概念の理解の混乱を招いている要因のもう一つに，レジリエンスという言葉が，大きく二つの異なる意味で用いられているということが挙げられる。一つ目の意味は，「人が逆境状況において，環境と相互作用しながら適応・回復をするプロセス」としてのレジリエンスであり，人が適応・回復していく現象そのものを指している。ここで表されるレジリエンスは，状況や環境ごとに，さまざまなプロ

セスを辿る流動的なものである。二つ目の意味は、「個人の持つ適応・回復能力」としてのレジリエンスである。この場合、レジリエンスは個人の中に安定的に存在する特性として捉えられ、高いレジリエンスを持つ個人は、どのようなストレス状況にさらされても高いレジリエンスを発揮するだろうと想定される。この二つの捉え方はお互いを否定し合うものではない。個人の能力として、ある程度安定的な側面に着目する視点と、その時々の環境との相互作用プロセスとして捉える視点の双方からレジリエンスが探求されることで、はじめて人のレジリエンスの理解が可能になるといえるだろう。もしある状況で高いレジリエンスを見せる人がいたとしても、他の状況や環境に置かれた際には、レジリエンスが発揮されないかもしれない。同時に、もしレジリエンスが完全に環境に依存するのであれば、同じストレス下における個人差を理解することができない。

　このように、レジリエンスという用語が、適応プロセスを指す意味と、個人の能力という意味の両方で用いられることは、混乱を招きやすい。その混乱を避けるため、前者をレジリエンス（resilience）、後者をレジリエンシー（resiliency）と使い分けることがあるため、本論においても以降はその表現を採用する（図1）。

レジリエンシーの個人差
　心理学のレジリエンス研究における主たる関心は、「レジリエンシーが高い人と低い人の違いは何か」、すなわちレジリエンシーの個人差を探求しようとする問いであ

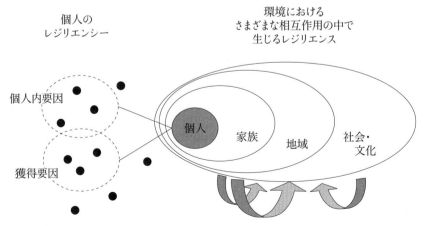

図1　レジリエンシーとレジリエンス

る。レジリエンシーが何によって構成されるのかついては，多くの研究者によって探索され，様々な要因が見出されてきた。見出されてきた要因は大きくわけると，個人内の特性（個人要因）と，個人のもつ環境資源（環境要因）とに分けられるが，とりわけレジリエンシーを，個人の能力として捉える研究文脈では，環境要因よりも個人要因に焦点があてられやすい。そして，これまで個人要因をどの程度有しているか測定するレジリエンス尺度が多数開発されており，その尺度によって個人のレジリエンシーは数値化される。実際には，何がレジリエンシーとなり得るかは，その個人が生きる社会の文化や，よりミクロな環境（家族の価値観など），さらにはその者自身の志向性とのかかわりの中で決まる。したがって尺度はあくまでも「多くの人にとってレジリエンスにつながりやすい特性」を測定しているにすぎない。とはいえ，レジリエンス尺度の項目を見れば，どのような人が，レジリエンスが高いと言われる人なのかを見て取ることができる。

　例えば，小塩他［2002］による精神的回復力尺度では「自分の感情をコントロールできる方だ」「自分の将来に希望をもっている」といった項目が含まれている。すなわち，逆境下でも感情をコントロールでき，ポジティブで前向きな性格がレジリエンシーにつながるとされている。また，石毛・無藤［2006］によるレジリエンス尺度には「つらいときや悩んでいるときは自分の気持ちを人に話したいと思う」というような，他者との関係を持とうとする性格が，井隼・中村［2008］のレジリエンス尺度には「なんでも真剣に取り組む」というように，真面目な勤勉性が含まれている。また齊藤・岡安［2009］の大学生用レジリエンス尺度には，「いやなことがあっても笑い飛ばせる」という項目もある。尺度によって含まれる項目は異なるものの，いわゆる「よいパーソナリティ（性格）」の集合であることには変わりない。社会の中での成功者，あるいは少年漫画の主人公のような曇りのない人物像が浮かび上がってくる。就職活動であれば真っ先に採用されるような人物ではないだろうか。ということは，レジリエンシーというのは，結局のところ「よいパーソナリティ」と言い換えられる特性なのだろうか。そこで，レジリエンシーとパーソナリティとの関連をメタ分析によって検討した研究がある［Oshio et al. 2018］。ここでいうパーソナリティとは，人の性格を総合的に理解するビッグファイブ理論を指している。両者の関連について述べる前に，ビッグファイブ理論について補足する。

　ビッグファイブ理論は，人のパーソナリティを，神経症傾向（例：心配性で，うろたえやすい），外向性（例：活発で外交的），開放性（例：新しいことが好きで，変わった考

えを持つ），協調性（例：人に気を使い，やさしい），勤勉性（例：しっかりしていて，自分に厳しい）という五つの要素で捉えようとする理論である［Allport and Odbert 1936］。研究者によって，五つの要素の捉え方が微妙に異なっていたり，五つではなく六つである，といった見解の違いはあるものの，現在において最も広い共通認識が得られているパーソナリティの捉え方であるといえる。当初研究者らは，この五つの要素を測定する尺度を作成するにあたり，社会的望ましさ，すなわち「よいパーソナリティ」とされる表現をいかに除外するかに苦心し，各性格要素を中立的な特性として測定する尺度を開発した［村上 2003］。しかしながら，どのようなパーソナリティが望ましいかということは普遍的ではなく，中立的であった要素も時代や文化によって色がついていく。現代社会においては，五つの要素はいずれも，その要素を強く持つ方が適応がよく，望ましいと考えられている。

　話をレジリエンシーとパーソナリティの関連に戻すと，上述のメタ分析［Oshio et al 2018］では，レジリエンス尺度とビッグファイブ・パーソナリティ尺度の両方が用いられていた30の研究の結果をメタ分析し，両者の相関係数を検討した。その結果，レジリエンシーと神経症傾向，外向性，開放性，協調性，誠実性のそれぞれにおいて，いずれも同じくらいの中程度の相関が確認された。この結果が意味するのは，レジリエンス尺度で測定されているレジリエンシーは，「社会的に望ましいパーソナリティ」とかなり重複しているということである。

　社会的に望ましいパーソナリティをもち，社会の中で活躍できるタイプの人々が，逆境下においても生き抜ける強さを持っているというこの結果については，すんなりと納得できる人が多いかもしれない。しかし，実はこのことは，レジリエンスという概念の存在意義を揺るがす問題でもある。もし，平時に適応的なパーソナリティと，レジリエンスが必要となるような有事に適応的なパーソナリティが同じなのであれば，敢えてレジリエンスという言葉を使う必要はないのである。このことは，現代社会において想定されている「逆境」状況が，もともとレジリエンス研究が行われはじめた文脈（戦争や貧困といった過酷な環境）と比べて，より裾野が広いものへと変化してきていることが影響しているとも考えられる［Davis et al. 2009］。もちろん近年の日本においても，自然災害や経済不況など，深刻な逆境状況は存在しており，その時々にレジリエンスが求められてきた。そうした有事の際の適応性は，平時の際の適応性とは異なる特徴を持つはずであり，そうした場面に立ち現れるレジリエンシーに積極的に注目していくことが有用であろう。

生態学的レジリエンス

阿 部 健 一

モハーチ・ゲルゲイ

　自然の再生能力には目を見張るものがある。森林の再生がわかりやすい例だ。攪乱を受けた森林もやがて自然と元に戻ってゆく。生態学者がその仕組みに関心を寄せるのは当然のことだろう。

　この生態系の復元能力を説明する用語として「レジリエンス」が最初に取り上げられたのは，個体群生態学者ホリング［Holling 1973］の論文「生態システムのレジリエンスと安定性」である。自然の法則性を明らかにする生態学は，その重要な概念として，以後レジリエンスをさまざまに展開してゆくことになった。たとえば攪乱生態学がそうだ。攪乱は，競争に勝った種が他の種を排除すること（競争排除）を妨げ，多様な種が共存する非平衡な共存を実現させ，さらに攪乱の予測不可能性が，地域的な多様性をもたらすことなどを明らかにしていった。

　一方でレジリエンスは，含意が豊かで適用範囲が広く，「使い勝手がいい」言葉でもある。そのため，多様な分野・領域・場面に導入され，定義がそれぞれ，時には大きく，違ってきている。「システムが攪乱を吸収しながらも，基本的な機能と構造を維持する能力」というごく一般的な定義に対しても，立場が違えば異論が出てくる。説明概念から，分析概念，規範概念，さらには具体的な問題解決の手段として，広く展開しているのがレジリエンスである。

　その多岐にわたる展開の様相をここで詳らかにする必要はない。大きな三つの動きだけを取り上げておこうと思う。一つは生態システムから社会生態システム（Social Ecological System: SES）への発展である。

　もともと生態系の研究から生まれた「生態学的」レジリエンスであるが，すぐに自然生態系と人間社会の相互連関の重要性に注目するようになる。生態系にかかる

問題解決の場では，人間活動が，自然生態系に攪乱や衝撃をあたえる主原因であることが多くなっているからだ。逆に，生態系の修復やレジリエンス強化のために，人為的な介入が必要な場合も出てくる。人間社会と自然生態系を別個に扱うより一つのシステムとして捉え，レジリエンスを考えたほうが効果的である。

　人間社会は生態系を攪乱するなどさまざまな影響を与える一方，生態系サービスは人間の福利を支えている。社会生態システムは，人と自然はつながっていることを再認識した結果だ。社会生態システムは，互酬的なフィードバックと相互依存の関係で統合された統合システムとして大きな意味を持った。自然の中に人はいるのである。従来，人と自然を対置させていた思想上の，さらに人文系と自然系という学問上の，大きな溝を超えることにもなった。

　一方で人間社会と自然生態系の関係は複雑かつ多様である。社会生態システムは，いつどのように変化するのか，それがどのようにレジリエンスに影響をあたえるのか。原状復帰だけをとっても，その定義は理論的にも実証的にも大きな困難を伴う。理論的な枠組みが必要となる。それが「適応サイクル」であり，二番目の大きな進展である。

　そもそも複雑なシステムのなかに，繰り返して現れるパターンを見つけ出すのは生態学者の真骨頂である。今回は「サイクル」。すでに生態学者は，自然生態系が四つの段階からなるサイクルを循環していることに気が付いていた。そこに経済学の好景気と不景気のサイクルに関する考えと「創造的破壊」という概念が導入され，2000年代初頭に考案されたのが「適応サイクル」モデルである（図1）。ちなみに生態学と経済学は親和性が高い学問である。

　適応サイクルが明示するのは，砂漠や森林であれ，さらに医療制度や会社組織であれ，どのようなシステムでも，一定段階に永久にとどまることはない，ということである。絶えず変化しているということだ。安定していると考えられる保全期にも必ず終わりがくる。

　さらに重要なのは，四つの段階が二つのループでつながっていることである。「適応サイクル」のモデルは，長期にわたる資源の搾取（exploitation）と保全（conservation）を生み出す「フロントループ」（＝表のループ）と，短期の解放（release）と再編成（reorganization）の機会を生み出す「バックループ」（＝裏のループ）から構成される[Holling and Gunderson 2002]。図に示されているように，このループでは元に戻るというオプションはなく，エネルギーの摂取と排出が常にあらたな関係そしてシステ

ムを築き上げていく。

　フロントループは，いわば発展のループだ。長い時間をかけてゆっくりとかけて「安定」に向かってゆく。生態学における内的自然増加率（r）と環境収容力（K）によって決まるロジスティック曲線（個体群増加モデル）のイメージそのものである。変化は段階的で，予測可能であり，最適化を考えることができる。一方でレジリエンスは低下してゆく。効率的に資源・資本の集約が起こるが，新規性や柔軟性は失われてゆく。バックループは，いわば崩壊のループだ。短期間に破壊的変化が起こる。この変化は不確実で予測不可能である。崩壊は多くの場合，外部からの衝撃や攪乱がきっかけとなる。一方で崩壊により諸資源やエネルギーが解放される。新しいそしてよりよいシステムへと移行する契機ともなる。効率よりもトランスフォーマビリティ（変容可能性）が重要である。そしてバックループは，革新と創造へと向かうサイクルであり，よい良いシステムへと再組織化するために，人の「介入」が最も効果的になる時でもある。

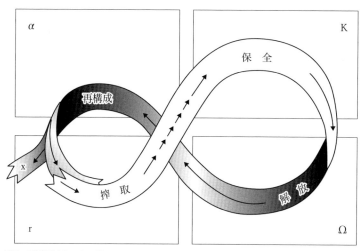

図1　適応サイクルのモデル
出典：Holling and Gunderson［2002:34］を元にモハーチが作成
解説：適応サイクルの四つの段階は，資源の集約を示す「搾取期（開発・発展期）」（r期），一定の資源の利用が維持されている「保全期（安定期）」（K期），変革の機会を生み出す「解放期」（Ω期），新しいシステムが形成される「再構成期」（α期）である。前者のr期とK期は合わせてフロントループ，後者のΩ期とα期は合わせてバックループとも呼ばれている。

「適応サイクル」は，さまざまなシステムのレジリエンスを考えるうえで重要な概念となった。と同時に次の課題もすぐに明らかとなった。対象としているシステムだけを考えているだけでいいのか，という課題である。「適応サイクル」が示しているのはむしろ，一つの適応サイクルが別の適応サイクルに必然的に変わってゆくということである。第三の動きは，システムの階層性に着目した「パナーキー」という考えの登場である（図2）。

　あらゆるシステムは，時間的にも空間的にも，多くの階層にある「適応サイクル」が多層的に連結している。ある階層での出来事は，他の階層に大きな影響を与える。別の階層からある階層の適応サイクルが駆動することは珍しいことではなく，むしろ当たり前のことである。階層ごとの依存関係を示したのが「パナーキー」であり，複数の適応サイクルが連なったヒエラルキーといってもいいだろう。

　レジリエンスは，時間的・空間的に限定された特定のシステムを対象とする場合に有効だと考えられてきたのだが，階層を意識することでその制約が取り払われたのである。パナーキーは，適応サイクルを「無限」に展開させることを可能にした。また，一つの階層だけに目を向けていては，システムを理解することも管理することもできないことを強調することにもなった。

　パナーキーは，ギリシア神話の神パンとヒエラルキーを合わせた造語である。パ

図2　パナーキーの関係性
出典：Holling, Gunderson and Peterson［2002: 75］を元に阿部が作成

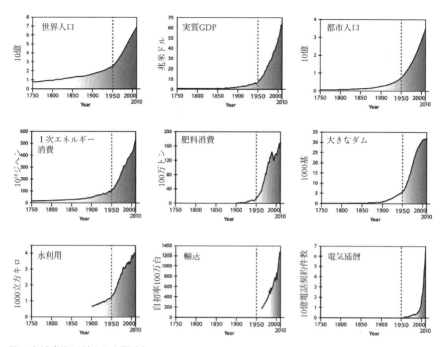

図3　加速度的に増加した人間活動

ン神は海の底から高い山の頂まで，世界のいたるところに出現する。パナーキーの
空間的・時間的な融通性を象徴している。

　ただパナーキーが万能かどうかは検証が必要だ。大きく立ちはだかっているのは，
プラネタリー・バウンダリーとして示された地球という巨大なシステムの危機であ
る。グレートアクセレーション，すなわち1950年頃から加速度的に増加した人間活
動（図3）の結果，地球システムを構成するいくつかのサブシステムは，すでにレ
ジリエントである安全領域を超えて不可逆的かつ破滅的な変化をもたらすと判断さ
れている（巻頭図）。地球という有限の空間は，安全可動域を超えて切迫した状況に
なっており，その対応に必要な時間も限られている。暗に無限の空間と時間を想定
しているパナーキーの考えは，「地球のレジリエンス」に具体的な解決策をしめすこ
とができるだろうか。

Phase I

危機とレジリエンスのはじまり・かたち

類人猿の弱さを強みに変えた
ヒトの生存戦略

共食と共同保育が培った
共感力

chap. 1

言語以前の
音楽的コミュニケーション
自己犠牲の心の誕生

人類の進化と「三つの共感」の発展

生理的共感
同情的共感
奉仕的共感

人類史上初の
環境破壊

chap. 2

想像力・表象能力の飛躍的発達

人類進化の3つの謎
サピエント・パラドックス
は, なぜ起こったか?

「三元ニッチ構築」

環境・脳神経・認知
の3つのニッチが
循環しつつ拡大発展

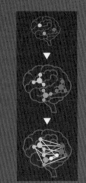

chap. 3

「レジリエント・サピエンス」の誕生

レジリエンスに貢献する

性格関連遺伝子

chap.4

攻撃性の抑制や
社会性の発達といった
共同生活に必要な要素が
ヒトの祖先の遺伝子にも
組み込まれている

chap.5 ドメスティケーション

家畜化が生んだ ヒトと動物の 多様なレジリエンス

ヒトだけが主体でもなく
環境だけが主体でもない
という視点で考える

Introduction

　21世紀を迎えた時，多くの人々はこの地球をヒトが支配するようになったと思っていたことでしょう。それは，英雄として進化の道を歩み，言葉という知性の道具を手にし，農耕・牧畜，産業革命，情報革命を経て科学技術によって地球環境を人間が住みやすいように作り変えてきたヒトという種の成功の物語でした。この地球で生物の歴史が始まって以来，ただ1種の生物が地球全体に広がったのは初期の時代をのぞけば極めてまれな出来事なのです。それを達成できたのは，他の生物に比べてヒトが強力なレジリエンス能力を身につけたことにあると考えられます。他の生物ではとっくに絶滅するか，新しい環境や状況に合わせて身体を作り変え，新しい種に進化していたに違いありません。それをヒトは高い知性と文化の力で乗り越えてきたというわけです。

　しかし，この10年どうも様相が変わってきました。温室効果ガスによる気候変動，地震，津波，火山噴火，森林火災などの自然災害，難民の増加と大規模な移動，民族紛争や宗教間の対立

に加えて経済危機や社会不安が広がっています。それに新型コロナウイルスによるパンデミックが追い打ちをかけました。振り返ってみれば，20世紀後半からインフルエンザ，HIV，エボラ，SARS，MERS，ジカ熱などウイルス感染症が急増しています。また，ヒトは農耕・牧畜の開始以来，細菌やウイルスによる感染症に悩まされてきました。近年の研究では，これらの目に見えない微生物（ウイルスを生物と呼ぶことには異論もあります）はヒトに悪さをするだけでなく，ヒトの遺伝子に置き換わってさまざまな能力を進化させてきたことがわかっています。ヒトの体表面にも腸内にも1000種類を超える100兆個もの細菌が常在していて，ヒトの100倍を超える300万もの遺伝子によってヒトの心身を正常に保ってくれているのです。ヒトはこれらの微生物との**共生体**であり，この地球は微生物の惑星なのだと言い換えるべきなのかもしれません。

　すると，**ヒトのレジリエンスの本質**とはいったい何なのかということになります。Phase Iでは，**進化生物学や人類学，脳科学**の立場から，それを有史以前のヒトの生物学的な進化の歴史の中で考えてみることにしました。第1章 (山極) では，霊長類の祖先が発達させた特徴から見ると，類人猿の食と性に関わる特徴はサルに比べて弱く，アフリカの熱帯雨林でしだいにサル類との競合によって衰退していく過程を解説します。その類人猿の弱みをヒトは受け継ぎながら，それを強みに変えて熱帯雨林を脱し，多様な環境へと進出したのです。その強みとは共食と共同保育によって培われた共感力です。人類の祖先が最初に出アフリカを果たしたのは脳容量が増大し始めたころで，家族と複数の家族からなる共同体という重層構造の社会を作って，**高い共感力による社会性**を獲得していたと推定しています。

　第2章 (馬場) では，出アフリカ以降の人類の歩みをたどり，共感能力[1]の発達を手がかりにして，複数種の人類の進化を段階に分けて解説しています。原人から旧人，そして現代人に至る過程で脳容量の増大に伴い，いかなる人類特有の特徴が現れたのか。それらの**複数種の人類**は，ときには同じ場所に生息しながら交代劇を演じています。謎に満ちた小型の人類フローレス人，ネアンデルタール人や現代人とも共存していたデニソワ人などを紹介します。そして，最後に登場した新人がどの様な道をたどったか，未来に残された課題は何かを提起します。

　第3章 (入来) では，脳容量の増大から文明の勃興までに起こった「**サピエント・**

1　本章では，ヒト一般の能力としての共感する力を「共感力」，個人に備わった力としての共感する力を「共感能力」と区別します。

パラドックス」と呼ばれる3つの謎について大胆な仮説を展開します。脳の拡大に行動変容はともなっておらず，サピエンス以降に急速に農耕・牧畜社会が登場し，さらに各地で一斉に巨大文明が出現したのは，環境，脳神経，認知という3つのニッチが循環しつつ拡大発展したためという「三元ニッチ構築」仮説です。その結果，誕生したのが「レジリエント・サピエンス」だと見なし，その身体を介した物質世界との関係を探ることによってヒトのレジリエンスの本質に迫ることができるとしています。

第4章（村山）では，ヒトの攻撃性や不安，好奇心を左右する遺伝子に注目し，脳内で働くドーパミンやセロトニンといった伝達物質の分析から個体間や種間の差を解説します。ヒトに近縁なオランウータンやチンパンジーの性格を動物園の飼育担当者に判定してもらい，それぞれの遺伝子型と比較すると，いくつかの性格に遺伝的な対応関係が見出されました。この結果を家畜に対して応用すると，攻撃性や恐怖心を軽減する方向に品種改良がなされてきたことがわかります。また，人に見られる多様な**性格関連遺伝子**はレジリエンスに貢献しているという推測も成り立つのです。

第5章（川本）では，この「**家畜化**」という現象を正面から扱い，家畜化に適した野生動物の特徴を列挙します。そしてヒトに対して従順な性質を示すに至ったメカニズムを，これまでに判明している例をもとに解説します。家畜化にはさまざまな過程があり，動物たちはヒトとの共生関係に変化を起こし，葛藤の中で生存のために**異なるレジリエンス**を経験することになります。その多様な在り方こそ，ヒトが手にした新たなレジリエンスだったのかもしれません。

現代のヒトが持つ身体形質や性格などの多様性が，どのようにレジリエンスと関わっているのか未だ解明の途上にあります。しかし，ヒトのレジリエンス能力が有史以前の長い進化の道の中に隠されていることは間違いありません。そして，これまでヒトの発展の原動力になってきた文化や科学技術は，今に至って地球や人間社会を崩壊に導きかねない負の側面を露にし始めたことも憂慮すべき事実です。私たちヒトは，ひょっとしたら**進化の途上で道を間違えたのかも知れない**のです。

今，不確かな未来へ向かっていくつもの道が分岐しています。そのなかで確かな幸せに至る道を探り当てるために，ヒトのレジリエンス能力がいつ，いかなる状況で発達したのかということを進化の足跡を遡りながら探ってみようと思います。それがPhase Iの目的です。

（山極）

第 1 章

ヒトのレジリエンスの起源

霊長類の遺産の継承と発展

山極壽一

ゴリラ研究を通して人類の進化と生物の環境適
応を研究。また京都大学総長や日本学術会議会
長として日本の学術全体を牽引してきた。現在,
総合地球環境学研究所所長

1　ヒトの本質とは何か

1……霊長類の遺産

　私たちが今,世界各地で謳歌している暮らしは,ヒトが他の霊長類と共有する身体能力によって成り立っている。そして,それは他の霊長類に比べて特別際立っているわけではない。ヒトの特徴はそれらの能力を本来の目的とは違う対象に応用したことにある。野球をするために用いる動体視力は,樹上で飛来する猛禽類から身を守り,空中を飛び回る昆虫を捕食するためだった。楽器を演奏する指は,枝を握って体を支え,小さな食物をつかんで食べるために発達した。つまり,ヒトのレジリエンス能力は新しい環境で,それまでの能力を違う目的に用いて応用範囲を変え,徐々にその能力を広げていったことにあるのではないだろうか。その萌芽ははるか昔の祖先の時代から見られる。ヒトとして独自の進化の道を歩みだす前にも,新た

な環境へ進出した分岐の時代があったと思われる。

　最初の分岐は夜行性から昼行性への移行である。6500万年前に登場した最初の霊長類は，樹上で暮らす夜行性の小さな動物だった。地上性の肉食動物から逃れるのに樹上は安全な場所だったし，裸子植物に代わって繁栄を始めた被子植物が枝を横に広げ，地上に降りなくても樹上を渡って暮らすことができたからである。当時は昼の樹上は鳥が，夜の樹上はコウモリが支配していた。霊長類は彼らに遠慮しながら単独でなわばりを構え，虫や樹液や果実を食べて暮らしていたと考えられる。

　空を飛ぶ能力を発達させなかった霊長類は，やがて体を大きくして昼の世界に進出し，鳥の食卓に顔を出すようになった。このとき，すでに鉤爪ではなく平爪で枝を握る能力をもっていたことや，顔の前面に眼が移動して立体視が可能になっていたことが役に立った。さらに，昼の世界へ移行するに従い，色彩を識別する能力が加わった。

　体を大きくするために取り入れたのは葉や樹皮などの繊維質の多い食物である。飛翔力を持たない霊長類は鳥のように広範囲を素早く飛び回って果実や虫を探すわけにはいかない。しかし，葉や樹皮は一年中どこでも得られるため，あまり移動する必要がない。ただし，植物の葉は光合成をする重要な器官であり，虫などに食べられないように植物繊維セルロースで固めてあり，消化阻害物質や毒物を含んでいるものもある。そこで，霊長類は破砕力のある歯を発達させ，胃や腸にセルロース分解酵素を持つバクテリアを共生させた。この能力は現代のヒトにもしっかりと受け継がれている。

　一方，果実は植物が動物に食べてもらって種子を運んでもらうようにできており，甘い果肉はその報酬である。それまでは鳥がその主力となり，果実ごと種子を飲み込んで，空から広い範囲に糞とともに撒いていた。ところが，サルが鳥の食卓に侵入すると，植物も果実の仕組みを変えなければならなくなった。サルは歯と手を持っていて，果肉を種子から剥がして種子を親木の下の発芽条件の悪い場所に捨ててしまうからである。そこで，植物はサルの歯で咬み割れないように種子を堅く，果肉といっしょに飲み込むように種子の表面を滑りやすくしたり，果肉がはがれにくくしたりした。つるつるで流線型をした柿の種や，ぎざぎざの表面をもつ梅の種を思い浮かべてほしい。その結果，サルたちは種子を果肉といっしょに飲み込み，日の当たる発芽条件のいい場所で糞といっしょに排泄してくれるようになった。

　体を大きくして昼の世界に進出した霊長類の祖先は，群れを作ってその力を拡大

した。群れでいれば捕食者の発見効率が高まるし，食物も見つけやすくなる。ただし，一緒に暮らす仲間が増えると食物をめぐる競合が高まり，広い範囲を動いて食物を探すことが必要になる。そこで，体の大きなサルたちは木から降りて大きな群れを作り，防御態勢を固めて広く歩き回るようになった。サルの中には熱帯雨林を出て草原へと進出する種も現れた。ただ，ヒトの仲間の類人猿はサルよりも体を大きくしたにもかかわらず，熱帯雨林を出ることはなかった。地上で多くの時間を過ごすようになったのは霊長類中最大のゴリラだけで，チンパンジーやオランウータンは樹上に強く依存して暮らしている。

　現代でも私たちが毎日数回の食事と排泄をするのは，これらの霊長類に共通の採食リズムと消化システムを体に備えているからである。ただ，私たちは植物繊維を多く摂取するような胃腸を備えているが，ゴリラのように毎日10〜30キログラムの植物を胃に送り込んだり，10回近くも排泄したりする必要はない。現代では調理や加工によって少量で栄養価が高く，消化率がいい食物が入手できるし，排泄の回数をコントロールできるようになっているからだ。でも，ヒトの幼児は下のしつけに時間がかかり，おとなになっても毎日食事をする必要がある。それは，ヒトが肉食動物のように胃に食物を長時間ためておくことができず，霊長類の胃腸の特徴を現代も保持しているせいなのである。

2┄┄┄┄類人猿とサルの分岐点

　類人猿はサルよりも知性が高く，進化の上でもサルより成功した分類群だと信じている人がいる。しかし，それは間違いである。現代における両者の分布域を見れば明らかだ。類人猿のうちゴリラとチンパンジーはアフリカの熱帯雨林，オランウータンはアジアのスマトラ島とボルネオ島の熱帯雨林だけに生息している。一方，サル類は類人猿の生息地にくまなく分布しているだけでなく，類人猿のいない多様な環境に暮らしているばかりか，遠く中米・南米の森にも生息している。積雪のある日本の森にも，アジアの大都市にもサルが住み着いているところを見れば，その適応力の差は歴然としている。ヒトという種も類人猿の仲間であるから，サルに比べて決して優れたレジリエンス能力を持って出発したわけではないのである。

　では，いったいどんな特徴でサルより類人猿が劣っていたのか。実は，地球が今よりずっと暖かかった中新世の前期（約2000万年前），地球上には熱帯雨林が大きく

広がっていた。類人猿の種の数も多く，アジアやヨーロッパにも分布域を広げていた。ところが，中新世の後期になって寒冷・乾燥の気候が到来するようになると，熱帯雨林が縮小し，最も湿潤温暖な赤道直下の中央アフリカでも熱帯雨林が小さく分断されて，草原が広がり始めた。さらに，アフリカ大陸を南北に横断する7000キロメートルに及ぶ大地溝帯が活動をはじめ，中央部に巨大な山々を，東部に高原を出現させた。その結果，西の低緯度地帯に低地熱帯雨林，南北と東に砂漠とサバンナという二極化した世界ができた。霊長類はこの新しい世界にどう対応するかを迫られたのである。

　このとき道を分けたのは，消化能力と繁殖能力だった。類人猿の祖先は熱帯雨林で一年中豊かに実る果実を主食とし，昆虫ややわらかい葉を食べて，ゆっくりした繁殖によって体を大きくしていた。消化能力をあまり発達させずに，体を大きくすることで植物の消化阻害物質の効力を薄めたのである。ただ，特定の種類の葉を大量に食べて毒物が蓄積するのを防ぐため，多種類の植物を少しずつ食べる方法を発達させた。必須アミノ酸の不足を補うために，時折シロアリなどの昆虫も摂取する。ヒトもその雑食性を受け継いでいる。

　一方，オナガザル類はいち早く熱帯雨林の外に進出し，食域を広げた。大量の葉を消化できるように，4室に分かれた胃をもち，前胃の2室に酸性を弱めて大量のバクテリアを共生させるコロブス類も現れた。歯のエナメル質を厚くし，臼歯を尖らせて，硬い種子や葉を破砕できるようにした。また，腸内バクテリアを増やして未熟な果実でも消化できるように分解能力を強化した。さらに，捕食圧に対処するために出産や成長の能力を高めた。サバンナでは，サルたちが逃げ込む樹木が乏しいので，ライオンやハイエナなどの地上性肉食動物や，空から襲う猛禽類にねらわれやすい。そのため，授乳期間を短縮して何度も子どもを産み，子どもも早く自力で捕食者に対処できるように成長速度を速めたのである。現在でも，オナガザル類で同じような体格をもつサルの種を比べてみると，森林よりサバンナに暮らす種のほうが成長も速く，出産間隔も短い。

　類人猿に比べ，サルたちの採食戦略，繁殖戦略は，熱帯雨林の中でも成功を収めた。中新世の末期に向かって，類人猿の種の数はだんだん少なくなり，代わってオナガザル類の種の数が急増したのである。現在では，大型類人猿は3属7種にまで減ってしまったが，オナガザル類はアジアとアフリカに23属138種も生息している。なぜこんなにも差が広がってしまったのか。

その理由は，サルの戦略が類人猿より優っていたからである。類人猿は熟した果実しか食べられず，大量の葉を一度に消化することができない。そのため，消化能力の高いサルたちに未熟な果実を食べられてしまったら，類人猿の食べる果実がなくなってしまう。多種の葉を少しずつ食べ歩かなければならないので，広い遊動域が必要となり，森林が縮小すると不利になる。さらに，ゆっくりした繁殖や成長をするので，いったん数を減らすとなかなか元の数に増やすことが難しい。類人猿が数を減らしている間に，サルたちはどんどん数を増やし，森林とサバンナを行き来して多くの種に分化したというわけだ。

　ヒトと近い過去に祖先を共有する類人猿は，サルよりも適応能力が低く，熱帯雨林でしか生き延びられない不利な特徴を持っていたのである。

2　共感とコミュニケーション

1………弱さを強みに変えたヒトの生存戦略

　では，そのような弱い特徴を持っていた類人猿との共通祖先から，なぜヒトだけが熱帯雨林を離れて，サルすら生存していない砂漠や極寒の地まで進出するようになったのか。それが第3の分岐であり，その初期の時代は未だに多くの謎に包まれている。ゲノムの比較や人類の化石の分析によって約700万年前に人類がチンパンジーとの共通祖先から分かれたことは推測できる。しかし，熱帯雨林の酸性土壌が骨を溶かしてしまうために，熱帯雨林の中では類人猿の化石もヒトの化石も見つからない。そして，熱帯雨林の外で見つかるのはほぼヒトの化石に限られているのだ。これでは，熱帯雨林を出たのはヒトの祖先だけだったことは推測できても，熱帯雨林でどのようなことがきっかけになってゴリラやチンパンジーの祖先が残り，ヒトの祖先が出ていくことになったのかがわからない。

　わかっていることは，極めて初期の時代にヒトの祖先が暮らしていたのは熱帯雨林の外とは言え，樹木のある疎開林であり，ヒトの祖先が最初に手に入れた独自の特徴は直立二足歩行だったということである。この歩行様式はおそらくヒトが類人猿にはない新たな採食戦略を始めたことを示唆している。そして，その後のヒトの祖先が発達させた特徴を見ると，ヒトは類人猿が持つ弱みを強みに変えるような生

図1　類人猿の食物分配行動

存戦略を発達させたと思われるのである。それはおよそ1万年前に農耕・牧畜による食糧生産を始める前の3回にわたる食物革命と，肉食動物の脅威に立ち向かう繁殖戦略によって，共感力に富む社会性を手に入れたことである[1]。

　最初の食物革命は，食物の運搬と分配，そして共食である。サルたちはめったに食物を分配しない。植物性の食物はいたるところにあるし，消化能力の高いサルたちは食べるものに困ることはない。ただ，食物をめぐって競合が高まらないように，群れ間でなわばりや占有域を決め，群れ内では強い個体が採食場を独占するというルールを発達させた。一見，非情なルールに見えるが，これはなるべく群れや個体を分散させてかち合わないようにする方策である。樹上であれば，細い枝先には体重の重い個体は到達できないので，必ずしも体の大きな個体が有利とは限らない。たとえ，優位なサルに場所を譲っても，ちょっと移動すれば食物は得られる。サルたちはわざわざ食物を分配する必要はないのである。

　一方，類人猿はしばしば食物を分配する（図1）。しかも，大きなサルが小さなサルの採食場を乗っ取るのとは逆に，類人猿では体の小さい個体が大きい個体に分配を要求する。食物を手にしている類人猿は，自分より小さな仲間に食物をとることを許す。分配の対象になるのは数の限られた大きな果実や，メスや子どもたちには得るのが難しい肉であるが，ときにはどこででも得られる食物が分配されることもある。その理由は，分配によっていい関係を結べたり，仲間の支持を得たりといっ

1　食糧生産革命（農耕・牧畜の開始）は，地域によって，利用種によって独立して起こったとされ，その時期にもいくつかの説があるが，本書においてはおよそ1万年前としておく。

た社会的な恩恵があるからと考えられている。分配する相手が近親者だったり，交尾関係を結んでいる相手だったりすることが多いためである。

　なぜ，類人猿に食物の分配行動が発達したのか。それは子育てに関係がある。霊長類全体でおとなどうしに食物の分配が起こる種を見てみると，必ずおとなから養育されている子どもへ分配が起きていることがわかる。また，類人猿以外にも頻繁におとなどうしで食物が分配される分類群があり，それは三つ子や双子を産むタマリンやマーモセットという南米の小型のサル類であることが判明している。これらのサルでは母親の大きさの割には体重の重い赤ちゃんが複数生まれるため，母親だけでは育てられない。複数のオスや年上の子どもが参加して共同で育児をする。つまり，類人猿のように成長に時間のかかる子どもをもつか，タマリンたちのように多産であることによって，離乳期に母親とそれ以外のおとなが子どもに食物を分配する必要性が生じ，それがおとなの間に普及したのではないかと考えられるのである。

　そして，霊長類の中でヒトだけが最も広範に，見ず知らずの他人にも気前よく食物を分け与える。これは文化や民族を超えて共通な特徴であり，進化史の中でも古い起源をもつ行動と考えられる。おそらく，ヒトの最初の祖先が熱帯雨林を出て，食物が乏しく危険な場所で暮らし始めたとき，食物分配は生存戦略として大きな役割を果たしたに違いない。ヒトはサルのように採食と消化の能力を強化したのではなく，類人猿の弱い能力のまま，食物を社会化して流通させることによって生き延びたのである。当初それはサルに比べてそれほど有利な戦略ではなかったかもしれない。しかし，その後この行動は大きな力を発揮することになった。

　チンパンジーとの共通祖先から分かれて，ヒトが最初に獲得した固有の特徴は直立二足歩行である。これは走力や敏捷性に劣るが，長距離をゆっくりした速度で歩くとエネルギー効率が四足歩行より高くなる。また，自由になった手で物を持ち運びできる。捕食される危険の高いサバンナでは，逃げ込む樹木が少ないので安全に採食できる場所は限られている。おそらく初期のヒトは敏捷で屈強な者が広い範囲を歩き回って食物を集め，それを安全な場所に持ち帰って，身重な女性や子どもたちに分配していっしょに食べたのだろう。これがヒトの最初の食物革命だったと思われる。

　食物の運搬によって，ヒトの祖先に類人猿にはない社会性が生まれた。それまで食物の場所や様子を子細に自分の目で確かめて食べていたのが，仲間の運んでくる

食物を食べるようになった。食物の安全性や価値を仲間に依存するようになったのだ。また，遠くへ出かけて行った仲間に食物の持ち帰りを期待するようになったし，食物を探す者は待っている仲間の食欲を想像するようになった。仲間への共感や思いやりが芽生えたのである。これがヒトの獲得した最初のレジリエンス能力ではないだろうか。

　第2の食物革命は，石器の製作と使用による肉食の増加である。ヒトの脳が大きくなり始めたのは約200万年前であるが，それより約60万年前に最初の石器（オルドワン石器）が近くから出土している。同時に見つかった獣骨にカットマークがあることから，この石器は肉食動物が残した獲物から肉を切り取るために用いられたと考えられている。骨を割って骨髄を取り出すためにも使われたであろう。肉は植物性の食物の数倍から数十倍のカロリーを含んでいる。つまり，食物メニューに肉を取り入れることによって，ヒトは大量のカロリーを入手することができ，余分なカロリーを脳の発達に回すことができたのだ。石器には植物繊維を切った痕跡もあることから，硬い植物を細かく切って消化率を高めるためにも使われたようだ。

　このような道具を製作し，使用したことはヒトの祖先にさらなる社会性を与えた。それは道具による物語の登場と情報の伝達である。チンパンジーでもシロアリやアリを釣るために植物性の道具や硬いナッツを割るために石器を使うことが知られているが，道具を持ち運ぶことはない。しかし，オルドワン式石器は単に丸石を打ち割ったものだったにしろ，明らかに運搬された証拠がある。石器は長期間残りやすいし，制作過程から使用目的に至る物語として時空を超えて仲間に伝えられる。石器は情報を伴って伝達されるようになり，それを集団が共有するようになったのである。オルドワン式石器はしだいに精巧な形に整えられ，左右対称のハンドアックスという美しい形に仕上げられるようになっていく。道具を通してヒトはしだいに集団のシンボルを求めるようになったのである。

　さて，石器の製作と並行してヒトの脳容量は増加を始めるが，脳は膨大なエネルギーを食う器官である。現代人の脳は体重の2％しかないのに，休息しているときでさえ基礎代謝率の20％も消費している。成長期にある子どもは40〜85％のエネルギーを脳に回している。そのため，脳の成長と維持に大量のエネルギーが必要となる。その問題をヒトはどう解決したのか。

　それは，火の使用と調理によって消化に使うエネルギーを節約したのだという仮説がある。現代人の臓器（脳，胃腸，心臓，肝臓，腎臓）の重さの割合をヒト以外の霊

ゴリラの群れに入ってわかること

　霊長類学は「サルを知ることはヒトを知ること」をキャッチフレーズにした学問だ。ヒトはどういう動物か，という問いに答えるためには，ヒトとは違う，しかしヒトに近い動物を調べてみないとわからない。その対象が現在地球上に生息している約450種のサルや類人猿なのである。

　とりわけ，社会を研究しようとすると，どうしてもサルや類人猿の群れの中に入って観察する必要が出てくる。社会というものは目に見えない。個体の関係をその行動を見て探り，何を基準にして互いの関係を作っているかを推測しなければならないからだ。

　しかし，野生のゴリラの警戒心を解いて群れに入るのは並大抵のことではない。私はマウンテンゴリラ，ヒガシローランドゴリラ，ニシローランドゴリラの三つの亜種を調査したが，それぞれ多くの苦労があった。なかでも，ガボン共和国のムカラバ・ドゥドゥ国立公園でのニシローランドゴリラには手を焼いた。この国ではゴリラをジビエとして食べる習慣があり，ゴリラが極度に人間を怖れていたからだ。ヒトに馴れそうな群れを見つけるのに2年，馴らすのに5年かかり，その間痕跡を追うだけの日々やシルバーバック（成

熟したオスで背中が白い巨大なオス）に威嚇される日々が長く続いた。私を含めて3人がゴリラに咬まれて深手を負ったりもした。

　ただ，そんな苦難を乗り越えてゴリラに受け入れられてみると，新しい発見を次々に経験することになる。これまでおとなどうし

では食物の分配をしないと思われていたゴリラが，大きなフルーツをオスからメスやコドモたちに分配するのを観察した。水を怖れると思われていたゴリラが，まるで風呂のように小川につかるのも目撃した。マウンテンゴリラに比べてニシローランドゴリラの子どもたちの成長が2〜3年遅いこともわかった。

　ゴリラの群れに入って日々の暮らしをゴリラのように体験することで，ゴリラの社会がどのように作られているかもわかるようになった。驚いたのは，巨体を誇るシルバーバックがメスに気を使い，常に子どもたちの安全に気を配ることだ。シルバーバックは，メスがいさかいを起こすとすぐに駆け付けて仲裁し，子どもが金切り声を上げるとすっ飛んで行って保護しようとする。そんなオスを信頼してメスはついて歩き，子どもたちはいつもオスの周りに群がっているのだ。

　しかも，メスやコドモたちは，体の大きな相手にひるんだりおびえて屈服するような態度を示さない。シルバーバックに対しても敢然と向かっていくことがある。互いの優劣関係を重んじるニホンザルとはずいぶんと様子が違うのだ。

　そうした社会の基盤が，異なる群れを自由にわたり歩くメスと，あっさりした子離れにあることに私は気づいた。ニホンザルのようなサル類は基本的に母系で，メスは生まれた群れを一生離れることがない。対照的にオランウータン，ゴリラ，チンパンジーのメスは親元を離れてからパートナーを見つけて交尾，出産する。連れ合っているオスが気に入らないなら，群れを出たり，他のオスを探すことができるのだ。だから，オスはメスを受け入れるために張り合うし，メスが出ていかないように気を使う。

　さらに，ゴリラのメスは

子どもが乳離れする頃になると，シルバーバックの元に連れて行って置き去りにする。子どもは不安そうに母親を探すが，シルバーバックのそばには他の子どもたちが群れているので，やがてその子どもたちと遊ぶようになり，母親を追い求めなくなる。そうした子どもたちをシルバーバックは注意深く見守るため，母親は子育てからすんなり解放され，恋の季節に復帰することができるのだ。三種類の類人猿の中でゴリラの授乳期間が一番短い理由は，シルバーバックの子育てにあると思う。

　さて，こうしてゴリラの社会を内側から眺めてみると，人間の社会を支えているものがなんであるかが見えてくる。人間の社会に普遍的な家族も，父親というメスと子どもに選ばれる存在を核として作られたのではないか。そして，社会の規模が大きくなったのも，食事や共同の子育てを通じて複数の家族がつながったことによるのではないか。

　それは，私がゴリラの群れだけではなく，ニホンザルの群れの中に入って体験を積み，サル―ゴリラ―ヒトという三つの異なる社会を身体感覚で比べることができたからだろうと思っている。このように，霊長類の社会を知るためには，群れに体ごと参加するという体験が不可欠なのだ。現在は様々な科学技術が開発され，テレーメータやカメラトラップのように群れの中に入らなくてもサルたちの行動を観察できるようにはなった。しかし，社会という目に見えない仕組みを知るためには，やはり群れの中で個体関係の網の目に入ってみなければならないのである。そして，その体験は私たち人間の社会を見直すきっかけにもなるのが，人間に近い霊長類を対象とする学問の強みだ。まだまだわからないことはたくさんある。一見，素朴なように見えても，こうした体験型のフィールドワークを若い人たちが続けてほしいと思う。

長類の平均値と比べてみると，心臓，肝臓，腎臓の割合は変わらないのに，脳と胃腸の割合が逆転している。つまり，ヒトは他の霊長類に比べて脳が大きくなった代わりに胃腸が小さくなったというわけだ。それは，火を使い始めたホモ・エレクトスの時代に起こったらしい。火を使っていないアウストラロピテクスはまだ肋骨の

形が末広がりで，チンパンジーやゴリラと同じく巨大な胃腸を収納していたと推測されるからである。エレクトスからネアンデルタール，サピエンスにかけて肋骨は円筒状になり，臓器が小さくなった。これは火を用いたり，石器で叩いたり切ったりして食物を消化しやすくしたおかげだろう。これが第3の食物革命である。

脳容量の増大は集団規模の増大に対応しているという社会脳仮説が知られている。食物を調理して消化効率を高め，臓器への負担を減らしたおかげで，ヒトの祖先は採食と消化にかける時間を大幅に節約できるようになった。その時間を仲間との社会交渉に使って集団を大きくしたのである。多くの仲間と付き合うためには，それぞれ仲間と自分との関係，仲間どうしの関係を頭に入れておかねばならない。その記憶量が増えたおかげで脳は大きくなった。ヒトはさらに社会力を強化したのである。

2……… ヒトに固有の社会性とレジリエンス

なぜ，ヒトの祖先は食物を改変して社会力を強化する必要があったのか。それは，類人猿が経験していない熱帯林の外で大型の肉食獣の脅威に立ち向かわなければならなったからである。

捕食圧の高い環境では，子どもを早く成長させて自立させるほうが適応的である。事実，高い捕食圧にさらされている哺乳類は成長が速い。サバンナで暮らすパタスモンキーやヒヒ類も成長が速い。しかし，ヒトの子どもの成長は森林で暮らす類人猿よりもさらに遅くなっている。それはなぜだろう。

実は，ヒトの祖先はサバンナで生きぬくために，早い時代に多産になった。これは他の哺乳類と同じ傾向である。肉食動物は幼児を

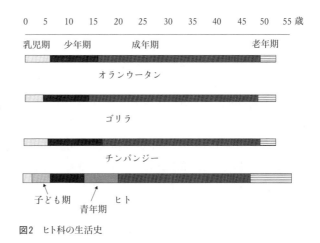

図2　ヒト科の生活史

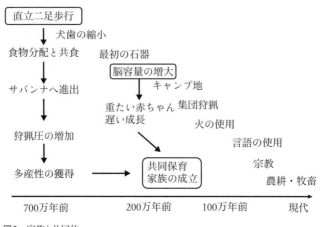

図3　家族と共同体

ねらうので幼児死亡率が上がる。だから，多産によってその死亡率を補う必要が生じるのである。多産には二つの道がある。一度にたくさんの子どもを産むか，出産間隔を縮めて何度も子どもを産むかである。イノシシは前者だし，シカは後者である。多産になった南米のタマリンやマーモセットは前者の道を選んだ。しかし，類人猿と共通の祖先をもつヒトは一度にたくさんの子どもを産むより，後者の道を選んだ。

　そのためには，赤ん坊を早く離乳させて排卵を回復する必要がある。授乳中はお乳の産生を促すプロラクチンというホルモンが出て，それが排卵を抑制するからである。だから，多産の哺乳類は子どもの成長が速く，離乳も早い。ところが，ヒトは離乳が早いのに成長は遅いという変な特徴を持っている。

　類人猿の赤ん坊は授乳期間が長い。オランウータンは7年，チンパンジーは5年，ゴリラは4年も授乳する（図2）。離乳したとき，子どもには永久歯が生えていて，おとなと同じ硬い野生の食物を食べることができる。しかし，現代人の子どもは6歳にならないと永久歯が生えないにもかかわらず，1〜2歳で離乳してしまう。少なくとも4年間はおとなと同じ硬い物は食べられない。今でこそ人工的な離乳食がたくさんあるが，食料生産が始まる前はわざわざ特別に柔らかい食物を見つけてこなければならなかったはずだ。

　離乳を早めても成長を早める必要に迫られなかったのは，食物分配が行き渡っていたからだと思われる。お乳の代わりになる高栄養で柔らかい食物を運んでくる者

がいたからこそ，成長を早めずにゆっくり子どもを育てることができたのである。このことはやがて脳が大きくなり始めたときに有利に働くことになった。

　200万年前に脳が増大し始めたとき，実はヒトには大きな問題が待ち受けていた。それまで500万年もかけて完成させた直立二足歩行のために，骨盤の形が皿状に変形してしまっていたのである。そのため，産道を大きくすることができず，あらかじめ胎児の頃に脳を成長させておくことができなかった。そこで，出産後に急速に脳を成長させ，時間をかけて脳を完成させることになった。ゴリラの脳は生後4年間で2倍になって完成するが，現代人の脳は生後1年間で2倍になり，5歳までにおとなの脳の90％，12〜16歳でやっと完成する。その間，脳の成長には多大なエネルギーの供給が必要になる。そのためにヒトの赤ん坊は厚い脂肪に包まれて生まれ，身体の成長を遅らせてエネルギーを脳の成長に回す。脂肪はエネルギーの供給が滞った際の補助機能を果たす。つまり，類人猿と共通にもつ遅い成長を，サルのように早めることをしなかったために，脳が大きくなったときにさらに成長を遅らす戦略をとることができたのである。

　その結果，ヒトは頭でっかちの成長の遅い子どもをたくさん持つことになり，母親以外のおとなたちが育児に参加することが不可欠になった。このとき，家族を複数含む共同体というヒトに固有で共通な特徴が芽生えたに違いない（図3）。

3……… 言葉以前のコミュニケーションとレジリエンス

　さて，ではヒトの脳はなぜ大きくなったのだろうか。約200万年前に600ccを超え，約40万年前に現代人並みの1400ccに達している。現代人と同レベルの言葉が登場したのは約7万年前だから，脳が大きくなったのは言葉の成立によるものではない。

　最初に脳容量が急増したのは，第3章で詳しく述べるように道具の製作と使用によってヒトが認知する環境が変わり，脳の情報処理機能が大幅に拡大したためであろう。さらに，社会脳仮説に従えば，集団規模が大きくなって社会的複雑さが増したことが，脳容量の増大につながったとも考えられる。ではなぜ，集団規模を拡大する必要があったのか。

　それは，より開けた草原で肉食獣の脅威から身を守るためである。樹木の少ないアフリカの高原に生息するゲラダヒヒやマントヒヒは，単雄複雌の構成を持つユニット（小集団）がいくつも集まって数百頭からなる大集団を形成する。ただ，ヒヒた

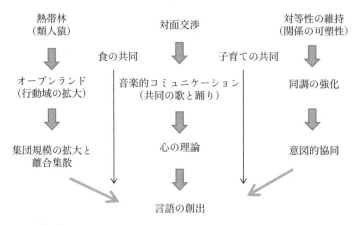

図4　言語以前のコミュニケーション

ちは，安全のため（捕食者の攻撃からの防御のため）に集まるだけで，ユニット間で協力したり交流したりすることはない。一方，ヒトは複数の家族間で緊密に協力し合う共同体を作ったのである。

　本来，家族と共同体は異なる編成原理をもっている。繁殖単位である家族は見返りを求めずに奉仕し合う組織だが，共同体は一定のルールに従って共通の利益を求める組織だ。時に両者の論理は相反する。それを両立させるためには，相反する状況を見通し，互いの立場を理解しながら未来へ向けて解決策を練ることが必要となる。相手の置かれている立場や相手の気持ちに共感する能力が不可欠なのである。ヒトに近縁なゴリラもチンパンジーも，このような重層構造を持った社会を作らない。彼らはヒトのように危険な環境へ出て行かなかったからである。

　この共感能力を培ったのは，食物の分配と共食，それに成長に時間のかかる子どもの共同保育だったと思う。脳の成長に過大なエネルギーを送り続けるヒトの成長パターンは，思春期スパートという特別な時期を発現させた。これは，脳容量がおとなの大きさになり，今度は身体の成長にエネルギーを回せるようになったときに，一気に身体の成長速度がアップする現象である。この時期に身体と心のバランスが崩れ，トラブルに巻き込まれ，事故に会ったり病気になったり精神的に不安定になって死亡率が急上昇する。家族と共同体からなる複雑な社会のなかで，自分の位置を確立しなければならないこの時期にも親以外の補助が不可欠になった。

　この頃，ヒトの祖先に発達したのは音楽的なコミュニケーションである（図4）。

これは食物の分配と同じように、おとなから乳児や幼児に向けられた行動が、おとなの間に普及したという説がある。ヒトの赤ちゃんは重たい体重で生まれ、自力で母親につかまれないほどひ弱なので、母親が抱き続けることができずに他のヒトに預けるか、どこかに置いてしまう。母親から離されるので赤ちゃんは泣く。ずっと母親が抱き続けている類人猿の赤ちゃんは泣かない。泣いている赤ちゃんをなだめようとしてヒトはやさしい言葉で働きかける。それを Infant Directed Speech（乳児に語りかける言葉で「母親語」と同義）と呼ぶが、ピッチが高く、変化の幅が広く、母音が長めに発音されて、繰りかえしが多いという特徴をもっている。言葉の意味が分からない赤ちゃんは絶対音感の能力を持っていて、これらの言葉の音楽的な特徴を聞き取って泣き止むのである。だから、この言葉は訳す必要がなく、どんな国の言葉で働きかけても赤ちゃんは反応するという。

　この声は母親と赤ちゃんが離れていても、あたかも母親に抱かれているような安心感をもたらす効果がある。そして、その音楽的な声がおとなの間に普及して、あたかも母親と赤ちゃんの間に生じるような効果を示すようになった。お互いの壁を乗り越えて心を一つにし、喜怒哀楽を共にする。仲間と一体になって、自分一人では立ち向かえない困難を協力して克服することができるようになったのである。

　この音楽的コミュニケーションによって、ヒトの祖先に新しい社会性が生まれた。それは、自分を犠牲にしてでも集団のために尽くすという精神である。サルも類人猿も自分の子ども以外に自己犠牲の心は持たない。しかし、人間は自分と血縁関係がない仲間に対しても、自分の命を賭けて守ろうとすることがある。これは、自分の子孫を増やすことを主目的とする進化の道からは外れた行為であるが、この社会性によってヒトの祖先は新たな土地へと踏み出すことになった。

　ヒトの脳が大きくなり始めて間もない180万年前に、ヒトの祖先はアフリカを出てユーラシアへ足を延ばし始めた。それには東アフリカと北アフリカの広大な乾燥地帯を抜けていかねばならなかったはずである。当時は今よりずっと大きなライオンやハイエナなど大型の肉食獣がたくさんいた。それらの脅威を克服して生息域を広げるためには、自己犠牲をいとわない強い社会力が必要だった。それが、共食と集団育児を原則とした家族と共同体の重層社会、それに仲間の結束を強化する音楽的コミュニケーションによる、レジリエンス能力の増大によって成し遂げられたと想像できるのである。

第 2 章

共感能力の進化

「三つの共感」を未来に活かせるか

馬場悠男

人類の形態進化研究を専門とし，化石人類，特にジャワ原人の発掘調査に長年取り組み，化石骨の分析から人類の歴史を探ってきた。現在，国立科学博物館名誉研究員

　人類は，進化の過程で変動する環境に何度も遭遇しながらも，自らの生活域を拡大してきた。それは，第1章で指摘されているように，食物革命（食物の運搬・分配，肉食，調理），捕食者に対抗する繁殖戦略，共感力に富む社会性などが有効なレジリエンスとして作用したからにほかならない。ところが，祖先たちとは違う高度な知性を発達させた我々ホモ・サピエンスは，今や地球上のすべての生物に影響を与える稀有な力を得てしまったあげく，資源の大量消費と環境破壊を引き起こし，世界文明崩壊の危機を招いてしまった。そうなった原因は，創造力にくらべて想像力が弱く，本質的な危機管理能力が不足していたことだろう。その意味では，進化的な尺度としては，真にレジリエンスが高いとは言えそうもない。そこで，自らを反省しつつ，いま直面する危機を回避するため，包括的かつ究極的なレジリエンスとは何か，あるいはそのために何が必要かを探ってみよう。

1　共感の3つのタイプ

　この章では，人類がアフリカで進化し，やがて地球全体に移動・拡散してきた過程を見てゆく。人類が人口を増やし生活圏を拡大した背景には，第1章で挙げられたような様々な特性があるだろう。その中でもとりわけ共感性・共感能力に着目したい。その能力にこそ，他の生き物を圧倒して繁栄を極めた一方で，現代の危機的状況をもたらした，人類固有のレジリエンス特性が最も強く現れているからだ。そして，危機を回避するためにも，最も重要なレジリエンスの要素だと思うからである。

　そこで，以下のように，「共感」を3つのタイプに分け，共感能力が人類の進化とともにどのように発展したのかを考えてみる。なお，この区分は，私の独断による暫定的なものである

① 生理的共感
　他者の状況を自らに投射して認識することで，これは，主に認知能力の発達とミラーニューロンの作用によるともいえる。ミラーニューロンの作用とは，他者の行動を見ることで自分の脳内の神経細胞に，自分が同じ行動をしたときと同じ反応が起きることである。これはマカクザルの実験で直接的に確認された。人類が，サルや類人猿の特性を受け継いで発展させた，生理的に働く共感と言えよう。

② 同情的共感
　他者の幸せあるいは不幸を，自分の幸せあるいは不幸として感じる，人類独自の共感と言えるもの。他者の状況や気持ちがわかったうえで，他者と自分とを精神的に一体化して感情移入する。認知能力の発達だけでなく，自分の知識や経験に照らし合わせて想像・推理することも重要になる。年を取ると涙腺が緩むのはそのためだろう。

③ 奉仕的共感
　他者が不幸な状態にあるときに，どれだけ救いの手を差し伸べられるか。他者の状況と気持ちを認識できたうえで，他者と自分とを身体的（健康，生活，経済，運命）

に一体化する共感である。他者と共に悩み苦しみ，自己犠牲を伴って，実際にどれだけ深く関与できるかが重要だろう。意識的な利他行動を伴う共感ともいえる。

こうした共感が，個人的なものか，集団に係るものか，さらに集団を越えるものであるかどうかは重要である。知らない他者を，仲間としてあるいは運命共同体として認識し，自己犠牲を伴う援助を行うことを受容できるかが注目される。国家の枠を超え，また時間の枠を超えて，奉仕的共感が発揮できるかどうかが，我々の未来に向けたレジリエンスのカギとなるだろう。

私の課題は，このような共感性・共感能力がどのように発達したか，そして発達しつつあるかを，自然人類学の立場から考えることだ。そこで，まず，人類とは何かを整理し，人類進化の道程を振り返り，共感性が存在したと推測される具体的な根拠を探してみよう。また，「研究ノート」として，国立科学博物館の展示活動と関連し，我々の子孫である未来の人類が安定して暮らせるような根本的文明縮小の考え方とモデルを提唱する。

2　人類とは何か，人類進化とは何か

最初に，ヒトの生物学的な位置あるいは人類進化について理解されている要点を整理する。現生人類の学名は，ラテン語では *Homo sapiens*（ホモ・サピエンス）であり，その和名は「ヒト」である。「人類」は，一般には世界中の人々の意味で使われるが，本章では人類進化においてチンパンジーとの共通祖先から分かれたあとの全ての人類種を総称する概念として使う［馬場 2018］。

チンパンジーとの共通祖先から進化してきた人類は，知られている限りでも20以上の種に別れたが，それらを初期猿人，猿人，原人，旧人，新人（ホモ・サピエンス）の5段階にまとめることができる（図1，2）。なお，複数の進化段階の人類種が，同時期に，たいていは異所的に，ときには同所的に，存在していたこともあった。

人類の居住環境は，進化に伴い，湿った森林から乾いた草原へ，さらに多様な環境へと変化・拡大していった。人類が独自の特徴を発達させた順序は，まず直立二足歩行の発達とそれによる（拇指対向把握のできる）手の自由な使用，そしてほぼ並行して犬歯の退化による攻撃性の減少，つぎに居住環境あるいは採取技術による食

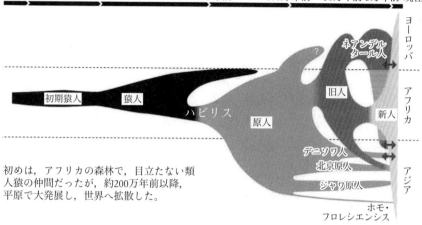

初めは，アフリカの森林で，目立たない類
人猿の仲間だったが，約200万年前以降，
平原で大発展し，世界へ拡散した。

図1　人類の進化5段階：地域と年代のイメージ。
人類は，進化段階が進むにつれて，分布地域を拡大させた。アジアの続きであるオーストラリアとアメリカは省略。両
矢印は，新人と原人・旧人との混血を示す。

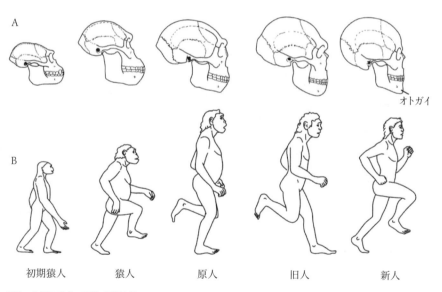

図2　人類の進化5段階：頭骨と体のイメージ。
頭が大きくなり，顔が小さくなる傾向がある。猿人以降，足にアーチ構造ができ，硬い地面を歩けるようになった。

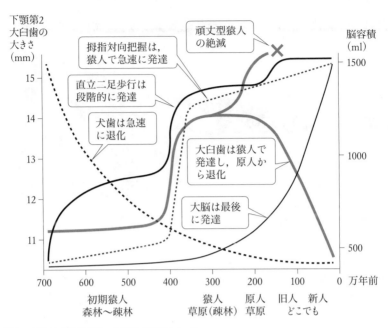

図3　人間らしさを示す五つの特徴の発展イメージ。
変化の時期と速度は様々である。居住地域の影響が大きい。

物の違いがもたらす歯と顎の発達や退縮，さらに大脳の発達に伴う道具の製作，共
感能力や音声言語の発達である（図3）。ただし，これらの特徴が変化した時期と速
度は一様ではない。

　人類進化の動因として重要なのは気候環境と地理的条件であり，特定の集団が変
化しつつある環境に適応する，あるいは異なった環境や地域に進出することによっ
て，新しい種が形成されたと考えられる。人類の居住した地域と気候帯は，初期猿
人と猿人はアフリカの熱帯と温帯，原人はアフリカとユーラシアの熱帯から冷温帯
まで，旧人はさらにユーラシアの亜寒帯まで，新人はさらに加えてユーラシアの寒
帯から世界中にまで拡大した。

3　人類の進化ストーリー——共感能力発達の根拠

　人類独自の特徴である直立二足歩行，犬歯の退化，道具使用，大脳の拡大などが，共感を基礎にした利他行動，相互扶助，家族形成，群れや社会の形成，あるいは人類や生物全体に対する博愛などに発展する契機となった具体的なトピックをたどってみる。なお，農耕牧畜以前の重要な生活手段であった狩猟技術の発展と獲物になった大型動物との関係にも注目する。

1……… 類人猿段階（ドリオピテクスなど）

　およそ2000万年前，アフリカの森林で生まれた初期の類人猿は，果物だけでなく硬い実を食べる頑丈な顎と歯，樹上を移動する柔軟な四肢，そして多様な環境をうまく利用する大きな脳を発達させ，様々な種を生み出した。やがて，ユーラシアにも広がった［ロバーツ 2018］。

　ところが，1300万年前以降，気候が乾燥し草原が広がると，草や昆虫など何でも食べる樹上・地上性のサルの仲間たちが発展し，類人猿は生息域が狭まって，アフリカと東南アジアの一部にしか住めなくなった。そのような背景の中で，直立二足歩行の発明によって森林から草原に生活の場を広げた類人猿の一種こそが我々人類である。

　類人猿の進化過程では，共感を示すような証拠は得られていない。しかし，第1章で指摘されているように，現生類人猿の中では，弱者への肉の分配など共感能力と結びつきそうな行動が見られるという。したがって，生理的共感だけでなく同情的共感が始まっていたかもしれない。それは，ほかのサルに比べれば圧倒的に高い知能から予測されることであり，後の共感能力の発展につながるものだろう。

2……… 初期猿人段階（アルディピテクスなど）

　初期猿人は，脳容積が300mlほどで，森に住み，果物を食べ，木に登り，胴体を直立させていたことはわかっていても，具体的な全身像が不明だった。しかし，2009年にアルディピテクス・ラミダス化石の詳細な研究が発表され，人類の祖先が直立

二足歩行を始めた当初の姿形が初めて明らかになった。アルディピテクス（ラミダス猿人）は，樹上生活に必要な手足の把握機能を備えていたと同時に，骨盤は部分的にヒトと似ていて，腰を伸ばして二足姿勢を保ち地上を歩くことができた。

　さらに，オスはメスとほぼ同じ体格で，犬歯も小さいので，チンパンジーのオスに見られるような攻撃性は減少していたと思われる。メスに無理やり交尾を迫ることはできなかった。そこで，ケント大学のオーエン・ラブジョイは，オスがメスにアプローチするシステムとして，「食物供給仮説」を提唱した［馬場 2018; 諏訪 2012; Lovejoy 2009］。すなわち，「特定のオス」が巧みな二足歩行によって遠くから運んだ栄養豊富な果物などを「特定のメス」に供給し，その対価としてメスが頻繁に発情し，オスを性的に受け入れることによって，夫婦のような関係が芽生えたという。ここでは，オスとメスの間に，生理的共感が充分に働いていたうえに，ある程度の同情的共感もあったと思われる。

　進化という観点では，そのような特性を持つ両親の子供がより良く育つので，メスの発情頻度とオス（当然メスも）の二足歩行能力が相乗的に発展したと考えられる。すなわち，第1章でも述べられているように，食物分配行動や共食が，より多くの子供の成長を促すことに直結するという考え方である。

　ここには，「人間らしさ（ヒトの独自性）」の基盤である二足歩行と，夫婦あるいは家族の起源を結びつける重大なヒントが含まれている。また，強いものが選択されるのではなく，攻撃性を抑制したオスがメスに選択されるということは，現代文明の暴走を抑制する手段の手本となるだろう。

3········ 猿人段階（アウストラロピテクス, パラントロプスなど）

　約400万年前以降，猿人は開けた疎林と草原を行き来するようになり，やがて，疎林への依存を減らして，草原への適応を増加させていった。

　猿人は，骨盤が幅広く，腹部内臓の支持や下肢の筋肉の付着部としての機能は現代人と本質的に変わらない状態で，直立二足歩行の能力を飛躍的に高めた。手では，親指による対抗把握能力を発達させた。足では，親指が大きくなり把握力を失ってアーチ構造を完成させた。

　乾燥した草原で得られる硬い豆や草の根などを噛み砕くために，臼歯が大きくなり，歯のエナメル質が厚くなった（現代人もチンパンジーより厚い）。ただし，臼歯が

拡大したので，歯列は長く，口は突出したままだった。脳容積は少ししか増加しなかった。

猿人では，オスの体が大きくなったが，犬歯はさらに小さくなったので，仲間あるいはメスに対する攻撃性が増すことはなかったと言える。ただし，親指が大きくなり拇指対向把握能力が発達したので，たとえば数頭の体の大きなオスが木の枝を持って振り回すことによって，ハイエナなどの捕食者を撃退したと推測される。

猿人がどのように歩いていたのか，どのように家族や群れを構成していたのかに関する証拠が，タンザニアのラエトリ遺跡で発見されている。それは360万年前のアファール猿人（アウストラロピテクス・アファレンシス）が歩いた足跡列の化石なのだ。大中小の3人分の足跡が10メートルも続き，大きい足跡に中くらいの足跡が重なっていて，すぐそばに小さな足跡が同じ歩幅で並んでいるので，父母子供の家族だと推定されている。

当時の情景を復元してみると，たとえば，父が歩いた足跡を子供の手を引く母がたどる，あるいは父が子供の手を引きその足跡を母がたどるような，ほほえましい家族の愛情がうかがえる。つまり，同情的共感が充分に機能していたことがわかる（図4）。

さらに，この付近にはほかの猿人たちの足跡列も確認されているので，複数の家族が集まって数十人の「群れ」を形成していたと考えられる。霊長類学者によると，ヒトだけがオスとメスのペアに基づく家族と，複数の家族が集まる群れ（社会）を作り，積極的に協力しあう。それに対し，たとえば，ゴリラは一夫多妻の家族を持つが社会（群れ）を作らず，チンパンジーは社会（群れ）を作るが家族を

図4　ラエトリ遺跡のアファール猿人家族。
子供の手を引く父親とその後に続く母親が，足跡列化石の実測図の上を歩いているように復元した。屈強で思いやりのある父親が家族を守っている。

持たない。ヒトが同情的共感能力の対象を家族から集団へと拡大していったことが，結果的に，捕食者に対抗する防御力の向上にも役立った。

4········原人段階（ホモ・ハビリス，ホモ・エレクトスなど）

　約240万年前，猿人の一部が初期の原人（ホモ・ハビリス）に進化し，原始的な石器を使って死んだ動物の肉を切り取ったり，食べ残しの骨を割ったりして骨髄を得るような戦略を開発した（なお，330万年前の猿人が石器を使ったという報告もあるが，ここでは追及しない）。その結果，彼らは草原にうまく適応し，生活域をさらに広げていった。やがて，ハンドアックスのような定型的石器を使うようになり，歯が退化し，口の突出も弱くなった。脳容積が増加し（500〜900ml），脚全体も徐々に長くなった。昼間の行動では，汗を蒸発させて体温を下げる必要があり，体毛が少なくなったと考えられる。原人は，簡単な槍などを使って，徐々に積極的な狩りをするようになったが，獲物である動物たちは時間をかけて慣れることができ，甚大な影響を受けることはなかっただろう。

　約180万年前以降，原人はアフリカを出て，ユーラシアの熱帯から冷温帯にまで拡散していった。これが，人類の最初の「出アフリカ」である。彼らは，アジアでは，北京原人やジャワ原人になった。脳容積もさらに増加した（900〜1100ml）。

　ジョージアの約180万年前のドマニシ遺跡では，極めて珍しいことに，歯が失われた老人の頭骨が発見されている。つまり，この個体は長年にわたって何らかの世話を受けていたのだ。それは，自らのDNAコピーを遺すために子供を本能的に世話することとは違い，また一時的に弱者の世話をすることとも違い，将来に貢献できない個体を恒常的に世話することであり，軽い自己犠牲を伴う利他行動と見なせる。つまり，ある程度の奉仕的共感があったことがわかる。

　ただし，ドマニシ遺跡では，ウマ，シカ，キリン，ダチョウなど大型動物の骨がたくさん見つかっているので，例外的に狩りの獲物が多い恵まれた状況だったのかもしれない。なぜなら，人類のいなかったユーラシアの動物たちは，初歩的な狩猟技術しか持たない原人にとっても格好の獲物になった可能性があるからだ。やがて，人類の危険性を知った動物たちは徐々に用心深くなり，原人集団と共存していったのだろう。

5......旧人段階（ホモ・ハイデルベルゲンシス, ホモ・ネアンデルタレンシスなど）

　およそ70万年前には，アフリカで原人の中から旧人が誕生した。体は原人とほとんど同じだが，脳容積が大きくなり（1100〜1500ml，末期には1600mlにも），剥片石器を能率よく作った。鋭い槍を使い，狩猟技術を高めた。やがて2度目の「出アフリカ」としてユーラシアに拡散し，北方の亜寒帯にまで分布域を広げることになる。

　それにともない，ユーラシアの多くの地域では，旧人集団が原人集団の生存を脅かしたが，全ての原人集団が絶滅したわけではない。また，大型動物たちも，旧人のほどほどに進んだ狩猟技術に対応して生き延びることができ，絶滅することはなかった。

　アフリカの旧人の中で最も注目すべきは，音声言語の発達にも関連して，ザンビアで発見された40万年ほど前のカブウェ人（ホモ・ハイデルベルゲンシス）である。カブウェ人は，大型の男性で，眼窩上隆起が大きく一見すると原人のようだが，脳容積は1300mlを越え新人の変異幅に入る。そして，顔が大きい割に顎関節が小さく，頭蓋底前部が前後に短縮し，歯列と頸椎との間の距離が新人と同じくらいに短くなっている。

　この部分は，生体なら咽頭の上部に当たり，そのスペースが狭いことは，喉頭がそこに収まることはできず頸まで下がっていたことを意味している。すなわち，カブウェ人は，喉頭の声帯で作られた音を長い咽頭腔および円蓋状の口腔で調整して声を発し，我々に近い状態でしゃべることができただろう。それを支える論理能力は，1300mlの脳が果たしたはずだ。ちなみに，チンパンジーがしゃべれないのは，一般哺乳類とも似ていて，喉頭が咽頭上部に位置しているため，声帯で音を発生しても，咽頭腔が短く，さらに口腔も長く直線的なので，調音できないからである。

　周知のように，我々は言葉によって，他者の心身の状況を理解し，強い共感を抱くことが多い。悩みを聞いて励ますこともできる。したがって，ハイデルベルゲンシスは充分な同情的共感の能力があり，状況によっては奉仕的共感を相当程度に発揮していたことだろう。

　旧人の一種であるネアンデルタール人（ホモ・ネアンデルタレンシス）は，寒いヨーロッパで，30万年ほど前から，積極的に大型動物を狩っていた。10万年ほど前には，西アジアや中央アジアにも進出した。とくにイラクのシャニダール洞窟では，大ケガをしたが回復し，老後に介護を受け，さらに死んだ後では丁寧に埋葬された個体

の骨格が発見されている。これは，死者を悼むということまで含めて，長年にわた
って，かなりの奉仕的共感が発動されていたことを意味している。

　最近では，ネアンデルタール人が描いたと思われる壁画や装飾品もわずかながら
発見されている。したがって，ネアンデルタール人には新人にほぼ匹敵する表象能
力もあっただろう。ネアンデルタール人が言葉をしゃべったかどうかは，以前から
議論されていたが，最近では，しゃべったとする見解が多い［リーバーマン 2015］。私
も，ハイデルベルゲンシスと同様にしゃべったと考えている。なお，ネアンデルタ
ール人の脳容積が新人より大きいことが強調されるが，それは，末期のネアンデル
タール人の数例が特に大きいのであって，全体として大きいわけではない。

6 ……… 新人段階（ホモ・サピエンス）

　およそ30万年前，アフリカで，旧人の中から新人のホモ・サピエンスが誕生した。
彼らは，大脳の発達に伴う生活史の長期化，生理的早産，児童期の成長遅滞，思春
期の急成長，老後の長寿化など独自の特徴を発達させていた。脳容積は旧人より少
し大きいだけだったが，戦略的な創意工夫の能力を持ち，複雑な石器を使いこなし，
多様な食物を得ることができた。もちろん，喉頭は頸まで下がり，現代人と同様に
言葉をしゃべったはずだ。

　以上のような能力を生み出したのは，学習と経験による文化的な適応力が増した
ためと考えられる。つまり，旧人までは身体的な適応がかなり重要だったが，新人
に進化してからは精神的・技術的な手段による自然環境適応と社会適応がはるかに
重要になったといえよう。その結果，石器を含めた道具の進歩や火の使用によって，
身体が華奢になり，咀嚼器官としての顔がさらに退縮していった。

　先史時代の新人においては，当然ではあるが，旧人と同様あるいはそれ以上に，仲
間の間で奉仕的共感能力が存在していたことは疑いない。たとえば，縄文人でも，脚
の骨折が治って生き延びたり，小児麻痺の個体が成人近くまで生き延びたりしてい
る。

　さらに，新人特有の現象として，お洒落をし，芸術を生み出すことがあたりまえ
になった。それは，想像力や表象能力が飛躍的に発達したことを示している。たと
えば，南アフリカのブロンボス洞穴では，約8万年前の地層から赤色顔料のオーカ
ーや首飾りに使用した貝殻が数多く見つかっている［海部 2005］。ということは，他

者に自分と同じ心があることを完全に理解し，それを意識的に利用して，自分の見栄えの良さという幸せをいかに他者に羨ましがらせるかという工夫をしていたことを表している。「見え方」，「見せ方」を知っていたのだ。それなら，他者が不幸な状況に陥ったときに自分が同情的共感を抱くことも，また自分が不幸な状況に陥ったときには他者が自分に同情的共感を持つであろうことを理解していたに違いない。共感性の再帰性の出現ともいえる。

4 アジアで展開した原人・旧人の地域進化

さて，新人がユーラシアに広がる前にアジアで繰り広げられた人類進化史に，改めて目を向けてみよう。なぜなら，2000年代の初めからアジアの様々な地域で新たな化石が発見され，興味深い人類進化のドラマがアジアで展開されていたことがわかったからだ。アジアには，多様な環境があり，それぞれに適応した人類集団の在り方が，レジリエンスの意味を考える参考となるだろう。

1……… スンダランドでほぼ孤立したジャワ原人

スンダランドは，東南アジアの島嶼部で，およそ260万年前から始まった更新世の氷期における海水面の低下により，大陸と一時的に地続きになった地域である。この地域ではいくつものジャワ原人化石が発見されていたが，前期ジャワ原人が末期ジャワ原人に進化したのかどうかが議論されていた。そのような中で，我々の国立科学博物館を中心とするチームが発見した30万年前の化石（サンブンマチャン4）が決め手となって，ジャワ原人はおよそ100万年前から10万年前にかけて独自の進化を遂げたことが明らかになった。

興味深いのは，ジャワ原人は，脳容積が850mlから1100mlへ増加したにもかかわらず，石器は100万年以上前のままだったことである。それは，アジア大陸部から，進んだ石器技術を持つ人類集団が侵入してこなかったためだろう。もっとも，それなら，何のために脳容積が増加したのかが大きな謎となる。高度な社会性発達のためか，あるいは地域集団どうしの争いのために戦略を巡らせる必要があったのかも

しれない。なお，体は頑強で，次に述べる小型原人のように小さくはならなかった。それは，トラのいる地で暮らすには，体力も必要だったからだろう。

2………スンダランドのかなたで完全孤立したフロレシエンシスとルゾネンシス

スンダランドとは違って，更新世の期間中，アジア大陸と地続きにならなかった地域がある。一つは，ジャワ原人が住んでいたスンダランドの東のウォーレシアであり，スラウェシ島やフローレス島を含んでいる。

そんなフローレス島で，2003年に超小型人類の化石が発見され，ホモ・フロレシエンシスと名づけられた。彼らは身長1．1ｍ，脳容積420mlほどと猿人並みでありながら，数万年前まで生きていた。彼らの四肢骨は，大陸やスンダランドの原人のように平原を歩くよりは，山地を歩いたり木に登ったりすることに適応していた。頭骨が厚く，下顎骨の先が強く傾斜している点では，原人と似ていた。

彼らがどのような人類か，どこから来たか，大論争が起こったが，国立科学博物館の海部陽介を中心とする我々のチームが研究したところ，初期のジャワ原人の仲間がフローレス島に漂着し，島嶼効果によって小型化したと見なすのが妥当と考えられた［川端・海部 2017］。小さな島には，競争相手の人類も危険なトラもいなかったので，彼らの身体と脳は劇的に小さくなったと考えられる。コモドオオトカゲはいたが，トラほど危険な捕食者ではなかった。

ただし，小型ステゴドンゾウや巨大ネズミなどの動物を狩り，解体するための石器を作っていたので，原人並みの知恵があったらしい。逆に，フロレシエンシスの原人並みの狩猟技術では，（彼らにとっては大型の）小型ステゴドンゾウやコモドオオトカゲを絶滅させることはなかった。ホモ・フロレシエンシスとそれらの動物は，バランスを保ち，100万年間も共存した。

アジア大陸と地続きにならなかったもう一つの島は，スンダランドの北の先，フィリピンのルソン島である。そこで，2007年以降に発見されホモ・ルゾネンシスと名付けられた手足の化石は，初めは新人だと主張されたが，私が見たところ極めて小さくサルか猿人のようだった。いまでは，フロレシエンシスと同様に，原人がルソン島に渡って孤立し，独自の変化を遂げたと解釈されている。

この二つの超小型原人の発見によって，隔絶された狭い環境では体も脳も縮小するという特殊な進化が人類にも起こり得ることが実証され，拡大路線による進化様

態を根底から転換させる能力が注目されている。それは，このままでは文明崩壊を迎えかねない我々サピエンスの未来の極端な在り方をも暗示している。

3⋯⋯⋯アジア大陸部の原人と旧人

　かつて，中国では，原人としては北京原人およびその仲間の化石しか発見されていなかった。しかし，最近，台湾で澎湖人と名付けられた原始的な下顎骨が発見された結果，アジア大陸東部および近接部には，北京原人（藍田人を含む）と澎湖人（和県人を含む）の2種の原人がいたと考えられている。したがって，ジャワ原人，フロレシエンシス，ルゾネンシスを合わせると，東アジアには，少なくとも5種類の原人が住んでいたことになる。

　旧人に関しても，中国西部大荔県で発見されたダーリー人などが知られていた上に，中国北部ハルビンの近くで秘密裏に発見されていたホモ・ロンギや中国南部東至県で発見された華龍人が報告されている。

　また，指と歯が発見されただけだが，DNA分析から旧人に相当するとされたデニソワ人が，ロシアのアルタイ山脈に数万年前まで住んでいた。その地域では，ネアンデルタール人や新人の一部もほぼ同時期に住んでいたことがわかっている。なお，デニソワ人の具体的な姿は不明なので，上記のようなアジアの旧人あるいは原人と一致する可能性もある。

　いずれにせよ，アジアでは，100万年ほど前から数万年前まで，いくつもの人類集団が，各地で大型動物たちと共存しながら独自の適応進化を遂げていたことがわかる。それらを，大型動物と共に一気に駆逐してしまったのが，アフリカからやってきた新人，我々サピエンスなのだ。

　最近では，次世代シークエンサーの発展によって化石人骨の核DNAを分析することができるようになり，新人の一部が古い人類と混血をして遺伝子を2％ほど交換したことがわかっている［ライク2018］。具体的には，新人がアフリカを出た直後に，西アジアで，現代ヨーロッパ人の祖先および現代アジア人（オーストラリア先住民を含む）の祖先がネアンデルタール人と混血した。また，中央アジアあるいは南アジアでは，現代東アジア人およびオーストラリア先住民の祖先がデニソワ人と混血した。ネアンデルタール人やデニソワ人の遺伝子は，我々の体の中に生き残り，寒冷や高地に対する適応能力，あるいは地域固有の疾患に対する免疫機能を高めることに役

立っているらしい。

　以上のような，原人あるいは旧人に匹敵する化石人骨と遺跡からは，共感を示すような証拠は見つかっていないが，共感能力がなかったということではない。

5　新人(ホモ・サピエンス)の世界拡散
──大型動物および原人・旧人の運命

　約7万年前ないし5万年前，アフリカ北東部に住んでいた新人の集団（数百人から数千人ほど）が，レバント地方あるいはアラビア半島の海岸を経由して西アジアに進出した。3度目の出アフリカだが，我々の種の拡散という意味で，単純に「出アフリカ」ともいわれる（図5）。

1………アフリカで徐々に発達した狩猟技術

　振り返ってまとめると，およそ260万年前に始まった更新世の期間中，アフリカで

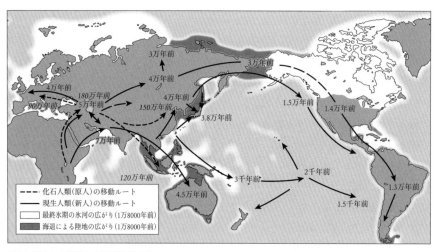

図5　原人および新人の世界拡散イメージ。
アフリカからの拡散の年代とルート（矢印）を示した。原人は斜体数字と破線，新人は立体数字と実線。

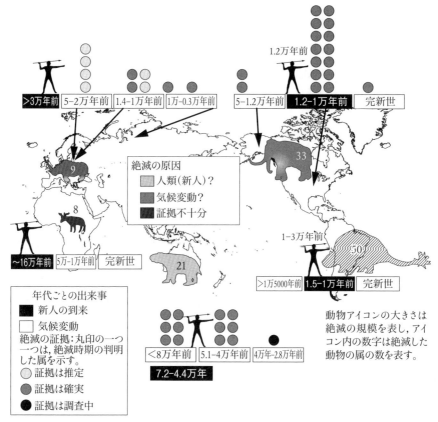

図6　各大陸における大型動物の絶滅。
数字は，新人が絶滅させた，大型動物の属の数を示している。人類と動物との付き合いの長かったアフリカやユーラシアに比べ，まったく付き合いのなかったアメリカとオーストラリアでは，新人によって多くの大型動物が絶滅させられた。

は人類が徐々に狩猟技術を高めてきた。そして，獲物にされていた動物たちも，人類が危険な動物であること知り，狩猟技術の向上に合わせて，生き延びるように適応してきた。用心深さを発達させたのだ。

　そのため，新人が狩猟技術を飛躍的に高めた後期更新世においても，新人によって絶滅させられたアフリカの大型動物（ヒトと同じかそれより大きい）の属の数は，他の地域よりずっと少ない（図6）。その数は，大角バッファローなどを含め，全体のおよそ18％に過ぎない（44属中の8属，データはBarnoskey他［2004］によるもので，およ

その目安として理解していただきたい。以下も同様）。だから，今でも，かろうじてアフリカだけは，ゾウ，カバ，サイ，バッファロー，キリンなど大型動物が暮らす野生の楽園（危機が迫っているが）なのだ。

後期更新世に多くの大型動物が絶滅した原因は，高い狩猟技術を身に着けたヒト（ホモ・サピエンス）の狩猟による過剰殺戮だけではなく，最終氷期の終焉過程の急激な気候変化のためとも考えられている。とくに北ユーラシアと北アメリカでは，温暖化の影響が強かったと指摘されている。ホッキョクグマが絶滅しそうなのも理解できる。ただ，最新の研究では，人為的影響（狩猟）がより大きいと考えられている[Sandom et al. 2014]。

2……新人の拡散　ユーラシアとオーストラリア

アフリカから出て西アジアに進出した新人の集団は，そこに住んでいたネアンデルタール人との間で，狩の獲物の争奪戦を始めた。当然，アトラトル（投槍器）など進んだ狩猟技術を持つ新人が勝利し，ネアンデルタール人を押しのけ，約4万年前にはヨーロッパ西部にまで拡散した。そして，ネアンデルタール人を絶滅させた。

このような状況から判断すると，新人集団がネアンデルタール人に対して同情的共感による寛容の精神を抱いていたとは考えにくい。それは，ネアンデルタール人を仲間として認識しなかったからだろう。ただし，前述したように，新人はネアンデルタール人と混血し，2％ほどの遺伝子を交換している。大きな矛盾を感じる部分である。

新人の集団が西アジアからユーラシア全体に拡散するにつれ，原人や旧人の狩猟技術に適応していた動物たちは大苦戦を強いられた。そして，オーロックス，ケサイ，ケナガマンモスなどを含め，大型動物の属のおよそ36％（25属中9属）が絶滅した。その結果，ユーラシアの各地で動物たちと共存していた原人や旧人たちの獲物がなくなり，原人や旧人も絶滅した。

人類という危険この上ない動物の存在を知らなかった動物たち，とくに目につきやすい大型動物たちは，さらに悲劇的な事態に直面した。4万5000年ほど前に，新人の集団（オーストラリア先住民）がオーストラリアに到達した後，プロプレオプス，フクロライオン，ディプロトドンなどを含め，オーストラリアの大型動物の属のおよそ88％（16属中14属）が絶滅してしまった。

また，西アジアから東南アジアを経由して4万年ほど前に東アジアにやってきた新人の集団は，初期東アジア人となり，3万8000年前には人類未踏の日本列島に進入した。そして，マンモス，ナウマンゾウ，オオツノジカなどが絶滅した。

3……新人の拡散　アメリカとオセアニア

一方，約4万年前に北方草原を経由してシベリア南部に至った新人の集団は，約3万年前には厳寒の極北地方にも進出した。その中で，極北を東に進んだ小集団は，北アメリカ北部の氷床に行く手を阻まれ，ベーリンジアで孤立してしまった［篠田謙一 2017］。それでも，彼らは，トナカイやマンモスを狩って生き延びた。やがて，約1万4000年前にその氷床が溶けると，南への進路が開けた。孤立していた集団は，まず北アメリカの中心部に進出し，無抵抗の初心な大型動物たちを狩り，人口を急速に増しながら，わずか1000年ほどの短い期間で，南アメリカ最南端にまで到達した（「電撃戦モデル」と呼ばれることもある）。

その過程で，北アメリカでは，コロンビアマンモス，巨大バイソン，ラクダ類を含め，大型動物の属のおよそ72％（46属中33属）が絶滅した。そして，南アメリカでは，グリプトドン，オオナマケモノを含め，およそ83％（60属中50属）が絶滅した。なお，以上のルートとは別に，北東アジアの漁労民が海岸を伝わって，約1万5000年前にアメリカ大陸に広がったとも考えられている。

以上の結果，我々新人は，約1万3000年前には地球上のほぼ全ての陸地に住むことになった。ただし，それは，長い目で見れば運命共同体である大型動物の犠牲の上に成り立っていた。しかも，それに気が付かなかった。

なお，太平洋・インド洋諸島への進出は，農耕牧畜が発明されてからだった。それについては，Phase III・第12章で論じられている。

以上のように，とくに大型動物を狩ることによって簡単に人口を増し居住地域を拡大することができた新人の集団は，あたかも楽園に住むようだった。いくらでも肉が食えたのだ。そんなことは，人類の歴史において初めてだった。そして，すぐに終わりがやってきた。それは，現代文明生活に潜む快楽への先触れだったのかもしれない。いずれにせよ，人類史上初の環境破壊であったことは間違いない。以後の過程については，Phase II以降にゆずりたい。

6　未来へのレジリエンス

　我々ホモ・サピエンスは，世界中に拡がる過程で，多くの大型動物と全ての原人・旧人集団を絶滅させ，およそ1万年前に農耕牧畜を始めた。さらに，およそ5000年前には地域文明を築いたが，それぞれの現在の環境から資源を搾取した結果，各地域で文明が衰退あるいは崩壊した。しかも，そうなる寸前まで，悲劇への道を歩んでいることに気が付かなかった［ダイアモンド 2005］。今では，世界文明が崩壊へ向かっていることに気が付きながら，本質的な対処をしていない。

1 ········ 文明という名の欲望充足装置

　約300年前の産業革命を土台として発展した世界文明は，過去の環境が生み出した資源である鉱物資源を大量に消費することによって，先進国の文明生活を，便利さにとどまらず，快適さを求める「欲望充足装置」に変身させてしまった。

　すでに50年前にローマ・クラブの『成長の限界』［メドウス他 1972］が警告したように，様々な資源が遅かれ早かれ枯渇することは明らかである。国連の掲げるSDGsの目標達成には，脱炭素化によって温暖化を遅らせ持続可能な発展が実現できるかのように謳われているが，そのような生半可な環境対策では，本当に平和な安定した未来はやってこない。共感性の観点では，浅い奉仕的共感を発揮させれば，何とかなるという誤解を世界中の人々に与えてしまう。

　地球規模の文明崩壊が迫っていること，そして，それを避けるためには，人口を大幅に減少させ，生活水準を低くして，資源の消費を格段に抑える必要があることは，大部分の人々が理屈としてはわかっている［谷口 2017］。しかし，文明という名の欲望充足装置は麻薬と同じで，一度味わうと，そこから抜け出すことは極めて難しい。しかも，インターネットとグローバリゼーションが，快楽への欲望というウイルスを世界中の人々にばらまいてしまった。80億に近い人々の欲望を抑えることはもはや不可能に近い。

　皮肉にも，COVID-19ウイルスの拡散がもたらした悲劇と不自由さは，欲望を抑制するための予行演習あるいは可能性の試金石となっている。

2........ 未来へ遺す二つの世界

　このままでは，22世紀の子孫から「21世紀の祖先たちは，なぜ，貴重な資源を未来に遺すことなく，浪費してしまったのか」と，強く非難される。過去の環境が遺した資源は，我々だけのものではなく，未来の人類との共有財産である。そんな簡単なことが理解できない我々は，はたしてホモ・サピエンスであるといえるのだろうか。貴重な資源を勝手に無駄遣いするのは，祖父や父が築いた財産を，子供が浪費し，孫に全く遺さないようなものだ。貧困にあえぐことになる孫には納得できないだろう。我々は，「道楽息子」にすぎないのか。

　我々が我々の子孫である未来の人類に遺す可能性のある世界は二つだろう。一つは，文明という名の「欲望充足装置」をのさばらして，崩壊しつつある，あるいは崩壊してしまった危険で悲劇的な世界である。もう一つは，欲望充足装置を根本的に抑え込んで，本当に持続的に暮らせる平和な世界である。そして，後者の平和な世界を実現できるかどうかは，現代人のみが獲得し発展させつつある奉仕的共感能力による「思いやり」の対象を地球規模に広げ，現在の同胞だけでなく，未来の子孫にまで拡大できるかどうかにかかっている。

　私が提案したいのは，レジリエンスという概念を再考することである。個のレベルのレジリエンスだけではなく，自らの「欲望充足装置としての文明」を格段に縮小し，未来の人類がつつましくも幸せな社会を生きることを目指すような長期的かつ利他的なレジリエンスの重要性を訴えたい。それは，レジリエンスの意味を，強靭性よりも柔靭性，直接的な回復よりも別の道を探る臨機応変の融通性として理解することにつながるだろう。すなわち，人類進化の様態と方向性を自ら転換することである。そうすれば，つつましやかだが平和な世界を，未来の子孫たちに，絶滅が危惧される動物たちにも，遺すことができるだろう。しかし，どうすれば，実現できるのか，我々はまだ正解を知らない。Phase II以降，様々な視点でレジリエンス論が展開するが，その中にヒントを見出していきたい。

馬 場 悠 男

国立科学博物館の展示と自分史から

　私は，国立科学博物館で，1993年から2007年にかけて，常設展示の大改定の際に，研究者のまとめ役をしたことがある。その際の展示の統一テーマは，「人類と自然の共存をめざして」だった。そして，2004年に完成した「地球館」のテーマは「地球生命史と人類」であり，地球と生物が共に進化してきた歴史の中で，最終的に人類がどのように発展したかが展示されている。それは，絶滅の危機に瀕しながらも生き延びた人類のいわば「サクセスストーリー」だった。しかし今振り返ってみると，サクセスストーリーのイメージは，その先に立ち現れた文明崩壊の危機への自覚を遠ざけたかもしれない。

　2007年に完成した日本館の展示テーマは「日本列島の自然と私たち」であり，我々日本人が，日本列島の恵まれた自然の中で，どのように環境と折り合いをつけ，身の丈サイズの暮らしを送ってきたかが展示されている。日本列島は，火山と森がもたらすミネラル豊富な土壌があり，雨が多く，四季の変化のある気候のおかげで，陸海の植物相・動物相が豊かである。災害は多いが，未来永劫にわたって，農耕が可能な理想郷ともいえる。

　日本人が日本列島で育んできたこうしたつつましやかな暮らしを紹介し，抑制による文明縮小の社会モデルを提案するべきであると，いま強く思っている。

　確かに近代化で，日本人の生活の質は圧倒的に高くなった。しかし今ほどの「豊かさ」が本当に必要だろうか。たとえば，オリンピックが開催され新幹線が開通するようになった，つまりは充分に豊かになった1964年と比べても，現在の日本のエネルギー消費量は約３倍になっている。さらに，その10年前，いわゆる高度成長期が始まる頃に比べれば，エネルギー消費は10倍近くになる。それは本当に必要なのか。私が子供だったあの頃のようにつつましやかに暮らせば，数百年後の子孫にも安定した世界を遺すことができるだろう。

私が監修した国立科学博物館での展示から。縄文人の生活。

　江戸時代には，約3000万人の人口が，稲作を中心とする農業と漁業で養われた。ゴミは埋め立てに使い，排泄物を肥料として利用する循環農業が成り立っていた。そんな暮らしなら，1000年どころか5000年後の子孫にも平和な世界を遺せるだろう。

　縄文時代には，採集狩猟と原始的農業を複合した環境に優しい生活が行われた。日本列島には10万人もの人々が住んでいたが，それを可能にしたのは，身の丈サイズの協調的な暮らしだった。そうすれば，１万年後あるいは10万年後の子孫にも自然豊かな世界を遺せるだろう。このように，人類史を振り返って未来を見る想像力こそ，いま必要なのだ。

　私がここで，わざわざ声を大にして文明崩壊の危機を唱えるのは，自分が年を取り，成人に達しようとする孫たちを見ていると，彼らが年を取ったときに悲惨な目に遭うことは避けられないと思ったからである。また，国立科学博物館の常設展示の総まとめに携わったときに，文明崩壊の危機を強く訴えたかったが，諸般の事情からできなかったことへの反省である。さらに，人類進化史の研究者としての究極の責務を自覚したからでもある。

「レジリエント・サピエンス」の神経生物学

人類進化と文明発達の相転移

入來篤史

認知神経生物学, 特に人間を含む霊長類が高次
脳機能を獲得するメカニズムについて研究。現在,
理化学研究所未来戦略室上級研究員, 科学技
術振興機構戦略的創造研究推進事業研究総括

1　人類史の駆動力——ディープ・レジリエンス

　総ての生物は, 種の棲息地の環境に「適応」して進化してきたので, 地球環境が
変化すれば元の環境条件の地域的な拡大や縮小に対応して, 棲息地が「移動」する
ことがある。しかし, 元と異なる環境の地に「移住」することはない。別の環境に
適応して変化すれば, もはや別の種になってしまう。この底流にある生物進化の大
原則は, 環境から生物への一方的な作用と, それによって生物内部に閉じる反応 (受
動適応) である。本来の「レジリエンス」は, この様な外部環境の変化に対する適応
力や復元力の強さや大きさ, つまり強靱性のことを指し示す。しかし, ホモ・サピ
エンスはこの生物原則に反して, 原棲息地のアフリカ熱帯地方を出て, 全く異なる
自然環境の地へとすばやい「移住」を繰り返し, あっという間に地上のほぼ全域を
制覇した。人間が, 環境を構想してそれに働きかける, 何らかの外に向かう積極的

な能動作用を獲得したためであろう。そしてこれが今日の「人新世」へとつながる我々の行動様式を特徴づけている。第2章ではこの現象をして、「レジリエンスの意味を，強靱性というよりも柔靱性，直接的な回復よりも別の道を探る臨機応変の融通性として理解することにつながるだろう」と結論づけた。

　人間に特異的な「知性」が，この異常な「移住」と期を一にして始まる人間文明の創成を可能にした，と考えられてきた。しかし，知的にみえる行動の諸要素の萌芽は他の多くの動物種にも見出され，第1章で指摘されているように，特に種々の霊長類で周く用意されているかにみえる。それなのに，ホモ・サピエンスになってはじめてそれらが顕著に発現されはじめたということは，人間型の「知性」はヒト以外の種の棲息には適応的ではないので，その発現が抑えられてきたのだと考えれば納得がゆく。環境からの情報を受けてそれに応答するという受動的な「適応」メカニズムに反するからだろう。ところが，人間は何らかの契機で環境に対する逆向きの能動作用を獲得し，「知性」はそれに好都合だったということかもしれない。このような「人間知性」の起源に関連する行動様式として，前2章では，道具使用，火力調理，共感社会，言語思考などが指摘され，これらの多様な認知行動の獲得による環境との相互作用をとおした，多要素間の重層的な因果関係による進化発展の物語が，レジリエンスというキーワードによって紐解かれてきた。

　本章では，このように単一の要素的行動様式や直線的な因果関係に還元することの困難な進化の複合的メカニズムの本質を洞察する手段として，これらの行動表現型の深層に通底するメカニズムを「ディープ・レジリエンス（Deep Resilience）」として想定し，行動発現のための脳神経機能解剖の視点から検討する。これは，知性が移住（出アフリカ）とそれに引き続く同時多発的な人間文明創成を可能にしたという一方向的で直線的な因果関係ではなく，棲息環境への受動的および能動的な適応様式と，様々な知性的認知行動特性の発現が，それらを担う脳神経機能とともに相補的に適応共進化したというものになる。そして，これを「三元ニッチ構築」仮説（環境ニッチ，認知ニッチ，脳神経ニッチの循環的構築）として提案し，現生動物種のなかで突出したレジリエンスを極めた我々「レジリエント・サピエンス」への進化の駆動原理について考察する。

2　人類進化の三つの謎——サピエント・パラドックス

　ヒトの祖先の脳と心の進化には，三つの大きな謎がある。その第一は，サピエンス以前からそれに至るホモ（*Homo*）属の出現とともに相転位的に加速した脳容量の急拡大である（図1A：Iriki et al 2021）。それ以前の猿人（アウストラロピテクス，*Australopithecus* 属）の脳容量は，ごく緩やかな増加傾向にはあるものの，200万年以上に亘って，現生類人猿とさほど変わらない範囲に留まっていた。しかし，ホモ属が現れて原人（ホモ・ハビリス）が石器を作り始めると，石器製作技術がより高度になるにつれて，約70〜30万年前に出現する旧人（ハイデルベルク人やネアンデルタール人を含む）に至るまで脳容量が急速に拡大を始めたのである。道具使用と製作を契機に，ホモ属の脳に何が引き起こされたのだろうか？　この過程を通じて，ホモ・サピエンスにおける急速な文明の開化の下準備が熟成されていたものと想定される。

　第二の謎は，もっと最近になってからだ。旧人の出現以降は脳の拡大は起こっておらず，私たち新人（ホモ・サピエンス）は約30万年前に登場したにもかかわらず，絵画や彫像などの象徴的な人工物や，目的に応じた多様な道具を作ったり，寒冷な地域や島嶼部に進出したりするのはおよそ5万年前以降でしかない（図1B）。この間，サピエンスの脳は（ばらつきが大きく断定は出来ないものの）むしろ縮小傾向にあるのではないかとさえいわれている。つまり，脳の大きさと行動の高度化は，ある時点からは対応がみられなくなる。にもかかわらず，生物種としてのホモ・サピエンス登場からその認知能力が発揮されるまで，何故これほどの時間がかかったのかは大きな謎として残されている。

　第三の謎は，さらにあと，最終氷期が終わって気候が温暖化し，およそ1万年前以降に起こった狩猟採集社会から農耕社会への転換を契機として，中東，アフリカ，東アジア，南アジア，中米，南米と，各地で文明が一斉に勃興したことである（図1C）。各地で発達した文明は多様でありながら，かなり類似した要素もあり，ヒト固有の認知的特異性が基盤にあるように思われる。生物進化の時間スケールからみるとこの様な短期間にかつ同時多発的に，知能に関する遺伝的変化が相互に独立に引き起こされたとは考えられず，当然脳容量の拡大もない。この第二・第三の謎を称して「サピエント・パラドックス」という [Renfrew 2008]。

　このように，人類進化の過程で柔軟性・融通性としての「レジリエンス」を獲得

Phase
I
　危機とレジリエンスのはじまり・かたち

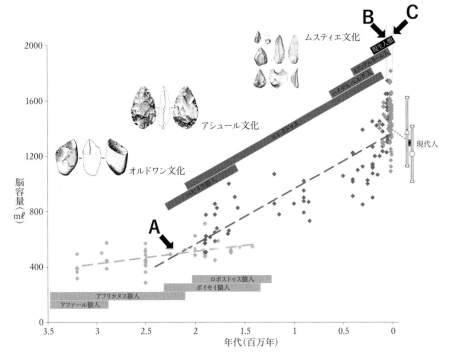

図1 種々の猿人（アウストラロピテクス属：薄いグレー），原人・旧人（ホモ・サピエンスを除くホモ属：濃いグレー）および新人（ホモ・サピエンス：黒）の進化過程（横軸）に沿った脳容量（縦軸：Matzke 2006 より）の変化。破線は，各系統の回帰直線を示す。各系統内での各種の推定存在期間は，回帰直線に沿った対応色のバーで示す。右端のバーは現生ホモ・サピエンスの脳容量の平均値（男：白三角，女：白円）とばらつき（上下バー）を示す。矢印Aは，ホモ・ハビリスが出現し石器使用を開始した時点，矢印BとCは，それぞれホモ・サピエンスの出アフリカと，各種高次認知機能の一斉創発の推定時期を示す［Iriki et al 2021 より改変］。

した後に，それが漸増から急増に転じてさらに爆発的に発現したという転換を経て，高い適応能力を発露する「レジリエント・サピエンス」が現代の人新世を形成するに至ったという経緯が見えて来る。

3 　原始人類進化の駆動力──「三元ニッチ構築」第1相

　第一の謎から考えてみたい。石器を作り使いはじめたことによってホモ属の脳に
何が起こったのだろうか？　道具使用によって，実質的な身体の機能的形態を，生
物進化を待たずに瞬時に変化させることができる。また，道具を環境に埋め込むこ
とで，急速に新たな棲息環境の様式すなわち「環境ニッチ」を創りだすことが可能
となる。生物の脳は，棲息する環境条件に適応すべく進化してきたが，身体も環境
も急激に変化する状況では，それに対応するために脳の情報処理容量を膨大させる
ことが火急の要となる。事実，サルに道具使用を訓練すると，進化の過程で膨大し
た部位に対応する脳領域が拡大する。新しい脳神経組織が創り出されるので，これ
を「脳神経ニッチ構築」と名付けた [Iriki, Taoka 2012]。使える脳のリソースが膨らむ
と，従来の機能を援用して新しい認知機能（言語，抽象，計算，想像など）を担えるよ
うになる。すなわち，「認知ニッチ構築」である。この三つのニッチが，循環しつつ
その中に道具を介して「〜のため」という意図を埋め込みながら次第に拡大発展す
る現象が「三元ニッチ構築」である（図2）。

　ここで，単に脳が膨らむだけでは，「三元ニッチ構築」の相乗効果は生じない。脳
が大きくなるにつれて，神経細胞の数が増加して新しい脳領域が創成されることが
不可欠である。サル類にも大小様々な種があるが，大きな種の脳では，神経細胞の
数も，異なる機能を担う脳領域の数も格段に多いことが知られている（図3下左）。こ
れに対して，最も近縁の哺乳類（図3上）であるネズミ類では，大きな種と小さな種
の脳のあいだで脳領域の数も神経細胞の数もさほどは変わらないのと対照的である
（図3下右）[Bretas et al 2020]。ヒトの祖先の脳は，霊長類として他の哺乳類には無い
こうした違いがそれまでの生物学的な進化によって偶然に準備されていたので，ホ
モ属は道具使用の開始を契機として，「環境ニッチの拡張」と「脳領域の拡張」と
「認知機能の拡張」の相乗効果という，ヒトに至る急速な進化の道をただちに歩み始
めることになったのだと考えられる。

　しかし，これだけでは個体の一生のうちでの学習や適応による可塑的な変化であ
るにすぎない。これが，進化のメカニズムとなるには，個体変化の情報が次の世代
へと継承される仕掛け，すなわち情報の歴史的蓄積を実現する仕掛けが必要である。
これまでの進化のメカニズムの常識は，まず遺伝子が突然変異し，それに起因する

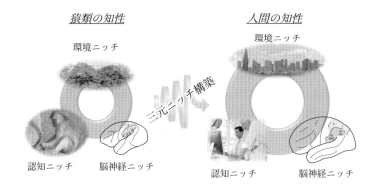

図2 三元ニッチ構築の概念図。

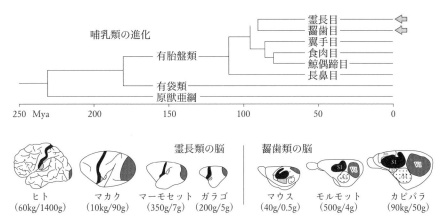

図3 上図：哺乳類の系統樹と分枝年代。霊長目（サル類：504種），齧歯目（ネズミ類：2256種），翼手目（コウモリ類：1151種）は，現存する分類群の中で最も繁栄している。齧歯類は系統発生的に霊長類と最近縁で（右矢印），約1億年前に分岐した。下図：さまざまな大きさ（括弧内に平均体重／脳重を示す）の霊長類（左）と齧歯類（右）の脳構造を示す模式図。着色した大脳皮質領域は，主要な感覚（黒：体性感覚，グレー：視覚，ドット：聴覚）の一次感覚野を示す。齧歯類では大きな種と小さな種の脳は相似的だが，大きな霊長類は小さな種に比べて白で示す連合野の新たな領域群が格段に大きい［Bretas et al 2021より改変］。

形態変化のうち環境に適応したものが生き残る，という遺伝子を原因とした考え方であったが，世代間継承する情報はゲノムだけではないことが，最近次々と明らかになってきた。ゲノム外メカニズムとしては，①エピジェネティクス（成長や発達に伴い，DNAの配列変化によらず遺伝子の発現が変化する），②遺伝子以外の細胞内分子状

態，③環境に埋め込まれた要因，④初期生後発達に関わる社会的要因などが考えられる［Pigliucci and Muller 2010］。そして，これらに対応する遺伝子変化が，結果として適応的に選択されて固定されたという，いわば因果関係が逆転する可能性（ボールドウィン効果という）の具体的メカニズムが改めて指摘されはじめている。つまり「三元ニッチ構築」は，道具が埋め込まれた環境─脳─認知という相互作用の基盤の上に，広義の遺伝情報を歴史的に蓄積・継承する装置が爆発的に拡張したメカニズムのモデルとなり得る。このように，サル類祖先から現生人類にまでいたる人類進化の特徴は，遺伝子の進化が，人類が集合的に変えてゆく自然環境と社会環境のニッチの進化という，非生物学的メカニズムによって方向づけられ加速されるという点にある。所与の環境に，人類の遺伝子が突然変異と自然淘汰を通して，単に受動的に適応するだけで人類が進化したのではなく，むしろ人類が変化させる自然環境と社会環境の進化が，人類進化の重要な要素となるのであろう。

4　全世界サピエンス文明史の開放
──「三元ニッチ構築」第2相

　つぎに，第二，第三の謎解きに挑もう。ネアンデルタール人の脳は現生サピエンスよりも大きいくらいだったので，それまでの「三元ニッチ構築」のメカニズムの単純な延長では，現生サピエンスの最近数万年に突然始まって進行した爆発的文明化は，説明できそうにないように思える。なぜならば，普通は「進化」「発展」というと，次々と新しいものが付け加わって行くというイメージで，これだと，脳の拡大を伴わずに世界中至る所で，多様性はあるにしてもかなりの類似性をもって，同時多発的に急速に文明が発展したことを説明するのは無理だからである。しかし，それまでの生物としての進化の過程で素地は準備されていたが発現していなかったものが，何らかの理由で，箍が外れ堰が切られるように，ある方向に向かって一気に花開いたという「平行進化」や「収斂進化」のようなメカニズムを想定すると，この謎が氷解するのではないか。つまり，それまでの各個別認知領域に特異的な「三元ニッチ構築」による脳膨大によって，領域特異的な個別の認知機能の可能性としての下準備は出来ていたけれども，その環境では不要だったり不都合なことが多い

三元ニッチ構築－1 （前適応： 高コスト・緩徐進行 過程）

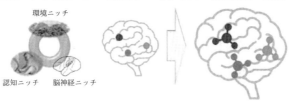

三元ニッチ構築－2 （統合拡散： 低コスト・急速進行 過程）

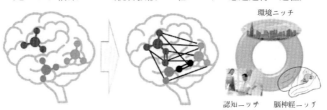

図4 三元ニッチ構築の第一相から第二相への転換の概念図。

ので統合・発現せずに隠されていたものが，条件が揃ったとき露わになって領域間の再配線が一気に進んで，認知領域一般的な機能拡大を実現したということではないか（図4）。要素としての下準備が出来ていてあとはそれらを再統合して再構造化するだけで発現するとすれば，新しい認知ニッチを創出するための，神経ニッチ構築のコストが格段に低減されるので，「三元ニッチ構築」の基本原理は保存されたまま，新たな神経生物学的メカニズムによって，人新世に至る人間文明の発展発達（環境ニッチ）が一気にある方向に爆発的に進んだことが良く説明出来る。また，再結合の素材として準備されていた個別脳機能は同一だから，統合の結果には幅広い共通性があることも納得がゆく。

　つまり，サピエンスに至って遭遇したある状況が引き金となって，それまでに獲得していた，環境と人間との相互作用のメカニズムが一斉に拡大加速して発現する契機となった要因を検討すれば，文化発展と生物進化の相互関係のメカニズムとして，これまでとは全く違った景色が見えてくるだろう。

5　諸事象間の柔軟な等価関係の確立
──ディープ・レジリエンスの相転移原理

　では，「三元ニッチ構築」という器質的メカニズムによって発現される人類史上の行動変容を実現する機能原理は何だろうか？　前2章で鍵として挙げられた，道具使用，共感社会，言語思考などの行動表現型に通底し，三元ニッチ構築の創発やその第一相から第二相への転換といった，相転位的変化を可能にする共通機能原理を特定できれば，人類進化の原動力を単一の行動様式に帰着させようとする直線的な因果的追究から発展して，より重層的で柔軟な進化のメカニズムが解き明かされることが期待されるだろう。

　道具使用による身体拡張にはじまり，自己と他者との共感性にもとづく社会形成から，言語による柔軟な思考などに共通する精神作用は，異なる事象の等価関係を発見したり，その同等性に依拠して概念を形成したり，それらを抽象的に言語表現して自在に再構築するといった，「刺激等価性」といわれる機能だと考えられる。これは，任意の事物・刺激間に成立した，機能的な交換可能性を指し，特に言葉の学習に例証される。たとえば，子どもが母親から「ウサギさんはどれ？」と尋ねられてウサギのぬいぐるみを選ぶことができ，かつ，母親から「これは何かな？」と尋ねられて子どもが「ウサギ」と答えられた時，「ウサギ」という音声とウサギのぬいぐるみという物体という全く異なる次元の事象の間に刺激等価性が成立したという。訓練刺激が等価な刺激クラスとなるばかりでなく，派生的・創発的に文字や記号などのさらに異なる事象との刺激間関係の拡張が示される。この性質は他の種と比べてヒトにおいて特別に成立しやすいことから，刺激等価性は言語・表象機能の発現に不可欠な背景となる認知能力と考えられている［山﨑 2016 より一部改変して引用］。

　この異なる事象間の等価関係の認知は，道具を手にとって使い始めたときから，道具という物体と身体の一部である手との間の等価関係として成立している。言い換えると，道具は手の延長として身体化すると同時に，それを操作する手はそれを操作する主体にとって道具化しており，実際，普段は道具を使わないサルであっても，訓練によって道具を使いこなすようになると，この様な身体像を表象する脳神経細胞が，道具と手を区別せずに等しく活動することが判っている［入來 2004］。この様な関係は，共感性の基盤となる自己と他者の等価関係の認識においても成立する。サ

ルは普通は鏡に映った自分の姿を自己として認識しないが，一定条件下で訓練すると，鏡映認知行動を獲得するとともに脳内に鏡映自己像をコードする神経細胞反応を記録することが出来るようになる［Bretas et al 2021］。これは，自己を他者の視点で客観化することであり，自己の視点で見た他者との等価関係を構築して共感する機能の萌芽となるものであろう。また，自己と他者の同様の行為を等価にコードすることによって共感性の基盤として提案されている，種々のミラー・ニューロンの活動様式［リゾラッティ，シンガリア 2009］も，この延長上に形成されているものと考えられる。

　そして，「三元ニッチ構築」第一相を通じて各認知行動領域（モジュール）の中で獲得成立し充実していった等価関係は，もう一段高次の階層として，各認知領域に対応する脳領域間の結合にも派生的・創発的に拡張される可能性を特徴として持つことは前述の通りである。つまり，領域特異的に進化発達してきた異なる機能構造が様々な等価関係を鍵に様々な組合せで結合することによって，一気に多様な領域一般的機能が発現したという事実［ミズン 1998］を良く説明することが出来る。ここでは，既にある脳領域間の結合関係の再構成のみによるので，脳の拡大は不要であり，またその組合せは無数にあるので一定の条件下で多種多様な機能が一気に発現したことを良く説明する。この再結合は状況に応じて素早く臨機応変に多種多様に実現することができる。これはあたかも，十二分に溶質が溶け込まされた過飽和状態の溶液に，ちょっとした刺激が加わると状況しだいで瞬時に結晶が析出する様相にも似ており，この時間差がサピエント・パラドックスの正体ではないだろうか？「レジリエント・サピエンス」の誕生である。

6　レジリエント・サピエンス
——文・理多分野融合研究のプロトタイプ

　このように，サピエンス進化の三つの謎を解く手掛かりは得られた。ホモ・サピエンスの登場以前にどのような（1）認知機能，（2）環境相互作用，（3）発現抑制などのメカニズムが準備され，サピエンスに至って（4）何を契機として，（5）どの方向に，（6）どの様な多様性と類似性をもって，爆発的速度で，同時多発的に，文明

化が進んだかが，三元ニッチ構築のメカニズムの切り口で解き明かされることが期待される。文明史の研究の中核をなす考古学や歴史学は遺跡，遺物，古文書などヒトの心の働きが残した物的証拠を手掛かりに認知特性にアプローチする。他方，遺伝学，解剖学などの生物科学は，ヒトの身体，遺伝子などの生体資料を手掛かりに人類進化の生物学的基盤を通してヒトの認知特性の様々な制約条件を明らかにする。そして，ヒトの心の働きを直接研究するという意味で，心理学・認知科学には大きな期待が寄せられる。他方，脳科学，心理学，認知科学は，現在を生きる人間の心や行動の理解に焦点が当てられ，歴史の問題に対する研究の蓄積は必ずしも多くない。こうした現状からの飛躍を期して，統合的人類史学を確立するために，脳神経科学，心理学，認知科学が考古学，人類学と協働して文明創出の理解に貢献する道が模索され，将来の自然科学・人文学・社会学に亘る，文理多分野融合研究の道標となろう。

　ヒトの認知が脳内に限定されるものではなく，身体を介して物質的世界と不可分な関係にあるとする「拡張された心」・「分散認知」などの概念を踏まえ，考古学においても遺跡・遺物を認知的プロセスを構成する要素と位置付けられるであろう。これは，遺伝子決定論と文化相対主義の双方からの脱却を目指し，生物としてのヒト（遺伝子・身体・脳）が文化文明を生み出すとともに，それにより形成される人工的環境や社会的規範がヒト特有の環境ニッチとなり，さらにそれに順応することによりヒト自身が歴史とともに変容するというダイナミックなプロセスを，分野統合的なアプローチによって達成することを目指すものとなろう。さらに，この原理を現代から未来に向かって演繹・外挿すれば，今後の人類が目指すべき文明のありようが見えて来るのではないだろうか。

第 **4** 章

心の進化を遺伝子からみる

不安・好奇心・幸福度

村山美穂

遺伝子の個体差の情報から野生動物の生態や
行動を知って，ヒトとの共存につなげる方法を研
究している。現在，京都大学野生動物研究センタ
ー教授

　私たちヒトが身につけているレジリエンスは，どのように進化してきたのかを問
うのがPhase I のテーマである。第1章で論じられているように，レジリエンスの根
源を知る鍵は，祖先を共有する類人猿などの行動の理解にあるかもしれない。しか
し，ヒトと異なる社会を持つ類人猿の行動は，その文脈が異なるため単純に種間比
較するのは難しい。そこで，本章では，それらの行動に関与する「遺伝子」という
共通の手段を用いて読み解きたいと思う。行動観察を中心としたフィールドワーク
と，遺伝子やホルモンの解析を行うラボワークの融合によって，レジリエンスの進
化に関してどんな景色が見えるのだろうか。

1 性格に影響する遺伝子

　私たちヒトの間では，様々な場面で，怒りっぽい，神経質，親しみやすい，といった性格の違いが顕著に現れる。これら性格の個体差は，レジリエンス，すなわち他の章でも述べられているように逆境に対する適応や回復の能力の個体差に影響すると考えられる。出来事に対する不安や怒り，適応を相互援助する社会性，といった性格の個体差は，レジリエンスの能力の差に反映されるであろう。性格の形成には環境の影響ももちろんあるが，遺伝の影響もある。例えば親子兄弟の性格は似ているところがある。遺伝の影響は双子の比較研究から推定されている。一卵性双生児は遺伝子が100%同じで，二卵性は50%同じなので，双生児間の類似度を比較すると，遺伝子の影響がわかる。

　動物にも性格の違いがある。霊長類の群を長期に観察すると，まるでヒトを見ているような，個性の違いが際だって感じられる。家庭で飼育されているイヌやネコについても，そうした個性を感じておられる方も多いだろう。

　遺伝子はどのような仕組みで性格の違いに影響するのだろうか。脳内の神経細胞の間では，性格に影響するドーパミンやセロトニンなどの伝達物質が合成されて放出され，細胞表面の受容体に受け取られてシグナルを伝え，トランスポーターという輸送タンパク質によって回収されて，分解されるか，再利用される。またホルモンもシグナル伝達の媒体として機能している（図1）。伝達物質の合成，受容，回収，分解に関わるタンパク質の量や効率が，シグナル伝達に影響する。これらのタンパク質の遺伝子に個体差があると，伝達効率に個体差が生じ，それが積み重なって，行動様式の違い，ひいては性格の違いとして表われると考えられている。

　ヒトでは，精神を安定させる作用があるセロトニンの輸送に関わるトランスポーター遺伝子の発現調節領域に反復配列があり，反復数に違いが見つかっている。この領域の反復数が多い（＝長い）とトランスポーターがたくさんつくられ，反復数が少ない（＝短い）と少ししかつくられず，シグナルの伝わり方が変わる。性格テストで，反復数が少ない（＝短い）ヒトは神経症傾向[1]が強いことがわかった [Lesch et al. 1996]。

　1　神経症傾向：心理的ストレスを受けやすいく，怒り，不安，抑うつ，脆弱性などの不快な感情を容易に経験する傾向

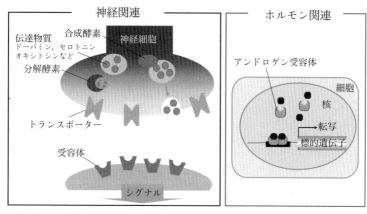

図1　神経伝達物質やホルモンの量の調節

2　霊長類の種間差を比較する

　これらの遺伝子の種間差を見てみよう（図2）。セロトニンのトランスポーター遺伝子を比較すると，ヒトで最も短く，チンパンジー，ゴリラ，オランウータンの順により長くなっていた［村山 2018］。ヒトのほうが，類人猿よりも神経症傾向が強い，といえるかもしれない。またゴリラの種内で3種類，オランウータンでも3種類の長さが見つかっているので，性格の個体差を評定できれば，各個体の持つ遺伝子のタイプとの関連も調べることができるだろう。

　別の遺伝子，ドーパミン受容体遺伝子にも長さの差異があり，ヒトでは長い遺伝子を持つと好奇心が強いことが報告されている［Ebstein et al. 1996］。霊長類の各種でこの遺伝子を調べると，系統的にヒトから最も遠い原猿類では短く，ヒトに近いほど長いタイプが見つかった［村山 2018］。好奇心が強い一方で不安を感じやすく用心深い性格が，助け合う社会の仕組みを構築し，人類進化の原動力となったのかもしれない。

　男性ホルモンを受容するアンドロゲン受容体遺伝子[2]にもグルタミンというアミノ

　2　受容体遺伝子：受容体遺伝子の多様性のうち，タンパク質になる部分の多様性は受容体の感度

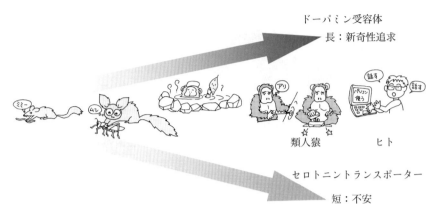

図2　霊長類の種間差：好奇心と心配性

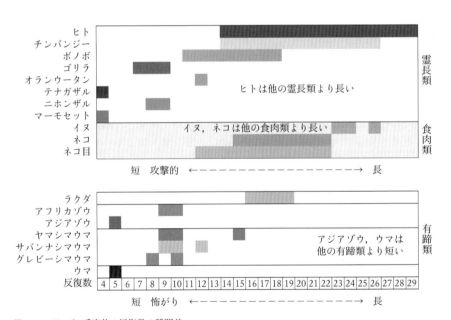

図3　アンドロゲン受容体の反復数の種間差

などの機能に反映されるが，タンパク質にならない発現調節領域の多様性は受容体の数に影響する。ドーパミン受容体，アンドロゲン受容体は前者で，セロトニントランスポーターは後者に相当する。

酸をコードする塩基配列の反復があり，ヒトでは短いとアンドロゲンの機能が強く攻撃性が高い傾向にある。霊長類各種で比較すると，種内の個体差は大きいものの，ヒトが最も長く，チンパンジー，ボノボ，ゴリラ，ニホンザルの順に短くなっていた［村山 2018］（図3）。ヒトは他の霊長類よりも攻撃性が低い，としたら，意外に感じられるだろうか。攻撃性の現れ方には，競争が必要な生息地や食物の状況や，それに合わせた社会の仕組みといった環境の影響も考えられる。他の種は本来の攻撃性が高い故に，過度な攻撃を抑制するために，例えば順位などの社会システムを構築できた。しかしヒトはそのようなシステムを作る機会が無かったために，抑制ができない攻撃性を内包したまま，あるいは生物学的な攻撃性ではなく脳の発達によって計画的な攻撃性を備えるようになった——と言えるのかもしれない。また，リチャード・ランガムが言うように，「反応的攻撃性」と「能動的攻撃性」とに区別し，前者が抑制されたが後者は強化されたという可能性もある（Key Concept 4「セルフ・ドメスティケーション論」を参照）。

3　チンパンジーの個体差に遺伝子が関与

　種内での個体差についてはどうだろう。チンパンジーではセロトニントランスポーターに個体差がなかったが，セロトニンの合成酵素，トリプトファンヒドロキシラーゼ2の遺伝子に個体差が見つかった。この酵素では，1箇所でアルギニンとグルタミンのアミノ酸置換があり，この置換は酵素の機能に影響している。アルギニンタイプの酵素は，活性が高いことが細胞での実験で示された。すなわち，アルギニンタイプの遺伝子を持つとセロトニンが多くつくられると推定される。次に，多数個体の遺伝子型を調べ，性格と比較した。ヒトの性格評定では質問紙に自分で答えてもらう方法をとることが多い。チンパンジーの場合は飼育担当者に依頼して，54項目の形容詞とその解説について7段階で評定してもらった。例えば「怖がり：現実または想像上の恐怖に対し，叫ぶ，泣き面をする，走って逃げる，その他の不安や悩みなどの兆候を示すといった，過剰な反応をする」「安定性：他のチンパンジーの行動を含む環境に対し，おだやかに，平静に反応する。他のチンパンジーの行動によって混乱させられることが少ない」といったものである。この評定にもとづき，

「支配性」「外向性」「誠実性」「協調性」「神経質」「知性」の6因子を抽出し，そのスコアと遺伝子型を比較した。関連解析の結果，アルギニンタイプを持つ個体のほうが神経質のスコアが高い，すなわち不安を感じやすいことがわかった［Hong et al. 2011］。

　ヒトでは，セロトニントランスポーターの遺伝子が短いとトランスポーターが少ししかつくられず，セロトニン回収効率が低く，セロトニンが多い状態になると推測される。ヒトとチンパンジーでは，セロトニンの輸送と合成に関わる遺伝子が異なるが，どちらもセロトニンが多くつくられるタイプで不安を感じやすいことが一致している。しかし，セロトニンの量の調節については，複雑な経路があり，不安との関連についてもまだわかっていないことが多い。

　ヒトでは，性格が健康や寿命にも影響することが報告されている。動物についても，性格に関わる遺伝子のタイプを知ることで，その動物の飼育や福祉にも役立つことが期待される。オランウータンで「幸福度」を評定した研究がある。これは，その個体がしたいことが妨げなくできているか，他の個体と仲良く暮らしているか，といった4項目の質問から成っている。調査の結果，幸福度スコアの高いオランウータンはそうでない個体よりも長生きすることがわかった［Weiss et al. 2011］。長時間の観察によってそれぞれの個体の性格を理解しなくても，遺伝子から性格を予測できれば，その個体に合った，ストレスをなるべく減らすような飼育の仕方や，繁殖ペアをつくるときに，この個体とこの個体の相性がよさそう，またはこの組み合わせは相性が悪そうだから別のグループで飼育しよう，といった情報としても役立つと考えている。

4　ヒトと関わった動物たち
——家畜化によって遺伝子は変わったか？

　先述した不安の感じやすさや幸福度の個体差は，レジリエンス能力と大きく関わると予想される。飼育や野生で，長期にわたって蓄積された類人猿の個体の生活史をひもとくことで，ヒトのレジリエンスの成り立ちに関わる出来事や，それに対応する行動と，遺伝子の変化とのつながりがわかってくることが期待される。このよ

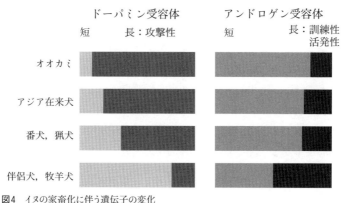

図4 イヌの家畜化に伴う遺伝子の変化

うな個体の性格の調査と遺伝子との関連の解析は，先述のチンパンジー以外にも，ゴリラ，ボノボ，ニホンザル，ウマ，イルカ，ニワトリなど，多様な動物種で行っている。

　私たちに身近なイヌやネコでは，飼い主によって性格評定が詳細にできるため，研究が進んでいる。先述のドーパミン受容体遺伝子をイヌで調べたところ，ヒトや類人猿と同じ場所に長さの違いが見つかった。長い遺伝子を持つとヒトでは好奇心が高かったが，イヌの個体差では攻撃性が高いことがわかった。その長い遺伝子は，イヌの祖先のオオカミに高頻度で，在来犬，番犬・猟犬，伴侶犬・牧羊犬の順に頻度が低くなっていた［村山 2019　図 4 ］。この変化は，イヌの家畜化の過程で攻撃性を抑制するような選抜がされたことを反映しているのかもしれない。また前出のアンドロゲン受容体遺伝子にも，イヌで長さの違いがあり，短い個体は攻撃性が高い傾向が見られた。ドーパミン受容体遺伝子とは逆に，オオカミは短いタイプを高頻度に持ち，在来犬，番犬・猟犬，伴侶犬・牧羊犬の順に，攻撃性が低く訓練しやすい性格に関連する長いタイプが増えていた。ドーパミン受容体遺伝子，アンドロゲン受容体遺伝子ともに，イヌの家畜化に伴う選抜で，攻撃性に関わる遺伝子型が排除されてきたようだ［村山 2019］。さらに麻薬探知犬などの作業犬の適性診断にも使えるよう，訓練センターの協力を得て，訓練の成果に関わる遺伝子の探索を進めている。

　アンドロゲン受容体遺伝子の反復領域は，多くの動物種に存在する。草食動物のラクダでも，種内で個体差がみられた。ラクダは乳や肉の用途以外に，ウマのよう

な運搬や乗用などのヒトとの共同作業に用いられる点で，イヌとも共通点がある。エジプトで飼育されているヒトコブラクダにおいて，初めて見る人や物体への反応を評定し，アンドロゲン受容体の遺伝子型との関連を調べたところ，短い遺伝子を持つ個体は怖がりの傾向がみられた。品種による差もみられ，4品種のうち，農作業や搾乳など人と身近に接する用途のために品種改良されてきたマグラビ種とバラディ種は，放牧されているスーダン種とソマリア種に比べて短い遺伝子の頻度が低く，怖がりの傾向が低いことがわかった。この調査では攻撃性は測定していないが，攻撃性と恐怖心が不安な状況での表裏一体の反応と考えると，ヒトやイヌの結果に一致するといえるかもしれない。

5　ヒトと関わった動物たち——家畜化されやすい性格とは？

　図3の下方に示すように，アンドロゲン受容体遺伝子の反復領域は，ウマでは種内の個体差は見られなかった。シマウマと比較したところ，ヤマシマウマが最も長く，グレビーシマウマ，サバンナシマウマ，ウマの順に短いことがわかった。ウマの種内でこの遺伝子の多型が見つかっていないので，個体の性格との関係を見ることはできていないが，同じ有蹄類のラクダの結果を適用すれば，ウマはシマウマよりも短い遺伝子を持つため，怖がりの傾向があることになる。ウマが家畜化されたことを考えると，怖がりの性格のため，ヒトによる保護を求め，家畜化の成功に有利に働いたのかもしれない。別の有蹄類，ゾウでも，アジアゾウはアフリカゾウよりも短いので，怖がりということになる。このことはアジアゾウのみが使役などの用途に用いられることと関係があるのかもしれない［村山 2019］。

　肉食動物のイヌやネコは攻撃性が低いことが家畜として好まれ，草食動物のウマ，ゾウ，ラクダは怖がりな個体が安住を求めて人の近くで暮らすようになったとすれば，第5章で述べられているように，動物側からの家畜化の意味が，種によっても異なることを反映しているのかもしれない。

　社会関係の構築がレジリエンスの鍵となることが，他章でも繰り返し述べられている。社会行動に影響する遺伝子としては，オキシトシンやバソプレシンの受容体について研究が進んでいる。オキシトシンは「愛情ホルモン」とも呼ばれ，子育て

中の親に多く分泌される。異種間でも，飼い主とイヌが見つめ合うことで分泌が増えると報告されている［Nagasawa et al. 2015］。バソプレシンはペア形成に関与することが報告されている［Walum et al. 2008］。脳以外でも機能するホルモンの受容体の遺伝子も，個体ごとの型が攻撃性や社会性などに影響するとの報告がある。いうまでもなく，ひとつの性格傾向には多様な遺伝子が関わっており，さらには環境要因も影響することから，ひとつの遺伝子の型を見れば性格がわかる，というものではないので，特にヒトの情報に関しては慎重に扱う必要がある。また Phase IV のいくつかの章でも議論されているように，災害への向き合い方は人によって様々で，レジリエンスにプラスに働くのがひとつの性格傾向とは言い切れない。とくに最近のコロナウイルス感染拡大の状況においては，距離をとりながら協力し合う必要があり，なおさら対策は複雑である。

6　遺伝子の多様性が示すこと

　最後に，遺伝子を用いて得られる他の情報についても紹介したい。マイクロサテライト DNA（ゲノム上で塩基が繰り返し反復して配列される部分）やミトコンドリア DNA の一部は機能をもたないため，変異が起きても生存や繁殖にほとんど影響しない。つまりどう変異しても生き残る上で差が出ないので，変異が代々蓄積されて多様性が大きくなる。これらの塩基配列に個体差の大きい領域をマーカーとして，集団構造や血縁がわかる。

　霊長類は多様な社会を持っている。チンパンジーは雌雄が複数の群，ゴリラは 1，2 頭の少数のオスと複数のメス，テナガザルはペア，オランウータンは単独というようにおよそ決まっているが，環境にも影響される。この構成を維持するために，子供が成長すると群から移出する必要があるのだが，雌雄のどちらかが移出して他方が群に残る，あるいは両方が移出する，といったパターンは，ほぼ種によって決まっている。これは近親交配を避けるためにも必要なしくみである。

　母から子へ受け継がれるミトコンドリア DNA と，父から息子へ受け継がれる Y 染色体にあるマイクロサテライト DNA をマーカーとして，こうした個体移動の経歴をたどることができる。オスが移動してメスが群に残る場合，群に固有のミトコンド

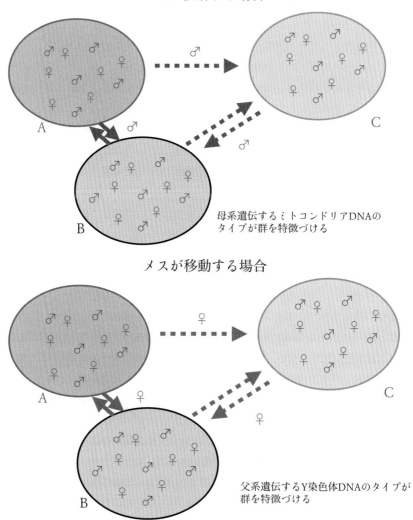

オスが移動する場合

母系遺伝するミトコンドリアDNAの
タイプが群を特徴づける

メスが移動する場合

父系遺伝するY染色体DNAのタイプが
群を特徴づける

図5　DNAからたどる集団構造や個体移動
上図：オスが移動する場合　下図：メスが移動する場合

リアのタイプが受け継がれる。メスが移動してオスが残る場合は，群に固有のY染
色体のタイプが受け継がれる（図5）。

従来の観察調査だけでは，子供の母親は育児行動から判別できるが，父親は不明だった。しかし，遺伝子を調べることで正確な血縁関係もわかるようになった。ヒトの法医学鑑定と同じような遺伝マーカーを用いて父親を判定してみると，チンパンジーでは群内の社会順位が1位のオスは群の半分の子供の父親になっており，1位であることは他のオスよりも繁殖の面で有利と言えるが，低順位オスにも繁殖のチャンスはあった［Boesch et al. 2006］。ペア型のテナガザルでもペア外の繁殖が見られる［Barelli et al. 2013］。つまり見かけの社会構造と遺伝構造は必ずしも一致しないようである。血縁関係の情報によって，霊長類の社会の成り立ちや進化の理解に，新たな視点が提供されるようになった。

　遺伝的多様性や性周期など，対象個体や集団の現状を知ることに加え，遺伝子の比較によって系統や進化といった過去の足跡をたどり，個体数変動予測など未来予想もできる。すでに絶滅した人類の一種のネアンデルタール人についても，骨から抽出したDNAを用いてゲノム解析が進み，現代人の祖先との交雑など多くの情報が得られている。さらにネアンデルタール人やデニソワ人とのゲノム比較によって見出された現代人に特有の遺伝子の配列をiPS細胞で発現させて，培養下での神経ネットワーク形成への影響を調べる研究もおこなわれている［Trujillo et al. 2021］。

　ヒトゲノムの多様性は，類人猿に比べて一般に低い［Gagneux et al. 1999］。しかし，セロトニントランスポーターのように，いくつかの性格関連遺伝子では，ヒトで多様性が高い領域でもチンパンジーでは多様性が少ないものも見られた。Phase IV・第20章でも述べられているが，性格には一概に良い悪い，有利不利では片付けられない特性が含まれる。例えば不安の感じやすさは慎重さとも解釈できるし，攻撃は防御にも通じる。ヒトに見られる性格関連遺伝子の多様性は，レジリエンスに貢献しているのかもしれない。絶滅を回避するためには，繁殖の成功は重要だ。繁殖には性格や行動の個体差が影響しており，それにはホルモン受容体など生理機能に影響する遺伝子が関わっている。

　これらの知見から，攻撃性の抑制や社会性の発達といった，共同生活に必要な要素がヒトの祖先の遺伝子にも組み込まれていることや，集団構造の変遷が，レジリエンスの形成にも重要な役割を果たしており，その解明に遺伝子が有用であることが示唆される。

村山美穂

京都大学野生動物研究センターでの研究活動

　私の所属する京都大学野生動物研究センターは，2008年4月に設立され，野生動物保全研究に関する日本で唯一の共同利用・共同研究拠点として，国内外の研究者に研究の場や研究資源を提供している。例えば，絶滅の危機に瀕する類人猿などの生息地や飼育下での行動観察によって，類人猿の社会生態や認知能力に関する多くのことがわかってきた。しかし，野外で個体を識別して長時間観察できるようになるには長い時間がかかり，大きな困難が伴う。また外から観察するだけではわからない情報も多い。その見えない部分を遺伝子やホルモンの解析から補うことができる。

　姿が見えない野生動物でも，糞を見つける機会はある。例えばチンパンジーやゴリラは毎晩枝や葉を使って寝場所を作るので，朝にそのベッドを出た後には糞が残されている。糞の表面には，それをした動物の腸の細胞が少しついているので，DNAを抽出して調べると，性別や，別の個体との血縁関係がわかる。また，個体そのものの情報に加え，糞の中に入っている植物のDNAから，食べた植物の種類までわかる。その動物の持つ腸内細菌や，感染症の有無などについても知ることができる。

　糞は新しいほど解析の成功率が高く，乾燥してしまうと得られるDNA量が減ってしまう。糞以外にも，尿や，食べかすについた唾液からもDNAを抽出することができる。体毛や，鳥類では羽根も有効だし，イルカでは剝がれた皮膚の表面の垢からDNAが得られる。飼育動物でも，採血はストレスを与える場合があるので，できるだけ普段の生活を妨げないために，方法を工夫してDNAを得るようにしている。

　生命の設計図にもたとえられるDNAは，人も動物も植物も，全ての生物に共通で，塩基の並び方，配列だけが違っている。したがって，動物の種が違っていても，DNAを調べる技術は共通して使うことができ，同一種内だけでなく種間の比較もできる利点がある。ヒトとチンパンジーの種間の塩基配列

フンのDNAから野生動物の情報がわかる。

の差異は約1.2%程度で，同種内でも0.1%以上の個体差があると推定されている。ヒトのゲノムは30億程度の塩基から成っているので，そのうち300万塩基以上が他人とは異なっている計算になる。こうした遺伝子の差は，顔かたちや体格のような外見から，薬の効き方など生理機能まで，様々に影響している。種内で個体差があるため，ヒトはこうで，チンパンジーはこんなだ，というように種を表現する場合，定義には幅を持たせる必要がある。また多様性を目印にすることで，個体や血縁を特定したり，個体の特有な情報を知ることもできる。したがって，同じ種でも，できるだけ多くの個体のDNAを集める必要がある。私たちは，哺乳類と鳥類，それぞれ200種以上，約3万の試料を集めており，それぞれの試料には採取場所，性別，観察記録などの詳しいデータもついている。これらは実際に動物を動物園で見るのに匹敵する情報の宝庫という意味で，DNA Zooと呼んでいる［村山 2012］。

　生きた細胞を集めるのは糞からでは難しいが，我々は動物園のご協力で出来る限り細胞も集め，Cell Zooとしても充実させることを目指している。iPS細胞を作成して臓器の細胞に分化させることにより，感染症治療などの実験を細胞レベルで行うことができ，野生動物の保全や繁殖に役立つ情報が期待できる［Endo et al. 2020］。また未成熟卵子などの生殖細胞を保存して培養し保存する方法の開発により，幼若個体や死亡個体でも将来に子孫を残すことが可能になる［Fujihara et al. 2019］。

第 **5** 章

ヒトと野生動物の共生のレジリエンス

川本　芳

動物集団遺伝学，特に霊長類の進化と保全およ
び家畜の系統と利用について，分子から生態まで
を結んで研究してきた。現在，日本獣医生命科学
大学客員教授

1　ヒトの進化と家畜化

1⋯⋯⋯遺伝的適応と文化的適応

　私は生物の系統や進化を調べる遺伝学に興味をもち，野生動物の研究を行うなか
で，ネパールヒマラヤでウシとヤク（ウシに近縁なチベット原産の家畜種）の交雑家畜
を利用する人たちを調査した。以来，厳しい自然環境に暮らす人とそうした環境で
利用される家畜の関わりに興味をもち，アンデス高地と中央アジアの乾燥地域にも
足を運んできた。その研究の視点から本章ではレジリエンスについて，「家畜化」を
通じて論じてみたい。私たち現代人（ホモ・サピエンス，以下，本章ではヒトと表記）の
祖先が多様な環境に生活圏を拡げるのに要した時間は 5 万年程度で，35 億年の生物
進化からみればほんのわずかな時間にすぎない。人類学，考古学，分子生物学の研
究から，祖先の「出アフリカ」以来のシナリオは大きく書き換えられてきた。拡大

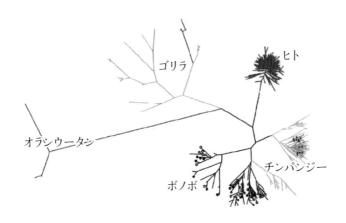

図1　ミトコンドリアのDNA配列にみられるヒトと類人猿の個体変異を分子系統樹でくらべた
結果［川本 2005を改変］

は熱帯林からはじまり，低地を中心に高地，砂漠，極地を経て南米大陸南端に達し
たのはわずか1万数千年前のことにすぎない。本章ではこの短期間にヒトが多様な
環境に拡大し繁栄できたことを考えるのに，野生動物の家畜化（ドメスティケーショ
ン）との関わりを問題にする。これには，ヒトに特有な遺伝的適応と文化的適応の
相互作用があったと考える。家畜化された野生動物への選択（人為選択と自然選択）
を検討することから，その相互作用の一端を探求したい。

　個体差に関する遺伝学研究では，意外にも，類人猿（チンパンジー，ボノボ，ゴリラ，
オランウータン）の方がヒトよりも多様性が大きい（図1）。遺伝的多様性が小さいこ
とは，ヒトが環境に適応するのに，遺伝的適応以上に文化的適応を遂げたことを意
味する［川本 2005］。生物は環境に適応するため，「生存」と「繁殖」の基盤として
遺伝情報を継承している。遺伝的適応では「変異」と「選択」を通じて遺伝情報が
変化し，生命の連鎖が形成される。ヒトの進化の歴史の特別なところは，遺伝情報
以外の適応基盤を獲得した点である。言語と文化による伝達がヒト特有の適応を可
能にし，環境改変能力が生活圏の拡大と繁栄の原動力を与えたと考えられる。その
生活圏の拡大過程で祖先が経験したレジリエンスの一面を「家畜化」から考えてみ
たい。

2········ドメスティケーション

　ヒトが野生生物を生活のために改変した産物には作物（栽培植物）と家畜がある。それらを作り出すことを日本語では栽培化や家畜化と言う。英語には動植物を区別しないドメスティケーション（domestication）という表現がある。ラテン語のドムス（domus）が由来のこの表現は，ヒト環境に共存することになった野生生物に起きた変化を表し，ドムスには家，家庭，家族，町という意味がある。ドメスティケーションは日本語では「順化（馴化）」と訳され，「別環境に移された生物が適応した性質をもつようになる」という意味でも使われている。

　ドメスティケーションはヒトと野生生物の二体間の問題である。レジリエンスを考えるには，はじめに主体を明らかにしておく必要があると思う。環境改変という進化あるいはその後の文化や文明に関する歴史の話ならば，主体はヒトになる。一方で，生物側から見たドメスティケーションの考え方もある。その場合，主体は生物であり，「家畜化」の場合は，野生動物がヒトの住環境に共存することにより生じた変化とヒトとの関係史を問題にする。本章では，家畜化について，意識的に二つの主体から見ていきたい。本章の後半では私自身の調査経験をもとに，新旧大陸のラクダ科動物をテーマとして，その家畜化の経緯と極限環境での利用を紹介する。

2 「家畜」を考える視点

1········野生動物の「事前適応」

　ヒトと家畜の関わりを考えるのに，もともと野生だった動物（野生原種）にヒトが与えた影響は欠かせない。家畜化の結果に注目すると，「生存」と「繁殖」の変化が重要である。「生存」に関わる食生態は，野生動物全般でよく研究されている。生息条件や動物個体間の社会関係の説明でも採食は重要な要素である。一方，「繁殖」は家畜の定義でより重視されている。家畜は「生殖がヒトの管理下にある動物」という定義があり，家畜化の過程では「生殖」にさまざまな選択圧がかかる。このため，家畜化の程度はヒトによる生殖管理の程度の違いとして考えられている［野澤 1975］。

　家畜化の前段階で，それぞれの野生動物には，家畜化に向いているか向いていな

表1　家畜化に関係する野生動物の生態的あるいは行動的な性質［Zeder 2012を改変］

性質	内容
社会構造	集団の規模や階層構造の有無 雌雄のまとまり
性行動	交配システム 雌雄の繁殖優位性 交尾行動特徴
世代の相互作用	社会的絆の在り方 性成熟や妊娠の影響
人間への反応	逃走距離 変化への感受性 忌避性や警戒度 慣れやすさ（馴化のしやすさ）
採食行動・環境嗜好	基本食性 環境寛容性 隠れ場の有無

いかという，生態的あるいは行動的な性質がある。これら「事前適応」といえる性質には，社会性，性行動，親子の動き，ヒトへの反応，生息地嗜好性などがある（表1）。ヒトと家畜化される野生動物との共生の成否は，ヒト側だけでなく動物側にもその要因がある。そのため，世界的に利用される家畜もあれば，ローカルに利用される家畜もある。そして試みに反し家畜化できなかった野生動物もいる。

2 ⋯⋯⋯「家畜化症候群」——多くの家畜が共通して示す特徴

　ヒトが作出した家畜が示す形態や行動の特徴（形質）には共通性がある。家畜化に特徴的な変化のメカニズムを探る研究でこの問題が関心を集めている。こうした共通性を示す形質をまとめて「家畜化症候群」（domestication syndrome）と表現することがある（表2）。この症候群については野生種と家畜種の形質の違いに注目したダーウィンの時代に遡って語られる。共通性の背景には一見異質に見えるものが同じ機構でつながると考える仮説の検証が行われている。こうした研究のなかに，飼育動物の人為選択を続けることによって「家畜化症候群」の形質変化を再現しようとする模擬実験がある。その一つとしてキツネを使い有名になったベリャーエフの選抜実験がある。従順なキツネを選び継代飼育した結果，従順なキツネの作出に成功し

表2 家畜化で共通に認められる形質変化［Wilkins et al. 2014］

形質	代表的な家畜種
退色（白斑や褐色化など）	ブタ，ウシ，イヌ，ネコ，ウサギ，キツネ
耳の形態（垂れ耳，小耳化など）	ブタ，イヌ，ヤギ，ヒツジ，ロバ
口吻の形態（短縮化）	ブタ，イヌ，ネコ，ヤギ，ヒツジ
歯の形態（縮小化）	ブタ，イヌ，マウス
従順性（御しやすさ）	すべての家畜種
脳頭蓋（小脳化，頭蓋サイズ縮小）	ブタ，ヤギ，ヒツジ，ウシ，ウマ，イヌ
生殖周期（発情頻度）	イヌ，ネコ，ヤギ，マウス，ラット
成長発達（幼形成熟）	イヌ，キツネ，マウス
尾（巻き尾）	ブタ，イヌ，キツネ

たと主張した実験で，オオカミからイヌへの家畜化の模擬実験とみなされるように
なった。この過程では，行動への選抜が毛色のちがうキツネ（もともと一様なギンギ
ツネが斑点をもつように変化）を産んだことで，家畜化に伴う形質の多元的な変化（「多
面発現」ということがある）が唱えられた。実験の不備が指摘され，反証が増えたため
この実験の主張は否定的に受けとめられるようにはなったが［Lord et al. 2020］，家畜
化に伴う形質変化への注目を集めるきっかけを作った。

3⋯⋯⋯「従順性」に関わる遺伝的・非遺伝的メカニズム

　一方，家畜化症候群に共通の原因を探る研究では，遺伝的あるいは生理的基盤に
関する仮説が唱えられている。Matsumoto et al.［2017］は，厳密にコントロールした選
抜実験でマウスを使い従順性（tameness）に関わるゲノム分析を行った。従順性の遺
伝的基盤にはヒトに自ら接近する能動的従順性とヒトからの接近を避けずに受け入
れる受動的従順性があることを唱え，能動的従順性に関係する遺伝子があることを
示した。この研究から，家畜化では野生動物が能動的にヒトの生存環境や管理環境
に自らを適応させる自然選択的反応（進化）を起こすことが裏付けられた。能動的従
順性を区別する考えは，後述する家畜化の過程で，ヒトの生活環境に近づく能力を
もつ野生動物を考えるのに重要である。

　ネズミで能動的従順性の候補遺伝子領域を特定した上記研究では，イヌでも相同
なゲノム領域を挙げ，両動物に共通する攻撃行動や不安行動に関わる可能性をもつ
神経伝達物質（セロトニントランスポーター）の関連遺伝子を発見している。神経伝達

物質の動物行動への影響に関する研究（第4章）は，家畜化における自然選択と人為選択の影響が顕著な従順性（その反対では攻撃性）に関係することを示している。こうした家畜化に伴う形質変化のメカニズムの研究では，エピジェネティックな変化（成長や発達に伴い，DNAの配列変化によらず遺伝子発現が変化すること：第3章）も注目されている。ストレスへの応答行動をマウスで調べた研究では，若齢で受けたストレス刺激が情動的に不安定になる疾患を起こし，これがエピジェネティックな機構で次世代に伝わることが見つかっている。従順性を支配する遺伝的メカニズムやエピジェネティックなメカニズムの研究はこれからの課題である。レジリエンスと関わる従順性や家畜化症候群を考える証拠が今後さまざまな家畜と野生動物を比べて提供されることに期待したい。

　家畜化に伴う従順性発生の原因説明では，神経堤細胞と辺縁系（脳内の海馬や扁桃体を含む場所）に注目する仮説がある。胚発生過程で神経外胚葉由来の神経堤細胞は体のいろいろな場所に移動し，やがて骨，色素，ホルモン産生を担う細胞に分化する。ウィルキンスら［Wilkins et al. 2014］はこの細胞変化が家畜化に共通した多様な形質発現（多面発現）に影響することを提唱した。また，辺縁系に注目する順応性の説明では，何世代も選抜飼育した動物と野生種を組織学的に比べて，辺縁系縮小の影響が関係すると考えている。さらに，近年のゲノム研究では，神経堤細胞以外に甲状腺も家畜化症候群に関係する可能性を考えている［例えばFitak et al. 2020］。

3　「家畜化」を考える視点

1………家畜化の多様な経路

　ドメスティケーションの過程はひととおりではなく，それぞれちがいがある。しかし，結果的には似たような形質変化があったことがここまでの要点のひとつである。

　冒頭で述べたように，家畜化はヒトの生活圏の拡大で生じた変化で，文化を背景にしたヒトと野生動物の二体間の問題である。その過程を考えるのに，生物学の共生にならって利益を考える見方がある［Zeder 2012］。ヒトと野生動物のどちらに利があるかを問うと，家畜化は片利共生的なヒトが支配的パートナーというだけでなく，

双方に利のある相利共生と見ることもできる。自然界の生物間の相利共生では、両パートナーの行動や形態などに生じた変異に働く選択が原動力になり変化が起きる。一方、ヒトと野生動物間では、ヒトが学習し文化的に伝達する能力を発揮することで関係が強化される。結果として、家畜化される動物は生殖能力を高め、ヒトには予測可能で安全に資源が得られる共生が生じる。これを指摘したツェーダーはこの経路（animal domestication pathway）に（1）片利共生的なもの（commensal pathway）、（2）狩猟を介したもの（prey pathway）、（3）統御したもの（directed pathway）の三つを区別した。これらを具体的に説明する。

第1の「片利共生的経路」は、野生動物がヒトの住環境に接近し、動物には利益だがヒトには利益でない一方的な共生関係からはじまる[1]。

初期の共生からヒトの住環境に慣れるうちに相互依存の関係が変化し、繁殖の人為統御が強化されると、動物には家畜化症候群が顕在化し、双方に従前とは違うレジリエンスが発生することが想像できる。ヒトの居住地でごみをあさったり、他の餌を求める形で動物の接近がはじまり、ヒトとの同棲が起きたと考えられる。イヌ（オオカミ）、ネコ（リビアヤマネコ）、ブタ（イノシシ）がこの代表例である。

第2の「狩猟を介した経路」は、現在の家畜の多くが経験した家畜化と考えられる[2]。

この場合の関係は野生動物の狩猟管理から飼育動物の群管理に移り、最後は家畜の繁殖統御に達する。両者にはさまざまな緊張や欲求が生まれ、この過程で両パートナーがレジリエンスを発揮した場合だけが相利共生に成功し、野生原種は家畜になっている。ヒトの側では狩猟動物の資源の枯渇や狩猟管理技術の発展が推進力になり、動物の側では本来の自然環境を超える繁殖管理への順応性などの適応力が推進力になったと考えられる。世界各地で利用されているヤギ、ヒツジ、ウシ、スイギュウなどはこの経路の代表例である。

---

1 英語のcommensalにはパートナーの片方には損害にも利益にもならない関係、ある生物が別の生物に損害を与えたり利益を与えることなく、他の生物から食物または他の利益を得るよう生活する、という意味があり、日本語ではcommensalismを「住家性」と表すことがある。ここには負荷的な圧力ではなく、動物側の積極的なニッチ開拓に伴う能動的な適応力に関係するレジリエンスが連想され、ヒトの側には大きなレジリエンスの変化は考えにくい。

2 英語のpreyは捕食を意味し、ヒトの食資源として狩猟により捕殺され食べられた関係を示す。動物は食われる関係の中で、狩猟で消費されるだけだったものが家畜化で再生利用資源に変化した。

第3の「統御された経路」は，先に述べたふたつの経路に遅れて，ヒトが編み出した動物資源利用の結果と考えられる[3]。

　この経路は，「片利共生的経路」や「狩猟を介した経路」の家畜化に要した時間より短い時間で，強い人為選択圧をかけて野生動物の繁殖管理を進める場合で，その代表はウマやロバである。現在もさまざまな動物でこうした試みは行われている。なかには成功しない例も多いはずで，「家畜化できている動物はどれも似たものだが，家畜化できていない動物はいずれもそれぞれに家畜化できていないものである」（「アンナ・カレーニナの原則」，Diamond［1997］）と言われるように，野生動物は種によって人為選択圧への応答に潜在的なレジリエンスのちがいがある。

2⋯⋯⋯家畜化経路の可変性と再野生化

　以上の概観から，家畜化にはいくつかの経路があり，ヒトと動物のパートナーシップは可変的だと考えられる。その過程で両者が直面する緊張や欲求も生物学的および文化的な制約と偶然の組み合わせによって，多様なレジリエンスの要因になると想像できる。ヒトと野生動物の共生の最終到達点がヒトによる完全な繁殖管理かというと，ネコのようにそういえない片利共生的な家畜も存在する。「狩猟を介した経路」では，資源利用というヒトの欲求を原動力にした選択の試行錯誤がつづき，「片利共生的経路」と同様に時間がかかったと想像される。また，ブタのように片利共生と狩猟を介した複数の経路を経験する家畜もいるので，家畜化の経路は種により一様とも限らない。「統御された経路」では経験や技術を駆使して野生動物を急に飼育管理へ移すので，家畜化の最短経路といえる。

　自然選択と人為選択の連続的な相互作用という家畜の定義に戻って考えると，野生動物から家畜という方向とは逆の方向に注目することもできる。実際，一度家畜化が進んだ状態から，パートナーシップの関係を逆方向に変える場合もある。利用目的の変化や偶発的な災害，意図的な放棄や家畜の逃走で家畜がヒトの管理を離れ自活に向かう「再野生化（feralization）」はその例である。家畜化症候群のように，再野生化した家畜で共通に認められる形質や行動の変化が研究され，脳の形態や機能

3　英語のdirectedには管理する，監督するという意味があり，すでに家畜化されている動物から得た知識を利用し望ましい動物資源を野生動物から意図的に作出したことを示す。

に注目した研究もある。家畜化症候群では脳の小型化や部分的変化が明らかになっている。一方，再野生化した動物（ウシ，ブタ，イヌなど）の研究では，野生動物的な属性への復帰はすぐに認められない。家畜化で選択された属性は再野生化では短い時間に復活せず，変化が可逆的でないことを示している。自然選択と相互作用する人為選択は，形態や行動の基盤となる遺伝的変化を誘導し，野生での適応の基礎となる遺伝子変異を消失させる力として働くことを考えると，ヒトの管理から解放された動物がすぐに復帰できないことがわかる。

3 ……… 家畜化と進化

　レジリエンスを家畜化から考えてきた。ここで近年の進化研究で話題になる家畜化の話に触れておきたい。これまで家畜化の研究では遺伝子変化が基盤と考えられてきた。しかし，ダーウィン以来の進化学説は新しい取り組みに迫られている。前世紀までに確立した総合説（evolutionary synthesis）に対し，発展が著しいゲノミクスと進化発生生物学研究から見直しが唱えられてきた。エピジェネティクスから家畜化を進化と重ねた議論も行われるようになっている。進化では，DNAの修飾を通じて生じる環境と生物の相互作用が，従来の総合説の枠組みを超えた形質変化につながる発生や分化の機構が問題にされるようになったからである。実際の家畜でこの分子的機構を探り家畜化で実証した研究は乏しいものの，こうした進化の新総合説（拡張総合説 extended evolutionary synthesis）からの検証は進化学説の変容に呼応して新しい家畜化の問題や視点を提供する可能性を秘めている [Zeder 2017]。この新しい波も加え，家畜化を進化と考えたり，進化学のモデルとして扱う動きがあることに注目する必要がある。

　一方，人文社会学や自然人類学では家畜化と結びつく別の議論がある。家畜化症候群に挙げられた動物の属性変化を自らに当てはめたヒトの自己家畜化（セルフ・ドメスティケーション）の議論である。ヒトの身体特徴をあたかも家畜同様の進化を誘導したとみなし，その成立や変化を自己家畜化として論考する（Key Concept 4）。このようなヒト進化の議論には，ヒトの本性や文明論，あるいは道徳や善悪の起源や進化を考えるものがある。

4 ラクダ科動物の家畜化

1……新旧両大陸のラクダ科動物

これまで紹介した家畜化の議論は一般論が中心で具体性に欠けていた。そこで，日本では馴染みが薄いラクダの仲間の家畜化とその利用の紹介を兼ねて，具体的な話題からこれまでの説明を補足したい。

ラクダ科動物は新旧大陸の砂漠と高地という極限環境で家畜化され，ヒトが家畜化した動物のなかでは両大陸の家畜化が比較できる唯一の動物たちである。現在，新大陸には野生種2種（グアナコとビクーニャ）と家畜種2種（リャマとアルパカ）がいる。旧大陸には野生種1種（野生フタコブラクダ）と家畜種2種（家畜フタコブラクダと家畜ヒトコブラクダ）がいる（図2）。これらのラクダ科動物の起源は4500万年前頃の北米まで遡る。南米へは300万年前頃に渡り，200万年前にはふたつの野生種系統に分かれていた。旧世界へは650〜750万年前頃には渡っており440万年前頃にふたつの野生種系統になったと推定されている。

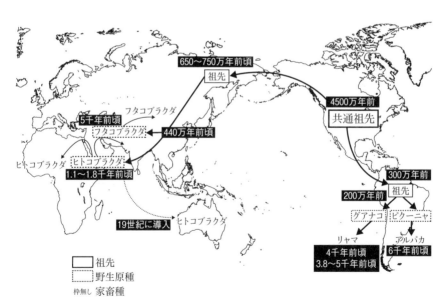

図2　ラクダ科動物の進化と家畜化の場所と時期。

野生原種からの家畜化は過去1万年以内に起きているが，旧大陸のフタコブラクダでは現生野生種（中国とモンゴルの一部のみに生息）と家畜種が110万年（60-180万年）前に分かれたと推定され，家畜フタコブラクダの祖先は現存する野生フタコブラクダとは別の祖先から家畜化されたと考えられている。

2......... 家畜化と家畜利用の比較

　ヒトとの遭遇では，新旧大陸のラクダ科動物の家畜化の環境に大きな違いがある。新大陸では「出アフリカ」に始まる拡散の最後に到達した南米のアンデス高地が舞台である。対照的に旧大陸での家畜化は中央アジア・東北アジア内陸部（フタコブラクダ）とアラビア半島の沿岸部（ヒトコブラクダ）の砂漠ないしは乾燥地域で起きている。

　新旧大陸の家畜利用の違いを見ていこう。ヒトによる家畜の利用では，まず食物（タンパク質）資源として肉や臓器の利用，あるいは燃料資源としての糞の利用が優先された。食用としての利用は狩猟とも共通する利用で，ラクダ科家畜の場合も，他の野生動物の家畜化と基本的に変わらない。一方，繁殖管理が進んだあとの利用では，両大陸の乳利用に大きな違いがある。旧大陸で乳が牧畜の目的になったこととは対照的に，新大陸では乳利用がなかった。新大陸ではこれに代わり毛の利用が重要だった。特に「殺さない狩猟：チャク」の伝統（Phase III・第15章）をもつアンデスでは，狩猟につづく家畜化の繁殖統御・品種改良で毛の利用が進んでいる。一方，旧大陸の家畜化では乳利用が重要で，乳量や乳質の改良が進んでいる。

　野生原種では，家畜ヒトコブラクダの野生原種は絶えているがそれ以外の家畜では生き残っている。新大陸ではグアナコからリャマ，ビクーニャからアルパカと別々に家畜化が起きたことが分子系統研究から裏付けられた。しかし，新旧大陸のいずれの場合も，骨格だけからラクダ科動物の野生原種と家畜種の区別（旧大陸ではコブが違うヒトコブラクダとフタコブラクダの区別も含む）は難しく，家畜化開始時期の研究に影響している。新大陸でアルパカの家畜化は，幼獣死亡率の増加や特徴的な歯の形態変化が認められた6000年前頃に起きたと推定されている（第15章）。リャマの家畜化はおそらくアルパカより遅れて複数の場所で進んだと考えられ，アルゼンチン北西部とチリ北部の高地では3800～5000年前，ペルーの高地では4000年前に起きていたと考古学的に考えられている。ツェーダー（2012）はこうした研究から新大陸の

家畜化では狩猟につづく管理への移行を「狩猟を介した経路」と考えている（第15章では「統御された経路」の可能性を議論している）。旧世界の家畜化の時期については、岩絵や造形物（置物など）ならびに遺跡からの遺体出土状況などからヒトコブラクダでは1100〜1800年前頃に、フタコブラクダでは5000年前頃には始まっていたと推定されている。長距離の乾燥地域を越える移動が活発になった時期に、旧大陸では複数の場所でラクダ科動物が比較的短期間に家畜化されたと推定しツェーダーは旧大陸のラクダの家畜化経路は「統御された経路」の例と考えている。

3⸱⸱⸱⸱⸱⸱⸱⸱家畜化症候群

家畜化症候群の形質変化（表2）をラクダ科家畜で確認すると、従順性以外の形質のなかには他の家畜に比べラクダ科家畜で野生種との違いが意外に小さい形質がある。毛や耳の特徴（毛色・毛様や耳の形態の変化）は新大陸では該当する変化があるが（図3）旧大陸では体色の違いはあるが新大陸ほど多様ではない[4]。

家畜化された動物に特徴的な形態変化は新旧大陸の家畜ラクダにもあるが、その程度は他の動物に比べる

図3　アルパカの毛の色や長さに認められる個体変異。（ペルー共和国アレキーパ県にて著者撮影）

4　厳密に言えば旧大陸のラクダの場合、ヒトコブラクダとフタコブラクダに毛色変異はあり、生息地の温度などによる地域変異あるいは個体変異として白色、褐色、黒色と呼び分けられる体色の違いがある。ラクダでは縞模様や斑点のような濃淡変異はなく、毛色は単色であることが多い。珍しい斑点模様の変異がアフリカのヒトコブラクダの一部にあるくらいである。

と低く，家畜種（リャマ）の脳サイズ減少を野生原種（グアナコ）と比べた研究でこれが認められる。高地や砂漠では，家畜への採食管理が他の草食家畜に比べて少ないことがラクダ科動物に共通する特徴で，野生種と家畜種の採食物の違いもはっきりしない。生息環境の特殊性から，ラクダ科動物では野生原種でもともと他者への警戒心が弱く（あるいはなく），これが家畜種の従順性に関係したのかもしれない［ブリエット 2005，第15章の「チャク」紹介を参照］。さらに，交尾排卵動物であるため，高地や乾燥地では自然交配に頼る繁殖管理が行われていることでも野生種との違いがない。ただし，種雄以外の雄の家畜への去勢という形での生殖管理は行われている。

4⋯⋯⋯交雑

世界的に利用されるウシやウマでは，野生原種は家畜化のある時点から家畜化した動物との接触が断たれ絶滅している。一方，ラクダ科動物では，放牧地に野生原種が接して生息する状況が，アンデスや中国・モンゴルに残っている。

ラクダ科動物では生殖隔離が発達していない。染色体は両大陸とも74本と共通で互いによく似ている。種間の生殖隔離が発達していないため，野生種とでも交雑できる。稀だが新旧大陸の動物の交配成功例もある。

家畜種のあいだに起きる交雑もラクダ科動物の特徴である。新大陸のリャマとアルパカの交雑では，近年のゲノム研究からスペイン侵略後に両家畜の交雑が進んだことが示された。インカ帝国以前は，用途が違う両家畜を分けて繁殖が行われ，交雑が避けられていた。質の良いアルパカの毛が織物に利用され，リャマは駄獣として主に運搬に利用さ

図4　カザフスタン共和国アクトベ州のヒトコブラクダとフタコブラクダの交雑個体。（今村薫氏撮影）

れる貴重な家畜だった。インカ文明崩壊のあとは，毛の増産などのため交雑が進んだようである。

　一方，旧大陸の事情は異なり，温度環境への適応の違いから家畜ラクダの分布は北緯21度付近で分かれている。アフリカや移植地オーストラリアにはヒトコブラクダしかいない（図2）。アジア内陸部の寒暖差の大きな砂漠にはフタコブラクダしかいない。両家畜は分布の重なる中央アジアで交雑している（図4）。

　しかし，こうした新旧大陸でのラクダ科動物の交雑実態とその社会背景の詳細はよくわかっていない。新大陸では近代化による交通の発達でリャマの運搬利用は減り，野生動物（ビクーニャ）保護も関係し，毛の利用が変化している（第15章）。旧大陸でも同様の原因で運搬利用は変化しており，観光と競技での利用や乳生産では交雑を含む新しいラクダの利用が起きている。

＊　　　＊　　　＊

　以上，ラクダ科動物を巡る家畜化の特徴と新旧大陸の特徴を比較した。家畜化された動物や新たに家畜化されている動物には，それぞれにヒトとの多様な関わりがある。ヒトと家畜の関係および家畜化の状況は今も変化している。そこに見られる家畜化の特徴や過程は，ヒトと環境との二体間の問題，すなわちヒトだけが主体でもなく，環境だけが主体でもないという視点で人類史を捉え，レジリエンスを考える上で大きな示唆を与えてくれる。

セルフ・ドメスティケーション （自己家畜化）

稲 村 哲 也

　ドメスティケーション（植物の栽培化と動物の家畜化）は「進化」を加速する「自然実験」とも言われる。人為的な選択により，自然選択より急激で顕著な形質変化が生じるからだ。イヌの形質を野生原種のオオカミと比べると，身体の大きさや骨格，毛の色や質（縮毛や長毛など），頭骨・顔の短縮の程度など，人為選択による特徴の変化と多様性には驚くべきものがある。また，行動においても，人間に対する従順性や親愛性など，その差は極めて大きい。これが，第5章で論じられた，動物の家畜化によって生じる形質や特徴の「多面発現」である。こうした一連の特徴はブタ，ウシなどの他の動物種でも共通している。それが「家畜化症候群」と呼ばれるものである。ちなみに，「症候群」と言っても病的な意味合いはない。

　このような家畜の特徴と人間の特徴に共通性があることに着目し，1930年代にドイツで人類進化の仮説として提唱されたのがヒトのセルフ・ドメスティケーション（自己家畜化）という概念である。ヒトと家畜の形質変化には異なる点も大きいため，この概念は，重要な学術的仮説として世界的な展開をみることはなかった。

　しかし，近年の研究の進展によって再び注目されてきた。日本でも，興味深い著作があいついで翻訳刊行されている［フランシス2019; ランガム2020］。そこで，この概念の新たな展開を概観してみたい。学術的には未知の部分も大きいが，ヒトの進化における文化の影響を考える上で，またヒトの特性を生物と文化の両側面から考えるうえで，踏まえておくべき興味深い概念であろう。

日本におけるセルフ・ドメスティケーション論の展開

日本では，この概念は，ドイツのキール大学で研究した自然人類学者の江原昭善が紹介し，知られるようになった [江原 1987]。江原は，その有効性を指摘しながらも，家畜と人間との大きな違い（特に，家畜における脳の縮小／人間における脳の拡大）も指摘し，慎重な考察を促した。

自然人類学者の尾本惠市らは，人文系を含む多分野の研究者との共同研究「人類の自己家畜化現象と現代文明」（1996〜1998年）を開催し，『人類の自己家畜化と現代』[2002] を刊行している。尾本は，現代の人類進化学では「この仮説はほとんど顧みられていない」としながら，この概念は「メタファーとして現代文明下の人間を考える」ための「新しい学際的・総合的な人間学へのアプローチ」になると考えた。同書の中で，埴原和郎は「身体的特徴が文化の影響を受けるという点では，人類も家畜も本質的に同じと考えることもできる。ただ両者が異なる点は，家畜が文化の影響を他動的に受けるのに対して，人類は文化の創始者であると同時に担い手であり，自らを文化環境の中においていることである」とし，「人類は，まさに自然と文化の狭間に立ちながら，その生き残りの道を真剣に模索すべき状況に置かれている。このような観点から「人類の自己家畜化現象」というキーワードをもう一度見直すことは有意義に違いない。それは，人体の進化と文化の発展との関連を根本から問い直すことでもある」と述べている。

動物学者の小原秀雄は，セルフ・ドメスティケーション論を，人間を理解するための中心的な概念として用いた。問題視されてきた家畜の脳の退縮とヒトの脳の拡大という「矛盾」については，人間の場合には人為的環境でそれ自身をつくったのであるから異なって当然だと論じ，「自己家畜化は人間が人間になるために必要であった」と言う。小原はさらに，映画監督の羽仁進との共著『ペット化する現代人──自己家畜化論から』[1995] などで，都市化の進行と共に「カプセル化」された人工環境で「自己家畜化」がさらに「自己ペット化」していると論じた。

このように，セルフ・ドメスティケーション論は，急激に進む近代文明（人為的環境）のなかで私たちが陥っている快適性や物質的豊かさへの依存，リスクへの脆弱性（レジリエンスの弱体化），環境問題などをあぶり出す論理にもなってきた。本来は，人為的環境のなかで世代を重ねることで変化した（遺伝的）形質を意味する学術的概念であるが，現代文明批評にも敷衍されてきたと言ってよいだろう。

ドメスティケーション研究の進展

近年，動物学や遺伝学におけるドメスティケーション研究が進展したことにより，セルフ・ドメスティケーション論が新たな注目を浴びてきた。そこでまず，関連するドメスティケーション研究の進展についてみておこう。

家畜化の研究に極めて大きな影響を与えたのは，ロシアのベリャーエフらによるキツネの人為選択の研究である。この研究は前掲の二つの著作でも詳しく取りあげられている。1960年代にベリャーエフらは，シベリアのファーム（養殖場）の数千匹のギンギツネから，人を恐れたり攻撃的な行動をとらない「従順な」個体を選別し，それらを交配させ，世代を繰り返した。すると，野生では見られない，尾を振ったり，クンクン鳴いたり，人の顔を舐める子ギツネが現れた。そのような個体は13世代で49％に達し，さらに世代を重ねるとすべての個体がそのように変わった。さらに重要なことは形質面での変化だった。毛色に斑点が生じたり，長毛の個体も現れ，さらに，垂れ耳や巻き尾も現れ，足や尾の骨が短くなり，鼻づらも短くなった。

この実験結果は，「従順性」という性格・行動面の人為的選択の結果として，一連の身体的特徴の変化が並行的にもたらされるという家畜の「多面発現」のプロセスを示した。ただし最新のロードらの検証の結果，実験の一部の不備が指摘された[Lord 2020]。実験に使われたキツネ個体群の由来が東カナダのファームであり，その個体群がそこですでに飼育され，従順性への選択が先行的に行なわれていた点である。その事実によって，実験は「家畜化症候群」を支持する根拠を失しており，結果が過大評価されてきたというわけだ。

一方で，第5章で述べられたように，「家畜化症候群」の研究は多角的に行われてきた。とりわけ「神経堤細胞」論は興味深い。この細胞群は，脊椎動物の発生過程の初期段階で，神経管が閉じる前の神経堤に出現し，神経管が閉じると体のさまざまな場所に移動し分化する。そのなかには，「家畜化症候群」に関わる，尾や耳の軟骨，顎や歯の組織を形成する細胞，色素細胞，さらに（ストレスから体を守るホルモンを産生する）副腎を形成する細胞などが含まれる。つまり，ストレスに強い行動面の変化と形質的な変化が，「第四の胚葉」とも呼ばれる神経堤の細胞群として結びついているのである。ベリャーエフらの実験は不備が指摘されたが，「家畜化症候群」のメカニズムを説明する論として説得力がある。

ドメスティケーションによって現れる「家畜化症候群」の多くは，幼児期の特徴を残したものである。それは，発達段階初期（幼児期）の形質が成体になっても保持

される「ペドモルフォーシス（幼形変化）」と呼ばれる。家畜の従順性（恐怖と攻撃の抑制）という性格・行動面の特徴も「ペドモルフォーシス」であるが、それはストレス反応と関連するとされる。ストレス反応はHPA系（視床下部―下垂体―副腎系）の働きに基づいているが、成熟するとストレス反応が生じ、多くの哺乳動物は恐怖や攻撃性を示すようになる（それと共に学習・社会化の時期が終わる）。幼児期の従順性はこのHPA系が生理的に成熟していないことに起因するという。

　以上のメカニズムを総合すると、次のようなプロセスが想定される。人との接触が多くなったり、狭い場所に集められたりした場合に、生理的にストレスに強い（ストレス反応がにぶい）個体が生き延びる確率が高くなる。つまり、「従順性」への強い選択圧がかかるわけである。その選択圧が世代を超えて繰り返されると、行動面での従順さが強まる。それと同時に、性差が縮小し、骨格等の形質に幼児的特徴が現れ、毛の形質や色も変化するなど、「家畜化症候群」が起こるというわけである。

セルフ・ドメスティケーション論の展開

　認知進化の専門家であるブライアン・ヘアは、ヒト固有の認知能力の進化をセルフ・ドメスティケーションで説明している［Hare 2017］。ヘアは、チンパンジーとその近縁の類人猿であるボノボの比較研究を行ったが、チンパンジーの雄が他集団の個体を襲うなど攻撃性が高いのに対し、ボノボは攻撃性がより低く、より平和的であるという。さらに、心理（社会的ストレスに対しより受動的）、形態（脳容積の縮小、顔の雌化など）、向社会的行動（遊びと社会的な性行動、自発的な食物分配）、発達期間（社会的な性行動の早期開始と長期化）、社会認知（協力の柔軟性の増加）のいずれにおいても家畜化症候群の特徴も持つという（内容は一部省略）。さらに、彼が先行研究を総合的に検討した結果は、完新世（食糧生産革命以降）のヒトは、それ以前の人類と比べ、これらのいずれにおいても似た傾向を示した。すなわち、心理においては脳に（精神を安定させる）セロトニンと（愛情ホルモンとも言われる）オキシトシンの増加がみられ、形態においては女性化した顔や（共感性や社会認知と関連する）球形の脳などの変化があり、向社会的行動に関しては集団内の食物分配や社会的絆などが著しく増加し、発達期間の拡大に関しては早期の社会認知と脳の「シナプス刈り込み」の遅延を伴う緩やかな発達（学習期間の長期化）がある。このような傾向はすべて、セルフ・ドメスティケーションによる、向社会的・反攻撃的な自然選択が人類進化に大きな役割を果たしたことを示唆するという。

フランシスも，人類進化において（家畜化症候群のメカニズムである）ヘテロクロニー的変化が起こった証拠は多いという［フランシス 2019］。ヘテロクロニーは，発生・発達段階での形質発現のタイミングや速度が変わることである。おおまかには，先に述べたペドモルフォーシス（幼形変化）と，その逆のペラモルフォーシス（新たな形質が成体になって出現する「過成進化」）に分けられる。

ペドモルフォーシス的な変化には，骨や筋肉，神経などの身体的な発達の遅れ，性差の縮小などがあげられる。また，高度な知的能力に関わる前頭前野のニューロンの髄鞘（絶縁体として電気信号の漏れを防ぐが，形成後には学習の可塑性が低下する）の形成は，ヒトではチンパンジーよりかなり遅い。これもペドモルフォーシスの一種のネオテニー（発達がゆっくりと起こること）である。ヒトの学習期間が長いことのメカニズムであり，ヘアによれば，ボノボにも同様の現象が起こっている。

フランシスによれば，ヒトには，他の哺乳類のドメスティケーションには見られないペラモルフォーシス的な変化も顕著である。長い四肢や骨盤の形態は，幼形の保持ではなく，むしろペラモルフォーシスによるものである。また，人類の巨大な脳も，発生・発達の加速と終了時期の遅れからなるペラモルフォーシスだとする。

ヒトの社会性（及び従順性）と攻撃性

いずれにしても，人類は従順で社交的な方向に進化してきたようである。それならば，なぜ人類は同じ種同士で過激な殺し合いをするのであろう。リチャード・ランガムは，人間が「天使のような」性質と「悪魔のような」性質をもつキメラ的存在であることのパラドックスを解消する論を展開した［ランガム 2020］。彼は，「攻撃性」を「反応的攻撃性」（恐怖や激情に駆られて衝動的に暴力をふるう性質）と「能動的攻撃性」（冷静に計画して相手を排除しうる性質）とに区別し，ヒトでは「反応的攻撃性」が抑制される一方で「能動的攻撃性」が強化されたと論じている。その点は，第4章での論とも一致する。

ランガムは，ルソー的な性善説よりもホッブズ的な性悪説に近く，人類の暴力や戦争を進化的適応と見る。その論が根拠としているのは，人類の遠い祖先，少なくとも更新世の250万年前に発動していたとするヒト属の能動的攻撃性の高さと，現代の小規模社会にみられる「連合による能動的攻撃性」といったものである。ランガムの論調は確信に満ちているが，その論拠には疑念の余地がある。

一方，ランガムは人間の暴力を適応行動だとみなすが，社会的に防ぐことはでき

ると言う。そして，争いを避けるためには意識的な努力が必要だと説く。そこは傾聴すべき点であろう。

セルフ・ドメスティケーション論の現代的意義

フランシスはセルフ・ドメスティケーションに関して，より慎重な姿勢を貫き，この仮説に評価を下すのは時期尚早だとする。しかしながら，その議論は重要であり，人類進化に二つの新たな観点を提供すると述べている。

その一つは，いわゆる「高等な」認知機能とその神経回路から，すべての哺乳類と共有する情動的行動を支える脳の部位へと着目点が変わることである。これは，ストレス・従順性などへの選択圧が，ヒトの向社会性などの高度な認知能力と関連している可能性を指摘したものであろう。

もう一つは，人間の社会的行動の進化に拍車をかけてきたものとして，従来の競争的相互作用よりもむしろ，協力的・向社会的な面を重要視する観点である。つまり，ダーウィン以来，進化において「適者生存」という競争的選択が重視されてきたが，セルフ・ドメスティケーション論においては，従順性・向社会性にプラスの選択圧がかかってきたということも意味するのであろう。それは，私たち人間の未来に希望を抱かせる視点である。

セルフ・ドメスティケーション論は，ヒトと（一体的な）自然と文化との相互作用を，「選択」（自然選択と人為選択）の観点から再考するものである。ヒトの脳と認知能力の問題については，特に，第2章（共感能力の進化）と第3章（三元ニッチ構築仮説）と関わりが深い概念であろう。

私たちが「地球環境」と個としての自身との関係性を実感するのは難しい。けれども，セルフ・ドメスティケーション論の視点からは，「地球環境」の内にある住居や都市などの人為環境（ニッチ）が私たちの心身に与えてきた（選択圧による）影響を実感することができる。それによって地球環境問題を自分事として捉えられるのではないだろうか。そして，環境を改変することによって自らをも改変してきたのが人類であるならば，小原が言うように，人為淘汰が「幸いに自己によるのだから，人為淘汰のしかたを変えればよい」のである。本書の末尾，Phase V・第25章が主張する，人のトランスフォーマビリティ（可塑性）を信じた地球のデザインに通じる考え方である。私たちには，私たち自身の心身と地球に適した「良き人為環境」に改変していく能力も備わっているはずである。

Phase II

食糧生産革命と文明形成

chap.6
複雑社会の戦争は
その戦後処理にも際立った特徴がある
食糧生産革命によって形成された複雑社会では，集団間の争いは従来とはまったく異質のものになった

chap.7
疫学的転換点
食糧生産革命以降の感染拡大

人類と感染症の関係を大きく変えた
農耕の開始と定住
野生動物の家畜化

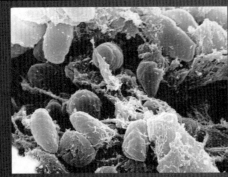

chap.8

新大陸の
ヒトと動植物との共生関係は
既存の文明形成モデルに再考を促す

そのレジリエントな本質は

利用種と利用方法の多様性にある

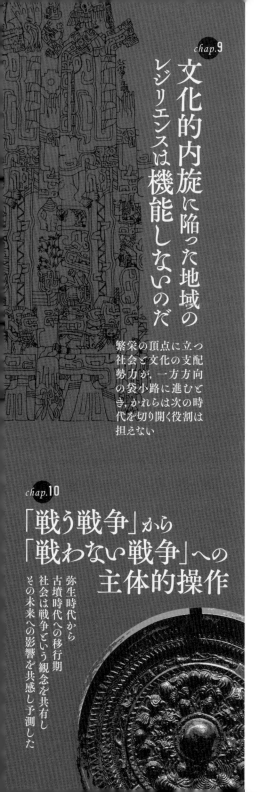

chap.9

文化的内旋に陥った地域のレジリエンスは機能しないのだ

繁栄の頂点に立つ社会と文化の支配勢力が、一方方向の袋小路に進むとき、かれらは次の時代を切り開く役割は担えない

chap.10

「戦う戦争」から「戦わない戦争」への主体的操作

弥生時代から古墳時代への移行期社会は戦争という観念を共有しその未来への影響を共感し予測した

Introduction

　Phase Ⅰで，脆弱な霊長類の一種に過ぎない人類が他の生物種を圧倒していくプロセスを概観し，その最大の秘訣が認知能力，とりわけ「共感能力」だということが諒解されたと思います。形質的進化や考古学的な状況証拠から，進化の過程で獲得された，「利他的行動」に結び付く共感力の拡張の仮説についても論じられました。

　石器の発明と共に始まる旧石器時代以降，狩猟による食糧確保のために，共感力によるチーム力が大いに発揮されてきました。仲間意識が強く「利他性」の旺盛なメンバーが集まる集団はより多くの獲物を得ることができ，繁栄して人口を増やしたでしょう。

　こうして，私たちヒト（ホモ・サピエンス）の祖先は，言語の使用を含む卓越したコミュニケーション能力と社会性を発揮し，家族を超えるコミュニティの連帯・協働による強力なパワーを獲得しました。そのレジリエンスは，今の私たち自身に受け継がれています。スポーツでの勝利や，様々なミッションの遂行，災害復興などにおける「ワン・チーム」の力です。

集団が大きくなると，メンバー間の調整・コミュニケーション能力がさらに必要となり，脳の拡大につながりました。火の利用も，調理による栄養の効率的な摂取によって，（エネルギーを多く必要とする）脳の拡大を促したと考えられています。知的能力と共に言語が発達し，衣食住をめぐる道具や技術，社会規範，環境に関する知識や意味付け，さらに他界観までもが有機的に結びついたシステムとしての「文化」が発達します。そして，ヒトが世界に**移動拡散**し，それぞれの地域に柔軟に適応する過程で**「文化」が多様化**していきます。遠い過去のヒトの精神世界を知ることはできませんが，現代狩猟採集民の民族誌研究から，自然の万物を（人間と同じような）霊的な存在と捉えるアニミズム的世界観が広がっていたと推測されます。アニミズムは，現代社会でも消えたわけではなく，われわれの意識の底流に在り，自然への畏怖や敬意という形で残されています。

　農耕や牧畜（食糧の生産）が始まると，ヒトの共感力は大きく拡張していきます。「チーム」がとてつもなく大きくなったからです。古代文明，首長制社会，階層社会，国などの語で表される**複雑な社会の登場**です。そうした大規模集団では，家族・親族などの直接的なつながり，小規模なコミュニティ内部の対面的関係で協働しあう身内の範囲を超えた，他人同士がメンバーとなります。そうなると，役割の違いだけでなく，格差も生まれ，複雑社会としての諍いのリスクが生まれます。それに対応しなければ集団は混乱し，弱体化します。そうした大規模集団の統御を可能にしたのが「共感能力拡張」と社会の組織化です。そのために新たな認知システムが発達します。それは，**「虚構の認識と共有」**です。「虚構」は指示物のない記号です。簡単に言えば，「虚構」とは，もともと自然の中に無いモノです。もしくは，特別な意味を付与した自然界のモノです。それをシンボルと言い換えておいてもいいでしょう。中でも，多くの人々を結びつける強力なシンボルが「超自然的存在」です。それは，自然界の生き物や場所でもいいし，人の姿に似たものでも，ドラゴン（架空の動物）でも，幾何学的な形でもよいのです。あるいは，呪文のような言葉や観念だけでも成り立ちます。いろいろな要素を組み合わせて，私たちを取り巻く宇宙全体を象徴するものであれば，さらに強力なシンボルとなります。おそらく，それが「宗教」の起源でしょう（現代社会では「イデオロギー」も加わります）。

　人工的なシンボルを作れば，場所や環境に限定されずに多くのヒトが共有できます。遠くからでも見えるようにしたのが神殿などの巨大モニュメントです。その造営には多くの労力を必要とし，共通の目的に向けた協働が人々の「共感」を高めま

す。造営が終わったあとは，儀礼や祭宴が「共感」をつなぎとめる役割を果たします。

「超自然的存在」の認識と共有は急に始まったものではなく，アニミズムにすでに芽生えていたものです。大きく変わった点は，アニミズムでは，超自然的存在があまねく存在し，人々と双方向の関係性をもつものであったのに対し，大規模社会では，超自然的存在が絶大な力をもち，精神世界の中心を占め，人々がそれに依存する傾向が強まったことです。それは，階層化された中央集権的社会を反映し，それを支えるものでもあったと言えるでしょう。

社会の精神的な統合と共に，実質的に人々を結びつけるものが「再分配経済」です。広範囲から食糧をはじめとする多様な物資を集め，それを効果的に再分配する。それによって，集団のメンバーは実質的な利益を得ることができます。範囲が拡大すれば，そのための輸送・流通ルートが必要となります。また管理する人材や組織も必要となります。ルール（規範や法律）も必要になるでしょう。当然，聖俗のリーダーやそれを支えるエリート集団が形成されます。リーダーは権力をもつ一方，安定的な食糧の確保，自然災害や疫病への対策など，メンバーの生活の保障と安心安全への責任が生じます。さらに，他の集団との競合関係が生まれると，戦闘と防御の能力を高める必要がでてきます。こうした様々な工夫の諸相を（その時点における）社会のレジリエンスと捉えることができるでしょう。

集団が巨大化するにつれて，人為環境（住居，都市，インフラなど），社会組織や社会規範と教育（社会学習），そして信仰はますます重要になります。複数の集団が競合する状況になると，**集団内の紐帯と利他性**などの「共感能力拡張」がさらに強化されます。しかし，それは，集団間では「**暴力性の拡張**」につながります。争いが起これば，破壊がもたらされます。そして，集団間の連合，すなわち共感力の集団を超える拡張など，さらなるレジリエンスが求められるようになります。

古代の「文明社会」の盛衰の過程は，Key Concept 3の「生態学的レジリエンス」で紹介された「適応サイクル」でも理解できます。一定の安定と繁栄を得た社会は，その複雑な内部の矛盾や，環境の変化，災害，戦争などによってバック・ループに入ります。そこで，社会の解体（解放）と再構成を経て，フロント・ループに入り，群雄割拠の中から新たな勢力が搾取（競合的拡張）を経て台頭し，優勢な集団が安定期（繁栄期）に入るというプロセスです。大小のこうしたプロセスを繰り返しながら，人類史の大きな流れとしては，技術開発と相まって，集団や国家がより広域で大規模になり，より複雑化する方向に進んできました。その都度，新たなレジリエンス

を発揮してきたのですが，リスクもさらに拡大してきたと言えるでしょう。

　こうした「文明社会」とも呼ばれる大規模で複雑な社会の周縁には（また内部にも），常に小規模でローカルなコミュニティが存在し，相互作用をしていたことも忘れてはなりません。文化人類学では人間の営みのすべてを文化と捉えますが，「文明」に対するローカルな「文化」を対置する捉え方もあります。そうした枠組みで言えば，「文明」は繁栄の後に解体しますが，ローカルな社会と「文化」はバック・ループの中でも根強く生き延び，再構成されると言えるでしょう。

　この Phase II では，古代社会の特性や盛衰をレジリエンスの観点から論じていきます。冒頭の第 6 章（藤井）で，上述のような「リスクの拡大再生産」が，旧石器時代，新石器時代，古代社会，産業革命以後の社会，現代社会への推移を「縦に重ねて回転させた鉛筆」に例えられます。具体的な事例としては，まず，メソポタミアにおける**食糧生産革命**の経緯と，その結果としての人口爆発と巨大集落の成立，それが抱えたリスクが論じられます。そして，それに続く複雑社会としての都市の特性，社会関係の複雑化の過程，それが抱える矛盾と対応，さらに，**複雑社会**で本格化した戦争，感染症流行とそれへの対応が論じられます。最後に，新型コロナのパンデミックによって現れた現代社会の矛盾とレジリエンスについて考察します。

　第 7 章（山本）では，医学研究者の立場から，食糧生産と文明形成のトレードオフとして，とくに感染症について論じます。農耕開始により，ヒトはそれ以前と比べて格段に生産性の高い食糧資源を手にし，（もともと多産であったことから）急激に人口を増やし稠密な社会を形成します。一方で家畜を飼うことで農耕の生産性がさらに高まると共に，動物との接触が強まり，**人獣共通感染症が人間に定着**します。文明社会はそのリスクをさらに拡大し，ヒトは広域に広がる重大な「災害」の一つとしての病を手にします。人々は，都市の衛生など，その時代なりの感染対策を工夫しますが，結局，免疫を獲得し感染症と共存することになります。それが現代にまで続いているわけです。皮肉にも，集団間の関係では，感染症を経験し免疫を得た集団が優位に立つという状況を生み出します。その典型的な事例が，感染症からの「隔離状態」にあった新大陸（アメリカ大陸）の先住民とヨーロッパ人の接触です。

　第 8 章（杉山）と第 9 章（大貫）では，アジアから**新大陸へ移動したヒトの文明の特性**と盛衰過程が論じられます。第 8 章はメキシコのテオティワカン遺跡を中心とするメソアメリカ古代文明がテーマです。まず，文明のレジリエントな生活基盤として，食の多様性とドメスティケーションの特性，すなわち，野生との連続性，セ

ミ・ドメスティケーション（半栽培，半家畜化）などが論じられます。一方，各地で発達した宗教センターは，それぞれの地域の環境に適合した世界観によって，精神的な統合を支えました。宗教センターは，火山噴火などの大災害への対応という側面も大きく，社会的・精神的なレジリエンスとしても機能しました。

　第9章では，アンデス社会の文化史を，難局の打開とレジリエンスの観点から俯瞰的に論じられます。とくに，神殿など大規模モニュメントの成立と「神殿更新」によるその巨大化，その盛衰の要因の具体的な分析がなされます。具体的には，大神殿を形成した遺跡の検討により，初期の文明の盛衰について**「文化的内旋」**（過剰な文化的適応・過度の複雑化による袋小路）の観点から論じます。そしておそらく自然災害によって移動したエリート集団が，旧伝統の強化による権威の再興に失敗し，社会が瓦解したと分析します。後の時代になると，地方文化の隆盛と衰退ののち，絶大な統治力をもつインカ帝国によるアンデス統一がなされます。しかし，スペインからの征服者が侵入すると，メソアメリカと同様に，圧倒的な武力の差と共に感染症の流行によって，帝国はもろくも崩壊します。

　レジリエンスの主体は，「争い」という客体（危機）の場合にとりわけ重要です。競合する集団間での個別集団の（当面の）レジリエンスは，集団内の絆と力の強化と言えるでしょう。しかし（集団間，包括地域，地球を主体とする）より大きな枠組みでは，真のレジリエンスは（集団を超えた）「共感」の拡張でしょう。第10章（松木）は，日本を舞台として，縄文から古墳時代にかけて，社会の進展に伴う戦争の形態の変遷を題材に，その具体的モデルを論じます。個人／集団の対比，**利己追及暴力／利他助長暴力**の対比がその論理的な枠組みの中心をなします。縄文時代には，人口圧や寒冷化等により「個人的な利己追求暴力」と，集団としてそれを抑止する「利他助長暴力」が出現しました。弥生時代は，温暖化に伴う人口増（中期）と直後の湿潤低温化の影響で争いが激化します。そうした危機への対応として，北部九州では「集団単位の利己追求暴力」により階層的なチーフダム（首長制社会）が生まれ，近畿中央部では「集団単位の利他助長暴力」により等質的な部族社会の連合体制が生まれます。ただし，これらは長期的にはレジリエンスとして働かず，弥生時代後期の日本列島は不安定化します。古墳時代になると，各地方勢力は一人の大首長のもとに連合します。武力は副葬儀礼という形で象徴化され，**「戦わない戦争」**がチーフとその連合の権威形成に転化します。これが，安定した350年間の古墳時代社会を支えたという点で，レジリエンスとして機能したというわけです。　　　　　　　　（稲村）

「後ろ手に縛る」

第 **6** 章

食糧生産革命と複雑社会の形成

藤井純夫

アラビア半島周辺の遊牧民遺跡の考古学的調査
を通して，新石器時代以降の乾燥地適応の歴史
を研究。現在，金沢大学名誉教授

　「人類の生存のありようを一本の鉛筆にたとえてみると，旧石器時代の人類は鉛筆を横に寝かせた状態，従って文明の高みには達し得ないものの，地球の営みの中に溶け込んだきわめて安定した状態にあったと言えるであろう（図1）。だからこそ，旧石器時代は数百万年も続いたのである。一方，新石器時代の人類は，食料生産によって自然の系から半ば離脱し，人間中心の生態系を形成し始めたという点で，いわば鉛筆を立てた状態に移行したことになる。これをベースにやがて古代文明が成立したわけであるが，それは，立てた鉛筆の上にさらに鉛筆を積み足し続けた結果と言えるであろう。だからこそ，文明は時々崩れるのである。産業革命以後の人類は，立てた鉛筆に独楽としての高速回転を加え，その回転復元力を利用してさらなる高みを目指しているわけであるが，回り続けないとすぐに倒れてしまうという新たな弱点を抱えることになった。ここに，現代社会の意外な脆さがある。それは，鉛筆を立てた時に始まったのである。」［藤井 2018］

　今回のコロナ禍で，それを痛感した。感染防止の一方で，経済を「回せ」という

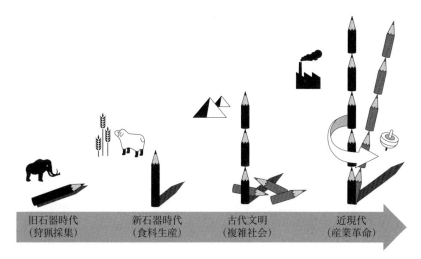

図1　人類の生存様式を鉛筆にたとえると［藤井2018］

のだ。一人一人の健康はもちろん大切だが，社会全体が瓦解してしまってはどうしようもないではないか。そう脅されるのである。なるほど，蔓延防止等重点措置や緊急事態宣言で経済の回転を少し緩めただけで，上から鉛筆がバラバラと崩れ落ちてきた。経済を「回せ」は，個体維持本能をも凌駕する現代社会の鉄則なのであろう。

　なんだか腑に落ちない。なぜ，このようなことになってしまったのだろうか。本章ではまず，「最初に鉛筆を立てた」西アジア新石器文化の人類史的意義と，そこに潜在した社会的リスクについて述べる。次に，「立てた鉛筆の上にさらに鉛筆を積み足し始めた」古代メソポタミア複雑社会の様々な葛藤について考察する。私たちの生存を支えると同時に，私たちを苦しめてもいる複雑社会。その本質を新石器時代の食糧生産革命や古代メソポタミア文明にまで遡って明らかにすることが，本章の目的である。一方では，進化史（Phase I）と文明史（Phase II）の連結も意図している。

1 「それは鉛筆を立てた時に始まった」

——食糧生産革命で得たもの，失ったもの

　人類の最も重要な身体的特徴（直立二足歩行）が進化の初期段階で獲得されたのに対して（Phase I・第1章，第2章），経済を「回せ」に集約される現代人類の社会的特性は，「鉛筆を立てた時」，すなわち新石器時代の食糧生産革命に始まった。最初に「鉛筆を立てた」のは，西アジアの新石器文化である。これと同じ現象は，やや遅れて東アジアや中南米など世界の何カ所かで発生し，それぞれ独立して進行した（Key Concept 5）。食料生産の開始は，それに先行して起こった認知・共感能力の発達（Phase I・第2章，第3章）を別にすれば，身体的進化達成後の人類にとって最大の転換点であり，すべての文明の礎となった。

　高校の世界史教科書にも，そう書かれている。しかし，食糧生産革命の歴史的意義が判明したのは意外に遅く，20世紀の後半になってからである。それ以前の西アジア考古学では，（人類の起源問題に関わる）旧石器時代洞窟遺跡のトレンチ発掘と，（文明起源に関わる）青銅器時代都市遺跡の大規模平面発掘が主流であった。これに比べて新石器時代の遺跡は，崩れたレンガ壁の周りに小さな石器と装飾の乏しい土器片が散らばっているだけの，これといって見所のない，つまらない遺跡だったのである。

　そのつまらない遺跡の考古学的意義を「発見」したのが，チャイルド（Vere G. Childe: 1892-1957）が提唱し，ブレイドウッド（Robert J. Braidwood: 1907-2003）とケニヨン（Kathleen M. Kenyon: 1906-1978）が，イラクのジャルモ遺跡（Jarmo）とパレスチナのイェリコ遺跡（Jericho）でそれぞれ平行して実施した，農耕・牧畜の起源に関わる目的志向型の総合調査である（図2）。2件の調査は，人類の起源問題（旧石器時代）と古代文明の起源問題（青銅器時代）の間に埋もれていた「新石器

図2　ジャルモ遺跡全景(イラク北東部，常木晃氏より提供)

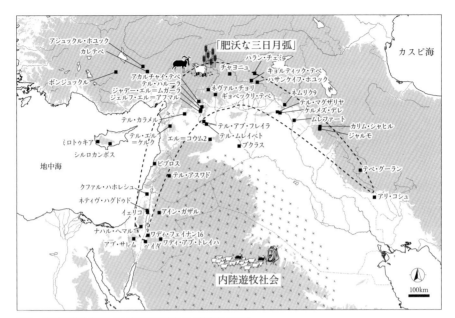

図3　新石器時代前半における集落遺跡の分布［藤井2018］

時代・食料生産革命」の人類史的意義を，初めて掘り起こした。これこそが，本当
の考古学的発見であろう。続く1980年代からは，新石器時代と古代文明とをつなぐ
銅石器時代（紀元前5000〜3500年頃）の調査も盛んになり，ようやく人類の起源から古
代文明に至るまでの軌跡を連続して追跡することができるようになった。世界史教
科書の記述は，その成果を基にしている。

　食料生産革命を成し遂げた西アジア新石器時代前半（紀元前9000〜6500年頃）の集落
遺跡は，北半の丘陵地帯（いわゆる「肥沃な三日月弧（Fertile Crescent）」）に集中してい
る（図3）。集中の理由は，この丘陵地帯にコムギ・オオムギなどの栽培植物や，ヤ
ギ・ヒツジなどの家畜動物の元になった野生の動植物が分布していたからであり，ま
たその分布を支える降水量（年間200〜300mm以上）があったからである。旧石器時代
の狩猟採集民も，この丘陵地帯を主な生活圏としていた。文化の蓄積もあったので
ある。降雨に依存する粗放的な天水農耕と集落周辺での小規模放牧とを組み合わせ
た西アジア型の混合農業が成立すると，人類生存の基本要件である食料の獲得は，自
然からの単純収奪から，（人間社会による高度な自然利用としての）農業生産に移行した。

図4　テル・エル・ケルク遺跡遠景（シリア北西部，常木晃氏より提供）

自然の系から半ば離脱した時点で，人類はそれまでとはまったく別の生き物になったのである。

　食料生産革命は，人口の増加と集住を引き起こした。その結果，例えばシリア北西部のテル・エル・ケルク遺跡 (Tell el-Kerkh) のように，面積10ha以上，家屋数にして数百戸規模の巨大集落が形成された（図4）。30名前後の小型バンド組織による旧石器的な移動生活が，（考古学的な時間感覚からすれば）突如として，大型集団による定住生活へと変質したのである。一方では，例えばヨルダン南東部のワディ・アブ・トレイハ遺跡（Wadi Abu Tulayha）のように，季節的な移牧のため「肥沃な三日月弧」外側の乾燥地に進出する小型の集落も現れた（図5）。巨大集落や移牧出先集落の存在は，新石器時代の安定した農業生産力を，それぞれ別の側面から裏付けている。メソポタミア文明に限らず，世界中のあらゆる古代文明は，こうした農業生産力の上に築かれた（Phase IIの各章参照）。

　しかし，「鉛筆を立てた」社会には，「鉛筆を横に寝かせていた」時代には予想もできなかったような大きなリスクが伴っていた［藤井2018; Fujii 2020］。人口の爆発と集住による集団の大型化・固定化と，これに起因する集団内・集団間の軋轢の拡大，がそれである。これらはまさに，食料生産革命がもたらした負の側面と言えるであろう。新石器時代の人類は，「食糧の安定生産」という新たに獲得した社会的レジリエンスによって，「食糧獲得の不確実性」という旧石器的なリスクを克服した。しかし，人口爆発に続く様々な新石器的リスクに気付いた時には，皮肉にも，それまで有効に機能していた旧石器的なレジリエンス（小型バンド組織による移動生活というリスク分散型の生存様式）を喪失していたのである。

　この引き換えの代償は大きく，新石器時代以後の人類社会は急速に発展すると同時に，集団内・集団間に増殖する関係性の問題に苦しむことになった。そのこともあってか，巨大集落や移牧出先集落は短命に終わり，新石器時代の後半には集落の

図5 ワディ・アブ・トレイハ遺跡全景(ヨルダン南東部, 藤井純夫撮影)

再編や遊牧化が進行した。後のメソポタミア古代文明は様々な法典を発布してこの問題に対抗したが，そうしたルールの増産は問題の整理・解決に役立つ一方で，却ってそれをこじらせもした。これが，今日にまで続く複雑社会の起源である。

　さて，ここからが本題である。古代メソポタミアに限らず，現代の日本をも含めたあらゆる文明の本質である「複雑社会」とは，一体何だろうか。

2 「雪中の筍八百屋にあり」──複雑社会のくびき

　「雪中の筍八百屋にあり，鯉魚は魚屋の生船にあり」という対句が，それを言い当てている。これは，中国の『孝子伝』『二十四孝』をもじった井原西鶴の『本朝二十不孝』(貞享三年，1686年) 序文冒頭の一節である [井原西鶴作，横山重・小野晋校訂 1963，濱田 2009]。老いた母のため，雪の竹林に筍を探す孟宗の孝心に感じて，天は筍を授けてくれた。同じく母のため，妻を遠くまで水汲みに行かせ，新鮮な鱛を毎

日用意した姜詩の孝行に感じて，天は家の傍に泉を湧き出させ，毎朝，鯉を恵んでくれた。「ところが今では，冬になっても筍は（塩漬けとなって）八百屋の店先に並び，鯉は魚屋の生簀に泳いでいる。なかなかどうして昔風な親孝行もしかねる。それよりも代々の家業に励みなはれ」という，江戸期大阪商人の近代性を体現する西鶴らしい揶揄である。古代メソポタミア文明とは文脈がまるで異なるが，期せずして複雑社会の本質を言い当てているので引用した。

　つまり，周囲の人々は無論のこと，互いに知らぬ人までもが社会の仕組みの中で様々に結びつき，その見えない関係性の中に個々の生存が成り立っているのが，複雑社会である。霊長類の社会でもかなり複雑な個体関係の存在が指摘されているが［中村 2010］，それは小さな集団内の，互いに見知った個体相互の関係にすぎない。人類の創出した複雑社会は，集団外の見知らぬ人をも結びつけた。竹林に筍を掘る人がいて，それを都に運ぶ人，塩漬けにして商う人，さらには贖って料理する人，食卓に運ぶ人，そして最後に座敷で味わう人がいる。江戸時代の筍一つでもこの複雑さであるから，要素と要素が幾重にも関係し，システムにシステムが絡み合った現代AI社会の複雑さを思うとめまいがする。

　旧石器時代の狩猟採集民社会には，そのような複雑なシステムは存在していなかった。鉛筆は横に寝ていたからである。そもそも，旧石器時代を特徴付ける30名程度の小規模かつ遊動的なバンド組織では，構成員相互の関係はあっても，それを超えた社会と個人という二項対立的な輪郭はまだ曖昧であったと考えられる。食料生産に基づく人口の爆発と集住が始まった新石器時代においても，立てた鉛筆はまだ一本だけであったから，経済の基本は依然として自給自足，社会は集落単位でほぼ完結していた。その後，鉛筆を上へ上へと積み足し，都市や国家が出現するようになって初めて「雪中の筍」，つまり互いに見知らぬ人までもが幾重にもリンクする複雑社会が形成されていったのである。

　新石器時代に萌芽した社会の複雑化は，世界最古の都市ウルクが出現したウルク文化後期（紀元前4000年紀後半）になって本格化した（図6）。ウルク遺跡を取り巻く日干しレンガの城壁は全長約9.5 kmにも及び，その内部空間は神殿域・住居域・庭園域に3分されていたと言われている［松本 2008］。この時期に建造された石灰岩神殿（Kalksteintempel）は，その中央広間だけでも62 m × 12 mの大きさがあった。こうした社会の複雑化は，都市国家の林立する初期王朝期（紀元前2800〜2350頃）になってさらに加速し，最古の領域国家であるアッカド（紀元前2334〜2154年）やウル第3

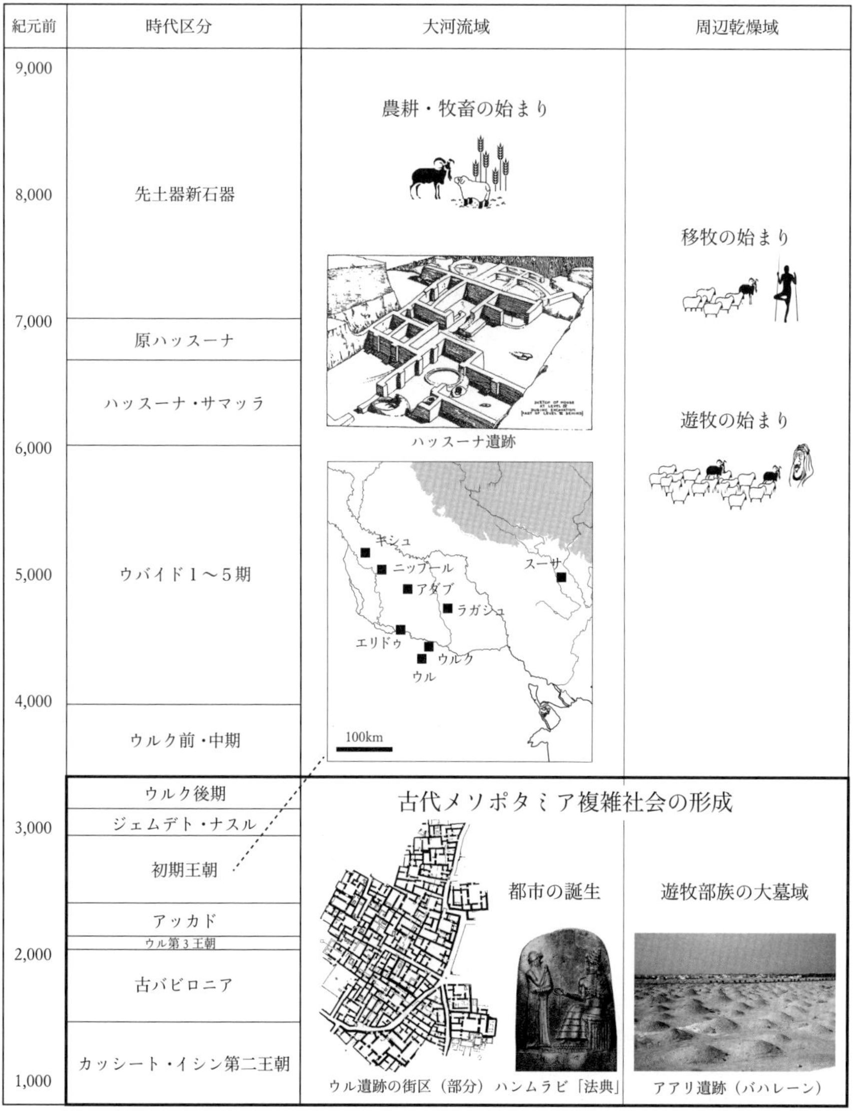

紀元前	時代区分	大河流域	周辺乾燥域
9,000		農耕・牧畜の始まり	
8,000	先土器新石器		移牧の始まり
7,000	原ハッスーナ		
	ハッスーナ・サマッラ		遊牧の始まり
6,000		ハッスーナ遺跡	
5,000	ウバイド1〜5期	キシュ ニップール スーサ アダブ ラガシュ エリドゥ ウルク ウル 100km	
4,000	ウルク前・中期		
3,000	ウルク後期 ジェムデト・ナスル 初期王朝	古代メソポタミア複雑社会の形成 都市の誕生 遊牧部族の大墓域	
2,000	アッカド ウル第3王朝 古バビロニア		
1,000	カッシート・イシン第二王朝	ウル遺跡の街区（部分） ハンムラビ「法典」 アアリ遺跡（バハレーン）	

図6　メソポタミア南部の文化編年

王朝（紀元前2112〜2004年），古バビロニア（紀元前2004〜1595）の時代に，最初の頂点に達した。その流れの中心にあったのが，都市である。社会の複雑化が都市の形成を促し，都市の出現が社会の複雑化を牽引した。

3 『ハンムラビ法典』──複雑社会形成期のメソポタミア都市

　都市の考古学的定義としては，チャイルドの「都市革命（Urban revolution）」論がよく知られている［Childe 1950; 小泉2013］。この論文で指摘された（1）〜（10）の定義要件を，メソポタミア南部の代表的な都市遺跡，ウルに当てはめてみると，発達した街区の存在は，（1）大規模集落と人口集住，を端的に証明している（図7−1）。しかし，それだけでは都市とは言えない。注目すべきは，王宮・神殿の存在とそこに残された粘土板行政文書で，これらは，（3）生産余剰の物納，（4）神殿などのモニュメント，（5）知的労働に専従する支配階級，（6）文字記録システム，（7）暦や算術・幾何学・天文学の存在，を明確に裏付けている（図7−2）。また，王墓出土の様々な副葬品は，（2）第一次産業以外の職能者の存在，（8）芸術的表現，（9）奢侈品や原材料（この場合，ラピスラズリや金，銅，などの貴石・鉱石類）の長距離交易への依存，（10）支配階級に扶養された専業工人の存在，を示唆している（図7−3）。
　ウルに限らず，ウルクやキシュ，ラガシュ，ニップールなど，メソポタミア南部の大遺跡はいずれもこれらの条件をほぼ満たしており，確実に都市と言えるであろう。その周囲には大小さまざまな農耕牧畜集落があり，中核となる都市と一体になって都市国家を形成していた。大河や運河網に沿って分布するこうした都市国家群の出現は，メソポタミアにおける複雑社会の到来を告げている。
　複雑社会の実像は，バビロン第一王朝第6代の王，ハンムラビ（在位紀元前［以下，単に在位前とする］1792–1750年）の制定した『ハンムラビ法典』に垣間見ることができる。この法典が複雑社会の公法たる所以は，よく知られている「目には目を，歯に歯を（第196, 200条）」のような単純犯罪に対する刑罰規定や，労働賃金・家畜借用料などの取り決め以外に，契約不履行に関する罰則規定を多数含んでいる点にある。一例を挙げると，「もし人が自分の耕地の世話をしてもらうために他の人を雇い，彼に［（播種および飼料用の）穀］物を［託し，］牛（複数）を預け，彼と耕地の耕作の契約を

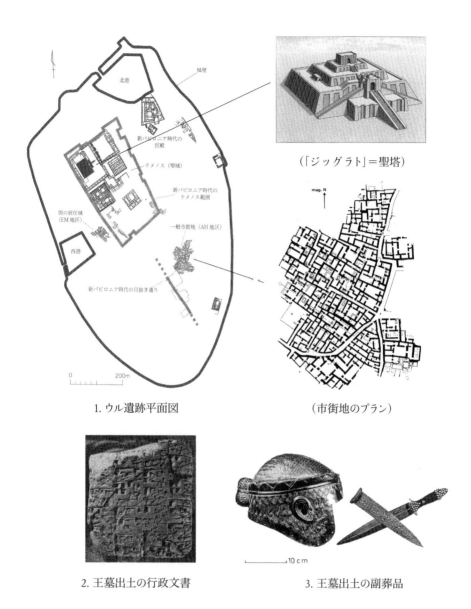

（「ジッグラト」＝聖塔）

1. ウル遺跡平面図　　　　　（市街地のプラン）

2. 王墓出土の行政文書　　　3. 王墓出土の副葬品

図7　メソポタミア南部の都市遺跡, ウル
1. 都市の平面図（小泉2013, 岡田2000, 前者の原図はWoolley and Mallowan 1976）
2. 王墓出土の粘土板行政文書（Lecompte 2013, イラク博物館蔵）
3. 王墓出土の副葬品（Nissen 1988, イラク博物館蔵）

結んだなら，［も］しその人が種麦および飼料用の麦を盗み，（盗んだ物が）彼の手のなかで取り押さえられた場合，彼らは彼の腕を切り落とさなければならない（第253条）」［中田 1999, 以下同様］が，それである。この他にも，「もし牛あるいは小家畜の放牧を寄託された牧夫が（小家畜に付された所有者の）マークを偽って変更し，（その小家畜を）売却したなら，彼らは彼（の罪）を立証しなければならない。そして彼は，牛あるいは小家畜で，彼が盗んだものを10倍にしてその所有者に償わなければならない（第265条）」などの条文も見える。

　古代メソポタミア文明の路地裏では，耕作用・飼料用として渡された穀物をくすねたり，放牧を委託された家畜の所有者マークを塗り替えてこっそり転売するなどの悪事が，横行していたのである。ウルクやウルの路地裏にも，そんな小悪党がたむろしていたわけだ。旧石器時代のようにキャンプの周りで野生動物を狩るだけなら，こんなことは起こらない。新石器時代のように集落の周辺で自身の畑を耕し，自身の家畜を放牧しているだけなら，こうはならなかったはずである。社会の階層化と富の集中が進み，農地の耕作や家畜の放牧を下請け・孫請けに出すようになると，その委託を受けた者にも文明の狡知が働くようになり，挙句，上記のようなトラブルが頻発したわけである。ハンムラビ法典が複雑社会の公法であるというのは，このことを言う。

　古代メソポタミア文明の法典には，これ以外にも，イシン王朝第5代の王リピト・イシュタル（在位前1934-24）の制定した『リピト・イシュタル法典』や，エシュヌンナの王ダドゥシャ（在位前1790?-80年）が編纂したとされる『エシュヌンナ法典』などがあった。社会秩序の維持に関わるルールや暗黙の了解は文明以前からあったに相違ないが，これらの法典はそれを明文化し，公法として定めた点に意義がある。古代メソポタミアにおける複雑社会の出現が，それを要求したのである。

4　遊牧部族の大墓域——沙漠社会の複雑化

　社会の複雑化は，沙漠の中にも及んだ。その証拠となるのが，遊牧の初期段階（後期新石器時代〜銅石器時代前半）には見られなかった大型墓域の出現である。バーレーンのアアリ遺跡（'Ali）やオマーンのバート遺跡（Bat）には，数百〜数千基の石積み

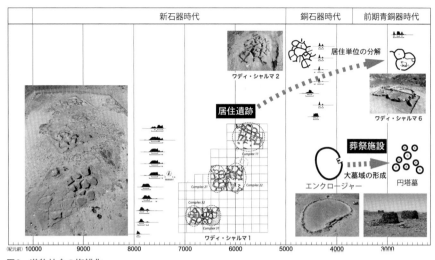

図8　遊牧社会の複雑化

または土盛りの墳墓が密集している。文明周辺の乾燥域に出現したこうした大墓域の場合，少数の墓だけが大きく，他はいずれも小型で目立った差がない。副葬品についても同じで，前者にのみ厚く，後者では一般に乏しい。これは，部族長を中心としながらも，王侯・貴族層や大型官僚組織を持たない，遊牧部族社会の平等主義を反映したものと考えられる。大型墓域の出現が，単なる遊牧民ではなく，遊牧部族社会の成立を示唆するというのは，そのためである。事実，同時代のメソポタミア都市から出土する粘土板文書は，西方乾燥域における遊牧部族の存在や，都市に流入・定着した遊牧部族民の動向に頻繁に言及しており，内陸乾燥域の遊牧社会に大きな変化があったことを裏付けている。

　その変化は，大墓域出現の経緯を元に辿ることができる。メソポタミアからは離れるが，私の調査したアラビア半島北西部，ヒジャーズ山地の遺跡群を例に述べてみよう（図8）。この地域では，銅石器時代後半の大型円形祭祀遺構（エンクロージャー）から前期青銅器時代の小型円塔墓への，墓制変遷が確認されている。前者は1遺跡に1～2件だけであるが，後者は数十件に達する。従って，この変遷は，葬祭の単位が集団からそれを構成する各世帯へと分解していったことを意味しているのであろう。居住遺跡も同様で，新石器時代の小型集落（ワディ・シャルマ1号遺跡，面積約0.1 ha）から，銅石器時代の小集団キャンプ（同2号遺跡，約50～100平方m）を経て，

藤井純夫

西アジア遊牧化のプロセスを追跡する
沙漠調査の30年

　金沢大学西アジア遺跡調査団（代表，藤井）は，シリア，ヨルダン，サウジアラビアなど，西アジア各地の内陸乾燥域で遊牧化のプロセスを追跡してきた。中東社会の最も内奥に潜む，中東社会ならではの史的特質。それを探り当てたいというのが，一連の調査の目的である。年代的には，乾燥地に家畜ヤギ・ヒツジが初めて導入された先土器新石器時代Bの中頃（紀元前8000-7000年頃）から，本格的な部族社会が成立したとされる前期青銅器時代（紀元前3500-2000年頃）までの，約5000年間を対象としている。

　遊牧文化の調査は，難しい。治安や兵站面での問題に加えて，遊牧民の遺跡には，小型で堆積が薄く，しかも遺構や遺物が少ないという，困った特性があるからだ。そのため遺跡自体が見えにくく，何とか確認して発掘しても，遺跡1件あたりの情報量が乏しいのである。これを補うには，1シーズンに複数の遺跡を連続して発掘するほかない。私たちの調査も，テ

図1　テントで移動の発掘調査（ジャフル盆地，ヨルダン，2010年夏）

ントと水タンクを携え，沙漠の中を転々としている（図1）。

　そうした調査を重ねて，約30年。少しずつではあるが，遊牧化の過程が分かってきた。遊牧化の起点となったのは，先土器新石器時代Bの中盤に出現した移牧出先集落である（本文図5参照）。ヤギ・ヒツジの家畜化後わずか数百年で定住域の本村からこうした移牧出先集落が派生した理由の一つは，農牧分離が必要だったことにある。新石器時代の定住集落には，コムギ・オオムギなどの栽培

作物とヤギ・ヒツジなどの家畜動物との間で土地の利用が競合するという根本的な問題が，当初から潜在していた。この問題は，集落が大型化すればするほど深刻になるわけで，最終的には（集落周辺での小規模な家畜放牧を除いて）農牧の分離に進まざるを得ない。もう一つの理由は，食糧生産革命後の人口爆発によって生じた集落内・集落間の社会的軋轢である。移牧は，その捌け口となった。その意味で，移牧（そしてその後の遊牧）という新たな生活様式には，危機に直面した定住社会の社会的レジリエンスという側面もあったと考えられる。

　この移牧出先集落には，乾燥地での生存を支えるダムや貯水槽が備わっていた。これを直撃したのが，紀元前6200年頃に頂点に達した気候の乾燥化（8.2ka event）である。ワディ・アブ・トレイハ遺跡の調査でも，ダムや貯水槽が沙漠の砂に徐々に埋没し，機能不全に陥っていく過程が捉えられている。そうなると，出先集落自体の運営を放棄せざるを得ない。事実，出先集落の周辺に分布する後期新石器時代（紀元前6500-5000年頃）の遺跡

図2　ハシュム・アルファ遺跡（後期新石器時代遊牧民のキャンプ址，ヨルダン）

は，小型のキャンプ址や野外祭祀施設だけに様変わりしており，遊牧化の始まりを示唆している（図2）。続く銅石器時代には羊毛やミルクなど，家畜二次産品の利用が加わった。これをベースに出現したのが，前期青銅器時代における遊牧部族の大墓域である（本文参照）。

　村の借り上げ宿舎に二度も泥棒が入ったこと，どちらも犯人は大家（またはその息子）だったこと，車のエンジンにこっそり砂を入れられたこと，現場のテントに見知らぬ老人が住み着いてしまったこと。いろいろあったが，炎天下で飲む水だけはすばらしく美味しかった。コロナ禍が収束したら，早速，調査を再開したい。

前期青銅器時代の世帯キャンプ（同6号遺跡，家畜囲いとしての前庭を除くと約30平方m）へと小型化している［Fujii in print］。同時進行したこの二つの現象は，遊牧化の過程で，葬祭・居住・経済の基本単位が，集落から世帯へと分解・最小化していったこと（言い換えれば，遊牧民固有の小集団による移動生活が徐々に成立していったこと）を示唆している。

　遊牧部族の大墓域は，こうした過程を経て出現した。従ってそれは，遊牧生活の進展に伴い一旦は新石器的な集落組織から世帯組織へと単位分解した社会の，（「部族」という新たな輪郭に基づく）再統合の象徴と見なすことができるであろう。都市の王宮や神殿は，その逆である。これらの大建造物は，集落拡大過程における，（最初は集落の首長による，後には都市の王権を核とした）新たな社会統合の象徴と見なし得る。

　古代メソポタミア文明では，大河川流域の都市社会と周辺乾燥域の遊牧部族社会が互いに呼応して発展または対峙し，全体として，高次の複雑社会を形成していた（Phase III・第13章）。ムギとヒツジは，その間を行き交っていたのである。メソポタミアの内外が関係性で埋め尽くされると，関係性に起因する新たな問題が出てきた。

5　「後ろ手に縛る」——複雑社会で本格化した戦争

　それが，戦争である。暴力を伴う争いごとは旧石器時代の終わり頃から散見されるが，それらは狩猟採集民の間の小規模かつ単発的な衝突であり，しかも武器の大半は普段用いている狩猟具であった［藤井1996; Regler 2016; 第10章］。複雑社会では，すべてが一変した。

　第一に，武器・武装が飛躍的に発達した。初期王朝時代の有力都市ラガシュの王，エアンナトゥム（在位前2450年頃）の「禿鷲の碑」には，長槍と斧を構え，ヘルメットと盾で完全武装した重装密集歩兵軍団（ファランクス）と，それを率いる王の姿が表現されている（図9−1）。複雑社会形成期のメソポタミアでは，特別に訓練した戦士が特別に武装し，しかも特別の隊列を組んで，都市や国家の戦闘員として恒常的に武力を行使するようになったのである。戦闘の専門化・組織化と言う点で，複雑社会の戦争は従来の争いごととはまったく異質のものになった。

　複雑社会の戦争は，戦後処理にも際立った特徴がある。エアンナトゥムからおよ

1

2

3

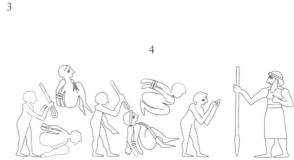
4

図9　複雑社会の戦争
1.「エアンナトゥム禿鷲碑文」(Huot 2004, テロー遺跡出土, ルーブル美術館蔵)
2. アッカド時代の石碑(Huot 2004, イラク博物館蔵)
3.「勝利の石碑(部分)」(Huot 2004, 出土地不詳, ルーブル美術館蔵)
4. ウルク後期の円筒印章印影(作図：Helga Kosak, Deutsches Archäologishes Institut, Orient-Abteilung)

その1世紀後のラガシュ王，ウルカギナ（在位前24世紀中頃）の呪詛碑文には，「その場所に残された人々の腕を結わえた」という一節があるが［前田 2017］，これを図像化したのが，さらに数十年後のアッカド時代の石碑である（図9‐2）。そこには，裸で後ろ手に縛られた上に首枷をはめられ，手には恭順の意を表す仕草を強要された敗者の姿が描かれている。彼らはこの屈辱の姿で勝者たる王の前に連行され，永遠の屈服を強いられたのであろう。戦争奴隷の始まりである。複雑社会の戦争は敗者を「後ろ手に縛って」「家畜化」し，暴力を劇場化した（図9‐3）。類似の図像はすでにウルク後期から見られ，複雑社会の業の深さを示している（図9‐4）。

そして何より，複雑社会の戦争は頻繁に起こった。古代メソポタミア，特に南部バビロニアでは，その年にあった重要な出来事を冠して年号とする慣習があったが，この年号から戦争の常態化を読み取ることができる。一例を挙げると，アッカドに続いて興ったウル第三王朝第2代の王，シュルギの場合，その治世48年間（紀元前2094-2047年）の前半には，「ニヌルタ神の神殿の［基礎を］置いた年（治世第5年）［小林 2007，以下同様］」や「王のエンフルサグ宮殿を建てた年（第10年）」などの，穏便な年号が多い。統治の基礎固めの期間と言える。しかし中盤以降になると，「デール市を征服した年（第21年）」「アンシャン市を征服した年（第34年）」「強き王，ウル市の王，「四方世界の王」（である）シュルギ神がキマシュ，フルティ，そして彼らの勢力範囲を1日で征服した年（第46年）」のように，戦争にちなんだ年号が急増する。年号に残らない小規模な衝突や，年号に残したくない敗戦をも含めれば，ほぼ毎年のように戦争を繰り返していたと推測される。

　征服された都市も，いつまでも大人しくはしていない。同じくシュルギ王の年号には，「シムルムを三度目に征服した年（第32年）」や「シムルムとルルブを九度目に征服した年（第44年）」などがあり，一旦は征服された都市がその後で何度も反撃に出たことを伝えている。その都度，密集歩兵軍団を繰り出し，敗者を「後ろ手に縛った」のであろう。そこには，「雪中の笋」とは別の，複雑社会の本質が露呈している。

　ただし，王たちも戦争を放置していたわけではない。都市から出土する様々な粘土板外交文書は，使節の派遣と贈り物の交換，条約の締結，王家間の婚姻など，様々な戦争回避の努力を伝えている。それでも，「後ろ手に縛る」ことは止まなかった。複雑社会の本質に根ざすものだったからである。

6　「町々に入るべきではない」
——古代メソポタミア複雑社会の感染症

　古代メソポタミアの複雑社会は戦争という人災に苦しむと同時に，洪水，旱魃，地震，大竜巻き，蝗（バッタ）害などの自然災害にも苦しめられた。密集複雑社会の存在がその被害を増幅させたとすれば，それは半ば人災でもあった。

その典型が，感染症の拡大である。遺跡出土人骨の古病理学的研究によると，例えばヨルダン中央部の新石器時代集落，アイン・ガザル（'Ain Ghazal）では，結核の疑いのある人骨が3体出土している［Smith and Horwitz 2007］。また，イスラエル海岸部における後期新石器時代の海底遺跡，アトリット・ヤム（Atlit Yam）から出土した人骨のうちの2体には，マラリアに起因する

図10　マリ遺跡（シリア東部，後方はユーフラテス河岸，宮下佐江子氏より提供）

α地中海貧血の痕跡が確認されている。この他には，トラコーマの感染流行が，各種の壁画・彫像に見られる眼病予防用アイ・メイクの図像表現や，その原料となる孔雀石などの出土によって推測されている［安倍 2009］。一方，麻疹や天然痘など，家畜動物起源の病原体も，人間社会に広く拡散したことが知られている［山本 2018; 第7章］。しかし，小規模な集落生活が基本であった新石器時代にはこうした感染症の影響はまだ限定的で，地域社会全体に大パニックを引き起こすようなことは少なかったと考えられる。

　都市の三密複雑社会では，それが起こった。そのことを示す図像資料は残念ながら見当たらないが，粘土板文書には多くの記述がある。例えばユーフラテス河中流西岸のマリ王国の王，ジムリ・リム（前18世紀）に宛てた内蔵占師，アスクドゥムの手紙には，「（前略）話変わって，上の（北の）地区で疫病が流行っています。ただちにわたしは通り過ぎます。どうかわが主は（次のように）命じてください［疫病の流行っている町々の人々が疫病被害に遭っていない町々に入るべきではない］と。全土が疫病に襲われるなどとんでもないことです。（後略）」［中田 2020］とあり，メソポタミア都市社会に蔓延する感染症の恐怖を伝えている（図10）。

　古代メソポタミアでは経験医学に基づく対処薬事療法が基本であったから［ボッテロ著／松本訳1996］，感染症の対策は限られていた。再びマリ出土の粘土板文書を参

照すると、「この女スンムドゥムの病について、（他に）多くの女がこの同じ病気シンムムに（感染して）苦しむことになるだろう。この女は隔離した部屋に住まわせるべきで、誰も彼女に面会してはならぬ！」とあり、感染者の隔離が行われていたことが分かる。先述の「疫病の流行っている町々の人々が疫病被害に遭っていない町々に入るべきではない」は、都市の封鎖（ロック・ダウン）であろう。ワクチンの接種を除けば、人々の考えることは昔も今も変わらず、苦笑するほかない。なお、「社会的距離（ソウシャル・ディスタンス）」の考えがまだ不明確であるのは、一つには、後述のように感染症が「神の手」によるものと信じられていたからであり、また一つには、そうまでして経済と社会を動かす必要がなかったからでもあろう。この点は、そうまでして「経済を回せ」という現代社会との大きな違いである。

メソポタミア全土を席巻した感染症も、やがて収束した。別のマリ文書には、「さらに別件、［神の手］が終息を迎え、宮廷もさぞや安泰でございましょう。労役につく女職工ネーパーラトゥムらや農夫らをはじめ、我が国の人間にも多くの死者がございました。…は健康でおります」とあり、惨事を嘆きつつも、日常の回復に安堵している。コロナ禍の渦中にある私たちの願いも、同じである。

7　「汝の隣人を愛せよ」──複雑社会のその後

こうしてメソポタミアは古代文明の青銅器時代を終え、帝国の鉄器時代を迎えた。新アッシリア（前934-745年）や新バビロニア（前625-539年）、アケメネス朝ペルシア（前558-330年）などの古代帝国が興亡したのが、この時代である。地中海のローマ帝国、東アジアの前漢・後漢帝国なども、同様である。古代帝国は複数の領域国家を束ねたものであるから、社会の複雑化は格段に進み、より大規模な戦争と感染症が勃発した。ギリシア世界とオリエント世界が激突したペルシア戦争（前500-494年）は、前者の代表である。この時には、ペルシア側だけでも200万人もの多国籍軍が動員されたと伝えられている［川瀬 2004］。後者の好例は、紀元542年の東ローマ帝国（ビザンツ帝国）を襲った「ユスティニアヌスのペスト」であろう。帝都コンスタンチノープル（現イスタンブール）では、毎日1万人もの死者が出たと言われている［山本 2011］。

鉄器時代は，キリスト教や仏教などの世界宗教が始まった時代でもある。前者の「汝の隣人を愛せよ（『新約聖書』マタイ伝22）」，後者の「犀の角のようにただ独り歩め（『スッタニパータ』第一：蛇の章，第3：犀の角）」は，複雑社会に葛藤する人類，実存と切り離され，関係性に絡め取られた人々への，それぞれ別の角度からの救済の言葉なのであろう。

　同じ葛藤は中世・近世と続き，ようやく近代に至って科学による新たな救済を期待できるかに見えたが，必ずしもそうはならなかった。戦争や感染症は止むどころか，複雑社会の進展に伴い，ますます大型化・深刻化していった。前後二回の世界大戦とスペイン風邪は，その好例である。それでも人類の社会は何とか存続してきたが，それは個々の文明・社会が混迷し，紆余曲折の末に次のシステムに席を譲ったことが，最終的な社会的レジリエンスとして機能したからでもあろう。そこが人類文明のしたたかさであるが，私たちが暮らすこの超複雑AI社会で同じ手が通用するとは限らない。（あってはならないことであるが）次なる世界大戦ではどちらの側にも勝者はないだろうし，コロナ禍はグルーバル化した世界をその隅々まで覆い尽くしている。

＊　　＊　　＊

　約1万年前の食糧生産革命から5000年が過ぎ，勝者が敗者を「後ろ手に縛る」ようになると，人類の歴史は暗い影を帯び始めた。高く積み上がった鉛筆の影である。その影は，古代メソポタミアで発動された法や外交，後に登場した宗教や科学をもってしても，なお払拭できていない。なぜなら，「後ろ手に縛る」という行為が，（人々の関係性の上に成り立つがゆえに，その関係性から外れる者を分断・排除しがちな）複雑社会の本質そのものだからであろう。「町々に入るべきではない」も，同様である。グローバルに人々の連結する現代の複雑社会で感染症の拡大を防ぐことは，本来的に難しい。

　では，どうすればよいのだろうか。唯一の根本的な解決策は，社会の回転を徐々に緩めて上から順に鉛筆を外し，最後の一本を横に寝かせることであろうが，歴史を逆行することはできない。かといって，このままでは明らかに危うい。結局，選択されているのは，回転をさらに高速化・効率化し，（当面の社会的レジリエンスとしての）回転復元力をより強化するという方向であるが，そのめまぐるしさが私たちをますます追い詰めているのである。経済だけが回って，人間が振り落されては困るのだ。だが，経済には回っていて欲しい。食糧生産革命以後の人類は，この葛藤

を生きている。そしてこの葛藤こそが，経済を回しても人間は決して振り落とさない，本当の意味での持続可能な社会を求めているのであろう。それは，コロナ禍の終息で終わる問題ではない。コロナ禍で浮き彫りになった，人類永遠の課題である。

（謝辞）本稿の執筆に際し，岡崎健治（鳥取大学），下釜和也（千葉工業大学），常木晃（筑波大学名誉教授），中田一郎（中央大学名誉教授），前川和也（京都大学名誉教授），宮下佐江子（国士舘大学），Annie Attia（ベルリン自由大学）の各氏（あいうえお順）には，様々なご教示を賜りました。厚くお礼申し上げます。

文明形成と感染症

第7章

農耕定住社会の本質的脆弱性を知る

山本太郎

医師としてアフリカや中南米において感染症対策
とその研究に従事，新興感染症対策に新たなパ
ラダイム「共生・共存」を提唱。現在，長崎大学
熱帯医学研究所教授

　感染症のパンデミック（汎世界的流行）は，「文明」というものを作り上げたヒト
（ホモ・サピエンス）に特異的な現象である。ヒト以外の宿主でも，局地的な感染症の
流行はあったに違いないし，また，現にある。しかし，それが集団や地域を超えて，
世界的に拡大していく現象には，集団や地域を超える交流，接触が必要となる。部
分的には，そうした交流，接触を有する「種」もあるだろう。しかしそれを，地球
規模で実践した種はヒト以外にはない。

　わずかな例外を除いてヒト以外の霊長類，たとえばチンパンジーは，泳ぎがうま
くない。したがって川や湖，あるいは海は，種や亜種の居住地に対する自然の境界
となる。また，ヒト以外の霊長類の自然界における北限は，ニホンザルが住む青森
県下北半島となっている。それ以北に居住する自然のサルの存在は知られていない。
ヒトだけが，そうした地理的あるいは環境的障壁を越えて世界に広がり，かつ，交
流をしてきた。

　その意味で，人類と感染症の関係は，自然の原則を維持しつつも，極めて人工的

な生物現象であろう。人類史からレジリエンスを考える上で，感染症を論じることの意味がここにある。

1 　人類史的視点による感染症——食糧生産革命前

1……生物の適応放散と寄生原虫の多様化

　人類史から感染症を考えるための前提として，ここではまず，生物進化のメカニズムのひとつである「適応放散」について理解しておきたい。

　生物にはそれぞれ，生きていく上で不可欠な環境がある。生物は生態系のなかで，こうした環境を巡る争奪競争を行っている。そうした競争を勝ち抜くか，競争に生き残って得た地位を，ニッチ（生態学的地位）と呼ぶ。新たなニッチの出現は，適応放散のような進化的変化をもたらす。目覚しい適応放散の例として，先カンブリア時代に起きた多細胞生物の出現などが知られている。先カンブリア時代には海洋が巨大な実験場となった。深海から浅海へ進出した生物がまず光合成を開始した。酸素濃度が上昇し，オゾン層が形成された。オゾン層が紫外線を遮断した。これによって，陸上が新たなニッチとして確立された。新たなニッチは，安定からの開放と，競争のない自由な環境を提供することによって適応放散を促した。

　ニッチ出現と適応放散に係る研究に，マラリア原虫のミトコンドリア遺伝子がある。その研究の結果として，2000万年から4000万年前にマラリア原虫の急速な多様化が起こった可能性が示された [Hayakawa et al 2008]。この時期は，恐竜の絶滅（6500万年前）に引き続く哺乳類適応放散の時期に一致する。哺乳類という宿主域の爆発的拡大が，マラリア原虫に新たなニッチを提供し，それによって，寄生原虫の多様化が引き起こされたのかもしれない。

2……初期人類と感染症

　Phase I・第 1 章で述べられているように，今からおよそ1000万年前，アフリカ大陸を南北に縦走する大地溝帯の活動が活発化し，周囲に隆起帯が形成された。大西洋から湿潤な空気を運んでいた赤道西風はそうした隆起帯に遮られ，大地溝帯の東

側を徐々に乾燥した草原（サバンナ）へと変えていった。そんななか，新しく出現した草原に進出し始めた霊長類がいた。私たち人類の祖先である。

それまで森に暮らしていた人類祖先にとって，多くの野生動物が棲む草原は，まったく異なる生態学的空間だった。初期人類と野生動物，特に大型野生動物との接触機会は一気に増大した。なかでも，動物が残した糞，あるいは糞で汚染された水への暴露は，野生動物由来の寄生虫への感染機会を増大させることになった。もちろん，そうした寄生虫がヒトからヒトへ感染する機会は，定住社会と比較すれば，はるかに少なかったことはいうまでもないが。

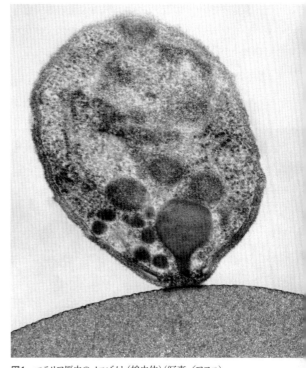

図1　マラリア原虫のメロゾイト（娘虫体）（写真／アフロ）

一方，この時代の人類祖先は，新たな生態学的環境へ適応しつつも，共通祖先を持つ他の霊長類の特徴を色濃く残していた。初期人類は，他の霊長類と同じく小規模の人口集団で，狩猟採取をしながら暮らしていた。そうした小規模の集団では，急性感染症が流行を維持できない。もちろんそうした環境でも流行を維持できる感染症はある。病原体が宿主体内で長期間生存できるか，あるいはヒト以外に宿主を持つ感染症である。具体的にいえば，ハンセン病のように宿主体内で長期間感染能力を維持できる感染症か，マラリア（図1）や住血吸虫症などのように宿主体外に生存を担保する媒介動物や中間宿主を持つ人獣共通感染症ということになる。初期人類も，こうした感染症の一部を保有していたはずである。そのなかの一部は，他の霊長類の感染症を受け継いだものだったに違いない。

現在でも，野生のゴリラやチンパンジーは，結核やマラリアなどヒトと共通の感

染症を持つ。マラリアは，初期人類の感染症としてすでに存在していた可能性が高い。悪性マラリアを引き起こす原虫は，今から500〜700万年前に，チンパンジーとヒトの間で分化した可能性が高いからである［Stephen et al. 2009］。

3⋯⋯⋯アフリカ・トリパノソーマ症──人類と野生動物の適応関係

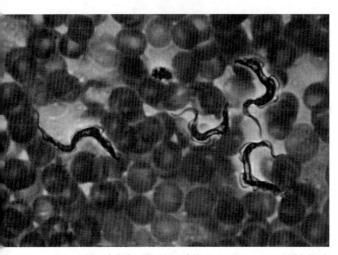

図2　円形の赤血球の間に見える糸状のものがトリパノソーマ原虫(写真／アフロ)

一方，大型野生動物の総量（単位土地面積当たりの生物重量）は，他のいかなる時代の環境と比較しても，当時のアフリカ大陸東部のこの地域で高かったという［Howell and Bouliere 2007］。人類祖先が樹上生活を捨て草原に進出したとき，そこには，それまでとは比較にならない食物連鎖の真空地帯が出現したことになる。

我々の直接の祖先であるヒト（ホモ・サピエンス）は，大型野生動物の大規模な捕食を開始した。その結果，多くの大型野生動物が絶滅した。しかしすべての大型野生動物が絶滅するという事態は避けることができた。危機的状況を救った要因の一つがアフリカ・トリパノソーマ症（アフリカ眠り病）であった（図2）。

アフリカ・トリパノソーマ症は，トリパノソーマ原虫によって引き起される人獣共通感染症である。サハラ以南アフリカに広く分布するツェツェバエによって媒介される。サハラ砂漠からカラハリ砂漠に挟まれた地域に住むヒトや家畜に大きな被害をもたらしている。日本の面積の40倍近い1500万平方キロメートルが，この感染症のため，家畜飼育に適さない土地となっている。ヒトでいえば，現在も，6000万人が感染の危険に晒され，毎年50万人が新規発症し，約6万人が死亡している。一方，3億年ほど前に他のトリパノソーマ原虫から分岐し，3500万年ほど前にツェツ

ェバエによってアフリカ固有の哺乳類に感染するようになったと考えられているこの感染症は，カモシカやアンテロープといったアフリカ固有の動物に病気を起こすことはない［Steverding 2008］。長い時間の経過が，ある種の適応関係をもたらしたのだろう。

アフリカ・トリパノソーマ症が存在しなかったとしたら，食物連鎖の最上位に位置したヒトは，草原を蹂躙し，大型野生動物を絶滅に追いやっていたかもしれない。そうなっていれば，その後の人類史は現在と異なるものになっていた可能性がある。Phase I・第2章で論じたアフリカにおける大型哺乳類と人類の間の「共進化」のメカニズムの一つと言える。

2 　現代の先住民社会からの示唆

1……… 隔離された小規模集団と感染症

人類史的視点から感染症について検討する上で，先住民社会の研究が理解の助けになる。

イェール大学感染症疫学教室の面々は1970年代にアマゾン川流域に暮らす先住民を対象として，2種類の感染症の過去の流行状況を調査した［Black 1975］。第一の種類は，結核やハンセン病のような慢性感染症。第二の種類は，麻疹や風疹，おたふく風邪，インフルエンザなどの急性感染症である。

調査の結果，アマゾン川流域の先住民社会では，慢性感染症は風土病的流行があるが，急性感染症の風土病的流行は見られないことがわかった。風土病的流行があるか否かは，抗体検査によって調べられる。各年齢層に満遍なく抗体陽性者がいる場合は風土病的流行があることを表す。ある年齢以上の住民は抗体を保有しているが，それ以下の年齢層には抗体保有者がいない場合は，その年齢の住民が生まれた年あたりに突発的で広範な流行があったことを示唆する。

研究の結果は，急性感染症は隔離された小規模な人口の集団では流行を維持できないという仮説を支持するものであった。調査によれば，体外で何ヶ月にもわたって生き延びることのできるポリオウイルスでさえ，小規模な人口では感染の広がりを維持できなかった［Bordian 1955］。

初期の頃の人類は非常に小さな集団で生活していたので，この研究結果は，初期の人類には，急性感染症の大流行が起きないことを裏づけることになる。

2......移動による感染症の抑制

狩猟採集民の社会に関してはPhase III・第11章で論じられているが，狩猟採集民と感染症の関係についても見てみよう。総人口800人ほどの，移動を主とした生活を送っているタンガニイカ湖北部の狩猟採取民を対象とした研究がある［Jelliffe 1962］。日々の食料は狩猟と採集で賄われ，入手できるものは，ヒヒやハイエナまで食料としていた。ただし理由は定かでないが，集団の禁忌としてカメを食することはなかったという。

62人の子どもの健康が調査されたが，栄養不良を示すものはなく，虫歯も見られなかった。虫歯が見られなかった理由は，穀物摂取が少ないことに依拠していたに違いない。口腔内常在菌であるミュータンス菌（虫歯菌の一種で正式名称は，ストレプトコッカス・ミュータンス）はショ糖を基質として，ブドウ糖の重合体であるグルカンを生成する。そのグルカンが歯の表面に付着して歯垢となり，ショ糖を分解する時に産生される乳酸が口腔内を酸性にすることによってエナメル質の脱灰を引き起こす。

また調査では，4人の子どもの便中に条虫が見つかり，3人で鞭毛虫が見つかったが，回虫や鉤虫は見つからなかった。水虫を持っているものは多くいたが，麻疹や風疹といった急性の感染症は見られなかった。

人口が小規模であるという以外に，狩猟採集社会を特徴付けるものとして「移動」がある。獣を狩り，植物を採集するといった自然資源に依存する生活では，一つ場所への定住は，しばしば困難になる。住居の固定は，周辺自然資源の枯渇をもたらす。そうした状況を避けるための手段として移動があった。狩猟採集民は，周辺の自然環境の再生周期とともに移動を繰り返す。

移動社会は定住社会と比較していくつかの特徴を持つ。定住社会より糞便などからの再感染が少ないというのもその一つである。というより，定住することによって，自らの糞便への接触機会が増加したという方が正しいかもしれない。所在地が固定し，同じ場所に長く居住することになれば，居住地のそばに集積する糞便との接触機会が増えることは容易に想像がつく。糞便との接触は，消化器系感染症や寄

生虫感染を増加させる。汚染された生活用水を介して起こる流行もあったに違いない。一般論だが，定住化社会は移動社会と比較して，感染症がはるかに流行しやすい土壌を提供する。

3········農耕開始以前からの人獣共通感染症

　農耕牧畜（食料生産）開始以前からの重要な感染症として，炭疽症とボツリヌス症の二つの人獣共通感染症があった［Cockburn 1971］。炭疽症は，炭疽菌によって引き起こされる。ヒトへは，感染動物の毛皮や肉から感染する。皮膚からの感染が最も多いが，芽胞の吸引や，汚染した肉食でも感染する。皮膚炭疽症は，炭疽菌が皮膚の小さな傷から侵入することによって起こる。感染後数日で丘疹が現れるが，丘疹はやがて崩壊し潰瘍となり，黒いかさぶたを作る。高熱が出て，未治療の場合，致死率は10〜20パーセントになる。肺炭疽症は，炭疽菌を吸引した場合に起こる。インフルエンザのような症状を示し，高熱，咳，血痰を出し，致死率は90パーセントを超える。腸炭疽症は，炭疽菌が食物とともに摂取されたとき起こる。高熱，嘔吐，腹痛，腹水貯留，下痢を主症状とし，致死率は，25〜50パーセントになる。

　ボツリヌス症は，ボツリヌス菌が産生する毒素によって引き起こされる。ボツリヌス菌は嫌気性菌で，獣肉食などによって起こる。毒素は神経系を犯し，症状は，四肢の麻痺が多い。重症の場合は，呼吸筋が麻痺し死に至る。通常，発熱はなく，意識は最後まで清明である。1945年から1962年までの間に，アラスカに住むイヌイット（図3）の間で，少なくとも18回の集団発

図3　イヌイットの家族（写真／アフロ）

生がみられた。総計で52人が発症し，28人が死亡した [Dolman 1964]。どちらの感染症も，ヒトからヒトへの感染はないが，菌は芽胞の状態で何十年も生き続ける。

　こうした感染症を除けば，旧石器時代（農耕牧畜開始以前）の人類は，比較的良好な健康生活を送っていた可能性がある。現代と比較して，癌の原因となる化学物質等への暴露や，運動不足による生活習慣病は少なかったに違いない。唯一に近い例外として，先史人類に関節炎が多かったという報告があるくらいである。乳幼児期の事故や青年期の外傷を乗り越えた，旧石器時代の人類の成人期の健康状態は，疾病の種類は少なく，比較的良好だったのかもしれない。少なくとも，旧石器時代の人類が，暗い洞窟の中で感染症に悩まされながら非衛生的な生活を送っていたといったイメージは，かなり現実とは異なるものに違いない。

3　疫学的転換点 —— 食糧生産革命以降の感染拡大

1········食糧生産革命による人口増加

　第6章で述べられたように，人類と感染症の関係において転換点となったのは，農耕の開始，定住，野生動物の家畜化，そして文明の勃興であった。

　農耕の開始は，それまでの社会のあり方を根本から変えた。第一に，単位面積あたりの収穫量増大を通して土地の人口支持力を高めた。その結果，人口は増加した。第二に，農耕は定住という新たな生活様式を生み出した。定住は，出産間隔の短縮や離乳の早まり，さらには生殖可能期間の延長を通して，さらなる人口増加に寄与した。

　狩猟採取社会における出産間隔が，平均4〜5年であった [Howell 1986] のに対し，農耕定住社会における出産間隔は，平均2年と半減した。移動が必要なくなり，育児に労働力を割けるようになったからである。ちなみに樹上を主たる生活場所とする他の霊長類を見てみれば，チンパンジーの平均出産間隔は約5年であり，オランウータンのそれは約7年で，その出産間隔は霊長類のなかで一番長い（Phase I・第1章）。

　穀物食は軟食を可能にし，それによって早期の離乳が可能になった。また原因は必ずしも明らかでないが，定住民は移動を主体とする人々と比較して，初潮が早ま

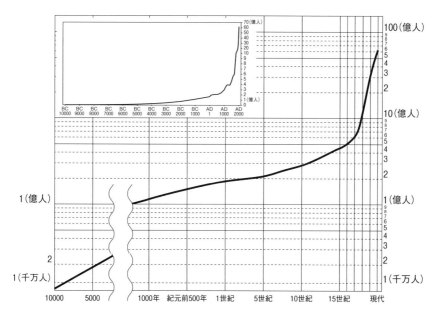

図4　世界人口の増大の推移。紀元前の推移を強調するため，縦軸の間隔を調整している。左上は縦軸を調整しない場合（Goldewijk et al［2011］など各種の推定研究に基づいて著者作成）。

り閉経が遅くなることが知られている。そうしたことが相まって人口は増加していった。

　有史以前の人口は，土地の人口支持力から逆算することによって推定される。ある計算によれば，前期旧石器時代（約150万年前）の狩猟採集民1人の生存に必要な土地の広さは，およそ26平方キロメートルだったという。単純に計算すると1平方キロメートルあたりの人口支持力は，0.038人だったことなる。後期旧石器時代（約5万年前）に入る頃には，それが0.1人にまで上昇し，ヒト（ホモ・サピエンス）が出アフリカを果たした当時（5〜7万年程前）の人口は数十万から100万人程度となった［Simmons 1989］。そのうちの数百人，多くても2000人程度がアフリカを後にして世界に広がっていった［ニコラス2007，人類の移動・拡散については，Phase I・第2章］。

　そうして広がっていった人口は，農耕が開始される直前の1万2000年前には200万人，農耕が始まったとされる約1万年前頃には400万人となり，紀元前後には約2億人となった。すなわち農耕開始以前に約5万年かけて数倍になった地球人口は，農耕開始直前からおよそ1万年で50倍に，最後の2000年でさらに30倍強増加したこと

になる［Goldewijk et al 2011, 図4］。

　ところで，農耕を発見したとき，人類は，狩猟採取より高い食物収量を保証する革新的技術として，その発見に飛びついたのだろうか。実際の状況はそれほど単純ではなかっただろう。春に植えた種は秋に収穫される。しかし，春から秋にかけて起こることを正確に予測することはできない。それが，それまでに人類が経験したことのない，農耕という試みだとすれば尚更である。洪水が起こることもあるだろう。旱魃が襲うこともあるだろう。作物が病気にやられることもあるだろう。あるいはイナゴの大群が来襲するかもしれない。農耕は，狩猟採集と比較しても，特にその初期において決して期待収益性の高いものではなかった。さらに，農耕は狩猟採取より長時間労働を必要とする。農耕は，狩猟採取の傍らで細々と開始されたに違いない。農耕が開始された後でさえ人々は狩猟や採取を続けた。その時点で，人類が農耕の潜在的可能性を完全に理解していたとは考えにくい。

　しかし結果としてみれば，長期的傾向として，人口は増加を続けた。それが，その後の人類史を大きく変えていくことになった。

2……… 野生動物の家畜化

　農耕の開始，定住とほぼ同じ頃，同じ場所で起こった出来事に，野生動物の家畜化がある。その一歩は，ティグリス川とユーフラテス川に挟まれたメソポタミアの地に刻まれた。

　野生動物の家畜化は，いくつかの点で人間社会を変えた。第1に，家畜の糞は質のよい肥料となった。第2に，牛や馬といった家畜は，犂耕に使用されることで，耕作可能面積を広げた。例えば，ロッキー山脈東側北米大平原に暮す先住民は，長く川沿いの谷間でのみ農業を行ってきた。それは，谷の土地が柔らかく人力で耕せたからに他ならない。硬土に覆われた台地での耕作が可能になったのは，19世紀にヨーロッパから家畜と鋤技術が到来してからのことである。第3に，家畜は余剰作物の貯蔵庫として機能した。作物が余れば餌とすることによって，家畜は，飢饉の際の食料となった。決定的な解決策ではなかったが，ぎりぎりのところでは，家畜の存在が生存の成否を決めることがあったに違いない。野生動物の家畜化は，そうした影響を通して，人口増加に寄与した。

　農耕や野生動物の家畜化が始まった要因として，地球気温の上昇を挙げる研究者

もいる。約1万年前，最後の氷河期が終わった。以降地球は間氷期を迎え，温暖で安定な時代が続く。現在を含めてこの時代を「奇跡の1万年」と呼ぶ。この温暖な気候が，農耕に適した土地と，野生植物の生息域の拡大に寄与し，さらには農耕に適した家畜を選択する余地を与えたというのである。

3········食糧生産革命以降の感染症

農耕定住社会への本格的移行は文明を育む一方で，私たち人類に多くの試練をもたらすことになった。その一つが感染症である。

定住は，鉤虫症や回虫症といった寄生虫疾患を増加させた。鉤虫症は，糞便から排泄された虫卵が土の中で孵化，成長し，皮膚から感染することによって起こる。回虫症は，便から排泄された虫卵を経口摂取することによって起こる。増加した人口が排泄する糞便は，居住地周囲に集積される。それによって，寄生虫疾患は，感染環を確立することに成功し，糞便を肥料として再利用することによって，それはより強固なものとなった。英語で寄生虫を意味するパラサイトは，文字どおり，場所（サイト）の傍（パラ）を表す。

農耕によって生み出され，貯蔵された余剰食物は，ネズミなど小動物の格好の餌となった。ネズミは，ノミやダニを通して，ある種の感染症をヒト社会に持ち込んだ。ノミやダニによって媒介される感染症として，小児関節炎として有名になったライム病，発熱や悪寒に潰瘍をともなう野兎病，リケッチアが原因となるコクシエラ症（Q熱）やツツガムシ病，そしてペストなどが知られている。

野生動物の家畜化は，動物に起源を持つウイルス感染症をヒト社会に持ち込んだ（表1）。麻疹はイヌ，天然痘はウシ，インフルエンザは水禽，百日咳はブタあるいはイヌに起源を持つと考えられている。いうまでもないことだが，これらの動物は群居性の動物で，ヒトが家畜化する以前からユーラシア大陸の広大な草原で群れをなして暮らしていた。

ヒトから家畜に感染した病原体もある。たとえば，ウシ型結核菌は，ヒト型結核菌にその起

表1　動物に起源を持つウイルス感染症

家畜からの贈り物

人間の病気	最も近い病原体を持つ動物
麻疹	イヌ
天然痘	ウシ
インフルエンザ	水禽（アヒル）
百日咳	ブタ，イヌ

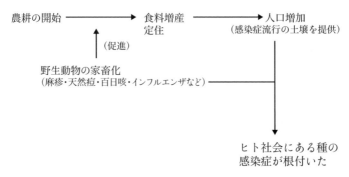

図5 人類史における感染症の定着過程

源を持つ。遺伝子解析からは，ウシ型結核菌は，３万数千年前にヒト型結核菌から分岐したことが示唆される［Gutierre et al 2005］。

　家畜に起源を持つ病原体は，増加した人口という格好の土壌を得て，ヒト社会へ定着していった。病原体にとって，新たなニッチ（生態学的地位）が出現したということになる。

　ここまでをまとめると以下のようになる。農耕の開始は食糧増産と定住をもたらした。食糧増産と定住は人口増加をもたらし，これが新たな感染症の流行に格好の土壌を提供した。一方，野生動物の家畜化は，耕作面積の拡大などを通して食糧増産に寄与した。同時に，本来野生動物を宿主としていた病原体は，ヒトという新たなニッチ（宿主）を得た。病原体は，新たなニッチを得て，その多様性を一気に増加させた（図 5 ）。

4 ⋯⋯⋯ 古代文明──「感染症のゆりかご」と「パーフェクト・ストーム」[1]

　第 6 章で論じたように，食糧生産革命のあと人口が増加して社会が複雑化し，都市が生まれ，古代文明が各地で成立した。しかし，古代文明の中心地らしきものが突如として崩壊した証拠が数多く見つかっている［Moore, Gordon and Legge 2000］。気候変動や土壌の悪化によっても土地の放棄あるいは文明の崩壊は起きる。しかしそうした変化は比較的緩やかに進む。一方，突如として文明の中心地から人口が消え

　1　パーフェクト・ストームとは，複数の厄災が同時に起こり破滅的な事態に至ることを意味する。

るような変化もある。その原因には内戦や大洪水があるが，そのうちの一つに感染症の存在があったことは間違いない。病原体から見れば，人々が密に集まり，盛んに交流する文明社会は「感染症のゆりかご」にほかならない。

　古代メソポタミアについては第6章に詳しいが，その文学作品に『ギルガメシュ叙事詩』がある。王ギルガメシュを巡る物語が12枚の粘土版に楔形文字で記されている。叙事詩のなかでは，大洪水と並ぶ四つの災厄のひとつに疫病神の到来が挙げられている。これは，麻疹や天然痘といった急性感染症が文明を周期的に襲っていたことを示す。

　叙事詩では，また，主人公であるギルガメシュが自らの名声は死後も生き続けると述べる場面で，ペストで斃れたと思われる死体の数々がユーフラテス川を流れていくようすが記されてもいる［矢島訳 1998］。

　メソポタミア文明は，まさに，急性感染症が定期的に流行するために必要な人口規模を史上初めて持ちえた文明だった。それが故に，感染症の定期的流行に苦しんだ。病気を避けるために，魔除や特別な祈りが捧げられ神殿が建設された。当時でさえ，病気が何らかのかたちで伝播することを人々は知っていた［Anne 2012］。一方で，伝播は神の怒りであり，人間の罪が原因だともされ，生贄が捧げられたともいう［Walter 2006］。

　ギルガメシュ叙事詩にはこんな物語も残されている。当時からメソポタミアには森林資源が乏しかった。王ギルガメシュは町を建設するための木材を欲していた。そこで，祟りがあるから止めておけという周囲の制止を振り切って，親友のエンキドとともに旅に出る。森はフンババという精霊によって守られていた。精霊フンババは，森を守るためにギルガメシュたちと戦うが，最後はエンキドによって頭を切り落とされてしまう。切り落とされた頭は桶のようなものに入れられる。フンババが殺されたあと「ただ充満するものが山に満ちた」とある。こうして森は神から解き放たれ，人間のものになったという。エンキドをたたら場のエボシ，フンババをシシ神と置き換えれば，映画『もののけ姫』と同じだ。文明の発展と自然破壊──。

　自然破壊は，やがて人間へのしっぺ返しとなって戻ってくる。メソポタミアの地では，森林伐採は土地の砂漠化と塩害をもたらした。感染症と自然破壊，それに藤井が述べた「複雑社会に顕著に現れる争い」を加えると，「パーフェクト・ストーム」の襲来である。それが文明衰退の原因となった。

4　病気とは何か──レジリエンスの観点から

1⋯⋯⋯健康と病気を「環境適応の尺度」でとらえる

　最後に健康と病気について，「環境適応の尺度」，すなわち生態学的な視点とレジリエンスの観点から考えてみる。ここでいう環境とは，生物学的環境のみでなく社会文化的環境を含む広義の環境をいう。それはリチャード・リーバンのいう以下のような健康定義と重なる。

　　　　健康と病気は，生物学的，文化的資源を持つ人間の集団が，環境にいかに適応したかという有効性の尺度である［Lieban 1973］。

　アメリカ・ネバダ州の洞窟で発見された先住民の糞石を対象として，寄生虫性疾患の痕跡が調査された。糞石とは，動物や人間の排泄物である糞が化石化したものを指す。花粉や寄生虫といった糞石中の内容物を分析することにより，当時の食生活や人々の健康状態を推測することが可能となる。糞石研究は土壌酸性度が低い新大陸アメリカにおいて発展した。日本のような酸性土壌では糞石のような有機物は残存しにくい。

　糞石からは，寄生虫の卵も幼虫も発見されなかった。人類学者たちは，先史時代の住民が消化器系の寄生虫性疾患と比較的無縁な生活を送っていた可能性があると結論付けた。

　この調査結果は大胆な推論を導く。腸管寄生虫のうち鉤虫，回虫，鞭虫はヒトだけに寄生する。これらの寄生虫は，土壌中で卵が孵化する，あるいは卵中の幼虫が発育することによって，感染が可能になる。卵の孵化や幼虫の発育には，20度程度の温度が必要になる。

　一方，第8章，第9章で述べるように，ネバダ州の洞窟にいたアメリカ州先住民の祖先は，最終氷期で陸地になっていたベーリング海峡を渡り，新大陸側北極圏に到達したと考えられている。しかしそこで集団は，今度はカナダの氷床に南下を阻まれ，「天然の冷凍庫」とも呼ぶべき寒冷の地に数百年から数千年にわたって（1世代を25年とすれば，1000年は40世代に相当する）閉じ込められた。やがて，氷河期は終了し，新大陸を南下し人口を増やし，各地に拡散していった。

山本太郎

市場で打ち据えられたマリース
エイズの現実

なぜ私が感染症の研究をしているのか。人材も医薬品も資金もない状況でさえ，なぜ国際救急医療の感染症対策に従事するのか。いくつかの理由はもちろんあるが，そのなかの一つに次のような体験が確実にある。ハイチでの出来事だ。

マリースという女性のことが忘れられない。年齢は21歳。首都ポート・オ・プランスからバスで2時間ばかり離れたところにある村に暮らしていた。

ある日マリースは，痩せと疲労，微熱を主症状として私たちの研究所を訪れた。咳もあった。私たちは，結核を疑い，すぐにレントゲン写真を撮った。写真には明らかな空洞があった。活動性の結核の所見の一つである。それは同時に，エイズを疑わせる所見でもあった。ハイチでは，結核患者の半数以上がHIVに感染していた。HIV感染を疑うのは医師として当然のことであった。私たちは，マリースに検査を勧めた。そして万が一のことがあっても，この診療所で治療を行うことができると伝えた。

しかし，マリースは頑なに検査を拒んだ。「これでエイズとわかったら，みんなになんて言われるか」。マリースが泣きながら，私たちに語ったのは，以下のような話だった。

＊

ある日，マリースはちょっとした勘違いから，市場の女性に豆の缶詰を盗んだと疑われた。市場の女は「泥棒！」と大きな声をあげ，マリースを「豆泥棒よ，泥棒！」と指差した。

身に覚えのないマリースは，泥棒であることを一生懸命否定したが，女はマリースを捕まえ，木の棒でひどく打ち据えた。皮膚が破れ，辺りに血が飛び散った。それでも，女はマリースを打ち据えることをやめなかった。マリースは猫のように背を丸め，それでも，必死の思いで「私は，泥棒じゃない」と訴えた。

女の行為を止めたの
は，市場で働く男たちで
あった。女の度を越えた
行為を，さすがにやりす
ぎだと思ったのであろ
う。男たちの仲裁に女は
「これで少しは懲りただ
ろう」と捨て台詞を吐い
て，その場を立ち去っ
た。マリースはといえ
ば，ただただその場で泣
き続けていただけだったという。

　数カ月後，マリースは病に倒れた。発熱し，倦怠感が強くなり，ついには
起き上がれなくなった。ひどい噂が立ちはじめたのは，マリースが病気に倒
れた直後からであった。

　病気に倒れたマリースに「病気になったのは，豆の缶詰を盗んだからだ」
と人々は噂しはじめた。さらに噂は，マリースの病気がひどくなるにつれて
「マリースが盗んだのは豆の缶詰だけじゃない。他にも盗んだものがあるに違
いない」となった。

　結婚先の家族は「咳がうるさくて眠れない」と病気のマリースを責めた。
義理の母はマリースを家から追い出し犬小屋で寝るようにと命じた。「ゼイ，
ゼイ」と夜中に響くマリースの息遣いが犬のようだからだというのがその理
由だった。マリースは小さくなった体を抱えるように犬小屋にうずくまった。
マリースと同じようにうずくまる犬の温もりだけが，彼女にとって，唯一の
救いだったという。

　嫁ぎ先の家族はマリースに食事を与えることをやめた。

　10カ月になったばかりの赤ん坊を抱えたマリースは，病気の体を引きずる
ようにして実家のある村へと向かった。それ以外に，子どもを飢え死にさせ
ない方法を彼女は知らなかった。実家のある村までの道々，マリースは物乞

いをして歩いた。畑に入って生の芋を齧った。消化されない芋は酷い下痢を引き起こした。赤子はお乳が欲しいといって泣いた。その赤子の泣き声に,マリースは,見たこともない神に問いかけたという。

「神さま！　わたしはなにか悪いことをしたのでしょうか？」

*

エイズ検査を受けることを拒否したマリースが私たちに話してくれた内容だった。

最終的に検査を受けることを拒否したマリースは,生まれた村へ帰っていった。マリースがそこで亡くなったと聞いたのは,それから数カ月後のことであった。

こんな世界をなんとか変えたいと思った。それが,私の原点の一つとなっている。

問題は,これら腸管寄生虫が,シベリアやアラスカといった極寒地で,感染環を維持できたのかである。糞便から排出された寄生虫卵は,寒さのため,孵化,あるいは生育できなかったとすれば,そこで寄生虫の感染環は途切れる。アメリカ先住民の祖先は,北極圏を通過することによって,意図せず,寄生虫を自らの集団から駆除した可能性がある。

一方,アメリカ先住民たちの間では,アカザ（花菜）が伝統的に食されていたという。アカザは荒地などにも生える一年草である。その若葉は紅紫色に染まり,芽の心が赤いところからこの名が付けられた。アカザは寄生虫駆虫薬としての作用を持つことが知られ,現在でも駆虫薬として使用している地域がある。いつの頃か,アメリカの先住民の間で,寄生虫感染が見られるようになり,それに適応する形でアカザを食する文化が定着したのかもしれない。

こうした例は,疾病に関連する人々の行動には適応的傾向があることを示唆する。同様の適応的行動はチンパンジーやゴリラにも見ることができるという。高等霊長類に共通する疾病に対するこうした適応的行動は,進化の古い時代において遺伝子に組み込まれたものなのかもしれない。

2……… パンデミックの意味を問いなおす

　こうした考え方の下では，病気とは，環境に未だ適応できてない状況を指す。一方で，疾病に対するヒトの行動には適応的傾向が見られる。そのことは，先にも述べた。

　環境は常に変化するものである。したがって，環境への適応には，適応する側にも不断の変化が必要になる。こうした関係は，小説『鏡の国のアリス』で作中，赤の女王が発した次のような言葉を想起させる。「ほら，ね，同じ場所にいるには，ありったけの力でもって走り続けなくちゃいけないんだよ」［キャロル／矢川訳 1994］

　それでも，環境が変化すれば，一時的な不適応（危機）が起こる。変化の程度が大きいほど，あるいは変化の速度が速いほど，不適応の幅も大きくなる。農耕の開始は，人類にとって環境を一変させるほどの出来事であった。長い時間のなかで，比較的良好な健康を維持していたヒトは，その結果，変化への適応対処に苦慮することになっただろう。

　変化する環境への適応対処は，さらなる環境変化（危機）をもたらし，その環境変化への対処（新たなレジリエンスの獲得）が，さらなる環境変化をもたらす。人類は，こうした循環を農耕の開始以降凄まじい勢いで経験してきた。私たちが現在直面するCOVID-19パンデミックもそのような過程の一つとして理解することができる。それは，人類が，自らの健康や病気に大きな影響を与える環境を，自らの手で改変する能力を手にしたためである。

　それは開けるべきでない「パンドラの箱」だったのだろうか。多くの災厄が詰まっていたパンドラの箱には，最後に「エルピス」と書かれた一欠片が残されていたという。古代ギリシャ語でエルピスは「期待」とも「希望」とも訳される。パンドラの箱を巡る解釈は二つある。パンドラの箱は，多くの災厄を世界にばら撒いたが，最後には希望が残されたとする説と，エルピスを巡る解釈で，希望あるいは期待が残されたために人間は絶望することもできず，希望と共に永遠に苦痛を抱いて生きていかなくてはならなくなったとする説である。パンドラの箱の物語は多分に寓意的であるが，暗示的でもある。「希望」を選択するためには，過去から学び，私たちみんなの知恵を結集することが重要であろう。

メソアメリカ古代文明の超克

第 **8** 章

新大陸に生まれた生存戦略

杉山三郎

テオティワカン遺跡の発掘などメキシコ考古学研
究に従事，2016年にはH.B.ニコルソン・メソアメ
リカ研究優秀賞受賞。現在，アリゾナ州立大学
研究教授，愛知県立大学名誉教授

　Phase IIでは，古代文明の諸要素の起源を探ることで「レジリエンス」について考えることを目的としている。その際忘れてはならないのは，この世は絶えず動いているということである。宇宙が始まった時から，天体も地球の複雑な地形も生態系も絶えず変化が起こり，ヒトと社会もそれに応じて変化（進化）し続けることは自明の哲理である。古代史を扱う考古学では，せいぜい50年，100年を最小の時間の単位として，長期的な視点から社会変化を追う。従ってここで扱うレジリエンスとは，私達が創り上げた社会の仕組みの内で，変化し続ける外部要因に対して耐久性があり，比較的安定して生存するためのメカニズム（根底にある思想）を指す。決して変わらないもの，または元に戻る復元力を意味しない。

　自然環境が絶え間なく変化するなか，ヒトは新しい食料獲得方法を模索し，人口増加をもたらし，複雑社会を拡充させた（第6章）。政治社会集団は時には機能性を失い解体，離散，あるいは再構築される。ある期間うまく機能した政治体制，社会組織，経済機構もやがて（再構築のため）崩壊し，ヒト・モノは入れ替わる。課題は

その変化のスピードであり，何が維持され何がどの様に変わるのか，さらにそれらの変化を起こす主要因，メカニズムである。本章では，初めて新大陸に足を踏み入れた狩猟採集民が，独自の力で都市文明を築くまでに至った社会進化のプロセスを，ヒトに特異な創造力，社会脳，（危機）超克のための戦略，文明の基層をキーワードとして探求しよう。アメリカ大陸に進出した最初のヒトの集団は自然環境だけでなく，文化環境にも適応することが次第に求められ，地震や旱魃など天災に加えて，社会が作り出すリスクに対しても新たなレジリエンスが必要となった。都市や国家を創成したメソアメリカ先住民が，旧大陸と異なった新環境で，独自に発展させた超克の戦略とは何だったのか。

1　最初のアメリカ人

　Phase I で詳しく述べたように，アフリカに生まれた私達の直接の祖先ホモ・サピエンスは，頭脳プレー（モノづくり，知識の蓄積と伝達，社会行動など）により厳しい自然環境を克服しながら，4万年前にはユーラシア大陸のほぼ全域に拡散移住することができた。その北東部，シベリア寒冷地でマンモスなど大型動物も捕獲していた狩猟採集民は，氷河期に陸橋となっていたベーリング海峡を渡り，アメリカ大陸に入っていった。その後南米の南端まで徐々に拡散移住して，約1万年前には南極を除く地球上の全ての大陸にヒトが住むようになった。やがてヒトは動植物の生育に直接関与することを覚え，農業・牧畜により食料を自力で生産することを学び，世界の各地で文明を築くことになる。新大陸でも多様な自然環境に適応していった狩猟採集民が独自の力でドメスティケーション（農耕・牧畜）を始め，旧大陸の古代文明とは全く交流なしに，メキシコ・中米と南米アンデス地域で，それぞれ特徴的な古代文明を創り上げている［山本紀夫ほか 1993］。

　最初のアメリカ人となったアジア系の移民集団については，まだ断片的なデータしかなく，その年代や移動のルート，民族集団についてもはっきりしない。氷河期であった2万7000年前までにはアラスカまでたどり着いていたと考えられるが，その南に広がる高度数千メートル規模の広大な氷床を超えるには，温暖化が進み，氷床間に回廊が開ける1万3000年前まで待たなくてはならなかったと考えられている。

一方でそれより古い年代を示す遺構も，メキシコや南米でいくつか報告されており，アジア北東部沿岸から海岸伝いに海洋術により北米・中米へと渡った集団があったという説も有力になってきている。ホモ・サピエンスの特性として，前1万年期から天体の認知能力と航海術が格段に向上し，さらに海産物が食料源に加わったことを示す遺跡の発見が，日本列島を含む太平洋西岸と，北米沿岸地域で増えているからである。

　一方で，現代のイヌイットのように寒冷地に留まり存続している集団もいる。アメリカ大陸に進出した狩猟採集民は，大型哺乳類も捕獲していたことなどから，すでに大きな集団だったこと，それが厳しい環境でも機能する高い技術と知識，また協働作業（利他行動）を支えるレジリエントな社会規律があったことを示唆している。さらに新大陸に生息していたマンモスなど大型動物やその他の中型動物の絶滅に，ヒトによる狩猟が大きく関わっていたと示唆するデータも増えている（Phase I・2章に詳述）。ともあれ新大陸に入った狩猟採集民は，北米からメキシコ・中米にて拡散して人口を増やし，さらにその一部の集団が南米へと歩みを進めている。つまり，環境条件が非常に異なる新大陸においても，ヒトは柔軟に存続の戦略を発展させ，社会変革を遂げながら自然界への介入度を深めていったと思われる。豊かな創造力と協働作業による集団の機動力を発揮した，ヒトの拡散増殖の軌跡であろうか。

2　多数種の中間的な動植物利用
——新大陸のドメスティケーション

　旧大陸同様，新大陸でもヒトは狩猟採集の移動生活から，緩やかに農耕・牧畜を基盤とした定住生活へと移行している。特定の植物の栽培化と動物の家畜化とは，ヒトが新しい植物種・動物種を都合よく作り上げることである。英語ではこの動植物種へのヒトの介入をまとめてドメスティケーションと呼び，Key Concept 5やPhase I・第5章に詳しいが，世界の各地で実際に農耕と家畜化が関連し合って発展したことから，「ヒトに特有な，自然界への積極的・統合的な関与」と理解できる。旧大陸で始まった品種の多様化・大量生産化はヒトの在り方を大きく変えたと同時に，自然界へも図り知れないインパクトを与えることとなった。現在，地質学的にも「新

人世」が提唱される由縁である。

　新大陸におけるドメスティケーションの歴史も古く，動物に関しては，新大陸への最初の移動民がすでに家畜化された犬を連れていたと考えられている。アジアからの狩猟採集集団は，ベーリング海峡とパナマ地峡で2回のボトルネック現象を経て（つまり生物学的・文化的に限られた小集団が），それぞれ北・中米と南米の異なる生態系で独自に存続の道を探ったにも関わらず，世界の他文明で見られた現象と同様なドメスティケーションへの道を歩んだのである。地球規模で見ても人類に特有な，そしてホモ・サピエンス共通の進化プロセスと言えるだろう。栽培化された作物の種類，また家畜化された動物種は異なるが，結果としてヒトに安定した食料源を供給し，後に爆発的な人口増加を導いた主要因のひとつである。しかしながらこの強力な生業システムの変革は，新大陸の場合，多岐にわたり，根源的に旧大陸のドメスティケーションと異なる社会発展プロセスと解釈することが可能である。新大陸の場合，栽培化は数千年間の試行錯誤の産物であり，その品種の多様性にレジリエントな本質があるといえる。さらに，新大陸のヒトと動植物との共生関係の多様性は，旧大陸の「ドメスティケーション」を基盤とした文明形成モデルに再考を促している。

　メキシコ・中米に栄えた高度なメソアメリカ文明の基盤は，多種のトウモロコシ（図1），カボチャ，トマト，インゲン豆，アマラント，チア，チレ唐辛子，またチョコレートのもとカカオ，タバコなどの新大陸原産の栽培種

図1　多様なメキシコのトウモロコシ（Arqueología Mexicana vol. 15: 19, 1997）。

である［McClung de Tapia 1992］。南米では，海抜4000メートル台の高地でも育つジャガイモを中心とした栽培文化が開花した。ヒトと数千年の深い関係史をもつこれらの食材は，現在では地域住民のみならず，世界の主要な食材となり，文明を支えるレジリエントな伝統文化と言える。それぞれの作物が多くの品種バリエーションを持ち，地理的環境の違いや気候・雨量の変化にも適応できる，新大陸先住民文化の根幹を成していたと言える。気候変動等で特定の作物が不作になっても，他の栽培種がそれを補う安定供給の手段として，多様な種のドメスティケーションは機能してきた。さらに，トウモロコシをはじめとする栽培種は，雨の神に対する信仰・儀礼，特異な世界観，それらを具現化する象徴品やモニュメント建築など，他の文化要素にも大きな影響を与え，生物学，天文学や暦学，数学など関連知識をも発展させた。

　また雨頼みの農耕だが，その雨は年ごとの変動が大きく，雨季／乾季の周期性が重要視され，恒常的な用水路や大規模なテラス耕作などの技術が古代から作られていった。またメキシコ高原地帯では，湖の底の泥を肥料として積み上げて栽培する集約的なチナンパ耕作も案出され，よりレジリエントな集約的な生業として拡大・発展した。16世紀にスペイン人が侵入した折に，密集した先住民の集落に驚いたというが，チナンパ農法は，その大人口を支える先住民の智慧であった。

　ヒトに利用された植物種の種類は，多様な自然環境を反映し，栽培種以上に野生種も多く，地域と時代によって大きく異なっている。トウモロコシが新大陸全体で最も安定した作物であったことは疑いないが，さまざまな度合いで地域の生業システムに統合されており，直線的で急激な経路を辿った訳ではない［Kistler et al. 2018; Staller et al. 2006］。メキシコ中央高原のリュウゼツラン，ウチワサボテンなど，地域文化にとってトウモロコシに引けを取らないほど重要な，ローカルな野生，半野生植物も多く利用されていた。

　メソアメリカにおける動物の家畜化は，文明化を考えるうえでさらに示唆に富んでいる。メソアメリカでは犬，七面鳥のみが飼育種とされ，特に犬は黄泉の国（死者の地下世界）に伴う，ヒトに最も近い動物として飼われていた。南米では，ラクダ科のリャマ・アルパカ，またクイ（モルモット）の家畜化の歴史が古く，アンデス文明のレジリエントな文化伝統を成している。メソアメリカでは，旧大陸やアンデス地方のように，家畜に適した大型動物が自然界に存在しなかったが，多くの野生種の動物・小型動物・鳥などが，安定した動物タンパクを供給していた。それらの動

物の一部は，餌付けされながら，自然界にてコントロールされた野生種としてヒトと共存していた。

　結論から言うと，メソアメリカの場合，「野生」と「栽培／家畜種（ドメスティケーション）」の単純な二分法は，文明の基盤となる生業メカニズムの説明に十分ではない。例えば，当時10万人を有した新大陸最大の計画都市テオティワカンでも，出土する動物骨のうち，家畜だった犬・七面鳥の割合は2割に満たず，ほとんどの動物タンパク源に関しては，メキシコ中央高原に生息する野生の多様な小動物，ネズミ・モグラ科，リスをはじめ，通常の発掘調査で検知が難しいヘビ，カエル，バッタ，幼虫，ハチ，アリなども，補完的な食糧源だった。シカはテオティワカンで手に入る最大で美味な草食動物だが，全体の11％を占めるに過ぎない。ウサギも近年のアイソトープ分析から見ると，トウモロコシで餌づけされた（家畜種ではなく）野生種であった。さらに古代都市近郊の湖群に生息する多様な水鳥や魚類，淡水貝などの水産物，また湖に群がる動物群も食料源としていたと思われる。古代テオティワカン人は，近郊の多様で豊富な食材とエキゾチックな特産物を使った，かなり豪華な食生活を送っていたと思われる。このように，自然との共存から学んだ多様な食材と，数千年間のドメスティケーションにより獲得された食料源がレジリエントな社会を支え，文明の基層を構築していたと言える。

　人間と動物との関係には，旧大陸で見られたような野生か家畜かではなく，中間的な動植物群が多く存在し，継続的に共適応し，棲み分けし，時には共存し合う多目的の空間があった（図2）。人間の居住地の周辺には，特定の動植物の集団が生息し始め，水が共有・再分配され，焼畑耕作が周期的な再生プロセスを生み出し，バイオーム全体

図2　古文書による古代アステカ国の「イスタパラパの庭園」。当時利用されていた多くの「野生種」である動植物が共存する人工的な共生空間を創り上げていた［Sahagún 1963］。

が人間の環境操作や制御，適応戦略の決定に影響を与え，それに反応し景観はさら
に変わり続ける相互連鎖関係があった。メソアメリカの場合，特定の限られた種に
大きく依存する旧大陸の文明形成モデルを超えた，多種類の動植物を含めた「景観
自体のドメスティケーション化」が，超克なる（レジリエントな）文明の基盤を形成
したと考えられる。

3　宗教センターの勃興

　このようなドメスティケーションが徐々に浸透し，紀元前2000年頃から集落の拡
大がみられ，公共施設や儀礼センターと思われる大型の建造物が建てられるように
なった。（図3）紀元前1500年頃からはオルメカ文化（メソアメリカ文明の母体）の大
きな宗教センターが形成された。しかし，センターは必ずしも自然環境の良好な地

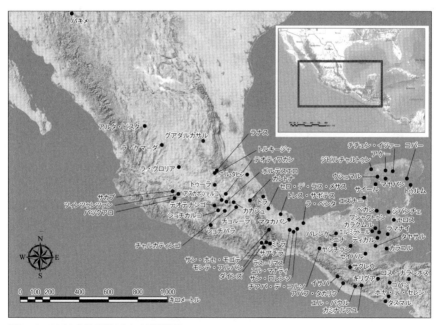

図3　メソアメリカ古代文明の主な大型建造物

域に発展するとは限らない。メキシコ湾岸の湿地帯に建設されたオルメカの中心セン
ターも，必ずしも生活条件の最良な地ではなく，むしろ宗教的・象徴的意味，ま
た政治社会環境の要因も深く関係していたと思われる。オルメカ文化の影響がある
メキシコ，ゲレーロ州のテオパン・テクワニトラン遺跡は，非常に暑く乾燥した低
盆地に位置し，むしろ農業には非常に厳しい環境にあるが，乏しい雨水を有効に集
める大規模な用水路も見つかっている。文明の曙の頃，新知識や技術を結集し，前
述のレジリエントな栽培種が基盤となり，厳しい自然条件を克服したオルメカ様式
の早期儀礼センターと言える。

　その後紀元前4〜5世紀には，肥沃なオアハカ盆地の農耕集落の中心地に，サポ
テカ文化の山頂都市モンテ・アルバンが勃興し，またグアテマラ・ユカタン半島の
熱帯地帯には，大規模なマヤ古代センターも形成された。複雑な階層社会と，独立
した地方政権が乱立する国家政治の始まりである。メソアメリカ全域で様々な民族
集団が，建築様式や空間配置の異なる多くの宗教センターを建設し，地方ごとに数
千人から数万人の集合する政治・社会的中心地が作られ，遠距離の交易も盛んにな
り，新しいアイデアや世界観，奢侈品製作技術，文字，天文学や暦法，算術など科
学的知識なども共有された。メソアメリカでは，これらの文明形成期の主要センタ
ーに共通する自然条件（大河の畔など）はない。対照的に，多様な自然条件がメソア
メリカ文明の特徴であり，それぞれ異質な環境に柔軟に適合させたヒトの脳力が，共
通の基盤として機能していたと言える。

　そのようなメソアメリカ文明の絶頂期における，天災とレジリエンスに関しては，
いくつかの発掘例が報告されている。たとえば，マヤのポンペイと言われる中米エ
ル・サルバトルにあるホヤ・デ・セレン遺跡は，紀元後7世紀の火山噴火により埋
もれてしまったマヤの地方センターである。中米は火山活動が盛んであるが，被災
後に，近隣の住民はよりレジリエントな集落を作り，マヤ文明を継続・発展させた
と考えられる。マヤ民族は，16世紀のスペイン人の入植後に物質的・精神的な新要
素と植民地支配体制を強いられ，マヤの文化伝統を受け継ぎながらも，変容を強い
られ今を生きている。

4 古代都市テオティワカンのレジリエンス

　次にメキシコ高原の古代都市テオティワカンのレジリエンスのあり方を，自然災害への社会的・精神的な対応を中心に，見て行こう（図4）。現在のメキシコ・シティーから北東40キロメートルに位置する古代遺跡テオティワカンは，紀元後1世紀頃に興隆した計画都市である。「死者の大通り」を中心に，「太陽のピラミッド」「月のピラミッド」「羽毛の蛇神殿」がそびえ立ち，その周りに2000ほどのアパートメント式住居群が整然と配置された計画的な構造を持っていた。新しい知識，技術，宗教と政治力が結集し，紀元後4〜5世紀の繁栄期には多民族が共住する新大陸最大の都市に発展した。およそ25平方メートルの都市区域に10万人ほどが住む多民族国家であった。

　テオティワカンの起源については，まだ不明な点が多いが，私たちは，ピラミッド内部のトンネル発掘を行った（研究ノート参照）。その結果，内部に7回にわたって増築されてきたモニュメントが重なっていること，その増築時には豊富な副葬品と共に生贄が埋葬されたことが明らかになった（図5）。これまでに得られたデータによると，初めにモニュメントが建設され，その後に都市空間配置が決定されて，アパートメント式住居群が完成したことが明らかである。テオティワカンは規制の強いトップダウン型の都市構造だったと考えられる。古代都市には物質面から言うと，鉱物資源，建築石材，木材，壁の化粧漆喰やトルティージャ調理剤の石灰，壁画の顔料，道具製作の石材（特に黒曜石），また遠隔地から特定の土器，翡翠や

図4　古代都市テオティワカンの「太陽のピラミッド」（右）と「月のピラミッド」（左奥），そこから南に広がる「死者の大通り」（筆者撮影）。

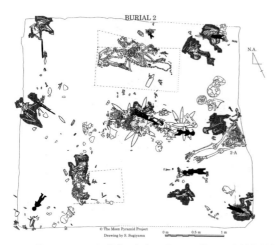

BURIAL 2

N.A.

2-A

© The Moon Pyramid Project
Drawing by S. Sugiyama

0 m　　0.5 m　　1 m

図5　「月のピラミッド」埋葬墓2平面図。後ろ手に縛られた生贄体(右)
と生き埋めにされたピューマ2匹, オオカミ1匹, ワシ9羽などが豪華副葬
品と共に出土した(研究ノートを参照)。

貝など奢侈品が集められて
いる。かなり複雑な階級社
会と, 広範囲な交易を行う
経済中心地でもあり, 同時
に社会セクター間の軋轢や
戦争もあったと思われる。

　このような都市生活を営
む住民や周辺に住む農民に
とって, まず火山活動など
の自然災害のインパクトは
どのようであっただろうか。
ホヤ・デ・セレンと同様に,
火山噴火や地震などの被害
を受けた遺跡の調査は, 火
山活動が活発なメキシコ中央高原でも行われている。テオティワカンが勃興した紀
元前後頃には, 現在でも噴火を繰り返しているポポカテペトル山の大噴火があった
と考えられており, 当時火山灰で覆われ放棄されたテティンパ遺跡も発掘されてい
る。近郊の大ピラミッドのそびえるチョルーラも影響を受けただろう。また, 現在
のメキシコ・シティー南部に位置するクイクイルコ遺跡は, テオティワカンの勃興
する前から繁栄していた大きな宗教センターであったが, 紀元後200年頃にシトレ火
山の噴火により, 流れ着いた溶岩で覆われてしまい, 放棄された。その付近一帯は
湖畔に面した肥沃な土地であったが, 同様に溶岩で覆われ, また噴石や火災による
自然破壊は住居や農地のみでなく, 盆地南部一帯の動植物にも深刻な被害を及ぼし,
メキシコ盆地南部の住人の一部を北部へ移動させたと考えられている。

　このような火山活動とほぼ時を同じくして, 盆地の北東部に位置するテオティワ
カンが勃興したが, 上記の火山活動と人口移動が直接に大都市の誕生, もしくは拡
大に関与しているかは定かではない。しかし, その頃からテオティワカンでは「火
の神」(火山の象徴, または台所, 老人の神)を象形した石彫の火鉢が, 頻繁に作られる
ようになり, 最大の「火の神」の火鉢が, 近年「太陽のピラミッド」頂上でも発見
されたこと, そして元来ピラミッドは聖なる山の象徴と考えられることから, 「太陽
のピラミッド」が実際に火山・火(太陽)を象徴していたかもしれない。ちなみに,

「火の神」に対する「水の女神」を表す大石彫，さらにその他の水，雨期，豊穣を示すシンボルが，「月のピラミッド」内外から出土しており，二大ピラミッドは以下に述べるような火と水の二元性を象徴していた可能性が高い。

　天災とレジリエンスに関して，近年の考古学調査から推察すれば，テオティワカン中心地区の聖空間が，自然の脅威に対してレジリエントな社会を保つ精神的・物質的基盤を提供していたと言える。計画都市の構造分析，天体と関係づけたピラミッドの方位や長さの単位の研究は，二大ピラミッドが自然界の変動や天体の動きを象徴していたことを示している [Sugiyama 2010]。モニュメント建築が，365日の自然のサイクル，260日の宗教暦，また金星など天体の周期を融合し，古代人の世界観を具現化していたのである。「太陽のピラミッド」は太陽・火・乾季・空・男性・権力を，「月のピラミッド」は月・水・雨季・大地・女性・豊穣を象徴し，メソアメリカに特徴的な「二元論」を構成していたと考えられる [杉山 2015]。

　メキシコでは，四季ではなく，雨季/乾季の違いがはっきりしており，農業にとっても重要な雨季の到来や自然界の異変を予測する太陽暦が古代から使われていた。それにヒトのサイクルである260日周期（妊娠期間を表す）の宗教暦を組み合わせ，52年の大周期を構成し，それに従って儀礼を行い，自然界やヒトの生活（時間と空間）を計測していた。52年周期は，東アジアでの60年の還暦に似て，ヒトの一生（または閉経期）に相当し，自然とヒトが融和したサイクル（世紀）を表していた。テオティワカンの権力者は，これらの二大ピラミッド，さらに金星を象徴する「羽毛の蛇神殿」を加えた三大ピラミッドの建築事業を完遂させ，天体－自然－ヒト社会の成立ちを説き，現世界（空間と時間）をコントロールする聖務を執行する集団として君臨していたと思われる。

　このようにモニュメント建築は，ヒトの生活に最も本源的な（同時に危険な）二要素，火と水を，自然界の摂理や輪廻思想のなかで意味付けし，また旱魃，洪水，噴火など天地異変を宥めるため，儀礼（特に生贄儀礼）をピラミッドの頂上で行っていた。自然災害，天地異変は現地住民に過大なインパクトを与え，それら自然の猛威に対してヒトの命を代償として賄う契約（生贄儀礼）により，自然とのレジリエントな関係を築いていたといえる。生贄儀礼はメソアメリカで少なくとも2000年間続いた文化伝統で，我々には理解しがたい残忍な個人の殺戮行為である。しかし同時に他メンバーの存続を願う社会的な利他行動でもあり，レジリエントな社会構造，様々な協働作業，また日常生活の精神的基盤となる宗教的理念であった。自分達のメン

バーの命を天命に捧げ，自然サイクルと融和させ，そして自然の不規則性・天災を避け社会を存続させるための生贄儀礼であり，統率者集団にとって国家体制の安定を裏付ける象徴的な協働作業であった。象徴的な計画都市テオティワカンは，創造力ある社会脳が，社会の存続にとって最大の脅威であった天災を超克する文明の基層を形成した一例と言えるのではないか。

5　都市の崩壊とスペイン征服

　覇権的なテオティワカン国家も，紀元後6世紀に衰退した。崩壊の原因は，自然環境変化や建築材としての森林や農地の枯渇等さまざまな説があるが，現在は戦争が直接の主要因と考えられている。最後の建物からも焼け跡が多く出土しているからだ。紀元後9世紀にはマヤ低地でも都市国家が崩壊し，その要因として同様に天災や土地・木材など資源の枯渇，交易網の破綻など諸説あるが，直接の要因は社会的抗争，戦争の可能性が高い（図6）。各文明はすでに豊富な知識と高い未来の予測能力に長けており，文明崩壊は環境要因より，政治社会的な要因によるものだといえる。権力の象徴であるモニュメント建築は徹底的に破壊され，王権のシンボルの突然の喪失は政治体制の陥落，または交代を意味する。しかし時の為政者集団は消え，その基地となった宮殿やモニュメントは瓦礫と化しても，住民は近郊に住み続けるケースが多い。多くの文明を支えた生業活動，宗教的行動，芸術，技術，市場など，社会生活に重要な要素は存続し，レジリエントな文明の基層を成している。同じ環境で数千年にわたり試行錯誤を繰り返して創り上げた，先住民の有効

図6　マヤ遺跡，ボナンパックの壁画。戦争の後の生贄の儀式の様子を表す[Aequeoloía Mexicana vol. Ⅲ（16）: 55, 1995]。

な自然資源の獲得手段，機能的な協働組織は，権力者集団の交代劇を通して発展し，強固になっているとさえ考えられる。

新大陸でゆるやかに社会進化したレジリエントな先住民文化に対して，破壊的なインパクトを与えた事件が，16世紀に突然導入されたヨーロッパ文明である（図7）。1521年のエルナン・コルテスによるアステカ王国の征服以来，DNA，微生物，言語，宗教，政治体制，経済，そして生態系と，あらゆるレベルで外来要素が先住民のものと衝突，

図7　スペイン軍のメキシコ湾岸への上陸図。すでに馬，牛，羊，豚を連れており，征服後急増したこれらの家畜が新大陸の豊かな牧草地を一変させた［フロレンティン古文書Florentine Codex］

変容，そして破壊的なプロセスを繰り返し，先住民文化は大打撃を受けた。特に新大陸全体におよぶ，病原菌による先住民人口の激減は，本源的な伝統文化の変容を強いてきた。例えば，メキシコ中央部では天然痘，はしか，インフルエンザなどにより，征服直後の人口2500万人が，わずか50年間で300万人にまで減少したと言われる。このようなレジリエンスの発揮が不可能であった打撃の負の遺産は，征服された先住民にとって計り知れないものであった［山本紀夫 2017］。

6　新大陸の古代史に見る本質的なレジリエンス

旧大陸では，家畜種がセットとして一旦各地域の生業システムに組み込まれると，集約的な生産が拡大し人口増加を支え，都市の発生に至るという一定の社会進化のパターンが各文明領域で観察できる。しかし新大陸の家畜種は，長期間にわたり家族単位のマイナーな生業が持続し，動物タンパク源は多様な野生種に頼っていた。特に新大陸の家畜，または半家畜化された動物，ゆるく餌付されコントロールされた

動物たちは，自然環境が多様なメソアメリカで，各地域の生態系に特有の動物種の利用システムを作り出し，レジリエントな戦略を恒常的に作り上げていた。新大陸では栽培種や家畜による食糧依存への移行がゆるやかで非常に長く，多くの野生種が食糧源として存続し続けた。生業体制の変化とその結果としての生態系の急激な変化は，ヨーロッパ諸国に植民地化されてからである。ヒトと肥沃な土地に育つ多様な原生種，半野生種との共存する空間，お互いの共生関係は，ヨーロッパ人が持ち込んだウシ，豚，羊，ヤギなどの家畜により破壊された。

　新大陸の場合，ヒトの社会生活について具体的に知るための考古資料が多く出土するのは過去3000年ほどである。それから見ると，アジア系先住民が新大陸において数千年かけて試行錯誤しながら徐々に作り上げた社会システムは多様性と柔軟性を基盤とするレジリエントなものであったと言える。それに対し決定的に破壊的な出来事は，16世紀に突然起きた新旧両大陸の文明の衝突であろう。その障害を克服するための社会変容は今なお続いていると言って良い。ヒトの文明形成史という長期展望からすると，急激な破壊的環境変化や様々な社会システムの崩壊は地域住民に多大な被害をもたらすが，様々なかたちでのレジリエンスを生み出してきた。より巧妙で広範な社会システムを構築するという，ヒトに特異な社会進化が今も続いていると捉えることもできる [Terrell et al. 2003]。過去のある時点から現在まで，ヒトがそれぞれの生態学的，社会的，イデオロギー的，歴史的文脈の中で，いかに景観認識を発展させ，制御し，参入しながら戦略をシフトして，自己が身を置く時空間を拡大・再構築したかを考察することが重要である。絶え間なく変化する多様な自然／文化環境のなか，（良くも悪くも）レジリエンスが機能してきた主要因は，ステップアップしてきたヒトの認知能力であり，変わる自然・社会環境の読み替え作業であり，その結果としての社会の構造的変化だと言える。

研 究 ノート

杉 山 三 郎

テオティワカンの「月のピラミッド」のトンネル発掘

「テオティワカン（神々の都）」という名は，その崩壊後900年ほど経て廃墟を訪れたアステカ人が名付けたナワ語の名前で，当時の名称は不明だ。「太陽のピラミッド」「月のピラミッド」「死者の大通り」などもアステカ名で，本来の名前も機能も定かではない神話上の聖地であった。その真の歴史を明らかにするため，私は長年にわたって発掘調査に従事してきた。「羽毛の蛇神殿」の発掘では，137体以上の生贄にされた戦士の集団埋葬墓が見つかった。

1998年から2006年までは，愛知県立大学・アリゾナ州立大学・メキシコ国立人類学歴史学研究所の共同プロジェクト「月のピラミッド」の総合調査で，トンネル発掘を行った。ピラミッド内部のトンネル発掘はすべて手作業だ。鉱山の坑道のような形で，壁と天井に補強材を組みながら掘り進む。照明のための電気配線と，新鮮な空気を吹き込むパイプも設置する。トンネルを掘り進むと内側に古いピラミッドの壁に突き当たる。それをさらに掘り進んでいく。発掘した土から人骨や遺物が出てくる可能性があるため，少しずつ土を掘り，坑道の外に運び，篩にかける。朝6時から夜の9時まで交代で作業し，1日せいぜい0.5mから1mほどしか進まない。

それでも初年度から成果があった。何層かの古いピラミッドの壁を抜けると，ピラミッドの中心軸上から小さな貝製品や黒曜石の石刃が出始めた。さらに人骨の破片が出たとき「墓だ」と確信した。一生の間でも数少ない，考古学の醍醐味を感じる瞬間である。そこが墓だと感じさせる状況証拠があった。その空間の広がりを確認し，鉄骨を組んで天井を作り安全を確保した。それから内部の調査を

開始すると，驚きの連続となった。１世紀におよぶテオティワカン発掘の歴史のなかでも出土例がない，貴重な副葬品が大量に出てきたのだ。人骨が１体しかないとわかった時，王ではないかと身震いした。これだけの大規模な都市国家なのに，テオティワカンでは，これまで王墓が発見されていないからだ。結局，貴重なヒスイの副葬品を伴ってはいたが，両手が後ろに縛られた状態で発見されたため，生贄にされた高貴な人物と判断せざるを得なかった。その人骨と共に，生き埋めにされた犠牲動物も出土した。

その後も４基の墓を発見したが，王墓と思われるものは出なかった。しかし，ピラミッドの増築期に多くの生贄儀礼が行われ，「月のピラミッド」内に埋められていたことが判明した。

副葬品は古代人の宗教，世界観，社会について貴重な情報を提供してくれた。グアテマラのヒスイ，カリブ海の貝製品など，遠隔地から運ばれてきた副葬品は，広大な地域に及ぼすテオティワカンの影響力を示していた。蛇紋石の女性像や精巧な黒曜石ナイフなどの工芸技術は世界一級だ。国家行事として行われた生贄儀式は彼らの宇宙観を反映し，神々への畏敬の念の表れであった。

結局，全長345ｍに及んだトンネル発掘によって，内部に７つの建築物が重なっていること，その増築の時には豊富な副葬品と共に生贄が埋葬されたことが明らかになった。また，通常の発掘では不可能な，内部の重なり合ったモニュメント（ピラミッド）を発見した。それによって，紀元後100年頃にモニュメントが作られはじめ，その後に，規格化されたアパートメント住居に住民が住むという計画都市の成り立ちも明らかになった。モニュメントは400年頃まで，前代の建造物を被うようにして増築が繰り返され，拡大してきた。伝統文化の継承と同時に，絶えず「さらなる拡大と変革」を目指す，時々の為政者の野望の跡であろうか。

第 9 章

機能しないレジリエンス

アンデス文明の盛衰にみる「文化的内旋」

大貫良夫

文化人類学者としてラテンアメリカの古代文明を
研究, ペルーのクントゥル・ワシの神殿発掘に携わ
る。東京大学名誉教授。野外民族博物館リトル
ワールド館長を務めている

1 後氷期への適応

人類が南米大陸の北西の一角に初めて入り込んだのは, 1万3000年前あるいはそれより少し前であった。また, 人間の作った石器と一緒に出てくる動物の骨にはオオナマケモノ, マストドン, ウマなどの骨がある。これらの大型動物は主要な食料源だったであろうが, 氷河期の終わりとともに絶滅してしまった。アジアから北アメリカそして南アメリカへと足を延ばしてきたのは, 東北アジアでできあがった旧石器時代の技術を継承した狩猟民たちであった。南アメリカに到達するまでの長い年月と多様な環境の中で, 多少の変化はあったとしても, 大型哺乳類を投槍で仕留め, 打製石器で肉を切り分けて食料を確保するのが生業の基本であった。それと共に落ち着き先の土地での植物の中から食用にできるものを選んで利用したにちがいない。

年代	時代 / 地方	海 岸 地 方	山 地
1533 1532	帝国期	スペイン人の到来 インカ帝国	クスコ陥落　インカ帝国の滅亡 アタワルパ皇帝の捕囚 インカ帝国
1450	地方王国期	チムー　チャンカイ　マランガ イカ＝チンチャなどの大小の王国の繁栄 中期シカン	カハマルカ後期・晩期 ワンカ　チャンカ　インカ　ルパカなど の国家の分立
1000	ワリ期	ワリの拡大　海岸の伝統的文化の衰退	ワリの拡大　ティワナク衰亡 カハマルカ文化の存続（中期―後期）
700	地方発展期	モチェ　リマ　ナスカなどの地方文化の 繁栄	カハマルカ（早・前・中期） レクワイ　ワリ ティワナクなどの地方文化の繁栄
紀元後 紀元前 250	末	サリナール　　パラカスの発展	ライソン　ワラス　　プカラ クントゥル・ワシ（ソテーラ期）
500	後II	（北・中央海岸空白続く） 南海岸にパラカス文化成立	パコパンパ　クントゥル・ワシ（コパ期） チャビン・デ・ワンタルの神殿継続
800	形成 後I	（海岸空白） 北・中央海岸の巨大神殿の放棄	リャマ・アルパカ飼育の普及 パコパンパ　クントゥル・ワシ　チャビ ン・デ・ワンタルなどの神殿の繁栄
1200	中	クピスニケ文化・マンチャイ文化 （コリュース　ワカ・パルティーダ　ガ ラガイ　カルダル）	後期ワカロマ文化　コトシュ期文化
1600	期 前	北・中央海岸に巨大神殿ラス・アルダス	前期ワカロマ文化　ワイラヒルカ期文化
3000	草	ラ・ガルガーダ カラル　ビチャマ　セチン・バッホ 先土器時代の神殿建設	コトシュ・ミト期の神殿 高地でリャマ・アルパカ飼育開始
	古期	クイの飼育 原初的農耕と採集・狩猟・漁労	クイの飼育 原初的農耕と採集・狩猟
8000 10000	石期	野生動植物の採集と狩猟	

図1　アンデス文明年表

ヒトがアラスカから南に進出してから1000年ほどの間に南米の南端フェゴ島にまで到達して，多様極まりない環境に適応したというところに，Phase Iで詳述されたホモ・サピエンス特有の生存能力あるいはレジリエンスを見ることができる。なかでも好奇心は拡大にあたっての大きな力となったのではないか。ある場所での集団には適応に成功した部分（中心）と十分とは言えない部分（周縁）ができる。周縁部のグループは必要と好奇心をもとに住み慣れた環境の外へと出てゆく。こうして各地で中心と周縁が形成され，周縁部に強くあった積極的な外部への関心がついにはフェゴ島にまで到達させたのであろう。

　人々が南米大陸の西側に南北に走るアンデス山脈沿いに南下してゆく頃，地球は氷河期の終わりを迎え，気候が温暖化し，やがてこれまでの大型動物が姿を消した。最初のアンデス人は迫りくる新環境への新たな適応を余儀なくされた。アンデス人にとって従来の適応観に改変を迫る最初の危機ないし難局であった。

　人々は，高原に増えたグアナコとビクーニャというラクダ科の草食獣，下方の河谷の森林を主たる生息地とするシカを狩猟の対象とするかたわら，野生植物の実や根に食料資源を求める生業へと移行した。数千年間続く石期と呼ばれるこの時代の生活様式に対してアメリカのゴードン・ウィリー（Gordon R. Willey）は「アンデス狩猟採集伝統」という名前を与えている。またアンデスの西斜面を主たる生活領域に選んだグループの中からは，海の資源を積極的に利用するグループが生まれた。

　豊かな海産資源の開発により定住生活が可能になった。さらにアンデスの山から流れてくる川の下流には植物が茂り，そのなかから食用になるものが選ばれるうちにインゲン豆やカボチャの栽培，果肉の多いアボカド，ルクマ，チリモヤなどの果樹の育成が生業活動に加わった。豊富な食糧を確保できて，亜熱帯気候下での定住生活が進むと，いくつもの家族や世帯が集住する生活により，社会組織や連帯のための新しい規則や習慣が複雑になっていったであろう。従来の価値観や世界観いわゆるコスモロジーと儀礼行為にも何らかの変化は生じたであろう。集落の全員が参加する形での儀礼が，たとえば儀礼の場の基壇を建設したりするリーダー格の人物の葬儀などが，組織的に行われるようになったであろう。アンデスは「古期」という時代に入った（図1）。ウィリーのいう「太平洋海岸伝統」の成立である。

2 「ユンガ伝統」──ユニークなアンデス文明の源流

1……文明の曙──古期

　紀元前4000年紀前後の頃，おそらくコロンビアからエクアドルを経て，この太平洋海岸伝統の中にユカ（キャッサバあるいはマニオク），サツマイモ，ピーナツ，トウガラシなどの栽培が伝わった。現時点ではそれらの栽培がどこで始まったのか明らかでないが，コロンビアからエクアドルにかけての地域と見られている。定住集落を構える住民たちは積極的に栽培を受け入れ，品種や栽培技術の改善を図った。そして海浜部からやや内陸に入ったところ，特に標高500mから2400mのあたりのアンデス西側の谷間にまで人口が増えていった。この地帯は谷幅は狭くなるが，年間を通じて陽光がよくあたり温暖な気候に恵まれていた。適度な雨もあって森林もあった。ペルーの自然区分8地帯の中のユンガ（yunga）地帯である（図2）[1]。

　一方，ペルー北・中部高地の狩猟採集民の方でも，栽培植物の伝播を契機に山間部の谷間地帯を開発して定住化を進める動きが出てきた。そこはアンデス山脈東西の谷間で，標高500mから2400mくらいのユンガ地帯であった。このユンガ地帯への積極的な進出と開発そして定住の動きはやがてそれまでの文化伝統とは異なる形を作り出した。ユンガ環境の積極的利用で人口を大きくした新しい文化であり，「ユンガ伝統」とよぶにふさわしい独特の文化伝統であった。すなわち生業に栽培を加えての定住集落，そして社会的経済的活動の多様化と組織化，それを正当化する思想と儀礼の共同化などを強化もしくは洗練度をたかめてゆく文化であった。

　ユンガ伝統確立の背後には，それ以前の文化伝統に何らかの問題が生じて，その打開策としてユンガ開発が選択されたという事情があったと思われる。その詳細は不明ながら，海浜部での人口の増加と，高地での食糧供給量の恒常的な不足が，解決策の模索へと向かわせていたのではなかろうか。

　一方，古くから標高の高い草原地帯での狩猟採集に適応した人々すなわちアンデス狩猟採集伝統はどうなったか。分水嶺の東西の谷間での新しい生業形態の進展に

1　寒流に洗われる海岸地帯（コスタ），内陸の山岳地帯（シエラ），その東側のアマゾン川上中流域の森林地帯（モンターニャ），中央アンデスの環境は多様であり，資源の在り方も様々である。地理学者のハビエル・プルガル・ビダル（Javier Pulgar Vidal）はそうした環境を8区分した。自然のみならずそれとの関係で生きる人間生活を加味するとき，この区分法はたいへん有用である。

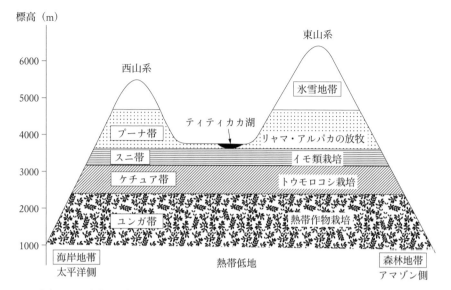

図2　中央アンデス地帯の環境区分
山本紀夫1996：165（「熱帯アンデスの環境利用——ペルー・アンデスを中心に」『熱帯研究』5（3/4）：161-184）より

呼応するように，農耕の困難な高地のスニやプーナ地帯では，ラクダ科動物の家畜化とスニ地帯での生育可能な作物すなわちジャガイモその他のイモ類やアカザ科のキヌアの栽培を開発する方向が出てきたと思われるが，このころの考古学的データは確たるものがない。また土器の製作や使用，恒久的な石造の住居などの痕跡がない。アンデスのラクダ科の習性からすると，川本の言う狩猟を介して飼育に向かう家畜化過程が展開した可能性が高い（Phase I・第5章）。また，ペルーの高地の生態系は年間の気温の変化が小さく，広い乾燥した草原がないので遊牧や移牧には適さない。若干の栽培を行いながらの，稲村の言う「定住牧畜」の形になったのであろう（Phase III・第15章）。

　ユンガ地帯でのユカその他の栽培は人口を急速に増大させた可能性がある。ラクダ科動物の入手をめぐっては，アンデス狩猟採集伝統の住民との交換制度ができたかもしれない。谷間でのシカ狩猟は限界を見せ始めていた。そこでクイ（テンジクネズミ）の飼育が積極的に採用された。海岸ではユンガ地帯と海岸低地が連続している関係で，海産物の入手は容易であった。

2 ⋯⋯⋯ 大神殿の始まり──形成期早期

　こうして食料源が豊かになると大きくなった人口をまとめる社会組織が発達する。以前からの儀礼に加えて，ユカ栽培に伴う新たなコスモロジー（特にワニが主役となるような神話）と儀礼が根付くようになる。そして大規模な神殿を建設するに至る。

図3　カラルの大遺跡　BC3000-1800

この神殿建造と共に中央アンデス地帯は「形成期早期」の時代に入った。

　当初は儀礼の建物は周囲の地表より数メートル抜きんでた基壇とその上の部屋という，小規模なものであった。しかし人々のコスモロジーによれば，神殿は一定期間の後にそれにかぶせるようにして新しい神殿に造り替えねばならなかった。すなわち「神殿更新」というコスモロジーが基本にあった。更新のたびに神殿は周囲を広げ高さも増し，何段もの階段状基壇にまで発達した。海岸地方ではベンタロン，セチン・バッホ，ラ・ガルガーダ，カラル，ビチャマの大センターが発達した（図3）。山地では神殿更新を基本にしてはいたが，ワヌコ盆地のコトシュその他，そしてピルルやワリコトなど，祭祀・公共建築の規模は比較的小さかった。

　神殿更新の慣行は，更新のたびに建築規模が大きくなる方向を助長する。人口が大きいほど規模を大きくでき，威信も高まる。人口増大には食糧増産が必要である。改良品種，灌漑その他増産に有利なものは採用され普及する。慣行を正当化するコスモロジーの洗練，祭祀の複雑化さらには奢侈化，いわゆる神官権威の増進などの動きが促進される。

3……土器の普及──形成期前期

　紀元前1500年前後の頃，すなわち「形成期前期」，土器の製作と使用が普及してゆく。それとともにある変化が生じた。海岸の大センターが放棄されるか大幅な改変を受ける。そして近くに別の新しい祭祀センターが築かれる。これら新しい神殿でもまた，中部海岸のミーナ・ペルディーダの断面に見えるように，神殿更新というこれまでの習慣は維持された。その一方で，壁面装飾に神話的な主題を彩色画や浮彫で表現することが多くなる。線刻を施した立石で壁面を飾る例もあった。北海岸から中央海岸までのほとんどの谷間にそうした建築の例がみられる。

　さらにそれと共にトウモロコシ栽培が普及し始めた。そして土器の中に細首の大きな壺が目立つようになる。それは現在まで用いられているチチャ（トウモロコシのビール）の容器とよく似た形と大きさを備えていた。

　コリュース，ワカ・パルティーダ，ガラガイ，カルダルその他，それぞれに個性的な装飾を凝らした大規模な神殿が築かれた（図4）。北高地でもパコパンパ，ワカ

ロマ，ライソン，ワヌコ盆地のコトシュその他に土器を伴う新しい神殿が生まれている。これら海岸と山地の神殿はユンガ地帯を中心に比較的狭い地理的範囲でそれぞれに個性的な表現型を保持した。そのなかで北海岸のクピスニケ文化と中央海岸のマンチャイ文化は，大規模な神殿を建造して他に抜きんでた存在であった。こうしてトウモロコシを加えたユンガ伝統の最盛期は紀元前800年頃まで続いた。

図4　ワカ・パルティーダのレリーフ（芝田幸一郎提供）

4 ‥‥‥ ユンガ伝統の終焉──形成期後期

　土器の導入後，海岸地帯のユンガ伝統は再び以前にもまして大規模な神殿を建設し，そして神殿更新を繰り返し，紀元前1000-800年頃には各地で最大規模の建築が出来上がるに至った。高地でも海岸ほどの規模ではないが，数段のテラスとその上の部屋という石造神殿を建造している。

　この動きと共に，海岸でも高地でも土器，土製・石製紡錘車，T字型磨製石斧などの新要素が普及する。この形の磨製石斧はアンデス山脈東麓からアマゾン川流域の森林地帯にかけて広く分布し，最近まで使用されてきたもので，アンデス形成期の農耕がユカを主作物とする熱帯雨林の焼畑農耕と何らかのつながりがあったのではないかと思わせる。海岸では建築の壁に大きな彩色レリーフが取り付けられる。そこにはジャガーと共にワニやボアなど大型爬虫類も趣向を凝らした形で表現されている。高地ではカハマルカ盆地のワカロマからワニの横顔を描いたと思われる壁画の断片が出土している。

　しかしながら前800年頃，ユンガ伝統が絶頂に達したように見えるとき，海岸の大建築はこれまたほとんど一斉に放棄される。ただし今度の放棄は徹底的であった。その後しばらくは大きな社会が存在したという形跡がないところからすると，文字通りの意味ではないが，それ以前に比べれば無人のようになった。海岸社会が復興し始めるのは前300年頃からで，独自の文化の確立をするのは紀元後100-200年頃である。およそ500年，形成期中期の海岸社会は不活発のままで，大きな公共建造物やこの時期特有の土器などがない。この時期の集団生活の痕跡をとどめる遺跡がないのだ。それゆえに私はこの500年を「海岸空白」の時期と呼ぶ。

　放棄された大建築の遺跡の多くは今日でも見ることができる。その崩れ方や周囲の地表を見るに，放棄は何か大きな自然災害に起因するように思われる。大規模な洪水，土砂崩れ，農地流失などを引き起こす豪雨がある期間続いたのではないか。この面での広範囲かつ詳細な観察と解明はアンデス文明形成期研究にとって喫緊の課題である。

　海岸ほどではないが，形成期後期のはじめ，高地の方もそれまでのユンガ適応の生活様式や社会が大幅な改変を迫られたようである。北高地のクントゥル・ワシでは，大幅な神殿改築が行われた（図5）。創設者一族とおぼしき人物たちの墓がまず作られ，そこには金の装飾品などの希少な品々が副葬された。さらに，基壇，広場，

部屋などが築かれ，神話的図像表象に富む石彫がいくつも設置されたのである。土器の様式もすっかり変わって，北海岸に特有であった鐙形壺が突然のように姿を現した。要するに，クントゥル・ワシではそれ以前の文化の漸進的な変化ではなく，断絶そして新規な文化の登場であった。少し離れたカハマルカ盆地では，それまでの大神殿であるワカロマやライソンがやはり

図5　クントゥル・ワシ神殿大基壇正面

放棄された。ワカロマでは崩壊した神殿跡に細々とした建築活動が見られるが，かつての絢爛たる装飾を付けた建造物や，多彩色を施した土器などがすっかり消えてしまった。

3　機能しなかったレジリエンス(?)——形成期後期〜晩期

1·········海岸地帯での神殿の放棄〜高地での「文化的内旋」

　形成期後期になると，海岸地帯で大センターの一斉放棄とほとんど時を同じくして，北高地ではそれまでの祭祀センターとは異なる海岸系のすなわちクピスニケ様式の土器を伴う神殿建築が始まる。放棄を余儀なくされた海岸住民の集団が高地に来て自分たちの伝統に則った神殿と祭祀を維持しようとしたのであろう。クントゥル・ワシやパコパンパがその例である。

　中央海岸に隣接する北高地南部から中央高地北部にかけての地域でも，新しい場所でのセンター建設が行われている。サンタ川上流域のラ・パンパ，カイェホン・デ・ワイラスの谷間，さらには分水嶺を越えたところのチャビン・デ・ワンタル，ワ

図6　チャビン・デ・ワンタルの神殿正面

図7　石彫「テーヨの
オベリスク」の展開図
ワニを主役とした栽
培植物の起源神話
の表現であろう。

ヌコ盆地，中部高地のマンタ
ーロ川上流のアタウラ，アヤ
クチョ地方のカンパナユク・
ルミなどに同様の動きが顕著
である。

　一見すると，高地での新し
い神殿は海岸の文化の発展形
と見えるけれども，実はその
正反対の方向があったのでは
ないか。そう考える一つの根
拠は，これらの神殿の多くが
あまり長続きせずに終焉を迎
え，しかもその次に起こる文化に強い影響を残してはいないと
いう点である。神殿は建設完成時から時と共に衰微し，やがて
放棄されてしまう。一方，チャビン・デ・ワンタルに見るよう
に，精巧な造りの石造神殿が建設され（図6），宗教的神話的図
像表象に富む数多くの石彫製作（図7），デザインと形態と焼成
技術に優れた土器などが製作された。それらは，文化的洗練は
それ以前の海岸を凌駕しているという見解もありうる。しかし
チャビン・デ・ワンタルから読み取れるその洗練ぶりは，ギア
ーツ（Clifford Geertz）のいう「文化的内旋」（cultural involution）
という傾向である。

　内堀基光［1989］によれば「内旋と呼ばれる通時的変化過程が，
その含意において，進化的展開と否定的に対照されるものであ
ることはいうまでもない。そこには単なる退行ではなく，変化
の結果としての袋小路といった意味合いがある。全体の機能連
関のなかである特定の都分が無用なほど不つりあいな発達を遂
げたり，あるいはある環境に適応するために全体として極度に
特殊化した形態を発達させた結果，新たな環境への再適応が阻
害されると評価されるような状態がこれである。」

　きちんとしたU字形の基壇配置，神話における栽培植物とワ

ニの関連とか，ワニとジャガーの関係などが，外光の入らない部屋に籠った如くの思索の末に精緻化され体系化されたのではないか。その思索の場所は，住み慣れた海岸ではなく，冷たい氷河の雪解け水が流れ落ちる深い谷底であり，暖かく眺望の広い土地とは正反対の沈潜した場所である。遠距離間での交流も，代々にわたる人的関係が基礎にあってのことであり，谷底での孤立は従来のコスモロジーの深化と精緻化を促進させたが，新たに生じた自然的文化的事態への対応策を生み出せなかった。

　これまでの海岸と高地のいくつかのデータをまとめると次のような動態を仮説にできそうである。まず海岸地方にクピスニケやマンチャイという文化が形成されて，その社会は繁栄した（形成期中期）。また高地にあってもユンガ伝統が順調な発展を遂げていた。建築の更新と規模を見るに，相当大きな人口を抱える社会であり，その人口を支える食料の生産力も非常に高くなっていたと考えられる。その社会は神殿とそのコスモロジーと祭祀の主要部分を担う神官や役職者の集団すなわちエリート集団と，それを支える信者集団すなわち一般住民からできていた。そこへ予期せぬ危機が襲来し，エリート集団は高地へと散っていき，新天地で再興を図るが，海岸社会は崩壊し再興までの苦難の時期が続く（形成期後期）。高地に移ったエリート集団は旧来のコスモロジーを深化させる形で危機を解釈し説明し対処しようとした。しかし新しく移住した地域の住民との融和は進まず，コスモロジーは海岸にいた時のような支配力・拘束力を持てなかった。エリート集団は次第に孤立する環境の中で文化的内旋を強め，当初は強化された旧伝統で再興が可能かとも見えたが，やがてその権威を失うにつれ遂にはその社会の瓦解を甘受することになった（形成期後期の終焉）。

　深刻な難局を前にして海岸社会のエリートも一般成員も結局は適応に失敗したのかもしれない。エリートは旧来の価値観に従って困難を解決しようと試みた。その他の成員はそれぞれに過去からの慣行や知識などから役に立つ要素（リソース）を選び再編して何とか生き抜こうとしたのではないか。しかしながら新しい方向を見出すことができず，しばらくは暗中模索の時間が経過する。形成期末期の時代である。この時のことを記す文章も伝承もないので，何とも形容のしようがないが，諦観，固執，混沌，暗黒時代，暗中模索，新文化胚胎期間，その他いろいろな想像をしてみるほかない。

2………大災害に機能しなかったレジリエンス

　形成期において組織的な労働によって大規模な神殿が建設され，おそらくは定期的に更新増築がなされて，海浜部からやや内陸のユンガ地帯までの環境を開発する経済は順調な発展の道を歩んでいた。しばらくするとそこへトウモロコシが重要性を増し，ユカを抜いて主作物の地位に就くまでになった。それと共に，それまでの大神殿は放棄され，別の神殿建造が始まり，以後はこの神殿が社会統合の中心となる。この変化の原因はトウモロコシの積極的な利用によって，酒造りやそれに必要な土器の製作，そして儀礼作法やその背後の思想などに求められるかもしれない。しかしながら，生業の基本や神殿更新の意味は継承されて，社会的分裂は回避できたと見られる。

　その次の危機は対応のしようのない大災害であったらしい。それまでのレジリエンスはもろくも潰え去ったのである。この事態に際して，生産力が大幅に低下した。一つの家族が生存できるくらいの食糧生産はできたとしても，神殿の祭祀にかかわる者，土器や織物その他の活動に従事していた非食料生産者たち，そうしたグループを支えるような余剰は生産できなくなった。グループごとにそれまでのレジリエンスの部分に頼りつつ何とか生き延びる算段を講じなければならなかった。

　祭祀集団のレジリエンスの基は集団のメンバーを結束させるコスモロジーと儀礼である。隣接する高地のユンガ地帯の社会の神殿とは何か関係はあったのであろうか，海岸のエリート集団は高地の神殿で存続を図ろうとしたのではないか。パコパンパ，クントゥル・ワシ，ラ・パンパ，そしてチャビン・デ・ワンタルなどを目指し，そこに自分たちにとって伝統的である神殿を建設した。それまでに存在していた高地の神殿との間に軋轢はなかったのか。暴力的な制圧があったかもしれない。祭祀は高地の住民によって支えられなければならない。エリートは権威の確立と維持のために祭祀の意義を強化すべくいろいろなことを実行する。祭祀は複雑になり，意味は深長になり理解が難しくなり，視覚的表現としての石彫や壁画も複雑になった。しかし自己の内部に沈潜してゆくエリート集団に従う者は減る一方で，まもなく神殿祭祀は絶えてしまった。レジリエンスとしての祭祀とコスモロジーは，ある特定の神官などのグループとかエリート集団のいわば独占物であり，彼らがあると信じていた力は支持されずに終わってしまった。

　いっぽう，海岸地方に残った人々は，いわゆる「海岸空白期」のなかで試行錯誤

を繰り返しながら生き残りを図る。それ以前の経験と知識の諸要素を取捨選択しつ
つ，新しい自然的社会的環境に適応する。そしてやがて地方文化の興隆といわれる
ような繁栄を享受するに至る。

4 地方文化の興隆

1⋯⋯⋯地方発展期

　海岸も高地もしばらくは小規模な集団がそれぞれに自給自足の道を見出しながら
存続を図った。とくに標高およそ2500メートルから3800メートルくらいの広大な傾
斜面（ケチュア地帯とスニ地帯）の開発を精力的に進め，さらにそれより上方の草原地
帯（プーナ地帯）でラクダ科動物の飼育にも積極的になった。ユンガ地帯も利用する
が，生産活動と居住の拠点は3000メートル前後に設けて，そこから上下の環境も統
合することになった。ユンガからプーナまで，多様な環境の多様な資源を一つの地
域社会が組織的に活用することにより人口は着実に増加した。こうした高所の草原
（プーナ：リャマ・アルパカの牧畜）から，広大な斜面の上部（スニ：ジャガイモ・キヌア
などの農耕）と下部（ケチュア：トウモロコシなど），そして谷底（ユンガ：ユカ，ピーナ
ツ，トウガラシ，果実など），さらにはそれより下方の森林（ルパルパ）までの活用を一
つの地域社会が組織化する生活様式を，ジョン・ムラ（John V. Murra）は「垂直統
御」と呼んだ。アンデスの文明は，藤井が論じた西アジアのような大河の恵みに基
礎を置くのではなく，高地から海岸まで，またアマゾン低地まで，標高差による多
様な生態系を統合的に活用することを基礎にしたものとなった。
　垂直統御によって，各社会は自給度が非常に高くなり，その反面で隣接する集団
とは競争的な関係になる。人口増加と共に優勢な集団は支配領域の拡大を図る。高
地には文化を共有するいくつかの地域集団が栄えることになった。いわゆる地方文
化の興隆である。北高地ではカハマルカ，カイェホン・デ・ワイラスのレクワイ，マ
ンターロ川上流部，アヤクチョ盆地，ティティカカ盆地などに大小の石造建築や独
特の土器様式をもつ文化が成立した（第6章）。
　海岸地帯にも新しい動きがはじまって地方社会とその独自の文化が形成された。
人々は洪水後に広がった海岸河谷の下流の大平野の開拓に大きな可能性を見出した

図8　モチェ文化(左)とナスカ文化(右)の土器

らしい。やや上流のユンガ地帯での農業経験は，灌漑の規模を大きくすることにより，生産力を大幅に向上させ，人口の大きな社会が出現した。河谷ごとに内陸のユンガから海浜部までの環境を統御することで，自給自足体制が確立できたが，増加する人口，耕作地の拡大，軍事力の強化による社会統合の維持などの要因が，しばしば隣接する海岸集団間の戦争を引き起こす。生け贄にする首級を求めての戦争も行われた。各社会は競って建築，土器，織物，金属製品に洗練の度を加えることで，支配層の権威を高めていった。北海岸のモチェ，中央海岸のリマ，南海岸のナスカなどは都市の宮殿と神殿を中心に大きな影響力を誇った。コスモロジーも新たに練り上げられ，壁画，土器，織物などに図像あるいは幾何学的な模様として表現された（図 8 ）。

　これらの社会では，形成期の限界を省みたのであろうか，社会の統合の中心は神殿祭祀の主宰者集団ではなく，もっと世俗的な支配者集団が担うことになった。さらに，形成期であれば不服従や離脱の動きを止めるのは神殿の精神的な影響力であったが，自分たちの力で新しい土地を大々的に開発した住民を統制するには，必要とあれば暴力も辞さぬという強制力が必要になった。競争はときに戦争となる。どこでも非常時には戦闘集団が組織され，それが平時における社会的統制の力にもなった。

社会は一定の地理的範囲を領土として，そこに住む住民は他の集団に帰属すること，あるいは勝手に離脱することが許されなくなった。社会の秩序を維持するには信仰とか神殿の権威では十分でない。物理的な力による強制力を行政の中心が握るようになる。すなわち国家社会の成立といえる。神殿中心の形成期の限界を抜けてアンデス人が新地平を開いた結果なのであろう。

2……ワリ期と地方王国期

この傾向は時間の経過とともに強まっていき，やがては一つ二つの河谷を越えてある集団がヘゲモニーを握る争いにまで発展する。高地でも似たような動きがあり，一つの盆地を越えてその外へ支配権を広げる動きもあった。さらには高地集団が海岸のユンガ地帯まで進出したり，逆に海岸集団が標高3000メートルもの高所に要塞などを築くこともあった。

ところが，地方文化の発展は順調に進んだのち，ユンガ伝統と似て，あるときほとんど一斉に発展がやんでしまう。そして中部高地に興ったワリ文化の強い影響下に，それぞれの地方的な土器様式が姿を消す。あれほどにいわば絢爛たる地方文化が滅びるとは。このワリ期の直前に何があったのか。いまのところ不明にして，解明を待つ大問題である。

そしてしばらくすると地方文化は再び繁栄の時代を迎える。その代表格がペルー北海岸のチムー王国である（図9）。そこでは，北海岸モチェ文化の土器の持っていた優雅な形態と白地赤彩の美は復興せず，黒地一辺倒と言えるような様式に変わったが，象形壺や鐙形壺の伝統は継承された。南海岸では多彩色のナスカ土器の技法は残ったが，幾何

図9　チムー王国の都チャンチャン

学文様を主体にするイカ＝チンチャ様式に変わっている。北高地ではカハマルカ様式が存続するが，かつてのカオリン土器の繊細な出来栄えは失われている。しかし都市のような大規模な集住空間は再興され，農業，牧畜，漁業，工芸生産の隆盛が見られた。政治組織の拡大や精緻化も進んだとみる研究者は多く，ワリ期以後の地方文化の隆盛時代を「地方王国期」という。

5　インカ帝国

　やがて15世紀になると，地域間競合が大国家と小国家の割拠を生み，南高地のクスコに拠点を築いたインカ族と中央高地南部に覇を唱えたチャンカ族とが激突，苦戦の結果パチャクティ王の率いるインカ族が勝者となった。そしてパチャクティは，戦争を頻発させる地域間競合という難局を乗り越える道として，異民族をも統合する帝国支配の形を考え出した。インカ帝国の始まりである。15世紀半ばからおよそ半世紀，パチャクティの跡を継いだ2代の国王は高地はもとより海岸地方へも征服戦争を拡大し，未曽有の大帝国へと版図を広げた。

　インカ王は帝国を4分し統治に便ならしめ，首都クスコと地方各地を結ぶ道路網を完備し，要所要所には宿駅を設け，飛脚を配して迅速な通信の制度を作った。征服地の諸民族には，労役，ぜいたく品の物納，国家祭祀への参加などを強制し，さらにはケチュア語の普及を図り，地方的伝統を破壊しないまでも，インカ文化を浸透させてこれを帝国統合の基本理念に据えようとした。要するに，民族の差異を少なくして領域内の住民をインカ国民にする方針であった。

　このような大帝国も，西アジアをはじめとする旧大陸の帝国とは大きく異なるものがあった。アンデス人は，鉄はおろか青銅器も，乗用となる家畜も車も持たなかった。そのため，アンデスでの戦闘の技術は，石の棍棒や槍が中心で，石器時代から脱していなかった。巨大で精巧な石組による大建造物もすべて手作業で行ったのである（図10）。

　大帝国には王位継承をめぐる内紛がつきものである。16世紀半ば近くになって，北方のエクアドルで国王である父の死を看取った王子アタワルパと，首都クスコで生まれ育って父王の留守を守っていた王子ワスカルの間で王位継承をめぐって争いが

生じ，内乱の様相を呈した。征服されて帝国に併合された諸民族の中には帝国への不満が高まる動きもあった。そしてそこへ大航海時代の先駆者たるスペイン人の一行が到着し，1532年に内戦に勝って凱旋しようとしていた新国王アタワルパを捕らえ，1533年には首都クスコを占領して，インカ帝国をスペイン王国に服属させた。

図10　マチュピチュ遺跡

　わずか200人足らずのスペイン人が1000万もの人口を抱えるインカ帝国を，かくも簡単に征服できたことは驚くべきことである。その原因については多くの歴史家が語る通りいくつもあるので詳述は避ける。鉄製の武器，合理的戦術，天然痘などまったく未知の猛威を前にして，なすすべがなかった。また非インカ族がインカ支配に復讐するためスペイン側に協力したことも大きい。ともあれ，アンデスの諸民族は，以後300年近い間，スペインの植民地体制の中で生きることになった。

6　　アンデス文明とレジリエンス

　無人のアンデス地帯に移ってきて，その土地の特徴を知り利用しかつ改変しつつ，アンデス人が独力で作り上げた，いわゆる「古代アンデス文明」は，住民がスペインの植民地体制に組み込まれたところで滅亡した。植民地体制下から独立の獲得そして現代までの歴史はPhase III・第15章に詳しい。

　中央アンデス地帯の住民は，1万年以上の間に，過酷でもあり豊かでもある自然環境を前にして，後氷期の始まりという難局を，栽培や漁業の技術開発によって乗

り越え，氷河期とは異なる新しい生活様式を作り上げた。神殿更新を必須とする特異なコスモロジーのもとに社会的統合が進み，さらに土器と織物を発達させ，作物の品種改良や灌漑による耕地整備などを重ねて，形成期中期の繁栄を謳歌するに至った。その後間もなく，自然災害と，大きくなった社会の統合という難問を前に，形成期中期社会はいったん瓦解する。数百年の後，人々は以前の経験の中からいくつかの要素を選び出し，それと新しい要素を組み合わせて，以前とは異なった社会と文化を編成し直した。以後はこの繰り返しで，繁栄の頂点に立つ社会と文化の支配勢力は，一方方向の袋小路に進み，難局や逆境に出会うともろくも崩れ去るか，孤立した小集団の文化的内旋となって，次の時代を切り開く先駆的役割は担わなかった。そして崩壊の後，また新たな編成を行う。そこに見られるのは，旧に復する意図ではなく，崩落した瓦礫から有用なものを拾い出し，外部からの新要素と組み合わせ，新しい生存戦略を編成するという過程である。いわば，難局―内旋―瓦解―混沌―新編成―繁栄―難局―瓦解―新編成というプロセスが繰り返されてきたように見える。

　この過程の最後がインカ帝国であったが，それまでの経過を見るに，前時代の到達点というべき高度な達成の多くが，次に時代に継承されそして更なる発展への土台にはなっていないように見える。同じ地域で住民の大規模な交代（戦争や侵略や征服による）があったような形跡はないのに，形成期中期から後期における独特の土器や石彫は地方発展期では消えてしまう。地方発展期を過ぎると，洗練された土器や織物，アドベ（日干し煉瓦）建築の見事な壁面装飾など，文化の洗練された部分がその時代とともに終わってしまう。代わって発達したのが大きな人口を動員する統制力と大規模な建築である。海岸では大量のアドベ，高地では大小の石を積んだ建造物が規模を大きくした。その最後がインカ帝国の石造建築であった。しかしながら建築や造形における華やかさ，繊細さ，精密に構造化されたデザインなどは，地方発展期のそれらには及ばない。

　しかもこの石造技術にしても，スペインの植民地体制下になると途端に衰え，全く消滅してしまう。今日，クスコの大石造建築やマチュピチュやチョケキラウなど，急峻な山上の大遺跡を前にして，どのようにしてこれを作り上げたのか，納得のいく答えを出せる者がいないのである。カトリック教会が住民を集めて部屋に閉じ込め，朝から晩まで織物製作を強制したオブラッヘという制度下では，到底かつての上等な織物はできなかったろう。そしてあの繊細にして多様な織物技術も衰退した。

もしレジリエンスを，逆境を乗り越えて，復興にとどまらず更なる発展へ向かわせる力とするならば，アンデス人のレジリエンスは，実用的な技術と社会組織の再構成によって生存を確保したものの，文化的洗練を維持しさらなる向上に向かう力にはならなかったとは言えまいか。そのような力つまりレジリエンスの源泉は常に前時代の文化的達成である。しかしアンデスの場合，その達成が当時の社会の支配勢力（集団なり階層なり）に独占され，しかも内旋傾向の強化によって袋小路から出るすべがなく，その逆境を乗り越える力を生み出せなかったのではないか。袋小路で自滅するエリートを捨てて，生き残った住民はエリートの独占していた高度な部分以外のリソースをもって立ち直りの方向を模索しつつ，新しい時代の社会と文化を作り上げていったのであった。

研究ノート

大貫良夫

最古の神殿〜最古の黄金
アンデスの歴史を変えた東大調査団による発掘

　東京大学の古代アンデス文明調査団は，泉靖一助教授（当時）を団長とし，1960年からペルーで発掘を開始した。当時大学院生になったばかりの私はそのときから参加した。アンデス文明の起源，それはまだ大きな謎であった。紀元前800年頃といわれるチャビン文化が文明の基礎を作り，そこからアンデス各地に文明が広がったという道筋が通説ではあった。その中心はチャビン・デ・ワンタルという神殿で，アンデス山地の標高3100メートルの谷底にある。アンデス文明の起源を探るには，そのチャビン文化に先立つ歴史を明らかにする必要があった。

　チャビン説の提唱者テーヨも，チャビンよりも古そうな土器片がみつかる遺跡としてコトシュがあると述べていた。泉は自分の目でそれを確かめ，コトシュ遺跡の発掘に賭けた（写真：コトシュ遺跡の発掘）。テント生活をして発掘を続けると，チャビンよりも古い土器を持つ時期が二つも重なっていた。そして驚くべきことにそれより下層から立派な石造建築が現れた。きれいに白い土の上塗りを施した壁には大小のニッチや腕を交差させた浮彫が施され

ていた。そこで「交差した
手の神殿」と名づけられ
た。しかもそれは土器もな
かった時代すなわち先土器
時代のもので，少なくとも
紀元前3000年紀の神殿で
あることが確実になった。
そうなると当時としては，
アンデス最古の神殿さらに
は南北アメリカ最古の神殿といえることから，泉は「文明は神殿から始まる」
という見解を発表した。その後，ペルーの北部と中部の海岸地方で，コトシ
ュよりも古く，そして大規模な神殿の遺跡がいくつも見つかり，「文明は神殿
から」はもはやアンデスでは定説化した。

　1979年からは，ペルー北部のカハマルカ地方に拠点を移しワカロマその他
の発掘を通して新しい形成期文化の過程を明らかにし，さらに1988年からは
クントゥル・ワシで発掘調査を開始し，2002年まで12シーズンの調査を重ね
た。第2回の発掘では，神殿を構成する基壇構造や広場，石彫，壁画の発見
などが続き，調査終了間際に中央神殿の床下から墓が見つかった。見事な細
工の黄金の冠「14人面金冠」などの副葬品を伴う墓であった。共伴する土器
から見て紀元前800年頃の墓であろうと考えられた。したがって金製品はペ
ルー最古のものさらにはアメリカ最古のもので，学術的な発掘で見つかった
ものとしては初めてであるということで，大きな反響があった。金製品はじ
め上等の土器や貴石ビーズ製品などを伴う墓はさらに9基発見された（後の
写真：金の冠，耳飾りなどの出土状況）。クントゥル・ワシ発掘の成果は，チャ
ビン文化以前の神殿はじめ文明を定義する諸要素の歴史過程を明らかにし，
アンデス文明形成史の再構築に大きな寄与をなした。

　クントゥル・ワシではあれだけの最古にして洗練された金製品が出土した
にもかかわらず，一度も盗掘がされていない。遺跡の麓に住む村民の保存へ
の関心が高く外部からの盗掘者が入り込めなかったのである。金その他の「ク

ントゥル・ワシの宝」を地
元に残してほしいという村
民の希望にこたえるべく，
日本の調査団は現地に博物
館を建設し，そこで遺物の
保管と展示をする方針を立
てた。資金の大半は日本で
展覧会を実施して集めるこ
とができた。1994年10月
15日，時の大統領アルベルト・フジモリ氏自身の手でテープカットが行わ
れ，博物館は開館した。以後，今日までクントゥル・ワシ村民の組織する文
化協会か管埋運営を行ってきた。カハマルカのみならず近隣県の学校からの
見学も多く，社会教育にも寄与してきている。日本からは調査団員たちの助
言助力のほか「希有の会」という日本人有志の会が毎年支援をしている。こ
うした努力は国連の人間開発やコロンビア国の文化財団からの高い評価も受
けた。また，ユネスコによる支援（日本からの信託基金）があって，大神殿の
正面壁と中央広場の復元保存の計画も終了し，遺跡と博物館の両方が観光客
誘致にも貢献している。

第 10 章

先史日本の争いの起源

「狭い共感」を昇華できるか

松木武彦

従来の考古学的手法に進化・認知科学的手法
や比較考古学的手法を加え，弥生時代〜古墳
時代の日本列島史を研究。現在，国立歴史民俗
博物館教授・総合研究大学院大学教授

1　レジリエンスと個人・集団

　レジリエンスをもっとも最大公約数的に定義すると，「危機や逆境に対応して生き
延びる力」［奈良・稲村 2018］になろう。過去に生じたこの事象を，物質文化の分析
と解釈によって復元する「レジリエンス考古学」ともいうべき分野が設定できるか
もしれない。本章では，個人間や集団間の「争い」という，ヒトが進化上獲得して
きた行動やその文化的規範化のうちでも，もっとも端的かつ激越なものを対象とし
て，レジリエンスという文脈から，その発生・拡大・継続・縮小・衰滅などの諸パ
ターンのプロセスやメカニズムを説明する。

　ただし，レジリエンスすなわち「危機や逆境に対応して生き延びる力」といって
も，さまざまな局面や分析視角がある。まず，個人のレジリエンス能力と集団のレ
ジリエンスは，社会という環境の中で互いに連動はするが，別の事象である。Key

Concept 2およびPhase IV・第20章に従い，前者を「レジリエンシー」と称し，個人の資質や環境に根ざした認知と行為の傾向として理解する。

　後者について問題になるのは，分析対象の「集団」をどのように設定するかということである。ヒトの社会は，さまざまなレベルの集団が複雑に入り組んだ複合体である。「家族」「部族」「民族」などの血縁やその意識に沿って入れ子状に階層化した出自集団のほか，社会が複雑化するにつれて，軍隊・官僚・司祭者などの職能集団，手工業者や商業者の集まり，企業や学校などの機能集団，国家や自治体のような統治集団など，さまざまなレベルや種類の無数の集団が発生する。その各々にレジリエンスがあり，それらの相互作用が社会全体のレジリエンスを作り出すことになる。

　争いという文脈から過去のレジリエンスを読み取る場合，対象となる集団のレベルをある程度は限ることができる。もちろん，すべての集団は「争い」の舞台や主体となりうるが，ヒトの社会が複雑化する過程に出てくる「争い」や，それが大規模化した「戦争」は，「部族 tribe」「民族 ethno-national group」などの集団や，それを母胎とした「首長国 chiefdom」や「国家 state」のような統治集団の内外で発生することが多い。

　本章では，このような集団の内外で発生・拡大・継続・縮小・衰滅する「争い」のさまざまなパターンを，その集団のレジリエンスという文脈から説明することを目ざす。まず第2節で，ヒト社会の争いがどのようなプロセスとメカニズムで継起したかを，各地のさまざまな事例や研究をもとに概観し，レジリエンスによって説明できるかどうかを考えてみる。それをもとに第3節では，私の専門である日本列島の先史・原史段階の争いのパターンを復元して，争いとレジリエンスの具体的な関係を推測する。

2　争いとレジリエンス

1⋯⋯⋯争いの起源

　争いの起源とレジリエンスについて考察した稲村哲也は，旧石器時代終盤に下地がみられる食糧生産革命と定住化を重視し，そこで生じた人口増加に飢饉や感染症

などの潜在リスクが働いて集団間の争いが発生したと考えた［稲村 2018: 278-279］。こうした，いわば生存のための資源の危機をめぐる争いが発生することは，狩猟採集の社会において食物の多様性や移動による柔軟性という形で保持されていたレジリエンスが失われたものと評価できる。その上で，稲村は，各集団が争いに勝つためにそのサイズを大きくして自らを強化することをレジリエンスととらえた［稲村2018: 279］。

　社会が大規模になるその後の過程において，争いを抑制する方向でのレジリエンスが生じた事例を，稲村は二つあげている。一つは，藤井純夫が示した西アジアの事例［第6章］で，巨大化した集落が解体して分散し，そこからさらに遊牧という生業が生み出されて，農耕と相互依存することによって危機を回避する姿をレジリエンスと評価した。もう一つとして，古代都市における富の所有や管理をめぐる嘘や不正の横行が社会を圧迫し，集団内外の争いにつながったことに対して，杉山三郎がテオティワカンのモニュメントや都市構造で例示した虚構を認知する能力［杉山 2018］が，社会を維持する役割を果たしたと説明した。

　稲村の所論を本章での視点で整理すると，争いは集団内と集団間という両者において生み出される緊張や矛盾から発生するものであり，それを縮小や衰滅に向かわせる志向がレジリエンスである。レジリエンスには，食物の多様性や集団の競争力を高めるという物理的・経済的・身体的対応と，「虚構を認知する能力」で秩序や世界観を共有することによって軋轢を昇華するという精神的・文化的・認知的対応との両者があるという視点を示したことも重要である。とくに後者は，Phase I・第1章で示されたような，ヒト固有の共食（強者による食物の提供）および集団育児という行為を下支えする共感力と，それに根ざした社会力やコミュニケーションの進化と深く関連しており，レジリエンスの認知的基盤を考える起点となる。

3......... 真のレジリエンスと擬似レジリエンス

　稲村の考えについてさらに吟味しておきたいのは，レジリエンスを「危機や逆境に対応して生き延びる力」とした場合，争いという行為そのものをレジリエンスととらえること自体についての問題である。一方において戦争や紛争という形で人類社会の継続を脅かすものを，他方においてそれを助けるレジリエンスの一種として評価することのアンビヴァレンスとも言い換えることができよう。

「適応」を「生存可能性の向上」と言い換えると，欠乏した食糧を暴力や脅しによって奪ったり，他集団を抑圧して富を奪い取ったりすることによって，その個人や集団は，少なくとも短期的には「危機や逆境に対応して生き延びる力」を発揮することにもなるわけである。しかしながら私は，レジリエンスを，争いの敵対者も含め，それに関与する個体や集団の全体が，逆境を克服あるいは回避して，長期的視点において適応することと理解している。もとより，暴力や抑圧による利得の確保は，反撃のリスクや支配のコスト［新納 1997］など，長期的視点でみれば，その個人や集団そのものにとって，必ずしも「適応」的とはいいがたい。

　このように，特定の個人や集団が，暴力や脅しによって個別的で短期的な生存可能性の向上を図る過程は，見かけの上では「危機や逆境に対応して生き延びる力」のようであるが，本質はそれと相反する性格を潜ませていることから，ここでは仮に「擬似レジリエンス pseudo-resilience」と呼んでおきたい。擬似レジリエンスと真のレジリエンスとの協働や相克の複雑な過程や因果関係のあり方が，個人や社会の挫折や成功（すなわち真のレジリエンスの達成）を決めるのであろう。

3 レジリエンスからみた日本列島の 先史〜原史段階の争い

1......争いの始まり──縄文時代

争いのエヴィデンスと特質

　日本列島で争いの考古学的証拠がみられるのは縄文時代（前1万4500-975年）以降である。縄文時代には23例の受傷人骨が知られている［Nakao et.al. 2016］。

　事例の分布は，時間的には早期（前8000-6000年）から晩期（前1300-975年）まで，空間的には北海道から九州までの各地に広く散らばる。さらに，発見された全人骨数に占める受傷人骨数の割合は0.89％と，弥生時代の3.03％に比べると小さく，世界の諸例と比べても低い［Nakagawa et.al. 2017］。いっぽう，性別が特定できる人骨の男女比は約8：2で，次の弥生時代に比べて女性の割合が多い。考古学的に特定できる凶器は，石鏃と石斧である。これらをくわしく分析した内野那奈は，攻撃の特徴的なパターンとして，①背後（または側面）からの殺傷，②被害者1人対加害者数人，③

石斧による頭部破壊，などを指摘している［内野 2013］。

　このようなエヴィデンスから復元される縄文時代の争いは，受傷人骨の頻度と分散度からみて散発的で，弥生中期の北部九州のような「闘争が盛んになる地域と時期」すなわち闘争が恒常化した局面も認められないことから，多くは偶発的な暴力であったと考えられる。さらにそれは，石鏃や石斧という生活用具を臨時に転用した加撃で，弥生時代のように対人用に専門化した武器が現れていないことや，背面からの攻撃や数人による1人の殺害などの非対称的な暴力であることから，後に現れる集団間の「戦争」とは性質の異なる暴力であった可能性を考えなければならない。

暴力の二相

　以上のような暴力の実態を考えるとき，近年の進化科学に基づいた民族例の分析と解釈が役に立つ。C. ボームは，道徳性の進化を考える際に，利己・利他双方向の行為に根ざすトラブルと暴力のあり方を民族例に求め，そこから先史社会における暴力のあり方を類推した［ボーム／斉藤訳 2014］。それによると，物資や配偶相手の争奪をめぐるケンカや殺人のような利己的行為としての暴力のほか，近親者による復讐，あるいは殺人などの犯罪者やフリーライダー（互恵的関係の中で対価を払わずに便益を得る者）に対する「死刑」のような他者の行き過ぎた利己的行為を抑制する暴力があり，これら多様な暴力が相互に関係しながら続いていく。とくに，「死刑」についてみると，ボームが集めた狩猟採集民のデータのうち70％に「集団全体で犯罪者を殺害」する事例が，60％に「集団から選ばれた者が犯罪者を殺害」する事例が認められ，さらに「致命的でない身体的処罰」の例が90％にのぼる。これらは，物資や配偶相手の争奪のような，まず自分が生きるための「利己追求暴力」とは別の進化的文脈から発生した暴力である。それは，集団の中の，個人どうしの互恵的な結びつきの基盤となる利他性に根ざし，それを侵害する犯罪者やフリーライダーを刑罰するという意味で「利他助長暴力」とよんでおきたい。ボームのデータ自体は今後さらなる検証の余地があるが，犯罪者やフリーライダーに対する刑罰は民族例のみならず有史以降のさまざまな記録に頻出し，先史社会においても普遍的に存在していたと考えてよい。狩猟採集段階に当たる縄文時代にも，利己追求暴力とともに利他助長暴力が一定の割合で存在した可能性が十分に見込まれる。

　利他助長暴力の実態については，ボームによると，刑罰を「受刑者」の近親者に

委ねたり，委ねられた数人が秘密裏に「受刑者」を囲い込んで殺害したりするなど，隠微である。また，殺害に用いる道具も，槍や矢（毒矢）などの日用狩猟具を臨時に転用したもので，弥生時代以降のように，対人用に専門化して，身につけられたり副葬されたりという形でもてはやされる武器はみられない。このような実態は，考古学的エヴィデンスから内野が推定した縄文時代の争いの諸特徴，すなわち，①背後（または側面）からの殺傷，②被害者1人対加害者数人，③石斧（日用具）による頭部破壊，といったパターン［内野 2013］によく当てはまる。

縄文の争いとレジリエンス

以上にみてきた縄文時代の争いは，当時の社会全体に対して，どのようなレジリエンスとして働いたのであろうか。物資や配偶などをめぐる利己追求暴力は，先述のように，その個人だけのごく一時的な欲求を満たす擬似レジリエンスで，社会全体の真のレジリエンスとは結びつかない。むしろ，利他助長暴力のほうが，集団の利益に反するメンバーを排除したり，致命的でない懲罰によってメンバーを「更生」させたりするなどして，社会の生産性を向上させる方向に働く。排除され，懲罰される個人は，その生存可能性を一時的にせよ脅かされ，あるいは永久に奪われるけれども，集団全体にとってはより真に近いレジリエンスとして，利他助長暴力は機能する。このことは，近代の民主国家もまた，利他助長暴力を法の下での刑事罰として制度化し，適正に執行することによって維持していることからも明らかであろう[1]。

一定数の利他助長暴力を含むと考えられる縄文時代の受傷人骨例は，現状のデータにおいては中期（前4000-2500年）と晩期（前1300-975年）の2時期に多く，発見された全人骨数に対する比率は，中期が1.35%，晩期が1.07%である［中尾 2017, Nakagawa et.al. 2017］。考古学と古気候復元の成果からこれらの時期の社会の状況を復元すると，中期は，関東甲信越を中心に人口が増え，大集落が林立して社会は繁栄するが，後期（前2500-1300）に入ると人口の減少と集落の衰退が生じた。この社会的危機は，かつては中期末から後期初頭（およそ4300年前）に生じた「4.3kaイヴェント」とよばれ

1　ただし，先進的な民主国家では，刑罰罰から「死刑」を含む体刑を廃止することで，個と集団のレジリエンスの間に生じる矛盾の止揚が図られている。利他助長暴力の行使の抑制についてのコンセンサスが，社会全体で共有されるまでに至っているのである。この達成は，国家間の利己追求暴力の行使（戦争）を抑制する可能性を探る上で勇気を与えるものである。

る寒冷湿潤化によると考えられてきた［安斎2012］。しかし，近年の土器編年と実年代研究の進展によって，関東南西部（および少なくとも東日本の一定の範囲）では，人口の急減がすでに中期末手前の前2590年直後に生じ，4.3ka（または4.2ka）イヴェントはそれより数百年後の後期前葉に当たることから，このときの社会的危機の要因は寒冷化ではなかった可能性が示された［小林2020］。温暖な中期を通じて増えた人口が資源を圧迫し始めたという想定は，有力な仮説である。中期の受傷人骨例のさらに細かい時期と年代の比定は今後の課題であるが，このような厳しい環境下で個人の利己追求暴力が頻発し，それを抑える利他助長暴力も増加するというサイクルが加速した可能性が考えられる。

　この可能性の背景として注目されるのは，受傷人骨例が増え始める中期の末以降に抜歯が盛行する事実である。抜歯は，激烈な痛みとともに身体の不可逆的改変を表示することで集団への帰属認識を強化する通過儀礼であり，その盛行の背後には個人に対する集団の社会的規制が強まった状況がうかがえる。利他助長暴力もまた個人の身体を通じた社会的規制の一環であることから，抜歯と受傷人骨の増加には同じ歴史的背景を想定できよう。

　いっぽう，晩期に当たる紀元前13-10世紀は，いわゆる「弥生の小海退」（寒冷化による海面の低下）といわれる寒冷期にあったとかつてから推測されており，近年では「アルケノン古水温計」（円石藻という植物プランクトンが特異的に合成する有機化合物（アルケノン）が堆積物の中にどれだけ含まれるかを測ることで，遠い過去の表層水温を復元する手法）などの新たな手法によって，基本的には寒冷な中での気温の上下動が激しかったことがわかっている。このような気候の悪化が，東日本では人口の減少や居住の分散などにみられる社会的危機をもたらしたと考えられ，やはりそうした環境下で，晩期には利己追求暴力と利他助長暴力との相互サイクルが，抜歯のさらなる盛行にうかがえる社会的規制の強化の下で活発化した可能性がある。ただし，それがレジリエンスとして機能したかどうかについては，晩期の縄文社会が低調なまま次の弥生社会に移行したことをもって否定的にみるか，それでも廃絶せず細々と続いたことをもって肯定的にみるか，いずれをとっても主観的評価にとどまる。

2......「戦争」の発生──弥生時代

争いから「戦争」へ

　以上のような縄文時代の争いに対して，弥生時代（前975-後250年）には異なった展開がある。第一は，対人用に専門分化して形も様式化し，身につけられたり副葬されたりして社会的にもてはやされる武器が現れることである。これらは，弥生早期が始まる前975年前後に朝鮮半島から北部九州にもたらされた水稲農耕文化複合（水田・イネ・大陸系磨製石器）に，要素として含まれていた。細部まで決まった形に様式化された石剣と石鏃で，いずれも墓に副葬され，後者は人骨に嵌入した例（福岡県新町遺跡）がある事実から，それを用いた実際の争いが生じていたことがわかる。前9世紀になると，集団防御という観念を目に見える形にした土築モニュメントとしての環濠が北部九州に現れ，集団間の争いを社会的な行為として是認するさまざまな概念や，それを物の形に表すこと（環濠や武器）が文化の重要な一翼をなすようになったことがうかがえる。縄文時代とは異なるこのような文化的背景をもった争いは，「戦争」とよぶべきであろう［松木2021］。

　次の前期（前800-375年）と中期（前375-後25年）には，北部九州を中心に受傷人骨が増え，発見された全人骨に対する受傷人骨の割合は，それぞれ3.00％と2.98％と，日本列島の先史時代を通じてもっとも高い［中尾2017; Nakagawa et.al. 2017］。この期間の中で，中期初頭の前4世紀前半には朝鮮半島から金属製武器（青銅剣・青銅矛・青銅戈）がもたらされ，早期以来の石剣とともに実際の争いに用いられるとともに，墓への副葬も盛んになる。佐賀県吉野ヶ里遺跡では，青銅剣1本ずつを副葬した8基の棺が一つの墳丘墓にまとめられていて，「戦闘指揮者」集団の葬送の場とみる考えがある［田中1991］。このような「戦闘指揮者」が，集団間の争いの主導を梃子として，平時にも権威をもつチーフへと変化するプロセスも，後述の厚葬墓の出現から推測できる。

集団を統合する戦争としない戦争

　いっぽう，近畿中央部の大阪平野や奈良盆地，および東海西部の濃尾平野でも，中期の中葉（前250-125年）から後葉（前125-後25年）にかけて各地域独自の石製武器の様式化が進み［松木1989］，環濠が多重に補強される。甕棺葬の北部九州と比べて木棺葬のこれらの地域では人骨の遺りが悪いが，武器が嵌入した埋葬例が散見される。

実際の集団間の争いとともに，社会的に是認された文化要素としての戦争が，これらの地域でも中期には定着した。その他の地域をみると，瀬戸内の岡山平野（吉備）や讃岐平野では石製武器の様式化［松木 1989］はみられるけれども環濠は発達せず，出雲を中心とした山陰や北陸，および東海をのぞく東日本では，一部で環濠は発達するが全体として武器の様式化が微弱である。これらの地方では，実際の争い，文化としての戦争ともに，北部九州や近畿中央部〜東海西部に比べて社会的な比重は小さかった。

戦争が集団間関係に及ぼした影響は，北部九州と，近畿中央部および東海西部とで異なる。北部九州では，中期後葉（前125–後25年）になると，青銅製武器や中国産青銅鏡などの威信財を多数副葬した厚葬の甕棺墓が，福岡平野の須玖岡本および糸島平野の三雲南小路に現れる。そこに葬られた最有力のチーフを核に，周辺各地域のチーフたちが連合し，甕棺への威信財の副葬数で格付けされる政治的なシステムが現れた［中園 1991；下條 1991；図 1］。北部九州チーフダムとでもいうべきこのシステムが確立するのが，殺傷人骨の数が北部九州で最多となる中期後葉であることから［中尾 2017；Nakagawa et.al. 2017］，集団間の争いがその形成を

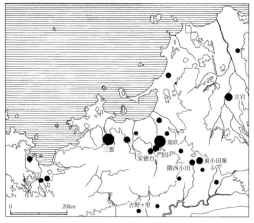

図1 北部九州の政治的システム（特別展「新・奴国展」実行委員会編2015をもとに作成）

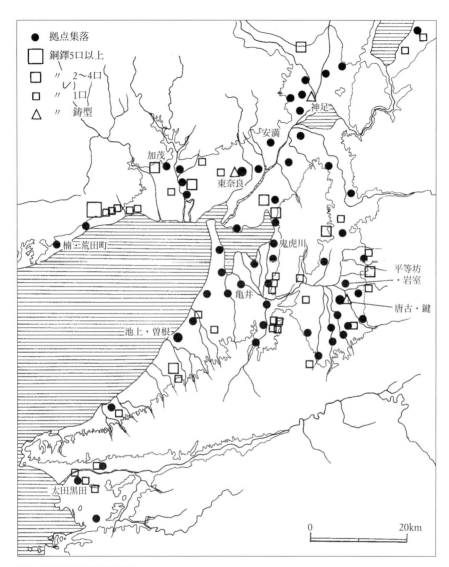

凡例

● 拠点集落

▢ 銅鐸5口以上

▢ 〃 2〜4口

▫ 〃 1口

△ 〃 鋳型

神足

安満

加茂

東奈良

楠・荒田町

鬼虎川

平等坊
・岩室

亀井

唐古・鍵

池上・曽根

太田黒田

0　　　　　　　20km

図2　近畿中央部の集落間関係

促した可能性が高い。

　いっぽう同時期の近畿中央部では，集団間に北部九州のような階層秩序は生まれ
ず，規模の差は多少あるが，質的には等しい大型集落が小水系ごとに並立する構造

が，同じく中期後葉に確立する（図2）。この地域では，集団間の争いが，いわゆる pandemic war（同じような社会規模の集団間の局地的戦闘があちこちで展開される状態）[Allen 2008; Arkush 2011] のように，等質的な集団が統合されずに分立する状態を維持するように働いた可能性が高い [松木1995]。また，争いを通じて戦闘指揮者やチーフが力を伸ばした形跡もみられない。特定の集団や個人が卓越しない均衡状態としての「畿内大社会」[酒井1982] あるいは畿内部族連合ともいうべきシステムが近畿中央部では作り出され，東海西部でもほぼ同じ状況がみられた。

このように，弥生時代の戦争は，地域ごとに異なった社会状況を生み出すという多様性をもっていた。先に規定した暴力の二つの形態に当てはめれば，北部九州では集団相互での利己追求暴力の行使が階層的な統合を促進し，近畿中央部では，逆にそうした方向へのカウンターとして働く集団間の利他助長暴力（突出しようとする集団の排除や懲罰）が，階層的な統合を阻害した。

弥生の戦争とレジリエンス

このような二つのタイプの戦争が，それぞれの地域の社会にレジリエンスとしてどのように働いたであろうか。戦争がもたらした北部九州チーフダムも近畿部族連合も，盛期に当たる弥生中期後葉（前125-後25年）にはいずれも人口が増え，青銅製祭器，輸入威信財，加飾された精製土器などに余剰の蓄積もうかがえることから，社会としては一定の適応を果たしたと評価できる。

北部九州で戦争が本格化した中期前葉には，平地での土地開発が飽和状態になることによって集落は丘陵上に進出して増加し [橋口1987; 小澤2002]，集団間の緊張関係が高まったようすが想定されてきた。近年の数量的分析でも，集落の密度などから算出される人口圧が北部九州で最大となるのは，中期前葉（前375-250年）の後半期である [Nakagawa et.al 2017]。その一方で，受傷人骨の数と割合から算出される争いの激化は，むしろ人口圧がピークアウトした中期後葉を頂点とし [中尾2017; Nakagawa et.al 2017]，それと併行して北部九州チーフダムが形成されることが明らかになってきた。

このような人口圧と争いの激烈さのピークがずれる理由を考えるとき，樹木年輪中の酸素同位体比を用いた高精度古気候復元の成果 [Nakatsuka et.al 2020] は重要である。これによると，人口圧がピークとなる中期前葉は，紀元前600年ごろから明瞭化する温暖期の只中にあるが，争いが高揚した中期後葉は，一転して低温で湿潤な期

食糧生産革命と文明形成

間へとシフトするという気候変化の大イヴェントに当たっている。この低温湿潤化が，水田などでの穀物生産に打撃を与え，なおかつ近畿中央部や東海西部のように大型河川が流れ込む平野では，流水と堆積の変化が生産域や居住域を再編するなどの変化をもたらした［大庭 2014; 松木・近藤 2020］。北部九州や近畿中央部の戦争は，気候環境の悪化による生活危機へのレジリエンスとして働いた結果，北部九州では階層的なチーフダムを作って生産物の集約と再分配構造を強化し，近畿中央部では生産物の均等な配分を促す構造が成立したというプロセスを仮定できる。

しかしながら，北部九州チーフダムも畿内部族連合も，後期（後25–250年）の前半までには瓦解する。北部九州ではチーフダムのメンバーの威信表示の媒体となっていた甕棺葬そのものが廃絶し，有力チーフの存在を示す厚葬墓は不明確になる。人口の著しい減少はないが，その生産と分配を統制する構造は弱まったと考えられる。近畿中央部では，部族連合を構成していた中心集落の多くが廃絶し，住居や墓の数が減ることから［古代学研究会編 2016］，人口そのものが減少したと推測される。このように，中期後葉の戦争は，それぞれの社会に長期的な安定はもたらさなかった可能性が高い。反対に，むしろ中期後葉の戦争の痕跡が薄い岡山平野（吉備）や山陰（出雲）では，後期に入ってから人口が増加し，墳丘墓を新たに威信表示の媒体としたチーフダムが成立することも注意を引く。北部九州や近畿中央部の中期後葉の戦争は完全なレジリエンスとして働いたのではなく，擬似レジリエンスの域を出なかったと評価できる。

弥生後期の200年余は，地域人口が減少する地域（近畿中央部など）と増加する地域（吉備など）との不均衡が大きくなり，東海から関東への集団の移動も認められるなど［赤塚 1992］，人口の流動化が著しい。墳丘墓の儀礼を重視する地域（吉備，出雲を中心とする山陰，北陸）と，青銅器の儀礼を遵守する地域（北部九州，南四国，近畿，東海など）とが対峙しつつ併存し，土器の地域色が顕在化して，地域ごとの排他的なアイデンティティが人工物にさかんに表出されるのもこの時期である。

このような社会の不安定の中で，鳥取県青谷上寺地遺跡の例が示すような武器による多人数殺傷行為が発生し，金属製武器やその副葬行為が九州から東日本にまで普及するなど，利己追求暴力としての集団間の争いが，列島の広い範囲に及んだ状況が復元できる。中国の史書『三国志』に記された2世紀後半の「倭國亂相攻伐歴年（倭国が乱れ，互いに攻め合って何年も経った）」は，このような混迷の状況を記したものと考えられる。

松 木 武 彦

研究ノート

争い・ジェンダー・レジリエンス

　考古資料から過去の争いを復元するときに必ず生じるのは，当事者が男性か女性か，という論点である。武器が刺さったり，それで傷ついたりした遺骸の性別は，この論点の中心となってきた。近年では，武器を副葬した墓の被葬者の性別についても研究が進んでいる。争いの主導者や参加者，加害者や被害者における男女の性別はしばしば不均等で，そのことが争いの性質——レジリエンスとの関連も含め——と密接に関わりをもつ。

　チンパンジーの群は男系の複雄複雌集団で，テリトリーをめぐる群同士の争いはオスの役割である。民族例においても，集団内外の争いに主体的に関与するのは男性が圧倒的に多い。生命のリスクが大きい争いという行為から，子の妊娠と出産という集団の再生産手段を担う女性を外すという選択が働いた可能性を，レジリエンスの見地からもうかがえよう。また，知覚や感情に顕著に訴える争いという行為の中で，男性が力を見せることは女性に対するセクシャル・アピールとして働き，争いにまつわるさまざまな表象や文化的行為が発達する認知的基盤となった。

　日本列島でも，争いによって殺傷されたとみられる遺骸は，縄文時代で79％[1]，弥生時代では90％以上と男性が多く，より主体的に争いに関与していたのは男性であったと判断できる。武器副葬は，農耕社会が始まる弥生時代（紀元前8〜紀元後2世紀）に発生し，複雑な首長制または初期国家とされる古墳時代（紀元後3〜6世紀）には顕著に発達した。古墳時代には，男性人骨にほぼ排他的に鏃（矢じり）や甲冑（よろいかぶと）が伴うことが，清家章の研究で明らかになっている[2]。争いにまつわる文化的行為もまた，男性が関与する

1　数計は内野那奈［2013］「受傷人骨からみた縄文の争い」（『立命館文學』633: 472-458）所載のデータによる。
2　清家章［2018］『埋葬からみた古墳時代——女性・親族・王権』吉川弘文館。

比重がより高かったことが見て取れる。

　ただし近年海外では，顕著な武器副葬を伴う女性「戦士」の存在が話題を呼んでいる。ロシア・トゥヴァ共和国のサリグ・ブルンでは，約2600年前のスキタイ文化の墓に埋葬された未成年男性の「戦士」と考えられてきた遺骸が，DNA分析によって14歳未満の女性と訂正された[3]。本来は男性性との強い結びつきのもとに生成された争いの表象が女性の身体に付与された例であり[4]，争いやそれにまつわる文化的行為において，セックスとジェンダーとの意図的な交錯が，複雑化社会ではしばしばありえた事実を伝えている。

　日本列島においても，男性にしか副葬されない鏃が，清家が例外とする南九州では女性人骨に伴う。争いにおけるセックスとジェンダーとの交錯の度合は，同じ文化の中でも地域によって多様かつ可変的であった。さらに重要なのは，武器の中でも刀や剣は，鏃や甲冑ほどは男性に限定されず，女性埋葬にもふつうにみられることである。男性埋葬との間

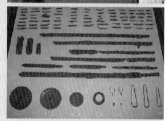

熊本県向野田古墳の石棺・石室と副葬品
宇土市向野田古墳は4世紀後半に築造された墳丘長86mの前方後円墳で，後円部中央の竪穴式石室内に収められた石棺内に熟年の女性が葬られていた。棺内の鏡や玉類のほか，約10本の刀剣が棺外に副葬されていた（宇土市教育委員会・文化庁提供）。

3　Kilunovskaya, M.E., Semenov, V.A., Busova, V.S., Mustafin, Kh.Kh., Alborova, I.E. & A.D. Matzvai［2020］The Unique Burial of a Child of Early Scythian Time at the Cemetery of Saryg-Bulun (Tuva), *Stratum plus*. 2020（3）: 379-406.

4　ただし，この遺骸が14歳以下ということは，争いの表象の付与／非付与の背後には性別のみならず年齢とも関連するより複雑な認識があった可能性もあり，さらなる検討を要する。

にその量・質や配置などでの格差はあるが[5]，女性のエリートもまた武力や軍事に関わる威信を付与されることで地位を是認される傾向が，古墳時代の日本列島は他地域より相対的に明瞭であった。このことが，本文で述べた争いの高度な象徴化，すなわち「戦わない戦争」としてのレジリエンスと共鳴した可能性があろう。

5　清家章［1998］「女性首長と軍事権」『待兼山論叢』史学篇32: 25-47。

　なお，以上に述べてきた争いのエヴィデンスのほか，弥生時代の中期以前には，胸部〜腹部に複数ないし多数の石鏃が嵌入し，自由を奪われた状態で矢の集中射撃を受けたようにみえる埋葬の例が，西日本を中心に散見される［松木 2000］。こうした例は，民族例にみえる利他助長暴力，すなわち犯罪者やフリーライダーを刑罰する行為のうちの「集団全体で犯罪者を殺害」［ボーム/斉藤訳 2014］するパターンに合致する。縄文時代に多く想定された集団内の利己抑制暴力が，弥生時代に入っても，少なくとも中期までは盛んに行われていた可能性が高い。

3……… 儀礼に埋め込まれた戦争の表象——古墳時代

軍事なき統合

　後3世紀に入ると，エリートの居住域や墳丘墓を伴う広大な集落（纒向遺跡）が奈良盆地に建設され，後250年頃，それまでのものを飛躍的に拡大して整備した巨大墳丘墓である箸墓古墳（墳丘長280mの前方後円墳）が纒向遺跡の一角に築かれた，このことを，広域にわたる経済的・政治的な中央性を獲得した権威の発生とみて，弥生時代から古墳時代への移行とみなす考えが一般的である。

　巨大な古墳に示される中央の権威は，20世紀半ばまでは「大和朝廷」といわれ，大和を核とする近畿中央部の勢力が列島の広域を征して確立したと考えられていた。しかし，列島の各地にも有力チーフの大型古墳が林立し，中央の巨大古墳との差はまだ量的なものにとどまっていて，政治的・経済的・軍事的な自立性を十分に維持していたと評価できる。このことから，近年では，大小の地域政体が近畿中央部の

政体を核にさまざまなネットワークで結びついた広域システムが古墳時代社会の実態で、その結びつきをチーフ相互の関係として演示したモニュメントが古墳であるという理解が生まれている。

　近畿の中央化が地方政体の自立性を残したままの緩やかなものであったということは、そのプロセスで実効的な軍事力が用いられなかったことを示す。さきにみた弥生後期の各地の分立傾向と社会的混乱は、軍事的な強制や衝突によってではなく［穴沢 1995，下垣 2017］、近畿を核に各地の政体が連合し、共存のための新たなシステムを構築することによって解決された可能性が高い。「倭国乱」が女王卑弥呼の「共立」によって収められたとする『三国志』の記述は、そのような事情の一端を伝えるものであろう。

　このような、いわば「無血」に近い社会統合が進んだ後250年の前後で、受傷人骨、対人用武器、環濠、武器副葬など、集団間の争いに関する考古学的エヴィデンスの内容は、急激に変化している［松木 2021］。受傷人骨の数や割合が激減することから、実際の争いの頻度が下がった状況がうかがえる。環濠の廃絶も、争いの頻度低下に関係するとともに、守り戦う観念を集団のモニュメントとして誇示することが廃れたようすを示し、これと入れ替わるように、対人用武器の様式化と古墳への大量副葬が始まる（図3）。この交替は、戦争に関わる観念が、集団全体のアイデンティティから離れ、上に立つチーフ個人の力と結びつけられて、その威信の形成と維持に利用されるようになったことを示す。

「戦わない戦争」のレジリエンス

　戦争の表象を、武器副葬という形でモニュメントの儀礼に織り込んでいくことは、この後300年以上、古墳時代をほぼ通じて継続する。列島内部の争いは、記紀に書かれた大王位の争奪のような小戦闘は散発した可能性は高いが、中央や地方の政体が相克するような大規模な武力衝突は、527-528年の九州で起こった「磐井の乱」を唯一かつ最大の確例として除けば、列島内ではほぼコントロールされていた可能性が高い。列島外では、当時の基幹資源であった鉄を産出する朝鮮半島での権益をめぐり、391-404年の間に高句麗との軍事衝突を引き起こしたことが高句麗側の文字記録（広開土王碑文）に残るが、それを最初かつ最大の事例として、5世紀に入ると、列島外での組織的で大規模な武力行使は、ほとんど行われなかったと考えられている。中国の史書『宋書』に収められた5世紀末の「倭王武の上表文」には、倭の支配層

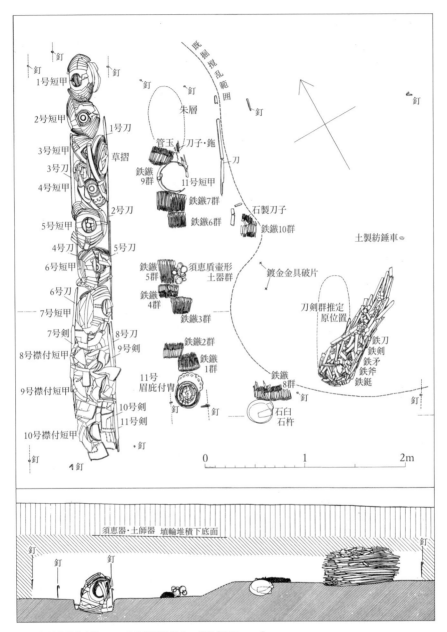

図3　大阪府野中古墳における武器埋納儀礼の痕跡［北野 1976］

が高句麗を古くからの「仮想敵国」とみなして宣戦する由が記されているが，組織的な派兵を実際に行った痕跡は乏しい。

高句麗との敵対を軸とする朝鮮半島での緊張や対決が，古墳時代の日本列島社会で盛んに意識され，対人用武器の大量副葬の儀礼と結びつけられていた可能性はきわめて高い［穴沢 1995］。近畿中央部を核として連合したチーフたちは，同じところで同じように製作された武器（鉄製甲冑）を供給されて共有し，葬送儀礼においてはそれらを副葬行為の中心に位置づけて自らを演出した。このようなチーフたちの行為は，ともに武装を誇示することによって朝鮮半島をけん制して対外的な威信を主張するとともに，対内的には配下の集団に対して支配の権威を強めることにつながった［橋本 2019; 松木 2019］。

以上にみてきたように，「倭国乱」として伝えられる地域間の緊張と対立の中で列島社会が混迷に陥る危機は，各地域政体のチーフよりも上位の権威を付与されたパラマウント・チーフ（女王）の下に連合するという形で解決をみた。この時に，地域政体間の全面的な衝突を招くリスクとなっていた軍事力は，集団の現実的な武装から，連合に参加したチーフたちの象徴的な武威，すなわち古墳への武器副葬儀礼へと転化された。さらにこの儀礼は，朝鮮半島での対外戦争を象徴化することにも用いられたのである。

弥生時代から古墳時代への移行期における，集団間の争いに関する考古学的エヴィデンスの内容の急激な変化は，社会が戦争という観念を共有し，その周囲や未来への影響を共感し予測した結果，現実的発動（「戦う戦争」）から象徴的発動（「戦わない戦争」）へという形で主体的に操作を行った痕跡と理解できる。このことによって，すべての実質的な争いを回避できたわけではないが，列島内外における致命的な軍事的混乱は抑制され，むしろ戦争の象徴をチーフ個人やその連合（ヤマト王権）の権威づけに利用することによって，おおよそ350年間にわたってほぼ安定した社会統合の存続を実現した。その意味では，弥生時代から古墳時代への移行期に生じた戦争に関わる一連の動きは，真のレジリエンスとして働いたものと評価できる。

ただ，現代の視点に照らして評価が難しいのは，同様に「戦わない戦争」である近代国家の「抑止力」としての武装もまた真のレジリエンスといえるのかという問題である。古墳時代の「戦わない戦争」は，その潜在的要因となってきた鉄資源の外部依存が列島内での鉄生産の実現により解消したことを大きな要因として6世紀には終息し［松木 2001］，その後は内外で大きな戦争のない律令国家から王朝国家へ

の体制がほぼ安定して400年ほど継続した。このことは，「戦わない戦争」が，少なくとも結果としては，より根本的な危機や逆境の解決に向けての技術革新や社会体制再編のための猶予期間として働いたことを示す。冷戦時代に始まった現代の「抑止力」が真のレジリエンスにつながるかどうかは，それがもたらす猶予期間のうちに，人類がその知性・技術および共感力を駆使して，自己維持のための根本的な解決を見出すことができるか否かにかかっているだろう。

4　考察とまとめ

　冒頭で整理したように，社会全体のレジリエンスは，それを構成するさまざまなレベルや種類の集団個々のレジリエンスが相互に作用し合う中から生み出される。本章で取り上げた「争い」の主体となるのは，これらさまざまな集団の中でも，「部族」「民族」「首長国」「国家」といった出自集団から統治集団へのラインであり，それが示すヒト社会の複雑化プロセスと争いとが，密接に関連していることは自明である。

　争いについては，①源となる暴力の形，②主体，③現出形態によって，一定の類型化が可能である。①源となる暴力の形については，自らが生きるための利己追求暴力と，行き過ぎたそれを他者が抑制する利他助長暴力とがある。②主体については，個人と集団がある。③現出形態については，物理的な武力の行使と，武力を象徴化した上での競合とがある。これらを組み合わせて争いの性質を理解することが，レジリエンスとの関係を考える時の前提となる。

　その前提に立って，日本列島の先史時代の争いとレジリエンスの展開をあとづけると，次のようなプロセスが復元できた。縄文時代（前1万4000-925年）には，人口圧の増大や寒冷化などで環境が悪化した時期に個人的な利己追求暴力と，集団のコンセンサスでそれを抑止する利他助長暴力が増加したが，それが社会のレジリエンスにつながった確証はない。弥生時代（前925-後250年）は，温暖化に伴う人口圧の増大（中期）と直後の湿潤低温化による環境悪化の影響をとくに強く受けた北部九州と近畿中央部等で，集団を主体とする争いが激化し，北部九州では集団単位の利己追求暴力として階層的なチーフダムを作り，近畿中央部では集団単位の利他助長暴力

食糧生産革命と文明形成

としての性格をもって等質的な部族社会からなる連合体制を生み出したとみられる。ただし，これらのチーフダムや部族連合はまもなく瓦解することから，それを生み出した戦争は，長期的にはレジリエンスとして働かなかった。続く後期の日本列島は，地域政体の分立と対立，地域的な人口の減少や流動化が顕在化した不安定な社会であった。

この不安定が社会全体の分裂を招くのを防ぐべく，各地のチーフは一人のパラマウントチーフのもとに連合し，準備していた武力はチーフの副葬儀礼という形で象徴化された。「戦争」の概念や道具を操作して生み出した「戦わない戦争」を列島内外でのチーフとその連合の権威形成に転化したこの動きは，それに支えられて安定した350年間の古墳時代社会を支えたという点で，レジリエンスとして機能したと評価できる。「象徴化」の認知的基盤は，ヒト固有の進化的特性である共感力（Phase I・第1章）であり，それが機能して初めて，「争い」はレジリエンスに昇華しうるのである。

農耕の起源

稲 村 哲 也

栽 培 植 物 （ 農 耕 ）の 主 要 な 起 源 地

　食糧生産革命（農耕牧畜の開始）は人類史における極めて重要な転換点で，そ
れ以降の時代が新石器時代と呼ばれる。ただ，その研究史は以外に短く，最も
早く農耕が始まった西アジアでも，農耕の起源を探る考古学調査が始められた
のは第二次大戦後のことである。日本では，植物学者の中尾佐助の研究がよく
知られている［中尾 1966］。彼は世界の四大農耕文化複合，すなわち，根栽農耕
文化，サバンナ農耕文化，地中海農耕文化，新大陸農耕文化を提起した。

　近年の農耕の起源に関する研究の発展は著しい。放射性炭素の分析，微細な
植物遺存体とくに野生植物と栽培化された植物の識別に役立つデンプン粒やプ
ラント・オパール（植物珪酸体）の分析，DNA解析による遺伝学的研究などが，
ドメスティケーション（栽培化）の場所と時期の解明に貢献しているからである。
プライスとバール＝ヨーゼフ［Price & Bar-Yosef 2011］は，近年の研究を総合
し，少なくとも10か所の栽培植物の主要な起源地があると指摘した（図１）。

　このように，植物栽培化と農耕の開始の場所と時期の解明は大きく前進して
きたが，それがどのように，さらになぜ起きたのかという問いに答えることは
ずっと難しい。そのため，従来の定説が新しい発見によって否定されるという
状況が繰り返されてきた。これまでの仮説のなかに，「プル・モデル」と「プッ
シュ・モデル」と呼ばれる対極的な考え方がある。まずそれらを把握しておく
ことが重要である。プル・モデルというのは，「（農耕に）引きつけられる」とい
う，農耕のプラス面を前提としたモデルである。一方，プッシュ・モデルは，そ
の逆で，農耕のマイナス面を前提としたモデルである。以下では，主として藤
井純夫［2001］に依拠して，農耕起源論を概説したい。

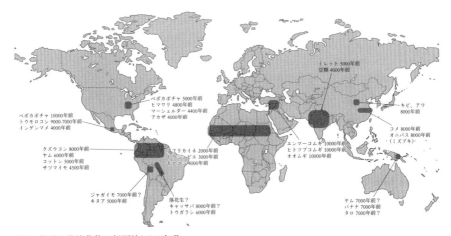

図1　世界の栽培作物の起源地とその年代
出典：Price, T. D. and O. Bar-Yosef 2011 The Origins of Agriculture: New Data, New Ideas. *Current Anthropology* 52. No. S4. pp.S163-S174

農耕の起源のプル・モデル

　プル・モデルの背景には，そもそも農耕が人々に（安定と余暇をもたらす）魅力的な発明であり，当時の人々がその可能性を見いだしたとき即座に積極的に農耕を開始したに違いない，という見方である。最も有名なプル・モデルはチャイルド（G. Child）の「オアシス仮説」である。この仮説は，氷期が終わったとき温暖化と乾燥化が起こったと推定され，植物，動物，ヒトが西アジアの低湿地などの水辺に集中し，そこでヒトが動植物をドメスティケートして管理するようになった，という考えである。この仮説は，更新世の終わり（後氷期）に，西アジアでは逆の（むしろ湿潤化したという）気象データが優勢になったため，その前提がくつがえされた。

　もうひとつのプル・モデルは，ブレイドウッド（R. Braidwood）の「核地帯仮説」である。「肥沃な三角地帯」のイラク・ジャルモ遺跡での発掘調査の成果に基づき，西アジアでは野生ムギの分布が，低湿地ではなく，むしろ（現在と同じ）山麓・丘陵地帯に集中し，したがって農耕牧畜もその地域での動植物と人間の共生関係のなかで成立した，という主張である。この主張は，氷期が終わったときに大きな気候変動と植生変化が無かったという前提にたつが，後氷期の気候が総じて湿潤化・温暖化に向かって大きく変化したことから，その根拠が失われることになった。

農耕の起源のプッシュ・モデル

　プッシュ・モデルは，農耕は，過重な労力が必要なため，当時の人々にとって好ましいものではなく，他の選択肢がないため，やむをえず必要に押されて（プッシュされて）選択したという見方である。ビンフォード（L. R. Binford）の「人口圧仮説」がその代表である。旧石器時代末期（農耕開始直前の頃）に，西アジアの特定地域で，人口増加が人口扶養能力を上回ったため，農耕を開始せざるを得なかった，という考え方である。さらに，この説は，ヒトの「出アフリカ」や世界への移動・拡散のモデルともなった。

　この仮説が登場した背景には，狩猟採集民に関する民族誌的研究が進んだことがあった。「お腹をすかして流浪している」という従来の狩猟採集民のイメージが払拭され，実際は，彼らが食糧を得るための時間は短く，十分な余暇を楽しんでいることが明らかになったことである。また，野生コムギの収穫実験でも，数週間で1年分の収穫量が得られるということも明らかとなった。つまり，狩猟採集のほうが楽な生業であるという知見が，農耕のマイナス面を前提とした「プッシュ・モデル」への転換を後押ししたのである。「人口圧仮説」は，多様な生物資源を食料とする「広範囲生業」が成立した結果，定住化・人口増加が進行し，辺縁部に人口が押し出され人口扶養能力を超えたため，やむをえず農耕が成立したという論であった。旧石器時代の人口増加が人口扶養能力を超えていたという確証はないが，農耕牧畜開始にヒトの側の要素を組み入れた点で意義深い説である。

農耕起源に関する総合モデル

　発掘調査の件数が格段に増加し，さらに微細な動植物の遺存体の分析方法の開発と研究などにより，多くの知見が得られるようになると，農耕開始の「なぜ」を問う観点は多様化してきた。ヒトと動植物との間の生態学的関係，ヒトの社会組織の方を重視する説，気候変動をより緻密に検討した説などがある。以下では，多様化する課題と解釈を総合したバール＝ヨーゼフらの「レヴァント回廊モデル」に依拠して，西アジアにおける農耕の起源をできるだけ簡単にまとめてみよう。

　西アジアでの考古学研究が進むと，農耕が開始される以前の定住集落が次々と発見され，従来の「農耕によって定住がはじまった」という説がくつがえされた。そして，狩猟採集民の定住集落の研究によって，農耕の前適応の状況も明らかになってきた。旧石器時代末期後期（農耕開始直前）の「ナトゥーフ文化」（紀元前10500～8300

年）では，春から冬にかけての低地部でのベースキャンプと高地部での短期キャンプという生活様式が定着していた。そのベースキャンプからは，炭化した野生の植物が多く検出され，野生のコムギとオオムギが多く食されていたことが明らかとなった。他にも，野生のマメ類，堅果類（ピスタチオ，アーモンドなど），漿果類（ブドウ，イチジク，オリーブ）などが多数出土している。植物性食糧の利用への傾斜は，石器などの遺物からも明らかで，動物の骨角を柄とする鎌のような収穫具，穀物を脱穀する石臼・石杵などが増加している。さらに，住居址には，作業スペースと貯蔵施設があり，ムギを通年利用することが可能であったと考えられる。

　定住化によって，安定した食生活が出産率を上昇させる一方で乳幼児死亡率が低下し，人口が増加すると考えられる。また，定住集落周辺の野生動植物が減少することで，資源ストレス（資源不足）が生じる。それが，より集約的な採集・狩猟活動，すなわち，野生ムギの計画的利用やガゼルの集団追い込み猟などを促進したと考えられる。

　このような定住的な狩猟採集民の出現が，農耕にとっての重要な前適応（定住化・人口圧・野生ムギの計画的利用）であったことは疑いない。しかし，後氷期の気候の変動の詳細が明らかになると，農耕の開始のシナリオはさらに複雑化することになった。後氷期の気候は，単純に温暖化が進んだのではなく，農耕開始直前にヤンガー・ドリアス期（紀元前9000〜8300年）と呼ばれる寒のもどりがあったからである。寒冷化によって，定住集落は大枠で次の二つの方向に再編された。①限られた低湿地に集結し，植物性食物への傾斜を強めることによって集落が維持された。②狩猟採集を基盤とする乾燥地適応型の生活に回帰した。

　その結果，①の再編によって，野生ムギの集中的な生息域となった低湿地の集落で小規模農耕が始まったのである（狩猟採集を主生業とした補完的な農耕：これが最初の農耕開始にあたる）。そして，そこから丘陵部の粗放な天水農耕（農耕牧畜民の農耕：家畜の成立）に展開した。②の場合は，定住していた人々が（周辺の食料不足によって）いったん再遊動化し，その後，オアシス周辺での農耕を開始した。

　以上のように，多角的な研究の成果として，西アジアで最初の農耕が「どのように」始まったのかという問いに対する答えにはかなり近づいてきた。一方で，世界の農耕起源地におけるドメスティケーションのプロセスは一様ではなく，その全体像はまだ明らかになっていない。さらに，「なぜ」始まったのかという問いに答えるまでには，まだまだ長い道のりが残されている。

Phase **III**

レジリエンスの多様なひろがり

完新世以降の
*chap.*11
狩猟採集民の適応術

多様な集団間の協力関係が
危機に対しレジリエンスとなる

*chap.*12
ポリネシア
農耕民の海洋進出

前人未到の島々で
限られた自然と
自らの認知を
変革し生き抜いた

遊牧民の特性を活かした
モンゴルのレジリエンス
*chap.*13

移動性

場の共有

柔軟性

相互扶助

近代的都市生活 ← 二面性 → ゲル地区 伝統的遊牧生活

防災カルタ・
プロジェクト

1988 он
Цамбагарав уул

環境を

アマゾン先住民ヤノマミの
闘争解決の知恵と
新たな危機

勝敗をはっきりつけない決闘の仕組み

chap.14

chap.15

殺さない狩猟「チャク」の再興

アンデス先住民の
レジリエンスのダイナミズム

chap.15

完全に支配せず緩やかに利用する

Introduction

　ヒトは地球上の隅々まで移動（移住）し，多様な環境に適応し，それぞれの地域で文化を形成してきました。それをレジリエンスの観点から考えるという点で，このPhase IIIは前のPhase IIと共通しています。しかし，大きく異なる点もあります。その一つはアプローチの仕方です。Phase IIでは，人々の過去の営みの痕跡である考古遺跡の研究を基盤としましたが，Phase IIIの各章は，主として文化人類学の民族誌的研究に基づいています。民族誌とは，特定の地域でのフィールドワークに基づいて，そこに生きる人々の暮らしと社会文化を総合的に捉えようとする地域研究の記録です。

　もう一つ大きな違いがあります。それは，考古学研究の場合，過去の人間社会の変遷を探るという目的があるため，それぞれの地域・時代の「文明」の中心をまず捉えようとする傾向があります（中心の理解のためには地方との関係も重要ですから，次の段階として周辺地域の研究も必要となります）。一方，文化人類学の研究はこれまで，「文化」を研究する目的のため，近代社会よりも「伝

統社会」を主な対象としてきました。ただし，現在は，都市や近代的社会を対象とすることも多くなっています。

　これまで世界中で行われてきた民族誌研究の蓄積の中で，本書でとりあげることができるのはわずか5編（Phase IVの最初の2章を含めれば7編）ですが，いずれもレジリエンスの観点から重要な地域です。ここで重視したのは，まず，「人類史的視点」と深くかかわる伝統的な「生業」です。生業とは生活の糧を得る営みで，（自然の資源を直接得る）狩猟採集（漁労），（家畜を介して自然から資源を得る）牧畜，そして（栽培植物から資源を得る）農耕です。生業は移動（と定住）とも強くかかわります。それらは自然（地球）との関わりからレジリエンスを考えるための重要な柱となります。もう一つの重要な点は，伝統的な生業を営むコミュニティの外部世界との関係，及び，それと関連した変化のあり方です。それらは，社会関係からレジリエンスを考えるうえで重要です。各章の具体的な記述のなかから，それらを読み取っていただきたいと思います。そのような観点から重要なポイントを押さえておきましょう。

　第11章（池谷）は，大きな時間軸と空間の中で狩猟採集民を比較検討したうえで，アフリカの狩猟採集民の移動について掘り下げます。まず，完新世（食料生産開始以降）における**狩猟採集民の移動と環境適応**の復元を念頭に，アジアを六つの気候帯に区分し，狩猟採集民の特徴を整理します。その上で，詳しい研究データがあるアフリカ南部のカラハリ砂漠に暮らす狩猟採集民サンを対象に，数十年間における環境変動と移動の関係について論じます。環境変動への対応は，野生スイカの生育状況に関連しますが，感染症の流行，干ばつ時における外部社会（定住民）への依存など，多様な社会関係をも活用しており，そこに，（完新世における）狩猟採集民のレジリエンスの特徴を見出します。なお，今日では，完全に狩猟採集だけを生業とする社会は少なく，多くの場合，様々な生業を組み合わせた生活が営まれ，外部社会との関係も多様です。

　次の第12章（後藤）では，大陸から遠く離れた島嶼に暮らすオセアニアの海洋民が紹介されます。オセアニアへの人類の移動は大きく二波に分かれますが，ここでは第二波，つまり人類の移動の最終段階として，農耕技術をもって島々に渡った人々の移動が中心テーマです。一口に**遠隔島嶼の海洋民**と言っても，環境条件には大きなバリエーションがあり，その類型論によって，まず全体像が提示されます。中でも最も遠隔の島々であるポリネシアは，元々は資源が限られていましたが，人々はそこに家畜と栽培食物をカヌーに載せて移動し適応していきました。その文化的適

応の過程が論じられるとともに，環境条件の違いとそれへの働きかけ（環境改変）によるレジリエンスの違いが，森林破壊・森林転換の観点を中心に整理されます。最後に，有名なラパヌイ（イースター島）の環境破壊モデルを批判的に再検討します。この章は，Phase IV・第17章（中原）で紹介される，放射能汚染によって強制移住させられたミクロネシアの人々を理解するためのベースともなります。

　第13章（石井）では舞台を大陸内陸部の草原地帯に移します。厳しい環境に直接的に対峙してきたモンゴルの**遊牧民は，移動性，場の共有，柔軟性，相互扶助などからなる独自のレジリエンス**を培ってきました。モンゴルは1990年に社会主義を放棄し，ロシアの経済破綻の影響を直接的に受け，極めて厳しい状況に陥りました。しかし，新体制への移行の中で，国営農場のトラクター運転手だった人物とその家族が，市場経済化に柔軟に対応し，豊かな遊牧民となっていく過程が記述されます。この章の特色は，遊牧社会と都市社会の両方が対象とされている点です。二つの社会の関係には，ゾド（冷害・雪害）などで家畜を失った遊牧民が都市民になったり，失業した都市民が遊牧民になったりと，危機を生きのびるための選択肢となっていることがあげられます。Phase II・第 6 章で，食糧生産によって急激に拡大した定住農耕社会がいったん行き詰って解体し，牧畜社会との連携によってレジリエンス（移動性・柔軟性）を回復したことが論じられました。現代のモンゴルの遊牧社会と都市社会の関係は，この西アジアのレジリエンス回復の現代的継承とみることができます。これらは，Phase IV・第16章（清水）で論じられる「**重層的並存**」の好例とも言えるでしょう。都市周辺の「ゲル地区」は遊牧社会と都市とをつなぐ結節点として機能してきましたが，「土地私有化法」による軋轢も生じました。これは，Key Concept 2「心のレジリエンス／レジリエンシー」（平野）で論じられた，能力としての「レジリエンシー」と相互作用としての「レジリエンス」の観点から見ると，新たな環境（都市における土地私有化法の発令）によって（遊牧社会で培われてきた）「レジリエンシー」（能力）が齟齬をきたし，新たな「レジリエンス」（相互作用）への再編を必要とした事例と見ることもできるでしょう。第13章ではさらに，モンゴルと日本との間で実践されている防災啓発プロジェクトが紹介されます。これも，「伝統」と「科学的知見」の接合による「レジリエンス再編」の試みとも言えるでしょう。

　移動・移住によって地球全域に広がって行った人類の終着点のひとつが，第15章（稲村）が扱う南米アンデス高地です。この場所はヒマラヤとならんで，人が生活できる高さの上限でもあります。つまり二重の意味で「人の生存圏のフロンティア」

と言えます。ここではまず，モンゴルの遊牧とは対照的なアンデスの**定牧**（**定住的な牧畜**）**の特性**として，熱帯高地の環境との関連，農耕社会との相補的関係を中心に，固有のレジリエンスについて論じられます。アンデス先住民は，征服と植民地支配による長期の逆境のなかで，スペイン文化・カトリック信仰を都合よく組み替えて受容しつつ，独自のニッチ（生業と文化による環境世界）を維持してきました。これも，第16章（清水）で論じられる「併呑的受容」「重層的並存」に通じるものでしょう。

　それぞれの地域環境に適応し，一定の安定的な暮らしを営んできた伝統社会ですが，急速な近代化，グローバリズムの中で危機にさらされていることは，世界的な関心を寄せるべき問題です。第14章（関野）が紹介する，新大陸の熱帯低地アマゾンに暮らす先住民ヤノマミはその深刻な事例の一つです。今から約400年前，新大陸の先住民は，スペインによる征服と受難，特に感染症の流行によって危機にさらされました。そうした中でも，ヤノマミ社会では，内部で発生する様々な危機に対して**慣習的な闘いと和平の仕組み**というレジリエンスを発現させて社会を持続させてきました。ここでは，略奪婚とその後の集団間の緊張がどのように解決されたのかが，詳細な民族誌記録として紹介されます。しかし今，「慣習的な危機」とは全く異質な，外部からの新たな危機がヤノマミを襲っています。ガリンペイロと呼ばれる違法な砂金採取者がヤノマミの暮らす熱帯林に侵入し，略奪や感染症の流行の被害が広がっています。それは，新大陸先住民が征服者の侵略によって受けた受難のプロセスの再現（もしくは継続）と位置付けられるでしょう。

　ヤノマミの現実は，社会を襲う危機が，慣習的に対応可能なものなのかあるいは対応困難なものなのか，危機の特性を対比することで，文化におけるレジリエンスのダイナミズムを考える上で強い示唆を与えます。この点で，第15章で紹介するインカの伝統「チャク」の復活は，希望を与えてくれる事例です。「チャク」は野生ラクダ科動物ビクーニャの集団追い込み猟ですが，捕獲し毛を刈った後に生きたまま解放する「**殺さない狩猟**」です。チャクは新大陸独自の「ドメスティケーション」論への示唆を与えるものです。一方で，チャクの再生が近代化・グローバル化のなかでこそ生じたという事実は，レジリエンスの観点からたいへん興味深いものです。これは，Phase Vの本書最終章（第25章 阿部）で論じられる「ヴァナキュラーなグローバリゼーション」の好例としてとらえることができるでしょう。

（稲村）

狩猟採集民の生存戦略

第11章

移動と環境適応

池谷和信

アフリカおよび北東アジアの多様な自然に応じた
人々の資源利用と管理について研究する中で，持
続可能な資源利用のあり方を考えている。現在，
国立民族学博物館名誉教授

　私たちは，かつて皆ハンター・ギャザラーであった。約700万年の人類の歴史のな
かで，「狩猟採集民の時代」が99.8％以上を占めてきたといわれる。今日，私たちは
農耕や牧畜，そして近代文明を発達させてきたが，先史時代の狩猟採集民の文化が
まったく消えたわけではない。狩猟採集の民は，農耕民や牧畜民との関係を維持し
て国家のなかではマイノリティーとして，世界のなかでは先住民として位置づけら
れるなか，様々な創意工夫のもとに存続し現在にいたっている［池谷編 2017; Ikeya 2021］。

　Phase 1・第2章で述べられているように，ヒト（ホモ・サピエンス）は，約30万年
前にアフリカで誕生し，約7万年前以降にアフリカの外に出て，ユーラシア大陸の
多様な自然環境に適応してきた。それは，高緯度の極北から低緯度の熱帯にまで及
んでいる。そして，ユーラシア内にてネアンデルタール人やデニソワ人とのあいだ
に関係をつくり，交雑もして生き残ってきた。

　ヒトの「出アフリカ」の後，ユーラシアのなかで南まわりと北まわりで異なる集
団が拡散したことがわかっている。南まわりのルートは，インド洋沿いに進み，途

中ミャンマーのあたりで分岐するが，そこからひとつの集団はマレー半島やスマトラ島をへてニューギニアへ入る。もうひとつの分岐した集団は，中国をへてバイカル湖の近くまで北上している。一方で，北まわりの場合には，中東から中央アジアやシベリアをへて北極海沿岸までに達している。さらには，氷期に陸続きであったベーリング海峡をへて，南アメリカの南端にまで到達している。

　では，どのようにして人類は地球全体に拡散することになったのであろうか。そして地球の周辺部に至るまで人類が移動した理由は何であったのだろうか。これらの問いには，現時点において明確な答えがでているわけではない。前者においては，狩猟採集民の自然に適応する技術や集団規模など社会の在り方が挙げられているが，世界的な視野からの実証的な議論がなされているわけではない。後者では，温暖化や寒冷化などの環境変動によって人の移動が促進されたとみる人が多い一方で，未知なる地域への移動を人間が求める好奇心や冒険心によって説明しようとする人もいる。いずれにしてもこれらの課題は，永遠に証明できない課題でもあるかもしれない。

　本章では，どのようにして人類は多様な自然環境を持つ地球全体に拡散できたのか，また，完新世以降（食料生産開始以降）の自然・社会環境の大きな変化のなかで狩猟採集民がどのように生きぬいてきたのか，という問題意識のもとに，狩猟採集民のレジリエンスの実際を把握することをねらいとする。そのための材料としては，先史時代の狩猟採集民の状況を示す考古学や遺伝学の情報は限定的なために，現存する狩猟採集民の民族誌資料やエスノヒストリー資料を広く利用することになる。

　ここで，狩猟採集民の移動した地域の多様性は，アジアのなかにすべて見られるということを強調しておきたい。アフリカには寒冷地帯や高山帯はみられない。南北アメリカの場合には，狩猟採集民の居住の歴史が短く，島嶼部や乾燥帯において現存する狩猟採集民はいない。そこで本章では，狩猟採集民の多様な環境への適応力，危機に対応するレジリエンスを把握するための作業仮説を構築するために，アジアをモデルとして選定する。アジアは，世界中の多様な環境をもっているため，環境への狩猟採集民の適応を包括的にみることのできる唯一の地域だからである。また，近現代における狩猟採集民のレジリエンスの実像を把握するために，私が30年間近く現地調査をつづけてきたカラハリ狩猟採集民サン（ブッシュマン）の事例を紹介する。

　ここで，生態人類学の視点について言及しておく。生態人類学は，自然と人との

かかわり方をとくに人の生業や社会に注目して把握する研究分野である。研究対象は小規模社会であることが多く，時間スケールは基本的に1-2年である。世界的にみても，数十年間の変化をみるような狩猟採集民を対象にした民族誌資料は多くはない。しかしながら，人類のレジリエンスを把握するためには，大きな気候変動に対応する3-4万年の時間スケール，降水量の年変動などに対応する数十年のスケール，また1年の季節サイクルに対応する時間スケールなどを設定して，人類の移動や環境への適応について考える必要がある。本章では，数百年と数十年と数か月という三つの時間スケールのなかでそれぞれについてのレジリエンスを考えてみたい。

1　狩猟採集民の移動と環境適応──6類型の仮説

　新人（ホモ・サピエンス）は，約30万年前にアフリカで誕生し，約7万年前以降（もう少し早い時期との説もある。Phase I・第2章）にアフリカの外に出てユーラシア大陸の多様な自然環境に適応してきた［Bae C. J. *et al.* 2017］。それは，高緯度の極北から低緯度の熱帯にまで及んでいる。

　ここでは完新世の狩猟採集民の移動と環境への適応について考えてみたい。この時代には世界各地に農耕が始まり，日本列島でいうと弥生人のような初期農耕民が世界各地で拡散している［Ikeya and Hitchcock 2016; Ikeya 2021］。その結果，狩猟採集民は，農耕民化して消滅する地域もあれば，両者の共生関係が生まれたところもある。その後，西アジアでは世界で最初の都市も生まれて古代文明の形成に続いていく。

　アジアの狩猟採集民は，南から北へと変異する自然環境に適応してきた。かつては，アジアの隅々まで狩猟採集民は暮らしていたが，農耕社会の拡大や文明の発達，および近代化や開発にともない，狩猟採集民の生存が危ぶまれている地域が多い。現在の狩猟採集民の人々は，アンダマン諸島の北センチネル島など一部の地域を除いて国家とのかかわりを持って暮らしている。

　以下，私による作業仮説としてアジアを六つの環境ゾーンに分けてから（図1）それぞれの狩猟採集民の移動先である環境への対応に言及する［Ikeya and Nishiaki 2021］。また，完新世の狩猟採集民の特徴として，異なる生業を営む集団との関係性に着目したモデル化を試みる。モデルは，類型1の例のように，「狩猟民・牧畜民共生系」

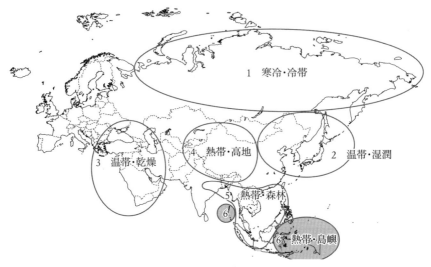

図1　アジアにおける環境区分と狩猟採集民（池谷和信作成）

という形で表記する（狩猟採集民は単に「狩猟民」と記する）。なお，ここでの類型は「伝統的」な関係性に着目したものであり，現在の狩猟民の場合は，近代社会とのより複雑な関係性のなかに生きている。

◎類型1　寒帯・冷帯：「狩猟民・牧畜民共生系」および「狩猟牧畜民独立系」

　　アジアの寒帯では，ロシア北東部のツンドラ地帯にロシアエスキモーやチュクチが暮らしてきた。ここでは，エスキモーの方が先に暮らしていたが，内陸に暮らしていたチュクチが生活域を拡大させてエスキモーから海獣狩猟の文化を学習して海岸部に適応したといわれる。このため，現在においてもチュクチの大部分は内陸部においてトナカイ牧畜を中心として暮らしを営むが，海岸部では完新世に開始されたとされるセイウチ猟を中心とした海獣狩猟に依存した生活をしている。

　　ここで，興味深い点は，海岸部と内陸部との集団間関係である。例えば，気候変動などによって内陸部の暮らしが厳しくなると，海岸部に移動して海獣猟をするという。また，海岸部と内陸部の間で交易の関係があり，内陸部から海岸部に畜産物，海岸部からアザラシの油などが内陸部にもたらされる。このよ

うなタイプを「狩猟民・牧畜民共生系」と呼ぶことができる。これは、単に異なる生業を営む集団同士の関係というだけでなく、生業の転換も含まれる。

その一方で、チュコト半島の東部においては海獣猟とトナカイ飼育とを組み合わせた生業が営まれている。これは「狩猟牧畜民独立系」と言うことができる。なお、この地帯（寒帯）には狩猟民ユカギールのほかに、狩猟と牧畜を組み合わせる狩猟牧畜民のエヴェンキやトゥヴァ（モンゴルでは「ツァータン」と呼ばれる）なども暮らしてきた。トゥヴァは、トナカイを飼養しながら熊猟やクロテンなどの毛皮獣の狩猟に従事してきた。

◎類型2　温帯・湿潤：「狩猟民・文明社会共生系」

アジアの温帯には、現在、あまり多くの狩猟民は見いだせない。アイヌが、北海道からサハリン南部、千島列島において暮らしてきた。彼らは、江戸時代以前においては狩猟、採集、漁労に加えて交易が重要な生業であった [Ikeya et al. eds 2009]。とりわけ、北海道とサハリンおよびアムール川流域における山丹交易はよく知られている。アイヌ側からは主に毛皮が移出されて、その反対にアムール側からは山丹服やガラスビーズや鉄鍋など中国文明内でつくられたものが移入されていた。その後、北海道のアイヌは、江戸時代に商場知行制や場所請負制をとおして日本の幕藩体制のなかに巻き込まれていく。その結果、彼らは本州から移住してきた商人との関係を維持することになる。江戸時代のアイヌのなかに米が導入されていたのも交易関係の結果をよく示している。

このほかにもアムール川の下流域に暮らすウデヘ、ナーナイ、ニブヒなどもまた、狩猟採集漁撈のほかに交易活動を組みあわせた生計活動を行っており、いずれもが中国文明と密接な関係を維持していた。また、中国の東北部の大興安嶺山脈には、オロチョンが暮らしてきた。彼らはトナカイや馬の飼育をする集団と狩猟採集活動を中心にしていた集団とに分かれていた。彼らもまた中国文明との関係を持ちながら文化を維持してきた。このようなタイプを「狩猟民・文明社会共生系」と言うことができるだろう。

◎類型3　温帯・乾燥：「狩猟民・農耕民共生系」

アジアの温帯には、西アジアの乾燥地も存在する。レヴァント地方は、更新世の狩猟採集民を対象にした考古学的研究の盛んな地域ではあるので、先史狩

猟採集民と農耕民との共生関係の存在が提示されてきた。しかしながら，現存する狩猟採集民の資料はまったくない。この環境についての狩猟採集民像を把握するには，アフリカ南部のカラハリ砂漠やオーストラリアの乾燥帯の事例を参照するしかないであろう。そこで，本章では，次節においてボツワナのサンの事例を紹介する。類似の環境に狩猟採集民がどのように対応しているのか考えるヒントを提供することができるであろう。サンは農耕民との共生関係を保ってきたことから，「狩猟民・農耕民共生系」と呼んでおく。ただし，サンの一部は，ヤギの牧畜やスイカの栽培などの副次的農耕にも従事してきた。

◎類型4　熱帯・高地：「狩猟民・農耕民共生系」

　熱帯には三つの環境区分に応じて狩猟採集民が暮らしてきた。まず，熱帯の高地は，中央政府の力が届かない周辺地域であることが多く，熱帯アジアの内陸部に狩猟採集民が暮らしてきた。ネパールの中間山地帯ではラウテ，ラオスやタイの山岳部ではムラブリが知られている。ラウテは，ネパール・ヒマラヤの森の中を移動している集団であり，狩猟が規制されている（サルだけを狩猟する）こともあって，木工品（とくに農民が穀物等を入れる容器）を生産してそれを農民と交換することで米などを入手してきた。タイのムラブリの場合には，定住化した暮らしをしていて，農民の仕事の手伝いをするムラブリのみならず，農耕民と交易関係を持つ人もいる点が特徴である [Ikeya et al. eds 2009]。類型3とは関係性が異なるが，このタイプも「狩猟民・農耕民共生系」と呼んでおきたい。

◎類型5　熱帯・森林：「狩猟民・農耕民共生系」

　アジアの森林部において，マレー半島のオランアスリやマニ，ボルネオ島のプナン，スマトラ島のクブ，パラワン島のバタック，スリランカ島のヴェッダなど多数の狩猟民が暮らしてきた［池谷編 2017]。単独で暮らす狩猟民はほとんどおらず，農耕民とのあいだで共生関係を維持する人々が多い。ルソン島北部に暮らすアエタなどでは，数千年にわたり農耕民との共生関係が維持されてきたことはよく知られている。とくに交易関係では，鉄やタバコが狩猟民の集団に流入され，その代わりに森林産物が移出されてきた。これらの関係は，ボルネオ島のプナンのように，森林からの沈香の採取とその販売という形で現在で

も維持されている［Ikeya and Hitchcock 2016］。このタイプも「狩猟民・農耕民共生系」と言えるだろう。

◎類型6　熱帯・島嶼：「狩猟民独立系」あるいは「狩猟民・農耕民共生系」

　現存する狩猟採集民が海岸部の資源を利用することはほとんどみられない。17世紀の熱帯アジアではヨーロッパ人の移住と植民地化が進んだため，そこでの狩猟民の暮らしは維持されなかったと推察される。しかしながら，インドのアンダマン諸島やニコバル諸島の事例は例外である。2018年11月にアメリカ人の宣教師が殺害されたアンダマン諸島では，海岸部でも狩猟採集が行なわれている。ここでは，上述したチュクチの一部の事例のように一つの集団が内陸部と海岸部とを交互に移動する暮らしが営まれてきた。内陸部ではイノシシを対象にした狩猟，海岸部では弓矢を利用した漁撈が行われていた。狩猟採集と漁労の組み合わせであるが，ここでは「狩猟民独立系」と呼んでおきたい。

　また，ニコバル諸島においては海岸部にはマレー系農耕民，内陸部には狩猟民のショウペンが暮らしていて，両者の間で共生関係が維持されていた。こちらの場合は「狩猟民・農耕民共生系」である。

　以上は，近現代におけるアジアの狩猟採集民の事例である。現生の狩猟採集民の民族誌やエスノヒストリーの資料は，農耕が導入された完新世以降の状況を示すことから，更新世（約1万年前の農耕開始以前）における狩猟採集民（人類）の移動とは異なる環境への適応術が見出せることになるであろう。それは，おのおのの自然とのかかわりのみならず，特定の地域内で多様な生業をもつ集団との関係の構築も含まれている。とくに農耕民との共生関係によってレジリエンスを保ってきたケースが多いことが解る。また，同時に，アジアの場合には，熱帯雨林からサバンナや砂漠，落葉から針葉などの森林，ツンドラ，そして高山地帯が広がっているが，最終的にこれらすべての環境に適応できた点が更新世の狩猟採集民の特徴である。

2　現生狩猟採集民の環境変動と移動

―――― カラハリ砂漠の事例

1）環境変動とキャンプの移動

　先にアジアを対象にして六つの環境ゾーンに暮らす完新世の狩猟採集民を想定したが，おのおののゾーンにおいて環境への人の適応を把握できる詳細な民族誌が存在するわけではなかった。アジアの多くの地域では，古くから文明が発達していて，先史から近現代まで狩猟採集民が持続してきた地域は多くはない。この点では，アフリカ南部のカラハリ砂漠に暮らす狩猟採集民サンは例外的である［池谷 2014］。南部アフリカを対象にした古人類学，考古学，そして生態人類学の研究資料が豊富なこともあって，狩猟採集民のレジリエンスについて微細なスケールで把握することができる世界の中で数少ない地域であろう。

　サンは，カラハリ砂漠とその周辺域において北部，中部，南部を中心にして暮らしてきた（図2）。生態人類学の分野では，世界的にみて狩猟採集民の典型として，

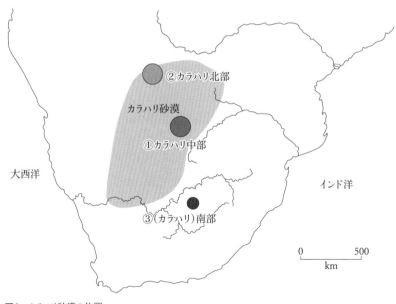

図2　カラハリ砂漠の位置

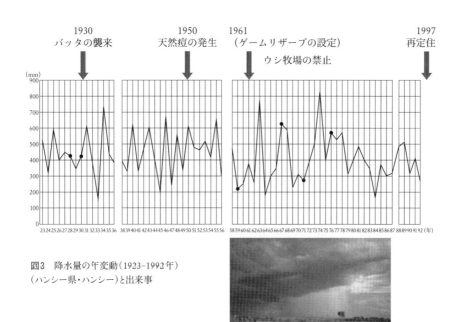

図3　降水量の年変動（1923~1992年）
　　（ハンシー県・ハンシー）と出来事

カラハリ砂漠の雨は時に右の写真のように
激しく降る

図4　1950年代のサンのキャンプ。周囲にスイカの食べかすが捨てられている（撮影：シルバーバウアー）

サンの暮らしはよく知られている。

　まず，約70年間におけるカラハリ砂漠・中部の降水量変動をみてみよう。図3に1923年から1992年までの年降水量の変動を示す［池谷2002］。この図からこの地域の降水量の年変動は，150mmから800mmと非常に大きいことがわかる。1960年前後にこの地域で民族調査を行った当時植民地行政官であったシルバーバウアーは，サンの水分摂

取源として欠かせない野生スイカの生息の大小によってバンドの移動の形態が異なることを明らかにしている（スイカの利用の重要性については「研究ノート」を参照）［図4, Silberbauer 1981］。

　図 5-1 は，野生スイカが豊富にある年での移動を示す。集団は，スイカの生息地の近くを中心にキャンプを移動している。一方で，野生スイカが不作の年においては，図 5-2 のように移動のパターンが異なっている（移動範囲が小さい）。その理由としては，野生スイカの生息地の数が少ないが 1 ヵ所でのその密度が高かったこと考えられる。その後，ほぼ同じ地域を調査した田中二郎による1967年の移動の形（図6）は，シルバーバウアーの資料に比べてオクワ谷と呼ばれる枯れ川に沿って東西に長くなっており，南北の範囲は狭くなっている［Tanaka 1980］。その背景には，谷の東西方向に沿って食用となる資源が容易に利用できたことが考えられる。このように，1960年代におけるサンの行動域の事例では，おそらくは年単位で変動する降水量の影響を受けて，年により移動の形が異なる点が注目される。いずれにおいても，ある特定のバンドのテリトリーを超えることがない点が特徴である。

　しかしながら，このような 1 年を単位とした民族誌資料では，数十年間におけるバンドの対応を理解することができない。そこで，数種類の出来事の際に居住していた場所を聞くことから移動の変遷をまとめてみた［池谷 2002］。その結果が，図 7で示される。1930年から1960年におけるある世帯の移動地を記入している。図中の中央部が，対象とするバンドである。

　ここに暮らすNU氏の居住の歴史をみてみよう（図 7 参照）。彼は，この地域のバンドの一つであるクムチュル・グループが住んでいた地域のタンクキュエ（図中A）という場所で生まれた。1930年頃に最初の妻が天然痘で亡くなったが，その後再婚した。二度目の結婚の後，長女がコエチで亡くなった。2 番目の子供はアーカ（図中B）で生まれ，3 番目の子供はツェウカム（図中C）で生まれた。また，非常に雨の少ない年には，NUはカラハリ人の暮らす村ツェツェン（図中D：出来事⑤）やアフリカーナーの経営するデカールの牧場（図中E：出来事③）に移り，少し雨の少ない年には，メッツィマネン（図中F：出来事⑤）やハオ（図中G：出来事③，④）といった保護区内の近隣のバンドに属する人々の生活域内に移ったという。

　このことから，過去30年間における各種の出来事と移動との関係が明らかにされる。1930年頃の①の出来事（ケイギョムの死）の際には，近隣のキャンプ地に滞在していた。この地域で多数の野生スイカが自生したからである。1940年代の②の出来

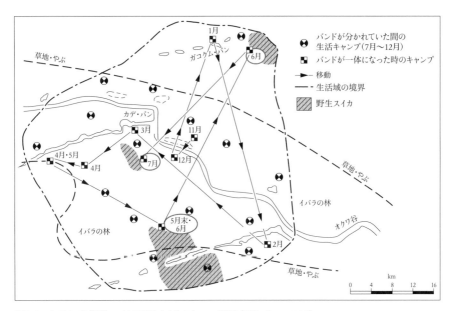

図5-1　カデバンド（野生スイカが豊かな年）のキャンプ移動［Silberbauer1981］

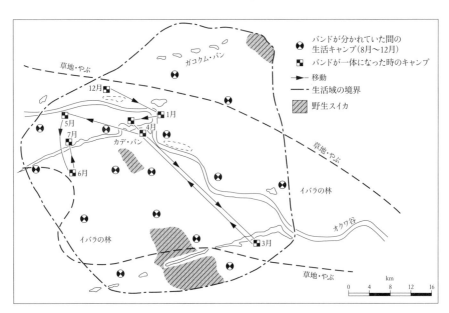

図5-2　カデバンド（野生スイカが貧しい年）のキャンプ移動［Silberbauer1981］

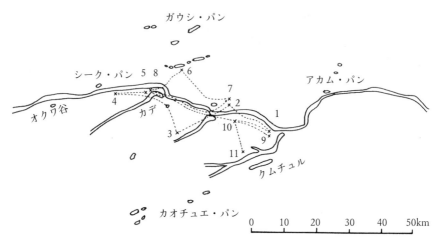

図6　カデバンドにおけるキャンプ移動（1967年）[Tanaka1980]

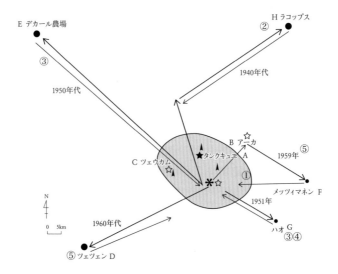

　　　　　▲：野生スイカ　　　＊：調査地
　　　　　◯：クムチュル・グループの主な生活地
　　　　　☆：子どもが生まれた場所

図7　NU氏および彼の家族の移動（1930年-1960年代）（池谷作成）　中央
部は,バンドの空間的範囲を示す。
（注）①から⑤は,現地での出来事を示す。①1930年頃　ケイギョムの死　②
1940年頃　レコワの死　③1950年頃　天然痘の発生　④1950年頃　スカ
ラブーの死　⑤1959年　植民地行政官シルバーバウアーの訪問

事（レコワの死）のときには，水を確保するため，ラコップス（図中H）に滞在していた。1950年代の③の出来事（天然痘の発生）及び④の出来事（スカラブーの死）では，同様に近隣のキャンプ地にいたのであるが，1950年に天然痘が広まり多くの人が死亡したため別の場所に移動した。⑤の出来事（1959年　植民地行政官シルバーバウアーの訪問）の時には，近隣のバンドも含めて野生スイカが不作であったので数十km以上離れたカラハリ人の村ツェツェン（図中D）に避難していた。ここには，年中，水を利用できる井戸が存在しているからである。

　このようにNUの移動史からみて一つのバンドの領域内では完結していないことがわかる。カラハリ狩猟採集民は，スイカの確保を軸にバンド領域内で移動してきたが，自然環境の変動が大きい場合には生活が困難となりバンドの領域外にまで移動した。当時から近代化が進み，井戸の整備された村との関係も利用しながら，生存を維持していることがわかる。

2）キャンプの構成

　カラハリ砂漠のサンの場合は，考古学や民族学の知見から，先史時代から連続して現在に至るという考え方が支配的である。では，どうしてカラハリ狩猟採集民が，先史時代から現在まで生きてこられたのだろうか。その背景には，狩猟採集民のコミュニケーション能力の高さと，移動と集団構成の柔軟性がある。

　私がカラハリ狩猟採集民のキャンプに滞在して一番戸惑ったのは，集団のつくり方である。たとえばあるキャンプに3世帯（核家族）の集団があるとしよう。その集団が移動して作る次のキャンプでは，ほかの場所から異なる世帯がやってきて，新たな集団ができるのである。これは離合集散といわれる。つまりメンバーを固定することにこだわらず，集団の構成は頻繁に変わる。これは，世帯が単位となってさまざまな行動の判断がなされているためである。同じ集団に暮らしていても，目的が異なれば離散と集合を繰り返すのである。

　狩猟採集民の社会では，世帯が単位となって様々な行動の判断がなされる。通常はこのような世帯の集まりとしての「バンド」（遊動する小集団）があり，そのバンドの遊動域はほぼ決まっている。このため遊動域内で狩猟や採集が行われるが，集団と集団の境界が厳密に守られているわけではない。動物の行動が域内を越えていけばそれを追いかけることができる。

　野生スイカの生息がよくない場合には，バンドの領域外にアクセスできる。これ

は，逆の状況の場合にも当てはまるもので，集団間に互酬的関係が維持されている。しかしながら乾燥地では，カラハリ砂漠の事例で示したように，降雨の年変動が大きいので予測できない事態が生じる。時には，水を求めて100キロ以上も移動することもある。つまり，変化する環境に対応して，サンは土地を柔軟に利用してきたのである。

3）近代化，定住化政策への対応

私は1987年以来，中央カラハリ動物保護区内のカデ村のみならずモラポ村を中心に現地調査を続けてきた。ところが，2002年4月にモラポ村に行ったとき，犬だけが残され，村人が全員いなくなっていて驚いた［池谷 2014］。

モラポの人々は，外部からの強い影響力を受けずに，自然との共生を保って暮らしてくることができた。その背景には，1961年に，シルバーバウアー（元植民地行政官）が導入した動物保護区（ゲームリザーブ）の制度に守られてきた側面があった。それは，野生動物とそこに暮らす人々の共生を求めた制度であった。しかし，1990年後半以降，保護区内の住民の生活より野生動物の保護を優先し，住民を保護区外に移住させる政策が進められてきた。また保護区内でダイアモンド資源の開発が進められてきた。それらの状況がモラポ村の人々の転出の背景にある。

1997年には，ボツワナ政府によって動物保護区の外にニューカデ村が建設され，保護区内の拠点のカデ村の住民がまず移住した。その政策がついにモラポ村にも及んだのである。ニューカデ村には，学校，水場，診療所などが整っている。政府から各世帯にトウモロコシの粉25キログラム，砂糖12.5キログラム，紅茶，料理用オイル，石けん，スープなどが無料で配られる。中でも砂糖は，彼らの地酒の原料となることがある。移住には，畑や家畜に対する補償金も支給された。現金を手にした若者たちは酒場に集まり，ニューカデ村では夜遅くまで賑わうようになっていた。飲酒がらみの暴力沙汰や自殺も目立つようになっていた。

しかし，11月になると，モラポ村に住民の一部が戻ってきた。彼らの中の一人は補償金で手に入れた中古車を持って戻った。モラポ村には給水車が来なくなったが，その車で遠い町の給水所に行くようになった。村人は，不定期に行われる給水に頼るだけでなく，元のように，野生スイカを採集して，自分たちの方法で水分をとり，家畜の飼育への利用を再開した。スイカを中心とする自然，家畜，人の共生関係が復活したのである（図8）。

村人の一人は，1993年ごろから自らを先住民と名乗り始め，国際的な先住民運動にも参加するようになっていた。国際NGOの助けを借りて，土地をめぐる権利に詳しい弁護士を雇うこともできるようになった。

村の外で活動する人，村のなかで伝統文化を維持する人，このような村人の活動が多様化することで，サンの社会にもこれからの現代社会を生きぬくための新

図8　野生スイカの貯蔵庫からキャンプにスイカを運搬。（撮影：筆者）

たなレジリエンスが生まれつつあるようであった。

3　「狩猟採集民」にとってのレジリエンスとは
──人類の多様な適応術

　本章の冒頭において提示したのは，人類はどのようにして地球全体に拡散したのであろうか，という問題意識であった。そして地球の周辺部に至るまで拡散した動機は何であったのだろうか。それに答える際，人類の環境に対する適応力と危機に対応するレジリエンスにヒントがある。

　これまでの狩猟採集民の生態人類学的研究においては，時間軸は現在またはある時期に設定し，小規模社会に限定した議論が多かった。本章は，更新世，完新世，近現代という三つの時代を想定した上で，とくに完新世以降から近現代までの時間幅に焦点を当て，地球規模で狩猟採集民を捉えることから人類の移動とレジリエンスの関係を論じる試みであった。人類のアジアでの最初の拡散の際には，ネアンデルタールやデニソワなどの他の人類に出会って混血していることが知られている。し

かし，現生人類のみが生き残ったという事実においては，環境適応能力を無視することはできない。なかでもユーラシアは世界最大の面積を持つ大陸であり，南北にわたり多様な環境がある。完新世以降の狩猟採集民を対象にした一つの適応モデルとして考えてみた意味はそこにある。

　本章では，完新世以降の狩猟採集民の適応力に焦点をおいてきたが，同じ「狩猟採集民」という用語で呼ばれていても，その内実はそれぞれの集団で大きく異なっている。近現代の狩猟採集民において，多くは近代化の影響を受けて遊動から定住への移行を強いられたり，狩猟採集漁撈のみならず農耕や家畜飼育を始めている人々もいる。現在の地球には，いわゆる純粋な狩猟採集民はいなくなっているが，彼らの文化が消えたわけではない。同時に，世界の狩猟採集民の暮らしのなかで，時代を越えてもいくつかの共通性がある点にも気づいた。その一つは，自然資源を利用する技術のみならず，内外の社会関係を調整することによって多様な自然環境に対して適応する知恵である。

　先史時代の人類の移動とその要因を把握するために，現存するカラハリ狩猟採集民の移動の通時的分析を行った。その結果，数十年間のタームにおいては，彼らの移動は自らのバンドの領域を超えていたことが明らかになった。そのためには，他の集団とのコミュニケーション能力が重要である。近隣の集団，遠隔の村との関係づくりが欠かせなかった。

　どのようにして人類は地球全体に拡散できたのか。私は，環境変動など様々な要因が人の移動に複雑にかかわっているとしても，人類は好奇心や冒険心を基盤にして，新たな環境へ適応する術の巧みさを発揮してきたと考える。狩猟採集民の各地域での適応について考察すると，集団間の争いがあったとしても，一方では，多様な集団間の協力関係が，自然災害や感染症，気候変動などの危機に対して，重要なレジリエンスとして機能してきた。その結果として，地球の覇者としてあらゆる地域に入り込むことに成功できた。しかし，完新世以降，狩猟採集の段階から食料生産，人口増加，高度な文明の形成，現代文明へと進むにつれて，環境を人為的に改変した結果，狩猟採集民の場は狭められ，ついに「人新世」と呼ばれる時代を迎えてしまったのである。そして現代においても，狩猟採集民の社会では，近代化や政府の政策に起因する新たな危機に対応するレジリエンスが模索されているのだ。

スイカがあれば人は生きていける
狩猟採集民サンのレジリエンス

サンの村に滞在

　狩猟採集民は，先史時代以来，地球の環境のなかで自然が厳しい寒冷地，乾燥地，高山地域においても暮らしてきた［池谷編 2017］。地球環境全体の視野から，世界各地の狩猟採集民がどのような暮らしを展開してきたのかを知るために，私は，これまで人類が誕生したアフリカ大陸をベースにして，ユーラシア，その島嶼部，アメリカ大陸と，人類の拡散した道に沿って地球の各地で調査を行ってきた。なかでも，カラハリ砂漠の狩猟採集民サンの研究は，集落に2年近く滞在していたこともあって私の研究のベースになっている。

　1987年7月，私ははじめてボツワナ共和国を訪問した。伊谷純一郎氏（当時京都大学教授）を隊長とする「アフリカの狩猟採集民に関する生態人類学的研究」のメンバーとして，中央カラハリ動物保護区内のカデ村に滞在した。カデ村には井

写真1　スイカの貯蔵庫（撮影：筆者）

戸，小学校，診療所などがあり，サンの人々の生活の拠点で，それまでも何人かの日本人研究者が滞在した場所である。

　私はそれ以前に，日本の山村で熊狩りや山菜採りをする人々に弟子入りして，狩猟採集に関心をもっていた。そこで，サンのハンターに実際の狩猟に参加したいと申し出た。幸いにも，数か月の間に，猟犬を使う槍猟，馬を使う槍猟，そして罠猟などを体験することができた。

　その後も，毎年のようにサンの居住地を訪問し，とくにカデから120km離れたモラポという村には何度も滞在した。この村には井戸がなく常に水の供給に悩まされていた。そこでは，妻と幼い娘を同行して滞在したこともあって，多くのサンの住民と親しくなることができた。

スイカを軸にした暮らし

　繰り返しサンの居住地を訪問し，かれらの暮しや文化を理解しようとするなかで，私は，とくに野生スイカの利用に興味をもった［池谷 2014］。サンの人々は，「スイカがあれば，人は生きていける」という。この言葉の意味を理解するために，ずっと調査を続けてきたと言っても過言ではない。女性たちが1日か2日おきに採集にでかけると，夕方には，野生スイカや，かつての主食であった根茎類を山ほど背負って戻ってくる。

　カラハリ砂漠は，標高800から1200メートルの高さにある内陸部の乾燥地域で，12月から4月までの雨期を除くと，地表から水がまったく無くなる。数家族で構成する移動キャンプでは，乾期の間の水は主にスイカに頼ることになる。キャンプには住居のほかに，「サアコ」と呼ばれる野生スイカの貯蔵庫がある（写真1）。新しいキャンプ地に移ると，家づくりのあと，直射日光がスイカに当たるのを防ぐために，灌木と草で高さ2メートル程度の貯蔵庫がつくられる（1）。そこに数百個から数千個におよぶスイカが貯蔵されることになる。

　キャンプでは，数百頭のヤギ，10頭以下のロバ，ニワトリ，イヌ，そしてウマを飼っている。それらの家畜にとってもスイカの水分と栄養は欠かせない。驚いたのは，井戸があるカデ村よりも，人も家畜もずっと健康で，家畜

が肥えていたことで
ある。スイカを軸と
して，人と家畜が生
きぬく仕組みができ
ているのだ。

サンの農耕

　モラポ村の本村
の周辺では，天水を
利用したスイカ栽培
も副次的に行われ

写真2　スイカの栽培（撮影：筆者）

ていた（写真2）。畑には所有権があるわけではなく，雨さえ降ればどこでも
畑を作ることができる。雨が多く降ると，直径1メートル近くもある巨大な
スイカが高密度に育つ。しかし，降雨がないとみると，畑を作らない年もあ
る。農耕は不安定で，野生植物の採集のほうが安定している。私は，人類の
初期の農耕は，このようなものだったのではないかと思っている。

　1993年のことであるが，知人のスイカ畑が豊作で，2000個近いスイカの実
がなった。すると，収穫期に，農耕をしなかった数家族の人々が，彼の畑の
近くへ移動してきた。そして，毎日，スイカが無料で分配された。このよう
な分配は，狩猟で獲得した獲物の肉でもよく行われている。

　このように，正確に言えば，現在のサンの人々は，狩猟採集・牧畜・農耕
民ということになるだろう。そのような生業の選択肢と柔軟性が狩猟採集民
のレジリエンスの一つの要素だろうと思っている。スイカ利用は，その象徴
と言えるものであろう。

第**12**章

遠隔島嶼のレジリエンス

「限られた自然」への適応

後藤　明

太平洋の島々に暮らしてきた人々の舟の技術や天
文学，コスモロジーなどを考古学，文化人類学的な
視点から研究する一方，カヌー文化の復興活動にも
携わる。現在，南山大学人類学研究所特任教授

1　オセアニアへの進出

　本章ではオセアニアの島嶼世界への進出と適応過程で，レジリエンスを維持する
ためどのような戦略が採られ，また限界を迎えたのかを論ずる。この視点からして
他地域と異なるオセアニア世界の特徴は，陸上の生物である人類が航海という行為
の中で如何に生き抜いてきたのか，また動植物相が貧困な島嶼世界でどのように社
会を維持してきたのか，さらに津波や火山，あるいはハリケーンなど，太平洋造山
帯にある島々特有の災害にどのように対処してきたのか，という点である。

　オセアニア世界へのホモ・サピエンス集団の移住第1幕は，後期更新世，最終氷
河期である。氷河期の海面低下でインドネシアの島々は大陸と陸続きでスンダラン
ドを形成していた。一方，オーストラリア大陸とニューギニア島も陸つづきでサフ
ル大陸を形成していた。スンダランドとサフル大陸の間には海（現在のマルク海）が

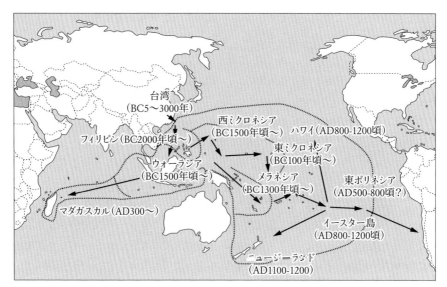

図1　オーストロネシア系集団のオセアニアへの移住
（小野 2017: 図40）

あり，オーストラリアやニューギニア島で発見される4〜6万年（一説では7万年）
前の遺跡を残した人類集団は必ず海を渡る必要があった。

　第2幕は今から4500から4000年ほど前に開始したオーストロネシア（南島）語族集
団の南下である（図1）。一説では中国大陸の南部から，確実なところは台湾付近か
らスタートしフィリピン，インドネシアを経由，すでに居住されていたニューギニ
ア島北岸からメラネシアの島々を南東に移動した。ソロモン諸島以東では彼らが最
初の人類集団である。南島語族の移動は急速だったのか（＝急行列車仮説），それとも
先住の集団と交わりながら徐々に移動したのかについては意見が分かれる。しかし
この動きは特徴的な土器名称からラピタ集団として認識され，ラピタ集団がメラネ
シアから西部ポリネシアのトンガ，サモア付近まで移動したのはかなり急速で，4000
キロを300年から500年の間に東進した［小野 2017］。

　ただしポリネシア東部の島々の居住年団に関しては，ここ30年の間に1000年程度
の編年枠に振幅が見られた。すなわち最初の居住が約2000年前まで遡るという説と，
現在広く支持される約1000年前説の間の振幅である。いずれにせよ西部ポリネシア
に到達した集団はなぜか1000年以上もそこに留まったが，その原因は謎で，さらな

る航海技術の開発に時間を要した，あるいは恒常的な東風が弱まるエルニーニョの
ような気候変動を待って東進した，などという説が唱えられている。現状では，タ
ヒチ島など中央ポリネシア，そして北のハワイ，東のラパヌイ（イースター島），南
のニュージーランドへと渡り終えたのが，今から1000年から900年ほど前のこととさ
れる。

　このような太平洋の島へ，台湾を起点すると１万キロ，ポリネシアの島々でも数
千キロの海を渡った集団が移動した原因については，さまざまなイメージがつきま
とう。すなわち（1）資源の豊かな島への移住，（2）温かい，同じような環境の島へ
の移住，等である。

　なぜ人類は前人未到の島々へと渡っていったのか，その答えは現在でも出ていな
い。しかし確実に言えるのは，動植物相の多様性が高いという意味で豊かな島へ渡
っていったのではないということと，彼らは東南アジアないしニューギニア島起源
の作物や有用植物，さらに家畜や野生動物を運び環境を変革していったということ
である。本章では以上を念頭において，ポリネシア人の環境とレジリエンスの関係
を考察していきたい。そして最後に環境破壊の典型とされるラパヌイ（イースター
島）について語られてきた誤ったイメージについて論じたい。

2　オセアニアの島々各種

　オセアニアの島嶼部には同じような島が分布するわけではない。まずインドネシ
アの南東海上，ニューギニア島から南東に連なるメラネシアの島々である。ここに
は日本の九州島とほぼ同じ面積のビスマルク諸島ニューブリテン島をはじめ，日本
の一県と同じ程度の大きさの島が連なるソロモン諸島など大きな島が並んでいる。し
かも島間の距離は隣の島が見える距離である。この地域でもっとも隔絶しているの
は旧石器時代に居住されていたマヌス島で，ニューギニア本土から約100キロ程度離
れている。

　しかしこの状況はソロモン諸島とフィジーとの間で変化する。その先の東側，ポ
リネシアの島々および北のミクロネシアの多くでは島間の距離が大きく，また島の
面積も小さくなる。これがすなわち近いオセアニア（Near Oceania）と遠いオセアニ

ア（Remote Oceania）の差となる。この境界の東であるが，トンガ諸島の西からニュージーランドの東にかけて安山岩線（Andesite Line: 太平洋を取り巻いている安山岩分布の境界線。この外側には造山帯，島弧などに特有な安山岩類が分布し，海洋性地殻と大陸性地殻の境界を意味するとも考えられている）が走っており，地質学的にもその東西で差が生まれる。

　考古学者のカーチはこのような島々を三つないし四つに大別した［Kirch 2000］。すなわち島弧島（island-arc islands），高い島（high islands），隆起サンゴ礁（raised reef island/ *makatea*），および環礁（atoll）である。島弧島とはインドプレートと太平洋プレートの境界にできた上記の大きな島々（ビスマルク，ソロモン，あるいはニューカレドニア島などの近いオセアニア），そしてニュージーランドなどを指す。高い島は火山に由来する山が中央部にあり，それを裾礁（fringing reef）ないし堡礁（barrier reef）が取り囲む島であり，ハワイやソシエテ諸島がこれに相当する。隆起サンゴ礁はポリネシア語の *makatea* と呼ばれる島々で，サンゴ礁の一部が隆起するか海水面の変動で高くなった部分を含む島で，トンガ諸島のトンガタプ島やクック諸島のアイツタキ島などが相当する。環礁は低い輪状の陸地が囲む低い島々で，ツアモツ諸島やミクロネシアのマーシャル諸島がこの事例となる。このような島の大別と人口規模や社会階層制との関係は，ある程度の相関関係が認められる。

　一方，人類学者のアルカイア（Alkire）の書いた古典的名著『サンゴ礁島民』では，ミクロネシアの事例を中心に島々を（1）単独サンゴ島（Coral Isolate），（2）集合サンゴ島（Coral Cluster）および（3）複合サンゴ島（Coral Complex），という三分類を軸に分析している。単独サンゴ島は孤立した島でナウルやカピンガラマンギなどが相当する。集合サンゴ島は低い島が近接する諸島（例：北部クック諸島）でグループ全体として資源量を考えるべき事例とされる。そして複合サンゴ島は火山性の高い島と環礁など低い島の複合した諸島という違いがある。

　人類が居住した後の人口増加や農耕システムの変化が，それぞれの島群の間では異なることが示されている。たとえば単独サンゴ島より集合サンゴ島がレジリエンスが高い。その理由は，個々の島の陸上の生産力だけが原因ではなく，ハリケーンなどの災害で農地や作物に被害があった場合，近隣の島に住む親族からの食糧援助や避難をするといった手段が取れるからである（Phase IV・第17章）。さらに複合サンゴ島の場合は異なった資源の共存，あるいは津波や高波のケースでは高度の高い島への避難など，緊急時に取れる代替手段がさらに多いのである。

近年の考古学，とくに石器に使われた黒曜石や玄武岩の産地同定の結果，ポリネシア人は居住初期，諸島を越えて数千キロレベルの交易をしていたらしいことがわかってきた。すなわちミクロネシアの複合珊瑚島間の交易網より10倍も長い距離をモノが移動していたのである。そのような長距離交易は西暦1400年以降終結したが，オセアニアの島々に住み込んだ集団のレジリエンスは当初このようにして保たれていた。

3　限られた自然

　オセアニアの島々は，安山岩線付近で両生類や淡水魚分布が欠落する，限られた動植物相に特徴付けられる。一例であるが，珊瑚礁内の魚種がフィリピンでは約2500種，ニューギニアでは2000種である一方，ポリネシアのサモアでは約900，タヒチ島では630，ハワイでは460に種数が落ちる。ラパヌイ（イースター島）にいたってはたった125種となっている。

　サンゴ礁の魚で食用価値も高いのはハタやフエダイ科の魚であるが，深海種を除きハワイの海では欠落する。中央ポリネシアとハワイとの間の海域を移動できなかったのであろう。そしてハワイの海ではハタやフエダイとニッチを争うニザダイやベラ科の魚の種分化が著しい。特定の動植物の欠落の結果，他の動植物の種分化が進むという現象も進展するのである。

　また爬虫類では東南アジアやニューギニア，オーストラリアで見られる蛇や鰐がポリネシアではほぼ欠落する。蛇や鰐は東南アジアから近いオセアニアにかけて，神話上は鍵となる存在である。食料資源としては重要でない蛇や鰐の欠落は認知論的には大きな問題を引き起こす。神話は対立的な特徴をもった神話素からなる構造体をなしているので，これらの神話要素の転換は単なる要素の入れ替えではなく，神話体系全体に構造変化を促した［後藤 1999］。

　ポリネシアの神話では蛇の代替的存在として鰻ないしウツボがその役割を果たす。メラネシアで死体化成型神話，すなわち死んだ神の体から作物が生じる神話（日本神話ではオオゲツヒメやウケモチの神話が相当）には蛇が登場するが，ポリネシアでは女神ヒナに恋する鰻の切り落とされた頭からココヤシが生じる神話に転換する。この

神話は東南アジアの「首刈り」神話の流れもとり
こんでいるが，首刈りのないポリネシアに至って
構造上は大きく変容している。ちなみにポリネシ
ア祖語で蛇を意味した*ŋataはサモア語ではgataと
なってナメクジあるいは小魚を意味するようにな
る。

　また東南アジアやニューギニアで水の神として
重要な鰐が欠落するポリネシアでは，鰐の神話的
役割の一部は鮫，一部はオオトカゲが継承する。
鰐をかたどったと思われる意匠が象徴的な武器の
デザインとしてマルケサス付近まで使われ（図2），
鰐のいないニュージーランドのマオリ族では鰐の
神話が「民俗の記憶」として継承される［後藤1999］。
　植物相も傾向は同じで，多数種の使い分けから
少数種の多目的利用へと変化した。余すところな
く利用されたココヤシなどが後者の例である［堀
田1999］。熱帯の海岸で自生するココヤシをのぞき，
ポリネシア人たちが食べていた作物，タロイモ，ヤ
ムイモ，バナナ，パンの実などはすべてカヌーで
運んだものである。

図2　マルケサスの鰐を象ったと思われ
る武器（海洋文化館蔵：筆者撮影）
※マルケサスに鰐はいない

　このようにポリネシア人は資源の限られた島々
で生きていくために主要な食糧資源は大部分，東南アジアあるいはニューギニア島
付近から持ちこんだ。神話では英雄が新しい土地に向けて，新型の双胴式のダブル
カヌーに甲板を張り小屋を作り，作物一式とつがいの家畜，豚，犬，鶏を乗せて，一
族郎党を連れて出発したと語られる。ノアの箱船神話を彷彿とさせるが，これは決
して聖書の影響ではなく，彼らが計画的に作物や家畜を運搬し，定着するためには
男女が移住したというのは事実なのだ［後藤2010］。ラパヌイには鶏，ニュージーラ
ンドには犬と鶏だけが運ばれた。

　これらは家畜食用ないしペットであり，運搬や使役に使うものではない。ハワイ
を統一したカメハメハ1世は19世紀の末，西洋人が持ち込んだ牛を「大きな豚」と
呼んで美味だとした一方，通常食用ではなく運搬用の馬は餌を食べさせるに値しな

いと言った［後藤 2021］。なお太平洋にはおそらくカヌーに隠れて東南アジア起源のネズミ種も広がった。

　ポリネシア人がアジアからもたらした植物は食用だけではなく様々な道具を作るためのものを含めると，その有用植物は50から60種ある。つまりポリネシア人は「太古の自然」に適応したのではなく，自らが生きる自然を作り替えていったのである。タヒチでは47種類，ハワイでは26種類，ニュージーランドでも6種類の有用植物が持ち込まれた。

　ハワイではタロイモ栽培用の石組み水田が川筋に造られ，斜面には乾燥地農耕システムが築かれた。主要な作物にはそれぞれ神話や神々が対応していたが，ハワイの主食とされたタロイモには，最初の男女神の男神が娘と近親相姦し，最初に生まれた死産児の遺体に起源する，という死体化成型神話が語られる。その次に男神が女神と交わって生まれた子供の子孫がハワイ人であるので，彼らにとって「(異母)兄」であるタロイモには大いなる敬意が払われる。

4　同じような，温かい島への移住という誤謬

　ポリネシアの島では島内でも気候の違いが存在する。多くの島で見られるのは，風上（湿潤）と風下（乾燥）の対比である。ハワイの島々の風上側においては森林と河川が発達し，主食であるタロイモ水田が作られ人口密度も高かった。風下側では標高が高ければ降水量も多かったが，低地では焼き畑あるいは乾燥地農耕システム（dryland agricultural system）が中心となった。集約農法が可能な風上側に対して，より拡張の必要性のある風下側の方が限られた資源や土地の争いが激しく，それが軍事的な傾向や首長の権力の増大を招いたとされる。火山性土壌が多く，乾燥性の土地が大部分をしめるマウイ島とハワイ島の方が他島より好戦的とされ，ハワイを統一したカメハメハなどもハワイ島の風下側の出である。

　伝統的な気候区分であるケッペンの区分では気温と降水量によって世界の気候帯を五つに分類する。たとえばハワイ島は1万平方キロ，四国の半分程度の面積をもつ大きな島であるが，この島の気候区分を見ると，北部から東部の海岸線は熱帯雨林を示すAfゾーンがある。これは北東貿易風によって島の北および東（風上）は降

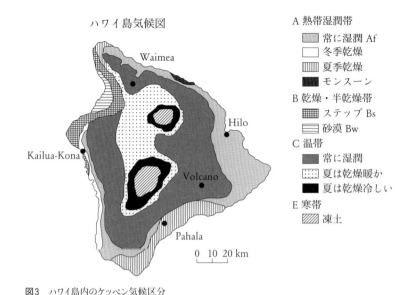

ハワイ島気候図

A 熱帯湿潤帯
　　常に湿潤 Af
　　冬季乾燥
　　夏季乾燥
　　モンスーン
B 乾燥・半乾燥帯
　　ステップ Bs
　　砂漠 Bw
C 温帯
　　常に湿潤
　　夏は乾燥暖か
　　夏は乾燥冷しい
E 寒帯
　　凍土

図3　ハワイ島内のケッペン気候区分
（ウエブ Hawai'i Island Climte Zone より）

水量が高くなるからである（図3のA）。

　一方，北西部や南部にはBとされるゾーンすなわち乾燥帯がある。すなわちBs（サバンナ気候）さらに北西部にはBw（砂漠気候）とされるゾーンがある（B）。また島内陸部はC（温帯）が広がるが，さらにその内陸高地には2箇所E，すなわち寒帯帯が存在する。マウナ・ケアとマウナ・ロアという4000m級の山があるところである。つまりハワイ島1島に熱帯と砂漠そして，温帯と寒帯という気候が共存しているのである［Morgan 1983］。

　とくにマウナ・ケアとは白い山の意味で，文字通り山頂には雪を頂くのであるが，ハワイでもっとも良質な石斧の素材である玄武岩の採石場がある。ここには石材を採集した遺跡と同時に，山岳信仰の名残と思われる神殿（ハワイ語ではヘイアウ）などが残されている。熱帯を移動してきたハワイ人はどのようにしてこの寒帯に登り，作業や儀礼をしたのか。そのとき防寒具は？　などと想像される。

　寒冷地適応はアオテアロア（ニュージーランド）のマオリも同様である。熱帯から南下して亜熱帯のニュージーランド北島北部までは同じような気候であったが，マオリの祖先はさらに南下し，寒冷な気候に適応していった。熱帯の主要作物は育た

す，移動経路は十分解明されていないが，太平洋での主要作物となったサツマイモを試行錯誤の末育てるのに成功した。南島の南に浮かぶスチュワート（Stewart）島から400キロ南にあるオークランド諸島のエンダビー（Enderby）島は年間 6 ヶ月以上最低気温がマイナスになる寒い島だが，人類居住の痕跡が発見されている。西暦1300年とされる炉跡，さらに剥片石器，犬の骨などである。

ポリネシア人が寒さに対応したのは島の上だけではない。むしろ途中の航海の間であった。熱帯の海上では暑くてたまらないと思うかもしれないが，それは誤りである。

航海中は体温の維持は生死に関わる重要問題である。ハワイの復元カヌー・ホクレア号の実験でもケラマディック諸島で乗組員は寒さに襲われ，それを克服するためには震えて体温を上げる必要があった。

メラネシア人とポリネシア人の体型の比較ではポリネシア人が寒さに耐えうる体であり，男性が女性よりも若干勝っているという結果になった。ポリネシア人の大きな体型と筋肉質はイヌイットと類似しているといわれるが，それは皮膚の面積に対して大きな体格と過剰な筋肉である（震えて熱を出す）ことと関係する。ポリネシア人は寒冷地適応した人々であるともいわれる所以である。ただし今日では，生活様式の変化（エネルギー接種の増加と運動量の低下など）により，それが肥満や第二種糖尿病などの成人病とも関連する［Crow 2018］。

また付随する問題として同系統の人々の言語であるポリネシア語は同質性が高く，太陽や海のような自然を表す基本語彙には共通性が高い（表 1）。しかしハワイ語とマオリ語の「雪」表す語彙は例外である。ハワイとニュージーランドにおいてのみポリネシア人は雪を見て，それぞれ ad hoc に雪を意味する語彙を作り上げたのである。初めて雪を見た人々の驚きが想像される［後藤 2021］。

ポリネシア人特有のレジリエンスは認知論的側面にも表れている。彼らの移動経路は主に赤道付近の東西移動であったが，ハワイとニュージーランドは南北移動となる。結果として重要な点はポリネシア人は，北半球と南半球の両方に移動した希有なケースであることである。ハワイは北緯20度，ニュージーランドは南緯40度と，赤道を挟んで，緯度が60度も異なる範囲に同系統の集団が住んでいたことは驚くべきことである。

その認知論的な意味合いは航海や暦の指標となる天体が異なるということである。たとえば北半球で航海の目印となる北極星は南半球では見えない。一方，南半球で

表1　自然を表す基本語彙の比較

	サモア語	タヒチ語	ハワイ語	マオリ語
山	mauga	mouʻa	mauna	maunga
海	moana	moana	moana	moana
露			hau	hau
泡			hua	huʻka
雪	kiona*	なし	hau kea （＝白い露）	huka rere （＝飛ぶ泡）
プレアデス	mataliʻi	matariʻi	makaliʻi	matariki
鰹	aku	aku	aku	aku
タロイモ	talo	taro	kalo	taro
豚	puaʻa	puaʻa	puaʻa	kunekune**

*外来語（snowから？）
**後世の導入種

は，北極星のように動かない「南極星」は存在しない。長軸が常に天の南極付近を指す南十字座などが使われた可能性があろうが，いずれにせよ北半球に起源をもち赤道付近を移動してきたポリネシア人の「天文航法」の法則は南半球では再構築を余儀なくされた（研究ノート参照）。またハワイではプレアデスが11月頃，夕方東天に出現した直後の新月を新年とする。同じ慣習はハワイから赤道を越えて，タヒチ付近でも見られるが，ニュージーランドやラパヌイ島民では，6月頃（＝南半球の冬至），明け方に東天に最初の三日月が出現する現象を新年とする［後藤 2003］。

このように南北広範囲に広がったポリネシア人は，新しい状況において暦や天体認知を変革することで生き抜いてきた，認知的なレジリエンスを持つ人々であった。

5　島環境の脆弱性と長期の環境変動

ポリネシア人が居住した島々で固有の種を絶滅させたことは各地で確認されている。マオリ族が飛べない鳥モアを絶滅させたことは有名であるが，それは直接の捕食ではなく耕地開発のための森林伐採と火入れによって環境を変革したことが大きい。

ジャレド・ダイアモンドは『銃・病原菌・鉄』［2000］や『文明崩壊』［2005］など
の著作で，人類文化と環境の問題を地球規模で論じている著名な研究者である。彼
は考古学者のロレットと島々の森林破壊（deforestation）と森林転換（forest replacement）
という二つの環境変化と，島の地質学的な条件との関係を分析している［Rolett and
Diamond 2004］。彼らが使った環境要因は降水量，緯度，隆起サンゴ礁（makatea）の
有無，島の年代，火山灰（tephra），風送のダスト（黄砂），標高，面積，近隣の島へ
の距離，という九つの条件であった。

　この分析では降水量が低く面積が小さい島の方が森林破壊と正の相関があった。
生産力が低く，それゆえ限界を超えた農耕のための影響を受けやすいからである。一
方，またより高い島の方が人為的影響を受けやすいという結果も示された。高い島
は地表面の傾斜があり，標高が高いと自然林が残される一方，低地は作物導入など
によって森林転換が起こりやすいからである。つまり高い島ほどレジリエンスが高
いといえるが，ここで問題となるのは，そもそも社会がどの程度の生産力を必要と
するのか，そして森林破壊が始まる「閾値」とそれを超える社会的要因（例えばイデ
オロギー）はなにかである。

　さらにサンゴ礁の活動と火山活動によって形成された島々の場合，古い島ほど土
壌に栄養分が多いので，より集約的な農耕の対象となり，その結果土壌の栄養分が
減少する。さらにその場合，火山灰やダストの降下が長期的には土壌成分の回復に
役立つ。隆起サンゴ礁は上陸を妨げ，また農耕には向いていないので農耕のための
森林破壊は起こりにくい，などの説明がなされた。

　また隔絶した島は，近隣の島の開発などがしにくいので，よりひとつの島に農耕
活動が集約されてしまい森林破壊につながりやすい，と推測される。なお彼らの中
心課題はラパヌイにおける森林破壊の原因を探ることであった。彼らの分析からす
るとラパヌイは森林破壊が進む数々の条件を備えていたと主張されている。

　上記の環境要因を元にした分析は，土地所有制度（land tenure）や文化的に継承さ
れた土地利用観念などの社会・文化的要因が考慮されず，ゴルトン問題（Galton's
problem）を克服したことにならないとする研究者もいる[1]。この観点からオーストロ
ネシア語の系統樹にそって80程度の事例を分析し，森林破壊が系統樹の特定の枝集

　1　ゴルトンの問題とは，異なる人類集団の間で類似の文化現象が見られたとき，共有された歴史に
　　由来するのか，あるいは環境のような外的要因に起因するのか，という問いである。

団に見られるかを検討した論文もある［Atkinson et al 2016］。その結果，総体として灌漑農耕の強化と森林破壊は相関し，また樹木栽培（arboriculture）による森林転換は近接した島間の方が，文化（言語）系統の近接度よりも高かった。つまり作物や技術・知識の伝播という要因である。またエリート集団が土地を所有する場合，いわゆる「コモンズの悲劇」[2]に至りにくいため森林破壊は起こりにくいが，環礁のような小さくて低い島の場合，パンの実など樹林作物に置き換わる森林転換がより起こる確率が高いとする意見もある。

さらに人類居住後，氷河期が終わり，気候の温暖化と海水面が4000年ほど前をピークに現在より2mほど上昇した。その後リモート・オセアニアの島々に人類が移住し始めた3500年ほど前には再び海水面が徐々に低下し，約2000年前に現在とほぼ同じになった。そして，西暦700-1250年にかけて温暖化が進み，中世温暖期（Medieval Warm Period）と呼ばれ豊富の時代（time of plenty）と考えられる。その後気温が低下する小氷期（1350-1800）となる。西暦1300年頃までにはハワイ，ラパヌイ，ニュージーランドなど辺境ポリネシアにも移住が完了していたが，小氷期の開始とともに居住地が内陸に移動する傾向がみられる。その原因は海水面の低下であるという意見もあるが［Nunn et al. 2007］，確定的ではない。

さらにメラネシアからポリネシアの各島にかけて海岸の堆積層や内陸に存在する岩石などの分析から2度の巨大津波が1450年ころ起こったとの推測もある［Goff et al. 2012］。考古学者の篠遠喜彦がソシエテ諸島のフアヒネ島で発掘した遠洋航海用のカヌーは，西暦1050-1450年の間に起こった津波ないし高波によって埋没したと推定されている。津波はその後もたびたび発生した。1960年に起こり，日本の三陸でも被害をもたらしたチリ地震津波は，日本に到達する前にチリに近いラパヌイの海岸でも被害をもたらしていた。そのとき10基の石像が並ぶアフ・トンガリキのモアイ像が150メートルも内陸に運ばれたことが知られている。島民はこの記憶を「モアイが泳いだ」として語り継いでいる。

津波はポリネシア人の住居や農地を荒廃させ，ときには島を放棄する一因となったであろう。津波によってカヌー船団が壊滅したことが1450年頃に遠洋航海が下火になった一因であるとの推測もある［Crow 2018］。

---

2 誰でも平等に環境を利用できる状況（commons＝共有財産）であるため資源管理がなされず，環境破壊が進んでしまうという悲劇。

6　ラパヌイのエコサイド論への疑問

　ポリネシアの東端に位置するラパヌイはポリネシアでもっとも有名な島である。

　二つの火山から形成されたこの島は，1722年にオランダ人の航海者ロッヘフェーンが感謝祭（イースター）の時期に発見したためにこの通称で知られ，石像巨石モアイ像をテレビなどで見た人は多いであろう。同時にこの島が有名なのは，「エコサイド ecocide」つまり，島民自らが起こした環境破壊による自己破滅の事例としてである。「宇宙船地球号」と称され，人類は一隻の船に乗る仲間である，したがってラパヌイ人が起こしたようなエコサイドは教訓とすべし，という言説である。未だにラパヌイのエコサイド論は研究者の間でも根強い。

　まずその議論を見てみよう。ラパヌイは東部ポリネシアでももっとも早く居住された（西暦5世紀）とされてきた。その言語や文化がポリネシア語の中でも独特の要素を含み，早く分離したのがその理由とされてきた。また島はかつて森林に覆われ，チリサケヤシ（*Jubaea chilensis*）に近い固有種のヤシ（*Paschalococos disperta*）が生い茂っていた。ここに住み着いたポリネシア人はしだいに人口を増やし，死んだ首長を記憶するためと思われる巨大なモアイ像を競って造っていった。巨石を運ぶためのコロとしてヤシの木が次々と伐採された。植生変化は，炭化物の増加や湖底の堆積物の花粉分析による推測である［Bahn and Flenly 1992］。

　環境が悪化した結果，領土獲得戦争，さらに人肉食も行われた。それは殺傷痕のある人骨や防御のための洞窟住居および黒曜石製の鏃から推測される。肋骨の浮き出た木彫は極度の飢餓状態を表現したものである（図4）。こうして固有の宗教も廃れ，モアイ倒し戦争が始まり，社会が内部から崩壊した［Bahn and Flenly 1992］という主張だ。

　なかなか上手なストーリーである。このような崩壊説はさまざまな研究者によって唱えられてきたが，もっとも有名なのがジャレド・ダイアモンドの『文明崩壊』である。多くの研究者や一般読者は，われわれが反省すべき「教訓」あるいは人類への警鐘としてこの物語を読むであろう。

　しかし今日まず年代観が疑問視されている。ラパヌイの居住年代は確実なところ東部ポリネシアでも遅い方で10世紀以降である。またラパヌイの土壌は確かに豊かではなかったが，島民は土壌に砕いた岩を混ぜ続け（mulching），水分の蒸発を防ぐ

ために（ラパヌイに恒常的な川はない）石
囲いや洞窟内での栽培によってタロイ
モやバナナを育ててきた。ロッヘフェ
ーンは島中を見て歩いたのではないが，
「島は作物で覆われている」と書いてい
る。森林の有無に関しては記述が一定
ではないが，ロッヘフェーン隊の中に
は森林があったと記述する者もおり，
島民から作物や鶏が豊富にもたらされ
たとの記録はその後の航海記録の中で
も続く。

　考古学者テリー・ハントらの調査に
よると，植生の変化は西暦1250-1650年
に徐々に進行したもので，他の島でも
起こった農耕の発達による植生の変化
と同列である。またヤシの木が消滅し
たのは過度の伐採ではなく，偶然持ち
込んでしまったポリネシアネズミ（*Rattus
exulans*）の害によるところが大きい。ネ
ズミにかじられた殻が多く出土してい
るからだ [Hunt 2007; Hunt, Terry and Kipo
2011]。

　さらに人口も最大1万人程度あって，
それが環境崩壊で急激に減少したと言
われてきたが，セトルメント・パタン
の調査などによって，むしろ人口は
3000人程度で長期に安定していたこと
が知られている。そして現在ラパヌイ
で目にする草原は，19世紀末から導入
された山羊の放牧が直因である。

　「槍先」あるいは「鍬」とされた石器

図4　飢餓を表したといわれるモアイ・カヴァカヴァ像
（ラパヌイ博物館蔵：筆者撮影）

後藤　明

ホクレア号からカヌールネサンス・Wayfinding教育へ

　太平洋を東に行くと島々は面積も小さく，島間の距離も長くなる傾向がある。測量機器をもたないポリネシア人は漂流などによってしかハワイやラパヌイ島のような辺境地にはたどり着けなかったであろうとされた。風向や海流を考えむしろ新大陸から来る方が自然だとしたハイエルダール説などが有名である。これに対しベン・フィニーらは移住に使われたであろう古代のダブルカヌー（双胴型）を作り，機器をつかわずにポリネシアの海を航海することを目論んでいた。

　しかしポリネシアでは大航海時代に記録された航海用ダブルカヌーはすでに200年ちかくも前に絶えており，伝統的な航海術も消えかかっていた。フィニーらは文献資料の検討の結果，一隻のカヌーを造り上げ，ハワイ付近の天頂星である牛飼い座のアルクトゥールスを意味する，ホク（星），レア（幸せ）と命名した。

　一方，航海術が今日まで継続されているのはミクロネシアのカロリン諸島であった。そこでは太平洋戦争などで一時停滞したものの，1970年代から航海を再開しており，サタワル島から沖縄国際海洋博覧会場までへの記念碑的な航海をチェチェメニ号が成功させた（1975年）。

　ホクレア号の航海士として白羽の矢が立ったのはマウ・ピアイルッグであった。マウは英語が話せるという優位な点があったが，ハワイから南下してタヒチまで行くには赤道を越え南半球を航海する必要がある。これはマウにとっても初体験であったの

で，水産実習生としてホノルルに来たマウはビショップ博物館のプラネタリウムで南半球の星空を体験して戦略を立てた。

マウの導きでホクレア号は1976年に1ヶ月かけてタヒチにたどり着いた。このホクレア号の処女航海にはいろいろと裏話があるが，1980年にはハワイ人だけでタヒチ往復航海に成功し，その後ホクレア号は困難といわれた東進航海を含めた「ポリネシア再発見の航海」を成功させた（1985-1987年）。

その後ホクレア号は，様々な先住民の文化復興イベントに参加することで，実験考古学のツールから先住民の文化復興のシンボルとなった。各地でそれぞれの島の特徴をもった「われらがカヌー」が建造された。一方，ハワイでは教育のためにホクレアが使われ，「浮かぶ教室（floating school）」と呼ばれるようになった。そしてホクレア号は2007年に日本航海も成功させ，2013-2017年にはついに世界一周航海を完遂した。もともとカロリン諸島にかろうじて維持されていた星を読む技法は，ホクレア号やそれに続く各島々の復元カヌーの航海によって，各島に適応した（航海の指標にする星は島によって違う！）星の航海術が新しい伝統として今日につながっている。

このような太平洋先住民の試みをただ讃えるだけでは不十分である。ホクレア号日本航海の教育支援プログラムに携わったわれわれは，ホクレア後にそのスピリットをどのように活かすか考えた。カヌー学校や「自然塾」などを立ち上げる者，あらためて教育現場に戻る者など模索の模索が始まった。私自身は沖縄の海洋文化館で現代のカヌー復興を意識した展示に関わったりもした。

さらにポリネシア航海協会の活動に応答すべく九州の日向市にNPO日本航海協会の設立に協力した。日本航海訓練所（現 海技訓練機構）練習船の船長でホクレア号世界一周のクルーでもあった理事長を中心に，市民も加わり，日本オリジナルのスターチャートの作成や船での実践訓練などを行っている。また現在計画中のホクレア号再来日の歓迎もこのNPOが中心になって進めている。さらに2016年，グアムで開催された太平洋芸術祭では，日本のユネスコ・オフィスや東京文化財研究所，南山大学人類学研究所が協力して「カヌーサミット」を呼びかけると，米本土や太平洋の島々から航海士やカヌー関係者が100名近く列席し，ユネスコの無形文化遺産化につながった。

また私は，ホクレア号航海の基礎となるポリネシア民族天文知識だけでなく，北海道のアイヌや琉球の伝統的な星座観を体験するエアドーム式プラネタリウム「アンソロポリウム」を実践している。勤務校だけではなく，日向市や標津町でも出張投影を行い，2021年度は喜界島やOIST（沖縄科学技術大学院大学）のあるいは札幌のピリカコタンでのサイエンスカフェで実施予定である。解説には地元の方々，BGMは地元のミュージシャンなどにお願いするなど，住民参加型のイベントとして発展させていきたい。

今後を担う若い世代が楽しく文化とサイエンスを学ぶことで自らWayfinding（＝自らの生きる道を探す）していただくためである。

であるが，少なくとも東部ポリネシアに武器あるいは狩猟具としての弓矢の事例はほとんどない。ラパヌイでは，ある航海者が西洋式の弓矢を与えたところ，島民は当惑した様子で巻き上げた髪（お団子）に挿したという。この槍先ないし鏃にしては幅が広すぎる石器は，魚や芋の皮を剥くための調理用具，あるいは土掘り具である可能性がある。殺傷痕のある人骨も，初期の研

図5　アフ・ヴィナプの倒れたモアイ像
※モアイはほとんど海岸に立ち，陸を向いている
（海側から筆者撮影）

究者が意図的に珍しい骨を持ち帰った結果である可能性がある。さらに「食人洞穴」の名称も「人々が食事をした洞窟」と訳すことができる。

　ロッヘフェーンが来たあと，モアイは立っており「島民は像を崇拝していた」と書く。1770年にスペインのゴンザレスが来たときもモアイは立っていたが1774年に英国のクックが来たときに初めてモアイが倒されていることが記されている（図5）。この間，島民に何が起こったか？

　以前私が年表で示したように［後藤 2016: 37］，ラパヌイ島民は西欧人にきわめてひどい扱いをされた人々なのである。彼らが洞窟住居を造って隠れようとしたのは，部族戦争ではなく，野蛮な西洋人から隠れるためであり，西洋人の到来以降の人口の激減と，徐々に進行していた農地化のための植生の変化との間に因果関係が想定されてきたのではないか。18世紀の短期間に奴隷や拉致そして外来の疫病のために人口が激減し，それが原因でモアイを崇拝する伝統宗教も崩壊した。

　モアイ像は先見の明のない環境破壊の例として取り上げられるお決まりのテーマであった。小氷河期や津波などの大規模な災害が拍車をかけた可能性もあるが，本章で論じたように環境破壊の「犯人」とされたモアイは実は「被害者」なのであった［Hunt 2007: 498］。

　総じてポリネシア人は太古の自然に適応したのではなく，意図的かどうかは別と

して持ち込んだ動物や植物によって環境を変革した。ラパヌイは孤立した島であり，河川や高い山のないマージナルな環境であることは確かだ。しかしそこでも人々はレジリエンスを失わず安定的な人口を保ってきた可能性が高い。西洋人の到来こそ，そのバランスを決定的に崩したのではないか。

　レジリエンスを失った事例としてラパヌイに言及すれば本章の締めくくりには格好がついたのだが，歴史のプロセスは正しく追究すべきである [Boersema 2011]。自分たちができないことを過去あるいは異文化に投影し，「ラパヌイは地球の運命の縮図だ」と悲劇に酔うのはやめにしたい。

遊牧社会の特性を活かす

第13章

激変する社会へのモンゴル人の対応と防災

石井祥子

文化人類学者。2000年からモンゴルの遊牧と都
市に関する調査研究を続け，現地での防災教育
の普及にも携わる。現在，名古屋大学減災連携
研究センター研究員

　1990年以降，モンゴルでは社会主義・計画経済体制が放棄され，民主主義・市場
経済体制へと移行した。ロシアの経済破綻と連動し，多くの企業が倒産し，モンゴ
ル国民のうちとくに都市住民は極度の窮乏生活に陥った。また，全てのモンゴル国
民は，社会体制の断絶，政治・経済・文化の劇的な変動への対応を迫られた。本章
は前半において，モンゴルの遊牧民と都市住民が，それぞれの社会変動に対してど
のように対応してきたかに注目し，モンゴル固有のレジリエンスを明らかにする。

　古来遊牧民は，自然や社会状況の変化をよく観察し，様々な方法で柔軟に対応し
てきた。多様な方法を駆使し，家族・親族・友人間で協力して生活してきた。こう
した遊牧社会が培ってきた「レジリエンスの知」は，現代の都市住民の中にも生き
ていることが，市場経済化への対応の仕方からわかる。遊牧社会と都市社会とで変
化に対する対応の仕方は異なるが，その根底にはモンゴル特有のレジリエンスが十
分に発揮されている。それは，遊牧民として長きにわたって培ってきた，「移動性」，
「場の共有」，「柔軟性」，「相互扶助」である ［石井 2015a］。

こうしたモンゴル特有のレジリエンスは，災害対応にどのように活かされるだろうか。モンゴルでは近年，地球温暖化に伴う異常気象が頻繁に災害をもたらし始めている。モンゴルは内陸の極度に乾燥した寒冷地域にあり，地球上で最も気候変動の影響を受けやすい地域のひとつである。また，地殻変動も活発で，20世紀前半には大規模な地震も頻発した。遊牧生活では，地震の被害は少なかった。しかし，急激な市場経済化，首都への人口集中や都市化などによって状況は大きく変化した。そのため，ふたたび地震活動が活発化した近年，社会不安も高まっている。

　このような状況に対応するため，2017年8月から，JICA草の根技術協力事業「モンゴル・ホブド県における地球環境変動に伴う大規模自然災害への防災啓発プロジェクト」が開始された。実施代表機関は名古屋大学であり，放送大学が連携して防災啓発のための市民ワークショップや防災コンテンツの制作を進めてきた[1]。モンゴル非常事態庁とモンゴル国立大学が参加し，現地の行政機関や教育機関も協力した。このプロジェクトの最も重要な視点は，地域性への配慮と市民参加である。本章の後半ではそのプロジェクトを紹介し，モンゴルのレジリエンスが，自然災害対応においてどのように活きる可能性があるかを考察したい。

1　モンゴル社会の二面性——遊牧社会と都市

　モンゴル社会は，伝統的な遊牧地域と近代的な都市との二面性を持っている。両者は断絶した二つの世界ではなく，相互に強く関係しあっている。ウランバートルから車で1時間も走れば草原に至り，そこには「伝統的」な移動生活を営んでいる「遊牧民」がいる。

　「遊牧民」とは，「草原でゲルに住み季節的に移動しながら家畜を飼うことを生業とする人」である。ただし，個人の属性として固定的にとらえることはできない。都市生活者も自分の家畜を持っていることが少なくない。普段は家畜を親戚の牧民に預け，夏だけ親戚と一緒に草原のゲル（移動家屋）で生活し，家畜の世話をする。家

1　この事業には，代表者として名古屋大学の鈴木康弘，放送大学から稲村哲也，奈良由美子が参加している。

畜を持っていなくても，夏になると遊牧民の親戚と一緒に過ごす。夏に草原で過ごし乳製品をたっぷり食べるのが健康の秘訣で，特に子どもたちにとってはそれが大切だと考えている。一方，遊牧民も，時には都市へ行き，家畜や乳製品を売って収入を得，ザハ（市場）で買い物をしたりする。子どもがウランバートルの大学に入ったり，就職をしたりすれば，頻繁に行き来したりもする。

　遊牧民が家畜を失ったために職を求めて都市住民になったり，子どもの教育のために一時的に都市へ移り住んだりすることもある。また，都市住民が定年退職後に家畜を手に入れて草原に移って遊牧を始めるケースもある。

　そうした「都市」と「遊牧地域」間の移動や，「都市生活」と「遊牧生活」との柔軟な転換が，モンゴルでは日常的にみられる。モンゴルのレジリエンスの4要素（「移動性」，「場の共有」，「柔軟性」，「相互扶助」）のうち「移動性」についてはこうした背景がある。

2　モンゴルの社会変動

　20世紀以降，モンゴルの遊牧社会は激しい社会変動にさらされた。20世紀初頭に清朝が倒れると，清朝支配下にあったモンゴル人の間に独立運動がはじまった。一方，ロシアにおいても社会主義革命が起こった。結局，モンゴルは，最後にはロシア赤軍（革命政府）の助けを借りて1921年に独立を達成した。当初はジャブザンダンバ・ホタグト（いわゆる活仏としての政治的指導者）が統治する形をとったが，1924年に活仏が亡くなると，社会主義の体制をとることになった。

　社会主義時代には旧ソ連の指導の下，コルホーズに倣ったネグデルと呼ばれる共同組合体制が導入された。ソム（県の下の行政単位）ごとにネグデルが組織され，それまで私有だった家畜は1950年代末までにネグデルの共同所有になった。遊牧民はネグデルの家畜を引き請け，給料を受け取る賃金労働者になった［小貫 1985］。

　モンゴルの遊牧民は伝統的に五畜（ヒツジ・ヤギ・ウシ・ウマ・ラクダ）を飼ってきたが，ネグデルでは，各家族が単一の種類を請け負って飼育するという分業体制が開始された。また，遊牧民は伝統的に「ホト・アイル」と呼ばれる宿営集団を形成してきた。ホト・アイルとは，兄弟，親戚，友人等数家族により構成され，家畜を

共同で管理する共同体で，移動ごとに離合集散する柔軟なグループであった。ネグデル時代には，それが「ソーリ」として再構成された。ソーリはホト・アイルとは異なり，メンバーの変更を自由に行うことはできず，宿営場所や遊牧のための移動の日時やルートもネグデルが決定した。遊牧の移動範囲は縮小され，定着化へ導かれた。このような社会主義時代の行きすぎた管理と極端な分業体制は，牧地利用としての適正さを欠き，草地の劣化を招いた［青木 1993］。家畜の種類によって好む草の種類が異なるため，5 種類の家畜を飼うことで植生への負荷のバランスが取れていたのだが，家畜の種類別分業化（単一の家畜の飼養）は環境の劣化をもたらしたのである。

1985 年に旧ソ連でペレストロイカが起き，その後，東欧革命が起きる中，1989 年末にはモンゴルでも民主化運動が起こった。1990 年にモンゴル政府は民主化を受け入れ，1992 年には新憲法を制定し，国名もモンゴル人民共和国からモンゴル国と改めた。民主化・市場経済化の後，ネグデルは消滅し，地方の遊牧社会では，それまで共有財産だった家畜が個人所有化された。遊牧民は再び五畜を飼養するようになり，ホト・アイル体制も復活した。かつてのように，誰と協働するか，どこへいつ移動するかを再び自分の意志で決められる自由を手にしたのである。都市へ移動することもできるようになり，都市における消費経済の拡大と連動した，新たな生活戦略を持てるようになった。

一方で，民主化・市場経済化は，当初は国民に大きな戸惑いを与え，社会的混乱を引き起こした。社会主義時代の共同組合では，自由は制限されていたが，畜産の加工・流通システムが整い，電力供給，獣医などによる家畜管理，ゾド（雪害・冷害など）に備える干し草の備蓄などは国家の管理で行われていた。しかし，自由と引き換えにそれらがすべて無くなった。また，モンゴル全体で市場経済化が進むにつれて，高価なカシミヤ毛の生産のためにヤギの頭数が増え，草地環境に影響を与えるなど，新たな問題も起こった。

都市部では，国有企業が民営化され，共有財産の分配が行われた。全ての国民に，額面 1 万トゥグルグ（モンゴルの通貨単位，以下 Tg。1 万 Tg は，当時の平均的労働者の年収相当）のクーポンが配布され，それを元手に個人個人が生活手段を模索した［松田 1996］。モンゴル経済は 1990 年代前半には破綻状況にあり，都市には失業者があふれた。生活に困窮した都市生活者の一部は，親戚の遊牧民に頼るなどして，遊牧に従事することで生きのびた。こうして遊牧社会が都市の危機のセーフティ・ネットに

なったのである。

　2000年代にはいると経済活動が活発化した。さらに，2003年5月からは土地（遊牧地は除く）の私有化法が施行された。民主化後，職を求めて多くの遊牧民がウランバートルへ移住していたが，土地私有化後はウランバートルの土地を手に入れるための移住者も増え，首都人口の増加に拍車がかかった。2010年からの3年間は，GDP成長率が急上昇し，新国際空港や高速道路の建設が始まった。また，ウランバートルの都市再開発が推し進められた。他方，こうした首都への一極集中は，地方都市の衰退を招いた。

3　遊牧社会の市場経済化への対応

1⋯⋯⋯ウランバートル近郊の遊牧民の暮らし

　こうした社会変動に対して遊牧民はどのように対応したか。その様子は，私が2001〜2007年の間に中央県バヤンツォグト・ソム（郡）においてN氏に対して行ったインタビュー調査からわかる［Ishii 2020］（図1）。

　バヤンツォグトはウランバートルから北西約95キロメートルに位置し，都市の大きな市場に直接結びついている。N氏は1942年生まれである。彼の両親は伝統的な遊牧生活をしていたが，ネグデルができてからは，乳牛を育てるブリガード（ネグデル支部）に所属した。彼は1961年

図1　草原に放牧されたヒツジ・ヤギ・ウマ(中央県バヤンツォグト・ソム, 2013年撮影)

図2　ウマの乳搾りをするN氏の長男夫婦（2007年撮影）

にバヤンツォグトのネグデル専門学校を卒業した後，バヤンツォグト国営企業（国営農場）で1990年までトラクターの運転手として働いた。社会主義崩壊後の1991年に遊牧生活をはじめた。2001年当時，妻，末息子，三女と同居していた。長女，次女は結婚後，既に独立して生活していたが，N氏は遊牧民になった長男と一緒にホト・アイルを組み，四季を通じてゲルに住んで移動していた（図2）。N氏が所有する家畜数は2002年時点では平均的だったが，その後，数を増やし，2007年には1000頭以上を飼育するようになった。

　N氏の家計収支に市場経済化の影響が現れている。2001年の畜産収入は年間約1000米ドルで，ウランバートルの公務員の平均的な年収に相当した。主な収入はカシミヤ毛，羊毛，家畜（ウシ1頭，ヒツジ7頭）の売却益だった。7月には彼の長男がウランバートル近郊の草原へ16頭の雌ウマを連れて行き，乳を搾ってアイラグ（馬乳酒）を作り，それを道路沿いで売ることで多くの収入を得た。これはウランバートル近郊の遊牧民の市場経済化への適応戦略として興味深い。2001年の支出においては，雪害を避けるための家畜用干し草の割合が大きかった。また娘や孫の学費は，文房具や服の代金を含めると支出の3分の1を占めた。

　2002年にN氏は家畜を仲買人に売らず，ウランバートルで直接売るようになった。2002年の収入は前年より増え，都市住民の平均の2倍以上になった。これにはカシミヤの価格上昇も影響している。遊牧民はいつでも売却できる家畜を持つため，都市の給与生活者よりも有利である。2002年には家畜を売って中古自家用車を購入した。さらに太陽電池も購入した。次女と三女はウランバートルの大学へ通った。多くの学費がかかるが，経済的な余裕があれば，高等教育に投資するという考え方が

一般化しつつあった。

　2006年には同居する末息子のために自動車を買った。N氏は2007年に亡くなり，末息子が財産を相続した[2]。2007年にはカシミヤ価格や家畜の価格も値上がりした。競馬用のウマ5頭の高額な売却収入を得て，末息子は冬季に利用する新居（木造家屋）をソムの定住区内に新築した。

　N氏の事例は，都市近郊に住む一定数以上の家畜を飼う遊牧民が，カシミヤや家畜の価格上昇により平均的な都市住民よりも豊かになったことを示している。自給経済の部分は残しながら，畜産物の都市への直接的な流通などにより市場経済化にうまく適応した。これは一例であるが，モンゴル各地で様々な対応があったことが想像される。例えば，中国国境に近いモンゴル南部ドンドゴビ県の遊牧民の場合には，ウランバートルからは遠隔のため事情が異なり，中国との新たな流通関係を強めようとしていた（2002年時点）。

2 ⋯⋯⋯ 遊牧地域における土地私有化

　2003年5月1日，市場経済化プロセスの最終段階として，モンゴル国において市民が土地の所有権を持つことを認める法律（以下「土地私有化法」）が施行された。首都では0.07ha，県庁所在地では0.35ha，その他の地域は0.5haを上限とする土地が，モンゴル国民に1回限り，無料で配分されることになった。もともとモンゴルでは「土地は誰のものでもない」ことが常識だったため，土地私有化は，人々の価値観に大きな変化を迫った。

　土地私有化に至る経緯は以下の通りである。1990年の民主主義・市場経済への移行に伴い，それまで国有や共有であった財産が全国民に分配された。社会主義時代には共有財産だった家畜も，1994年ごろまでにほとんど私有化された。その延長として，土地を私有化する動きが始まった。その背景には，国際経済や外国企業からの要請もあった。

　当初，国民（とくに遊牧民）は土地私有化に強く反発し，立法化はなかなか進まな

2　末子相続はモンゴルにおいて一般的である。上から順に子供たちが結婚すると，ゲルを買い，両親の家畜の一部を相続して独立する。末の息子は，両親と同じゲルに住み，両親と共有する家畜を飼う。

かった。遊牧民が反対した理由は，牧草地が私有化されると自由な移動が妨げられ，遊牧ができなくなると考えたからであった。その後，数回にわたって土地法が改正され，ついに2003年に「土地私有化法」が制定された。その際，遊牧民の考えに配慮して，土地私有化の対象を居住地と農耕地のみに限定し，牧地は除外された。

遊牧民も，畑やソム定住区の宅地を私有化できるようになった。バヤンツォグトのN氏は，2003年には，「土地をもらっても，利用しなければ意味がない。」と語り，土地の私有化を進めていなかった。しかし，2005年には，バヤンツォグト・ソムの定住区内の土地を私有化していた。その時点でソムの定住区における遊牧民の私有化はほぼ完了していた。遊牧を営む彼にとっては，ソムの定住区の土地を私有化してもすぐには使い道がなかったが，娘たちが私有化を勧めた。一般に遊牧地域における私有化の進展は遅れたが，バヤンツォグトはウランバートル近郊にあるため例外的だった。

4　都市の変化とレジリエンス

1……ウランバートルのゲル地区

ウランバートルにはモンゴル特有の都市景観がある。中心部にはコンクリート造のアパートや高層ビルが建ち並ぶが，その周辺にはもともと遊牧で使うゲルが立ち並ぶ広大な地域がある。これはゲル地区と呼ばれ，ウランバートル市内に数カ所ある。こうした景観が成立するまでには長い歴史がある。

ウランバートルの首都としての基礎は，17世紀前半，チベット仏教活仏のゲル寺院の創設に遡る。活仏は多くの家畜を所有していたため，寺院は移動を繰り返したが，1855年に現在の場所に定着した［Baabar 1999］。その後，活仏の宮殿と寺院を中心に，周囲を僧侶たちのゲルが取り巻き，さらにその周りを俗人や漢人商人の街区が取り囲むという構造ができた。

社会主義時代（1924〜1989年）には，近代的な首都建設が進められた。とくに1950年代以降，都市建設や鉱工業開発のため労働者が必要となり，都市人口が一気に増加した。地方では，社会主義原理に基づくネグデル（組合）の設立により家畜が強制的に徴発されたため，遊牧に見切りをつける人がでて，彼らも都市に集まった。

このような激しい人口移動が起こる際に、ゲル地区は大きな役割を果たした。ゲル地区は、ハシャー（板塀：本来「家畜囲い」の意味）の中で家畜を飼養する、遊牧生活を維持できる空間である。そのため「遊牧地域と首都を仲介する結節点」であり、「都市の中の遊牧的空間」とも言

図3　ウランバートル郊外のゲル地区（2018年撮影）

える［石井 2015b; Ishii 2016］。2002年のJICAの調査によると、ウランバートル人口の45％はゲル地区に住んでいた。一家族ごとの広さは約400〜700平方メートル程度で、隣接して集落を成す（図3）。最近は木造やレンガ造りの住宅も多く見られる。ゲル地区に電気は敷設されているが、上下水道は整っていないため、水は給水所から買う。

　複数の家族が同居しているケースも少なくない。これは、遊牧生活におけるホト・アイルの伝統を反映している。同居の家族は親戚や知人の場合が多いが、「海外へ出稼ぎに行ったのに身体を壊し、帰国したが住むところがなくて困っていた他人と同居している」とか、「地方から出てきた他人に、一時的にゲルをたてることを許している」という話も聞かれた。

　ゲル地区住民の話から、遊牧民の伝統が色濃く残っていることが感じられる。それは伝統的なホト・アイルにおける家族同士の相互扶助であり、臨機応変に離合集散する慣習である。まさに都市内のゲル地区には、遊牧民の「移動性」「柔軟性」「共同性」「相互扶助」が維持され、それが社会状況の激変に対応するレジリエンスとして機能した。

2⋯⋯⋯ゲル地区住民の土地私有化への対応

　ウランバートルでは，ゲル地区から私有化が始まった。その一つがガンダン寺周辺のゲル地区である。ガンダン寺は，ウランバートルの中心に位置する，モンゴルで最大のチベット仏教寺院である。社会主義時代に多くの寺院が破壊されたが，ガンダン寺はなんとか存続することができた。1990年代以後は仏教復興の中心として参拝客が増加した。商業地区にも近いため，ガンダン寺周辺のゲル地区は土地の価格が高騰し，土地私有地化が急速に進んだ（図4）。

　ガンダン寺ゲル地区の住民は，他のゲル地区に比べて所得がやや高めであるが，貧富の差も大きい。ここで紹介するガンダン寺ゲル地区の生活の様子は，2003年から2008年にかけて私が行ったフィールドワークに基づいている。

　ガンダン寺ゲル地区の住民の半数は貧困だった。その一方で，市場経済化の波にうまく乗って事業で成功した世帯や裁判官の世帯など，裕福な世帯もあった。多く

図4　ガンダン寺と周辺ゲル地区（2002年撮影）

の住民が市場経済化後に貧富の差が広がったと指摘した。ゲル地区の住民の多くは，本人もしくは親の世代に遊牧をやめて地方から転入した。ゲル地区は地方からの移住者の受け皿となっていた。ゾドにより家畜を失ったために，生活の糧を求めてウランバートルに流入した人もいた。

土地私有化が実施された当初，とくに貧困層はさまざまな不安を語った。しかし２年後には私有化を終え，土地の値段が高騰したため，土地私有化そのものを肯定的に評価するようになっていた。ウランバートルの中心部の土地を私有化した住民は利益を受け，その結果，経済も活性化した。しかし，うまく適応できなかった人もいて，貧富の差が拡大する要因になった。市場経済化の影響として国外への出稼ぎや留学も多くなっている。

私有化の過程では様々な問題が生じた。ガンダン寺ゲル地区でヘセグ（街区）長をしていた1935年生まれのDさんは，1959年にアルハンガイ県からウランバートルに転入して以来，長年ガンダン寺ゲル地区に居住していた。彼女が語る土地所有化の過程で生じた第一の問題は，彼女の敷地内に住む複数世帯による二重登記であり，第二は，私有化が禁止されている土地に生じた問題だった［石井 2015a］。

第一の二重登記の問題は，以下のようなものだった。彼女の敷地内には，彼女自身の木造家屋とゲルのほか，Gさん（女性，30歳代）のゲルも建てられていた。2003年にDさんが土地の私有化を申請し，2004年の４月に決定通知が届いた。しかし，Gさんも同じ敷地の私有化の申請をしてしまった。Gさんは３人家族で，５年前に中央県から来て，「ガンダン寺周辺に土地を買いたいから，短期間住まわせて欲しい」と突然Dさんに頼んできた。土地が空いていれば断らないのがモンゴル人の伝統であるため，Dさんは「短期間なら良い」と許可した。しかしGさんはそこに居座り，私有化の制度が始まると，その土地を無断で申請してしまったのだ。法律的にはDさんの土地だが，Gさんは知り合いに有力者が多かったこともあり，許可が下りた（その後，４年間の裁判を経て，最終的に土地はDさんのものであると決着したという）。

第二の，私有化が禁止されている土地の問題とは，寺の所領地にゲルが建てられ，住民が立ち退きを求められているという状況である。それでも住人は私有化申請をおこなった。また，ガンダン寺東方の急傾斜地は，災害発生の可能性があるため私有許可が下りないことになっているが，そこにもゲルが建ちはじめた。ゲル地区内の通路にも10家族以上が住み始め，緊急車両の通行を妨げた。さらにこうした土地の権利が売られた。買う人は不許可の土地であることを知っていても，建物を建て

てしまえばいずれ許可が下りるだろうと考えた。

　土地の不法占拠や不法登録の背景には，「移動可能性」や「相互扶助」や「場所の共有性（土地は共有すべきものという考え）」という遊牧民特有の伝統的な考え方があるかもしれない。ゲル地区では，敷地内に複数のゲルや木造家屋を建て，数家族が同居しているケースも少なくない。これはまるで，遊牧民が2〜3家族のグループを組んで生活する伝統的なホト・アイルに似ている。こうした，敷地を共有する事例は都市生活においてもかなり一般的で，遊牧民の相互扶助の伝統が維持されている。

　土地私有化は排他的であり，そもそもモンゴル人の気質や慣習に合わない。そのため様々な問題が生じている。地方からの遊牧民はまずゲル地区にゲルを建てるが，有利な場所を見つけるとすぐに移動する。夏はゲル地区に住み，冬になると暖かいアパートに引っ越す人もいる。柔軟に職業，住居，同居者を変え，時には他人の敷地にもゲルを建ててしまう。そうしたことをお互いに許容する雰囲気もある。

　こうしたゲル地区における住民の生活の実態には，一言では説明できない人々の気質や慣習が複雑に絡み合う様子が垣間見られる。モンゴル人特有のレジリエンスに直結しているとも言えよう。

5　災害レジリエンスを強化する

1……… モンゴルの防災の取り組みと課題

　ここでは，前節までに述べたモンゴル人に備わった資質としてのレジリエンスが，災害という特定の衝撃に対して発揮され得る能力（あるいは状態）を災害レジリエンスと呼ぶことにする。

　モンゴルはその地理的特性によって様々な脅威にさらされている。中国とロシアという二大大国に挟まれ，政治的な影響を強く受ける。前節までに述べた社会体制の変革や土地政策の変更はこうした国際的背景によっている。また，高緯度の寒冷地，かつ内陸の乾燥地帯にあるため，ゾド（雪害・冷害など）や干ばつ，砂嵐などの気候災害や，地球温暖化に伴う影響も顕著になりつつある。さらに，モンゴルでは地震が少ないと誤解されがちだが，20世紀前半にはM8クラスの地震が何度か起きている（Phase IV・第18章）。市場経済化以降の首都への人口集中と高層ビルの建設な

どにより被災のリスクは急激に高まっている。こうした災害への備えにおいて，災害レジリエンスをどのように高められるかが問われている。

こうした状況の中で，2003年にモンゴル非常事態庁が設置された。国際的な取組とも歩調を合わせ，2005年に国連が「兵庫防災行動枠組み」（The Hyogo Framework for Action）を制定すると，これに対応して防災体制が強化された。その後，2015年の「仙台防災枠組み」（Sendai Framework）にも対応し，2017年に防災法を改訂し，防災啓発によって市民の災害レジリエンスを高める取組が本格化した。

2017─2030の防災戦略において，防災における市民の義務と責任と活動が明確化された。市民のボランティア活動，地域コミュニティーの最小単位であるバグの長とソーシャルワーカーによる市民向けワークショップの開催，大学における防災教育が義務化された。また報道機関にも防災啓発が求められた。市民向けワークショップ実施のため，防災教育センターがウランバートルに設置された。市民参加意識を高めるための問いかけや，SNSでの情報発信，災害弱者対応も重視された。

しかしながら，人々のレジリエンスを発揮できる市民主導の防災を推進することは容易なことではない。日本は1995年の阪神・淡路大震災以後，ボランティアを重視し，市民参加型の防災を目指したが，防災活動の継続は未だに課題である。防災よりも経済を優先しがちでもある。

日本における試行錯誤の末のいくつかのグッドプラクティスに対して，モンゴルから注目が集まっている。ひとつは2016年に私たちの研究グループが設置したモンゴル国立大学・名古屋大学レジリエンス共同研究センターであり，もうひとつはそこをベースに進められた，以下のJICA草の根技術協力事業である。

2 ⸺ 市民防災の試み──モンゴル西部ホブド県における防災啓発活動

私たちは，モンゴル国立大学等と共同でJICA草の根技術協力事業「モンゴル・ホブド県における地球環境変動に伴う大規模自然災害への防災啓発プロジェクト」を2017年10月に開始した。名古屋大学のほか，放送大学，モンゴル非常事態庁，モンゴル国立大学が中心となり，ホブド県，ホブド大学等とも一緒に議論しながら市民防災活動を具体的に進めた。

まず，ホブド市および各ソム（地方行政単位）を訪問し，地域の特性を把握しながら，住民との交流活動を行った。聞き取りや意見交換によって，各ソムの特徴，と

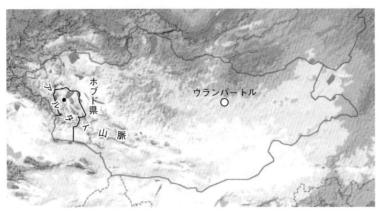

図5　ホブド県とアルタイ山脈の位置

くに自然環境と生業，自然災害・防災等がかなり明らかになった。

　ホブドはモンゴルの西部に位置し，県の中央をアルタイ山脈が貫いているため，標高によって自然環境が多様である（図5）。また，地震，水害，干ばつ，ゾド（冷害・雪害），砂嵐のほか，山岳地域においては氷河湖決壊問題など，様々な自然災害の可能性をもっている。モンゴル環境省が地球温暖化の影響が最も大きいと評価する地域でもある。さらに15のエスニック集団からなる地域であり，自然的にも文化的にもまさに多様性を有する地域である。こうした多様性が地域ごとの災害レジリエンスにいかに影響を及ぼしているかも興味深い。

　このプロジェクトの実施項目は以下の4点である。

　第一に，モンゴルの地方都市においては，バグ長とソーシャルワーカーのリーダーシップによるコミュニティー活動が盛んであることから，その利点を活かした防災ワークショップを実施しようとした。バグ長とソーシャルワーカーは選挙で選ばれ，住民の安全を守る責任を負っている。ワークショップにおいて住民たちは，自らのバグで認識される災害リスクを指摘し，具体的なリスク軽減策を話し合った。

　第二に，ホブド市内の全中学校に組織されている防災リーダーグループをファシリテータにして，多くの生徒たちによる防災カルタづくりを目指した。まず，ワークショップにおいて日本のカルタ文化を紹介し，モンゴル初のカルタを作成するモチベーションを高めた。絵の描き方と詩の作り方を学ばせ，ワークショップ終了後，子ども達は自分たちの学校へ戻ってファシリテータになり，他の生徒たちにも絵と

詩を作成させた。1か月後にコンテストを開いて優秀作品を表彰した。その後，子どもたちの絵と詩を元にカルタを完成させた（詳細は次節）。

　第三に，モンゴルの遠隔地においてインターネット環境の整備が進んでいるため，防災に関するオンライン教育の教材作成を進めた。ホブドには先述の通り，活断層による大地震の可能性や，地球温暖化による乾燥化や氷河の融解，河川水位の上昇などのリスクがある。将来の災害に備えるためには地球科学の最新の知識を普及させる必要があり，非常事態庁の職員のみでなく，研究者が直接語りかけることが必要であると考えた。

　第四にモンゴル地理学研究所と共同でハザードマップの作成を開始した。モンゴルにおいてはハザードマップの整備は遅れているが，近年，洪水が多発することによりその重要性は理解され始めている。日本におけるハザードマップ作成の経験をモンゴルへ伝えることを目指した。

3……… モンゴルで防災カルタは有効か？

　災害レジリエンスを高めるためには市民参加が鍵を握る。とくに子どもたちに主体的な参加機会を与えることは重要である。そのための方法として防災カルタづくりをモンゴルにおいて普及展開させる試みを先述のとおりホブドにおいて開始した。

　カルタづくりはモンゴルと日本の文化交流にもなる。モンゴル人は風景や叙情を大切にする気質があり［鯉渕 1992; 小長谷 1992］，日本人と感情を共有しやすい特徴もあると考えた。

　詩の文化も盛んで，韻を踏む詩の書き方を学校でも教えている。モンゴルにはカルタ文化はなく，モンゴル語は日本語よりも文頭に置けない文字が多い。五七五などの定型詩もない。しかし，共同研究者のナラマンダハと相談して，カルタに適した作詩を試みた。カルタのために，防災標語を考えることによる防災教育上の効果も期待された。

　2018〜2019年にホブドにおいて，子ども達を集めたカルタ作成ワークショップ，絵画および詩のコンテストを経て，カルタの試作品を作成した（「研究ノート」を参照）。作成にあたっては，ホブド各地で聞き取った災害伝承や，ことわざや慣用句を盛り込み，モンゴルの言語学者にも相談して，モンゴルの詩の文化を背景にした詩を創作した。

Утас ширтэж, залхуурч хэвтвэл
дархлаа муудна.
Уралдаж тоглож, аав ээждээ тусалбал
дархлаа сэргэнэ.
Хөдөлгөөн дасгал, хөдөлмөр ажил
бие бялдрыг эрүүл чийрэг болгоно.
Хүч чадалтай, ажилсаг хүн эрүүл байж
өвчнөөс урьдчилан сэргийлж чадна.

スマホでゲームばかりして、ゴロゴロしていたら免疫力
が落ちるよ。走ったり、遊んだり、家の手伝いをしたり、
元気な働き者は健康でいられます。

Тооно, хаалга, хаяагаар нь
Тогтмол салхи, агаар сэлгэдэг
Өвгөдөөс уламжлалт
монгол гэрээс санаа аван
Өөрсдийнхөө гэрт ч
агаар сэлгэж хэвшье.

換気をしましょう。天窓、ドア、壁の下から新
鮮な風が入ってくる伝統的なモンゴルゲルを思
い出して！

図6　モンゴル・ホブド版防災カルタの一部（2021年11月に日本で印刷した改訂版）

図7　2020年6月にモンゴル非常事態庁本部で行われたカルタ贈呈式。写真左から3人目がモンゴル非常事態庁
長官。その右が我々のチームメンバーであるバトトルガとナラマンダハ。

2020年1月にモンゴル非常事態庁（NEMA）でのシンポジウムにおいて，ホブド市で行ったワークショップやこの防災カルタについて報告した。この頃，新型コロナ感染が広がりつつあり，モンゴルでも国境を封鎖し，学校の一斉休校の措置がとられ始めていたが，例外的にシンポジウムの開催が認められた。2017年夏以降，我々の渡航は20回を数えていた。NEMA長官は，それまでの活動への感謝の意を表明すると共に防災カルタについて高い関心を示し，「単に防災教育だけに留まらない，広い意味での教育にも役立つものだ。NEMAでタスクチームを作り，全面的に協力したい」と述べた。

　長官や職員からカルタの内容に関する改訂案が提案され，コロナ対策のカルタも加えることになった（図6）。そして，日本とモンゴルの間でのリモートでの作業により，5月までに55の絵と詩が完成し，6月にはモンゴル初の防災カルタが印刷された。その後，NEMA長官から政府高官やホブド県内への配布が行われ，非常事態庁はこれを全国展開させる命令書を交付した（図7）。

　防災カルタが災害レジリエンスの向上につながるかどうか，その成否の検証は今後に委ねられるが，子ども達の積極参加，非常事態庁の柔軟な対応，異文化の受容，全国展開の素早い決定など，まさにモンゴルのレジリエンスに支えられたからこその成功であったと言えよう。

6　　モンゴルの災害レジリエンスのポテンシャル

　社会主義から資本主義へ歴史的な大転換を遂げる中で，モンゴルの遊牧民と都市住民は，それぞれレジリエンスを発揮して，柔軟な対応をしてきた。

　遊牧民は社会主義が終わり，管理されると同時に保護されてきた遊牧生活の形態から自由になり，様々な危機に直面しながらも，市場経済化に対して臨機応変に対応した。ウランバートルなどの大都市からの距離など地理的条件や，個人的な生活戦略により多様な様相を呈している。

　ウランバートルにおいては市場経済化の影響はとくに強く，貧富の差も激しくなっている。市場経済化の過程でとくに大きな反響があったのは土地私有化であった。土地を共有することを大切に考えるモンゴル人にとって，そもそも相容れない性格

のものでもあった。そのため，とくにウランバートルにおいて様々な問題も生じた。

ウランバートルのゲル地区は，都市的要素と遊牧的要素を併せ持った地域でもある。そこには，モンゴル人特有のレジリエンスにより，市場経済にうまく適応して土地私有化を有利に活用する人々がいる。一方で，モンゴルの伝統的な生活戦略によって，かえって複雑な問題に直面する人々もいた。

こうした記録から，遊牧社会と都市社会とで様相は異なるものの，その根底にモンゴルのレジリエンスが十分に発揮されていたことが垣間見られる。それは，遊牧民族として長きにわたって培ってきた，「移動性」，「場の共有」，「柔軟性」，「相互扶助」などであったと言えよう。

一方，ホブドにおける市民防災の実践から，「相互扶助」としてのコミュニティーの連携が災害レジリエンスの向上に寄与する可能性が明らかになった。リーダーの存在は遊牧社会の伝統でもあり，バグ長やソーシャルワーカーの役割は重要である。ワークショップにおいて彼らは住民の考えを引き出し，合意形成を図ろうとした。

女性の活躍も注目に値する。モンゴルでは遊牧を継ぐ必要のある男性よりも，女性の方が大学進学率が高い（モンゴル国統計局によると，2020年の大学進学者は男性57,830人，女性89,463人）。そのため女性の研究者や教師の比率が高い。ホブド市内のバグ長（区長）の8割，ソーシャルワーカーの9割が女性である（2021年時点）。またジェンダー局も設置されている。こうした状況は，レジリエンス向上における重要なポテンシャルを秘めている可能性がある。

ホブド県内各地での聞き取り調査から，モンゴル人のレジリエンスを思わせる柔軟な対応についても様々な情報が集まりつつある。ソムごとに多様な少数民族が多数派を占め，ソム役場ではその地域の民族の歴史や自然環境，人々の暮らしぶりについて詳しく聴くことができる。例えばボルガン・ソムは，モンゴル国内では珍しい少数民族トルゴートが多数派を占める。彼らは現在の地に移住した歴史を絵にして誇らしくソム議会会場に掲げ，結束して農業生産に取組み，中国との国境貿易も盛んにしつつ，全国一の安全安心なソムづくりを目指していた。

今後は，それぞれのソムにおける適応策について情報を集め，地域ごとのレジリエンスが，災害レジリエンスの向上にいかに関わっているかについて考察を深めたい。

モンゴル初の「防災カルタ・プロジェクト」

　防災カルタは市民防災のツールとして日本では一般的であるが，カルタの文化をもたないモンゴルに普及させることができるか，半信半疑で「カルタ・プロジェクト」を開始した。日本語とモンゴル語では文法も異なり，また防災標語も異なる。そのため日本のカルタをそのまま持ち込めないので，まず，どのように作成するかというところから検討する必要があった。

　メンバーのナラマンダハと私が数度にわたって議論し，読み札となる詩の見本を作成した。モンゴルにも韻を踏んで詩を謳う文化があるため，それにならった形式のもの，日本やモンゴルの防災標語を翻訳したものなど，数パターンを用意した。詩の長さについてもある程度制限することとし，また，数枚のカルタの絵を試作した。

　こうした準備を経て，ホブド県において子どもたちとカルタを作ろうと考え，2019年2月19日にホブド県庁に隣接するツァストアルタイ学校を訪問し，校長と面会した。同校は防災活動の全国大会に出るなど積極的だった。校長の指示で，学校ソーシャルワーカーのバトオルシホさんが主担当となり，市内の他の6校からもそれぞれ10〜12人の生徒を集めてくれた。

　こうして2月20日に，市内の公立校から70人の生徒がツァストアルタイ学校の講堂に集まった。はじめに私と共同研究者のバトトルガ（モンゴル国立大学教授）が，日本にはカルタという文化があり，カルタを使って防災の知識を学ぶことを説明した。「モンゴルで初めての防災カルタをホブドで作りませんか？」と呼びかけると，子供たちは目を輝かせた。

　学校ごとにテーブルを囲んだ（図1）。参加者全員に24色の色鉛筆を手渡すと，子どもたちは相談しながら早速絵を描き始めた。詩を書く子もいた。30分後に「できましたか？」と聞くと，まだ熱心に取り組んでいる。「持ち帰って続きを描いてください」と言うと，皆ほっとした顔をして，「来月，コンクールを行います」と言うと，子どもたちからは歓声が上がった。

ホブド非常事態局と相談し，作品の提出先は各学校とし，ホブド県の教育局がこれを束ねるということにした。こうして，モンゴル初の防災カルタ・プロジェクトが始まった。

カルタ・コンクールの募集案内を各学校に配布すると，3月27日までに絵と詩が多数寄せられた。

図1　カルタを作成する子どもたち

その数は約500。予想を超える盛況だった。ホブド非常事態局で絵と詩の審査を行った。審査には，県庁，教育局，児童機関，ホブド非常事態局も加わり，県知事賞，教育部賞，児童機関賞，モンゴル国立大学賞，ホブド非常事態局賞を決定した。翌28日にはホブド児童会館に優秀作品を展示し，そのホールで表彰式を開催すると，先生と生徒たちは大いに盛り上がった。

　私たちは，ホブド各地の生活と災害に関する現地調査も行ってきた。ホブド県北東部のエルデネブレン・ソムには，標高4208mのツァンバガラブ山があり，万年雪を頂いている。この地域は山岳地域のため，遊牧の際の移動は，大きな標高差を利用している。夏には標高2900m程度の草地のゾスラン（夏営地）で過ごし，秋と春にはホブド川沿いの標高1300mのナマルジャー（秋営地）に移動する。冬は，川沿いは風が強く川が凍って寒いため，むしろ山岳地域中腹の（風が避けられる）谷間で過ごす。

　1988年にツァンバガラブ山の近くで起きた地震で被害があったという記録がある。そこで，ゾスランを訪れて聴き取り調査を行った（図2）。遊牧民の話を総合すると，地震が引き金となってツァンバガラブ山の氷河の一部が崩

落し，巨大な氷塊が谷を転がり落ちた。人的な被害はなかったが，家畜（ウマ75頭，ウシ10頭）が下敷きになった。「山の神の怒りをかった」と言う人もいた。また，「ツァンバガラブ山の万年雪は昔の３分の１に減った」と地球温暖化を心配していた。

防災カルタにも，「洪水に気を付けて，高いところにゲルを建てよう」という日常の心構えや，ツァンバガラブ山の「地震で氷河の氷の塊が転がってきて家畜が死んだ」という災害伝承を盛り込んだ（図３）。

図2　アルタイ山脈の「ツァンバガラブ山」の麓のゾスラン（夏営地）

図3　氷河の氷塊の落下による家畜被害の伝承を表すカルタ

ヤノマミの これまでとこれから

第 14 章

アマゾン先住民の強さと弱さ

関野吉晴

探検家・医師。アマゾンなどでの調査と共に, 人
類の移動・拡散の逆ルートを動力に頼らずたどる
「グレートジャーニー」を約10年かけて達成。現
在, 武蔵野美術大学名誉教授

1　新旧大陸の分離と感染症

1·········大陸の分離による「大実験」

　Phase I・第 2 章や Phase II・第 8 章などで述べたように, 人類は, 氷期に陸続きだ
ったベーリング海峡を歩いて渡り, アラスカに到達した。その後, 極北の地に残っ
たものもいるが, 南下したものもいる。そして, 約12000年前には南米最南端パタゴ
ニアに達した。

　後氷期になると, 温暖化が進み, 海面は高くなり, 約 1 万年前にはベーリング海
峡が新大陸と旧大陸を隔ててしまう。この時から, 人類は, これまでやったことのな
い, これからも絶対できない大実験をすることになる。人類を別々の大陸に振り分け
て, お互いの交流を絶ったら, どのように進展していくかを見る, 空前の大実験だ。

　その「実験」の結果興味深いことがわかった。どちらの大陸でも, ドメスティケ

ーションが起こった。つまり，それぞれで，植物の種類は違うが栽培を始め，動物は違うが家畜の飼育利用が始まった。その上，どちらの大陸でも約5000年前にピラミッド，神殿が建設された。

両大陸ともに家畜の飼育を始めたが，違うのは搾乳をするかどうかである。旧大陸では主な家畜は乳を絞る。一方新大陸では，家畜のリャマやアルパカは搾乳をしない。実はこの搾乳の有無がコロンブス以降の新旧両大陸に住む人々のレジリエンスの明暗を分ける要因の一つになった。

初期の搾乳は現在のように衛生的な環境で絞ったわけではない。ミルクには病原細菌や病原ウイルスが混じってしまう。その抗体のない人間は感染する。動物飼育と搾乳によって，以前は動物にしか罹らなかった感染症が人間にも罹る人畜共通感染症になる。やがて動物には抗体ができ，人間だけが発症する感染症になった。麻疹，インフルエンザ，天然痘，その他の感染症は，旧大陸で家畜の飼育によって始まり，ミルクの利用によって加速した。

多くの感染症は一時的に大流行するが，高齢者など体力的に弱い，免疫力のない者が犠牲となり，生き残った者は抗体を持つ。

コロンブスがアメリカに到達した後，スペインやポルトガルの侵略者たちが新大陸に押し寄せた。メソアメリカではコルテスがアステカを滅ぼし，アンデスではピサロが200人に満たない軍勢でインカ帝国のアタワルパ皇帝を捕らえ，滅ぼしてしまった。武力以上に，先住民の脅威となったのが感染症の流行だ。ヨーロッパから持ち込まれた病原細菌や病原ウイルスへの抗体をもたない住民たちを襲ったのだ。住民たちは経験したことのない病にひとたまりもなく罹患してバタバタと死んでいった。この時，欧米からの侵略者の持ってきたインフルエンザ，天然痘その他の疫病で新大陸はパンデミックに覆われたのだ。

16世紀に先住民人口が急減し，1518年に2500万人いたと推計される先住民人口は，85年後の1603年には100万人まで減少したという。その主たる要因のひとつが，入植者達が持ち込んだ天然痘（1519年〜），麻疹（1531年〜），水疱瘡（1538年〜），ペスト（1545-49年〜），おたふく風邪（1550年〜），百日咳（1562年〜）などの感染症であった［Malvido 2014］。コロンブスがインドだと思って上陸したエスパニョーラ島（現在のハイチ，ドミニカ）の人口は8000人だったが，インカ帝国が滅びる頃には感染症で全滅していた。しかし，アマゾン奥地のヤノマミの土地までは侵略者はやってこなかった。そのため，ヤノマミ社会にはパンデミックは起こらなかったのだ。

2⋯⋯ガリンペイロの侵入と感染症

Phase II・第 7 章で述べたように，旧大陸では，文明形成以後に多くのパンデミックを経験してきた。例えば，14世紀にペストが中国で出現してヨーロッパに拡散し，人口の 3 分の 1 が亡くなった。20世紀にはいってスペイン風邪の流行があり，日本も脅威にさらされた。1980年には20世紀最大の感染症とされるエイズが出現し，その20年後にSARSが発生した。

それから20年，武漢で新型コロナウィルスが出現した。最初は地域的なものだと思われていたが，あっという間に世界に広がった。そして，ブラジルのFUNAI国立先住民保護財団は，2020年 4 月10日にアマゾンに暮らすヤノマミの少年（15歳）が新型コロナウィルスに感染し死亡したと明らかにした。感染源はヤノマミの地に不法侵入したガリンペイロ（金堀鉱夫）たちだ。

パンデミックは文明の恩恵を受けた人間が被る災難であり，以前は，自然の一部となって暮らしてきたヤノマミに及ぶ事はなかった。しかしパンデミックは，文明と距離を置いて暮らしているヤノマミにまで忍び寄ってきたのだ。

1987年，ブラジルの最北端，ロライマ州にゴールドラッシュが始まった。年間10億ドル相当の金が取れ，ガリンペイロが怒涛のように押し寄せてきた。ブラジルのヤノマミ居住地域にも容赦なく侵入し，1989年の初めから，その一部がベネズエラ領内のヤノマミ地域にも進出してきていた。

私はベネズエラの国境整備局の役人のヘリコプターに便乗して，ガリンペイロのキャンプに向かったことがある。オリノコ川の水源，ブラジルとの国境地帯はアマゾン地方でも極めつきの秘境だ。なだらかな起伏の丘陵地帯を濃い緑の原生林がびっしりと被っている。その中に突然原生林を削り取ったように赤土の地肌がむき出しになった飛行場が現れた。ヘリコプターは飛行場の脇の焼けたキャンプサイトの前に降りた。ブラジル製のドラム缶が転がり，ブラジル製の缶詰の空き缶が散乱していた。はっきりとガリンペイロたちのキャンプ跡と分かる。壊れた電動ポンプやキャリアも錆びつき放置されていた。

この地域には他にも長さ400〜500メートルの飛行場がいくつもある。ベネズエラの国境整備局では，ベネズエラ領内にガリンペイロの飛行場を15か所も確認していると言う。

2 ヤノマミ社会での闘争

1········先住民族ヤノマミの大地へ

　オリノコ川は，南のブラジルとの国境に近いところに最源流がある。その地域では，アマゾン川と天然の運河カシキアーレでつながり，地球上で最大の河川系を形成している。その周辺の多くは外部の者にとっては殆ど未踏の地だ。そこがヤノマミの大地でもある。

　私は石器時代さながらの生活をしているというヤノマミと会うために，カラカスから定期便の中型ジェット機で南に向かった。およそ1時間半飛ぶと，アマゾン準州の州都プエルト・アヤクーチョに着く。その町には，広いアマゾン地方の至る所から，人々が農産物，魚などを持って集まってくる。町の中心部では，それらの人々に工業製品を売る店が軒を連ね，なかなか活気がある。

　プエルト・アヤクーチョから小型セスナで東南の方向に飛ぶ。延々と密林が続く。眼下を流れる川はオリノコ川とその支流だ。同じ熱帯林の森が続くにしても，緑の絨毯のような，ブラジルを中心としたアマゾンの熱帯低地のそれとはいささか景観が違う。2時間飛び続けるとパリマ山地の広いサバンナが見える。空から見ると，やや起伏は大きいが，広大なゴルフ場のような大草原だ。そこに荒削りな飛行場がある。飛行場の前には，プロテスタントの新部族伝道団の牧師たちの宿舎がある。その近くにヤノマミの集落ニヤヨポテリがある。そこから何日か歩けば，牧師たちも知らないヤノマミの集落がいくつかある。

　ヤノマミはベネズエラとブラジルの国境地帯に住んでいる。11万平方キロという広大な地域に，頻繁に移動して，離合集散を繰り返している。正確な数字は分からないが，およそ1万5000人〜2万6000人が暮らしているらしい。これだけ振り幅が大きいのはブラジルもベネズエラもこの地域のしっかりした人口調査をしたことがないからだ。南米の熱帯低地に住む先住民の人口はおよそ90万人と言われている。そのほとんどは数千人あるいは数百人からなる民族なので，ヤノマミは最大級の民族といってよい。

　人口が多いというだけではない。そのほとんどが，ごく最近までキリスト教団体など，ごく一部の者を例外として外部社会と接触していない。彼ら独自の文化を頑なに守り，誇りを持って暮らしてきたのだ。1950年代になって初めて新部族伝導団

やカトリックの神父たちが彼らの土地に入り始めた。しかし彼らの文化にはほとんど影響を与えなかった。自らの文化に誇りを持つヤノマミには，改宗させようという宣教師たちの熱意も到底通用しなかったのだ。

2……ヤノマミの生活

彼らは，シャボノと呼ばれる楕円形の大家屋に住んでいる（図1）。私が訪れたドルマヤテリでは，その一種の集合住居におよそ160人近くが同居している（以下，山極・関野［2018］）。彼らはキャッサバ，バナナなどの焼畑農耕を行い，数年たつと移動し，新しい場所にシャボノを建てる。焼畑は，「森林破壊の原因」と言われることがあるが，事実は真逆である。ブラジルの近代的なプランテーションなどの開発がアマゾンの森を破壊している。先住民の焼畑では，自然とのバランスが保たれ，森はしばらくすれば回復する。

ヤノマミにとっては狩猟採集も重要である。ピーチヤシの実などの植物やシロアリなどの虫を採集する（図2）。狩猟では，弓矢でバク，オオアリクイ，イノシシ，

図1　アマゾンのジャングルを開いて作られたヤノマミの集落（集合住居）シャボノ。

カピバラ，シカなどの大型の動物を狩る（図3）。これらの動物をジャングルで獲ると，集落に持ち帰り，村人全員で一緒に食べる。彼らにとって自然の恵みを独り占めにすることは考えられない。それは，持ちつ持たれつの関係であり，変化する環境の中での生活の保障となる。自然のなかで生きてきた人々が身に付けてきたレジリエンスの一つと言えるだろう。

　ヤノマミの人々は底抜けに明るく人懐っこい。自由奔放で自分の感情を包み隠さず外に出す。その性格や行動は，アマゾン低地全体の内向的な先住民の中では際立っている。ヤノマミとは「人間」という意味だ。白人，他民族をはじめ，外部の人間はナボと呼ばれ，蔑視されている。ヤノマミこそが世界の中心にいると思っている。私は1978年以来彼らの世界に入り，交流をはじめた。彼らの誇りの高さに感動もしたが，辟易することもあった。その強烈なキャラクターのため，もう二度とこの人たちと付き合いたくないと思ったこともある。それにもかかわらず，彼らと離れると，共に暮らした日々が懐かしくなり，無性に彼らの顔が見たくなる。彼らに惹かれる理由は，神父・牧師など外部の者に媚びない毅然とした態度，また，子供たちの人懐っこさである（図4）。

図2　シロアリの巣に釣り棒を入れ，かみついたシロアリの頭胸体部分を生で食べる。

図3　矢で射止めた大アリクイを解体する。

図4　子供たちを連れて水浴びに行きシャボノに戻る母親。

3⋯⋯⋯「駆け落ち」──闘争劇の始まり

　パリマの飛行場から歩いて2日のところにドルマヤテリがある。1988年，ドルマヤテリに3回目の滞在をした時のことである。ドルマヤテリを訪ねて，1週間目を迎えた。この集落のヤノマミたちは明日から採集狩猟のため集落を出ると聞いていた。レアホ（饗宴）の準備に入るのだ。

　すっかり日も暮れ，いつも私の周囲に集まって来ている子供たちも，その頃には自分の家族のところに戻っていた。私は早々とハンモックに横になって，隣にハンモックを吊っているアントニオ・ロペスと話をしていた。アントニオはヤノマミではなくマキリターレの看護師だ。医師ではないが，プエルト・アヤクーチョにある病院で，9か月の臨床訓練を受けて，17年前からパリマ高地のヤノマミの衛生指導と診療活動を行なっている。医師のいないこれらの地域では，実践的な訓練を受けた看護師が活躍している。今回は私の通訳として同行していた。

　その夜，とんでもない事件が勃発した。突然集落の中が騒がしくなった。私の周囲にヤノマミたちが集まりはじめた。誰かを罵っているような口調で，尋常でない事件が起こったことが想像できた。月が出ていないので外は暗い。男たちは松明を灯して橋の方に出て行った。ほとんどの女たちは私とアントニオの周囲に集まっている。腹から搾り出すような声を上げ，ヒステリックに叫んでいる。皆興奮しているようだ。アントニオに何が起こったのか聞いた。私たちがニヤヨポテリから連れてきた男が，ここの人妻を連れて駆け落ちしたらしいのだ。ニヤヨポテリは飛行場脇の集落で，そこから二人の若者がポーターとして私たちに同行していた。私のすぐ近くに吊ってあった二人のハンモックは空だった。逃げた女の夫は，弓矢をしっかりと持って，他の男たちと暗闇の中に消えて行った。

4⋯⋯⋯ヤノマミ世界の「男」と闘争

　アントニオも戸惑い気味で，不安そうな顔をして黙ってしまった。私も落ち着かない気持ちだった。女たちは相変わらず甲高い声で罵り合っている。興奮して泣き叫んでいる女もいる。女を連れて逃げた男に対する罪はヤノマミ世界では重い。私もハンモックの中，宙に浮いたまま，不安な気持ちでいた。

　弓矢を持って逃亡者を追いかけて行った一団が帰ってきた。逃げた二人のハンモ

ックを確認すると，それらを引きちぎった。暗い中，炉の灯りだけでその表情を読み取れないが，その動きから彼らの憤りの状態が想像できた。次に梁の上に保管してあった二人の矢を探しはじめた，逃亡者たちの矢はまとまって梁の上に載っていた。それを探し出すと，外に持ち出した。バリっという音がした。思い切り踏み潰したようだ。矢は粉砕されたに違いない。次にその怒りはどこに向けられるのか。私の胸は不安で高鳴った。略奪婚はヤノマミの結婚形態の２％に過ぎない。しかし大きな事件として扱われる。幸いその日は平穏に過ぎていった。

　現在の日本では，女性側から見れば，優しさが男に最も期待されるキャラクターのようである。昔と違って男らしさとかたくましさなどはなりを潜めてしまっている。表面的には平和なためだろうか。一方，ヤノマミの女性にとって男性の理想像は強さであり，たくましさである。それは男にとっても期待される男性像である。その理由は彼らの生活において決闘や戦争が頻繁に行われるからだ。なぜ闘争をするのか。彼らは闘争を仕掛ける理由をいくらでも作り上げる。ただし領土を拡大するために闘争するということは決してない。大きな原因は二つある。一つは最も大きな財産である女を奪ったためである。もう一つは仲間の死である。彼らは病人や死者が出るのは敵対する集落のシャーマンが呪いをかけたからだと言う。だから病気を防ぐためにはその集落を襲撃しなければならない。

3　　紛争の解決法──決闘

1········**レアホ**（饗宴）**での闘争の踊り**

　再びパリマ高原を訪れたのは，１か月後の２月中旬である。二人の男がドルマヤテリから連れてきた女性は相変わらずニヤヨポテリに住んでいた。誘拐した者とされた者の家族同士が話し合っていたが，家族間の調停がうまくいかず，事態は集落と集落との対決という雰囲気になっていた。

　ニヤヨポテリとドルマヤテリの中間にワイナマテリという集落がある。そこで近々，死者を祀る儀礼の一種であるレアホ（饗宴）があり，その期間に決闘が行われることになった。私もレアホと決闘を見るために，ワイナマテリに向かった。ワイナマテリの男たちはレアホを控えて，狩りに出かけていた。

狩人たちが戻ってきたのは6日目の昼過ぎだった。収穫は多くはなかった。バク，鹿，猪などの大型の動物は獲れず，狐，猿，アルマジロ，それに様々な鳥類が運ばれてきた。すでに密林の中でいぶして燻製にしてある。夕方には住人のほぼ全員が揃った。まもなく男たちの戦闘の踊りが始まった。男たちは手に斧やマチェテ（山刀）を振りかざしている。斧の柄は，木を伐採する時とはまるで違い，2倍も3倍も長い。シャボノの中庭の一端に勢揃いすると，大声で雄叫びを上げながら，中庭を一気に駆け抜ける。地面を思いっきり蹴り，飛ぶようにして走るので，地響きがとどろき，砂埃が舞い上がる。顔も敵を威嚇するように獰猛な形相になる。もしも敵が彼らの戦闘の踊りを見たとしたら，恐怖におののき，尻尾を巻いて逃げ出してしまうように演出されている。

　ワイナマテリの男たちの踊りが終わると，招待されていたドルマヤテリの男たちが入ってきた。彼らもまた，シャボノの中庭を所狭しと踊り，走った。ドルマヤテリとワイナマテリは同盟関係にあり，いざ戦争となったときは仲裁に入ったり，共に戦ったりする。今回は，ワイナマテリは仲裁に入り，ドルマヤテリとニヤヨポテリの男たちが胸たたきの決闘をすることになった。ワイナマテリは二つの集落の中間に位置するので，決闘の場所も提供したのだ。

　日が沈み始め，西の空の薄い雲がピンク色に変わり始めた。ワイナマテリの人々の間に新しい動きが出始めた。死者儀礼のため，中庭に集結し始めたのだ。男たちは西日を受けながら，手に弓矢を持ち沈痛な面持ちで立ちすくんでいた。女たちはその前に座り込む。すすり泣きでもなく号泣でもなく，ごく普通の嗚咽の声がシャボノの中にこもった。男も女も顔中を涙でぐしょぐしょにしている。一人の老婆が一軒の家から小さなヒョウタンの容器を短い紐でぶら下げて出てきた。今回の祭りの主催者の母親である。ひょうたんの容器の中には数年前に死んだ老婆の夫，つまり主催者の父親の遺骨が入っている。老婆はゆっくりとやや腰を落として，上体を少しくねらせ，軽く足でリズムをとりながら仲間が集まっているところに寄ってきた。老婆がワイナマテリの集団に近づく頃に，鳴き声がシャボノ中に響き渡っていた。ドルマヤテリの人々も隅に遠慮がちに参列していた。

　老婆のぶら下げてきた遺骨はすでに粉状になっていた。バナナジュースの入った，大きなひょうたんを半分に割った容器に入れられた。老婆とその息子である祭りの主催者が容器から直接飲み，家族で廻し飲みした。村人たちの号泣はしばらく続いた。遺骨が飲まれてしまうと周囲で泣いていた連中も1人去り，2人去り，三々五々

帰っていった。レアホはこうして終わり，翌朝の決闘を迎えることになった。

2……… 敵対集落からの使者の登場

太陽がシャボノの屋根の上に顔を出す前に，ニヤヨポテリに向かう側の入り口か
ら歓声が上がった。二人のニヤヨポテリの男が使者として身体を飾り立てて入って
きたのだ。一言もしゃべらず中庭の中央に立ちすくんでいる。手には弓矢を両手でし
っかりと握りしめ，胸を張り，空を見上げる。表情を変えないのが勇敢さの証明だ。

一人の男は微塵も表情を変えないが，もう一人の男はやや緊張している。二人が
入場すると，ワイナマテリの男たちは集結し，二人の周囲を雄叫びを上げ，武器を
振り上げて勇猛に踊った。二人の訪問客は場所をやや移動させて，いかなる威嚇に
も動じないといったポーズをとった。ワイナマテリの男たちは二人の間を荒々しく
踊りまわり，執拗に二人を威嚇する（図5）。いつもは感情をストレートに表現する
ヤノマミが，この時に限っては感情を極度に抑え，格式ばった世界に浸っている。動
と静の同居する見事な様式美。生きた古典劇を見ているという印象を受けた。

男たちの踊りが終了すると，ニヤヨポテリの二人の使者が出て行った。集落は静
まり返ったが，男たちはボディー・ペインティングに余念がない。祭りの時のボデ
ィー・ペインティングと違い，死や戦闘を意味する黒である，炭を顔，体躯，四肢
に塗りたくる。次にそれを削り取ることによって文様を描くのである。そして，夕
方になると男たちが集まり，幻覚剤のジョポを吸う（図6）。

図5 戦士の踊り。体を炭で塗り，敵を威嚇する踊りをする。

図6 幻覚剤のジョポ。左の男が息を吹き，右
の男が鼻から吸う。

それから1時間もたたないうちに，ニヤヨポテリの男たちが掛け声を上げながら乱入してきた。ワイナマテリの男たちも一斉にシャボノの中庭に出て，武器を振り上げ，雄叫びを上げて，迎えた。その騒ぎを聞きつけたドルマヤテリの男たちも反対側の入り口から入場してきた。シャボノの中庭は人でごった返している。戦士たちの顔は張り詰めて，近寄りがたい。儀式めいた事は行われず，いきなり人の輪ができ，歓声があがっている。

3⋯⋯⋯胸叩きの決闘

　決闘は厳格なルールに則って闘われる（図7）。取り囲んだ輪の中では二人の男が向かい合っている。一人の男は徒競走の時のスタンディング・スタートの歩幅を前後に最大限に広げたスタイルで踏ん張っている。胸を相手の男に向かって突き出し，顔をやや上に向けて，目を閉じている。相対する男は，やはり足を踏ん張っているが，右手を思いっきり後ろに振りかざし，上半身も後に思い切って反らして，その弓なりになった身体を起こす反動をつけ，しっかりと握った拳で相手の胸を思いっ

図7　胸たたきの決闘をする男たち。

きり叩く。次は叩かれた方が叩いた相手を叩き返す。2回叩かれれば2回叩く。3回叩かれれば，3回叩き返す。叩く場所も同じ部位でなければならない。

その周囲では他の男たちが歓声を上げ，足踏みをしたり，武器を振り上げたりして奇声をあげている。また反則行為がないかを監視し，もし相手側に反則行為があると即座に割って入る。反則を犯した敵を引き離して，警告する。反則行為とは，握りこぶしに石を持っていたり，自分が叩かれた場所とは別の部位を叩いてしまった時である。一組の戦いが終わると別の一組が入る。次々と相手は変わっていくが，戦う相手を指名することもできる。指名されたときに断ると，臆病者扱いされる。ヤノマミの男にとっては最も屈辱的なことなので，実際には拒否できない。

女たちも遠巻きにして闘いを見ている。特に年寄りたちの方が興奮している。顔を真っ赤にして息子たちの敵をなじる。まいったと言えばそれで決着がつくが，そんなことをすれば辱めを受けるだけだ。姿勢を大きく崩したり，顔を痛みのために歪めたりしたほうが負けだ。勝敗がはっきりとつくと勝者の集落からやんややんやの喝采が起こる。しかし，ほとんどの場合は勝敗がはっきりとはつかない。

男も女も子供たちまでもが気分を高揚させ，やや狂乱状態になっていた。全体的に圧倒的にニヤヨポテリが優勢だった。通常劣勢の方が戦闘をもっと激しいものに拡大しようとするのに対して，優勢の方はやめようとする。しかし主観的には両者とも敗北感を感じる事は無い。優勢の方は独りよがりに勝利を味わって先に帰り，劣勢の方は自分たちがあまりにも猛烈であったために，敵はその後の戦いを怖がったのだと自慢する。この戦いでは，圧倒的な差がなければ，両方が勝利感を持ち，あいまいな形で終わる。そのことが次のレベルの戦いに発展しにくくしている。このような紛争解決の仕組みは，ヤノマミが先住民族のなかでも特に大きな社会を維持してきた要因，すなわちレジリエンスの一つと見ることもできるだろう。

4　ヤノマミの失われる(?)未来

1⋯⋯⋯ガリンペイロの侵入と政府の対応

私が再びパリマを訪れたのは2年後の1990年だ。飛行場の近くに布教団体の建物があるが，その他に新しい建物が建設中だった。軍服を着た若い兵士たちがかいが

図8　砂金を採取するガリンペイロたち。

いしく働いていた。

久しぶりにアントニオ・ロペスと出会った。胸叩きの決闘の後，二つの集落の間に大きなトラブルはなかったと言う。戦いの原因となった女性は最近病死したと言う。その前に，ニヤヨポテリからドルマヤテリに1人の女が嫁ぐことによって，二つの集落には和解が成立したと言う。彼らの紛争は復讐が完了すれば和解へと向かう。

そんなことより，二つの集落が戦っている頃，ヤノマミの他の地域ではとんでもないことが起こっていた。内部で闘争に明け暮れている場合ではないのだ。それほどに状況が変わっていた。もっと残忍な外部の敵が忍び寄りつつあるのだ（図8）。アントニオの話題が建設中の建物に移った。「国境警備隊の基地を建設中なんだ。ガリンペイロがベネズエラ領内にも入ってきてね。飛行場のある所では最も国境に近いパリマに基地を作ることになったんだよ。」と言う。ここを拠点にガリンペイロの動きを監視しようと言うわけだ。

現在はとてつもないインフレ，経済危機だが，かつてはベネズエラは石油のおかげで中南米の中では経済的に恵まれていた。他の中南米諸国と違って，所構わず開発する必要はなかった。オリノコ上流域が手付かずのまま残っているのはそのためで，ヤノマミは外部社会の影響を受けずに暮らしてきた。

ところが南に隣接するブラジルのアマゾン開発は凄まじい。金，鉄，錫，アルミニウムなどの鉱物資源，石油，材木，牧場などで経済的利益を上げるために血眼になって突き進んできた。ブラジルは1960年代後半から飛躍的な経済的発展を遂げた。その大きな要素の中にアマゾンの横断道路網の建設があった。この道路網はブラジルで最も先住民が密集している地域を通っている。先住民たちの取る道は二つある。政府の指示通りに移住して文明社会に文化的にも経済的にも統合されるか，伝染病や虐殺によって滅ぼされるかである。

ブラジルには内務省に属する国立インディオ基金FUNAIがある。FUNAIは，先住民憲章によって認められている先住民たちの土地に対する権利を擁護することになっている。ところが牧場経営者や鉱山会社からの侵略を放置し続けてきた。内務省の管轄であるので，ブラジルの経済成長の妨げにならないように，先住民を早急に文明社会に統合することが使命である。とすれば当然の結果とも言える。すでにブラジルの先住民は絶望的な状況にある。

さらにそれに拍車をかけているのは，米国のトランプ前大統領と酷似した極右・社会自由党のジャイール・ボルソナーロ大統領の登場だ。欧州でも勢いを増している極右の人物だ。「先住民は生産をしない必要のない人々だ」と言ってはばからない。マイノリティや福祉，文化，人権，環境よりも開発と，経済発展を優先する彼の登場に勢いを得て，ガリンペイロたちの数も増えている。1993年にはベネズエラとブラジルの国境地帯のハシムで，ガリンペイロによって16人のヤノマミが虐殺された。

2⸺⸺金の不法採掘の急増

ヤノマミが数世紀前から暮らしてきた原生林の地下には，金を含む貴重な鉱物資源が眠っている。ここ数十年というもの，金を求める非合法の探鉱者らがこの地に引き寄せられ，ヤノマミと地元当局者の推計によると，ここでは現在，2万人を超える非合法探鉱者が活動している。2018年，アマゾンを経済開発し，鉱物資源を採掘すると公約する極右ボルソナロ大統領が就任して以来，その数はさらに増えた。

ヤノマミの特別区域を写した衛星画像をロイターが分析したところ，違法な金の採掘が急増していることが明らかになった。過去5年間で非合法の採掘活動は20倍に増えている。主な活動地域はウラリコエラ川とムカジャイ川沿いで，合計すると約8平方キロメートル，サッカー競技場1000個分を超える。

ロイターは衛星画像を分析する非営利団体アースライズ・メディアと協力して作業を行った。採掘の規模は小さいが，環境に壊滅的な影響を及ぼしている。樹木と居住環境は破壊され，砂岩から金を分離するのに使う水銀が川に流れ，水を汚染し，魚を介して地域の食物連鎖に入り込む。2018年に公表された調査結果によると，ヤノマミの集落の中には，住民の92％が水銀中毒に苦しんでいるところもある。この中毒は臓器を傷付け，子どもの発育障害を引き起こすことがある。

　採掘者は感染症も持ち込む。1970年代，ブラジルの当時の軍事政権がアマゾン川北部の熱帯雨林を抜ける幹線道路を建設した際には，ヤノマミの集落が二つ，はしかとインフルエンザにより壊滅した。その10年後，「ゴールドラッシュ」でマラリアと，武器を伴う小競り合いが持ち込まれた。アマゾン先住民を支援する国際NGO「サバイバル・インターナショナル」によると，2020年12月の時点で，アマゾン先住民全体で，4万人の感染と889人の死亡が確認された。住民の多くは外界から隔絶された森に住んでいるが，違法伐採や違法鉱山開発の業者が近くに入り込み，ウイルスを持ち込んだとみられている。NGO広報担当のポーラ・オソリオ氏は「先住民の間では近年，肺炎やはしか，結核など感染症による社会的ダメージが広がっていた。そこへ新型コロナが追い打ちをかけている。先住民は集団生活をしているため，いったんウイルスが入り込むと，感染が広がりやすい。大量の死者が出る恐れがある」と警告する。

5　先住民族ヤノマミの未来は

　ヤノマミの人権擁護のために設立されたフトゥカラ・ヤノマミ協会のダリオ・ヤワリオマ副会長は，「この死のウイルスを，われわれの社会に持ち込んだ主な経路が非合法探鉱者だ」と言う。「大勢やってくる。ヘリコプターや飛行機，ボートで到着し，われわれは彼らが新型コロナに感染しているかどうか知るよしもない」。ヤノマミのような先住民は，一つ屋根の下に多ければ200人が一緒に暮らし，食べ物から調理器具，ハンモックまで共有する集団的な生活様式のため，対人距離確保は実質上，不可能。ウイルスは特に脅威だ。

　ブラジル軍は探鉱者の侵入阻止を試みたことがあるが，兵士が去るとすぐに探鉱

者が戻ってくるという。政府データによると，ブラジル北部のロライマ州は，金が最も重要な輸出品だ。しかし同州で法律にのっとり登録された探鉱事業は存在しない。政府の鉱業機関筋によると，同州の金採掘はほぼすべて，ヤノマミなど先住民の土地で行われている。つまり非合法だ。非合法の採掘を合法化したいと公言するボルソナロ大統領が就任すると，非合法の金採掘者らは意を強くした。ボルソナロ氏は，ヤノマミの特別区域は人口に対して大き過ぎるとも述べている。

　環境保護団体グリーンピースは，独自の衛星データ分析に基づき，アマゾンでの非合法採掘の72％は先住民の土地か特別区域で行われていると指摘した。20年に及ぶ土地所有権闘争の末に，1992年に公式に居留地域が認められたヤノマミは「採掘者は出て行け，COVIDは出て行け」の合言葉を掲げ，採掘者の排除を求める嘆願を開始した。

　ヤノマミのガリンペイロと新型コロナとの戦いは，協力者を得ながら，これからも続きそうだ。先住民とコロナ禍の問題について，国連経済社会局は「多くの人が集まる伝統儀礼や大家族制度など感染が拡大しやすい生活様式があり，経済的にも社会的にも，保健サービスの恩恵を受けにくい。特に高いリスクを負っている」と指摘する。コロナ対策の優先課題として先住民問題に取り組むよう各国に訴えている。

　ヤノマミは先住民の中でも特に文明社会との付き合いが短い。外の社会，特に政府に対して政治的に働きかける力がぜい弱だ。先に，「駆け落ち」をきっかけとしてヤノマミ社会に起こった危機（紛争）について詳しく述べた。それは過去に何度も起こった危機であり，慣習的な，対応としてのレジリエンスが有効に作動した。そもそも，ヤノマミには土地を私有するという発想がないし，土地や富を獲得する争いはなかったのだ。ガリンペイロの出現が引き起こした新たな紛争や感染症は，これまで彼らが経験したことのない新たな危機である。

　それでも，彼らも，フトゥカラ・ヤノマミ協会というような新たな先住民組織，NPO組織，国連など，様々な手段や協力関係を使いながら動き始めている。そうした活動は，新たな危機に対応する新たなレジリエンスを獲得するための模索と言えるだろう。

関 野 吉 晴

グレートジャーニー

　1970年から20年間かけて，ひたすら南米ばかりを歩いて来た。南米の特徴はその多様性だ。自然だけでなく人も多様だった。先祖が1万年以上前にこの地方にやってきた先住民。その後ヨーロッパから征服者がやってきて，彼らがアフリカから黒人奴隷を連れてきた。混血して多様な人間模様ができた。文化も多彩になってきた。先住民の村を訪れ，同じ屋根の下で寝て，同じものを食べて暮らすという形の旅が続いた。南米先住民の先祖は，いつ，どこから，どのようにしてやってきたのだろうか。いつしか太古の人々がやってきた道をたどってみたいと思うようになった。

　アフリカから出た現生人類は，最初はそれほど居住圏を広げることはできなかった。人類は元々熱帯あるいは亜熱帯の動物なので，高緯度地方に進出することは極めて難しかった。他の霊長類ができなかった高緯度地方への進

タンザニアオルドバイ渓谷を自転車で行く。

アラスカを犬橇で進む。

出のためには，苦手な寒冷に適応しなければならなかった。

　寒冷に適応するためには工夫が必要だった。骨や角で作った爪楊枝ほどの大きさの縫い針が発明された。この針には小さな孔があり，動物の腱や腸を糸として，トナカイやアザラシの毛皮を縫い合わせると，完全に密閉できる衣服，靴，手袋，帽子などが出来上がる。これで厳寒の冬を乗り越えられるようになった。この防寒具と半地下式で毛皮を張った住居，巧みな狩猟技術の組み合わせは，まったく新しい広大な居住域を開発する原動力になった。それらを克服して極北に進出したのは，高々，３万年前だと言われている。

　こうして極北のシベリアに進出した人の一部が，大型動物を追いかけているうちに新大陸（アメリカ大陸）に移動したものと思われる。その後，ある者たちは南米まで渡り，その最南端まで達した者もいる。

　イギリス人考古学者ブライアン・M・フェイガンは人類が南米最南端まで至った旅路をグレートジャーニーと名付けた。広義には人類の世界中への移動拡散をグレートジャーニーと言っている。1993年，私はその逆ルート，すなわち南米最南端からアラスカ，シベリア経由で，アフリカへ向って旅立っ

た。私はこのルートを，土地の先住民と交流しながら，自分の脚力，徒歩，スキー，自転車，カヤック，及び自分で操作できればと言う条件付きで動物（犬ぞり，馬，トナカイ，ラクダ等）の力を借りて移動したいと思った。太古の人々が旅路で感じた暑さ，寒さ，風，匂い，埃，雨，雪に触れ，身体で感じながらゆっくりと進んだ。結局足掛け10年の旅になり，2002年2月にタンザニアの人類最古の足跡化石のあるラエトリにゴールした。

　それではアフリカを出た人類はいつどのように日本列島に来たのだろうか。これまで日本人の起源を考える時に，アフリカまで続く長い道のりを意識することはなかった。人類の世界展開のシナリオがDNAの系統分析によって描かれるようになると，日本人の起源の地を問うことは，あまり意味がないことが分かってきた。

　かつてはバイカル湖起源説，南方起源説など，日本人の起源の地を辿る様々な説が論じられた。現在では，日本人の成立の経緯を知るということは，その起源の地を探すことではなく，現在の私たちにつながる集団が，いつ，どのような経路を通って，なぜこの列島に流入したのかという問題を解明することだと認識されるようになっている。日本人の形成は，アフリカを出発した人類が成し遂げた壮大な旅路の一部を形成している。

　時代的な考察を抜きにすると，日本列島に到達する道筋として有力なルートは大陸との地理的な関係から考えて，三つ挙げられる。シベリアからサハリン経由で北海道に至るルート。朝鮮半島を経由するルート。そして東南アジアから海を北上したルートだ。

　私は三つの主要ルートも，自分の腕力，脚力及び風（帆船）などの自然の力だけを頼りに，8年がかりで辿った。

アンデス先住民社会の

伝統と変容

アンデス先住民社会の伝統と変容

第15章

「レジリエンス史観」から見える出来事として

稲村哲也

文化人類学者。高地社会, 特に南米アンデスの先住
民社会と牧畜文化を研究, ヒマラヤ, モンゴルとの比較
研究, 博物館研究にも従事。現在, 愛知県立大学・放
送大学名誉教授, 野外民族博物館リトルワールド館長

1 「伝統の持続」から「レジリエンス史観」へ

1......アンデス高原＝牧民世界への誘い

　緑の湿原でアルパカの母仔がよりそって草を食んでいる（図1）。湿原の先には蛇
行する川が見え, その両側はなだらかに広がり, 次第にせりあがって青空との間に
稜線が伸びている。遠くには白い雪山が望まれる。なだらかな斜面に目をやると, 自
然の石を積んだ壁の上に草葺きの屋根がのった小さな家々のかたまりが見える。そ
の屋敷地の周囲にはいくつかの石囲い（家畜囲い）が配されている。日暮れ近くにな
ると, そこにアルパカの群れが追い込まれる。

　アンデス高原のこの牧歌的な景観が高さの感覚を麻痺させる。しかし, 突如暗雲
が垂れこめ, 激しい落雷と共に大粒の雹が落ちてくることも珍しくない。そこが標
高4500メートルを超える高所だということを思い出させる瞬間だ。

図1　湿原（ボフェダル）で放牧されるアルパカの母仔。背景になだらかなU字谷（氷食谷）の景観が望まれる。

図2　放牧中のアルパカ群がよく見える高台の休息地で、糸を紡ぎ、織物を織る母と娘たち。織物で包まれた揺り籠では孫が眠っている。

湿原にちらばるアルパカは白が多いが、黒、灰色、茶、ベージュの個体もいて、美しいモザイクをなしている。この多様な毛色を利用して、古代よりユニークな柄の織物が織られてきた。アルパカの群れが見渡せる小高い場所に小さな石の囲いがしつらえられている。そこで母と娘たちが紡錘車で糸を紡ぎ、織物を織っている（図2）。こんな平和な日常が何千年と続けられてきたのだろうか。

　考えてみれば、人類はずいぶんと遠くまで来たものだ。Phase I・第2章などで述べられているように、アフリカで誕生したヒト（ホモ・サピエンス）が「出アフリカ」を果たし、極寒の時期（氷期）にユーラシアに広がった。マンモスなどの狩りをしてシベリアの北東の端に至ったヒトの一団は、「ベーリング陸橋」を通ってアラスカに達したが、カナダの氷床に行く手を阻まれていた。1万3000年ほど前に氷期が終わると、その氷床が溶けて南への道が開けた。優れた狩猟民となっていたヒトは、有り余る大型哺乳類を食糧として人口を増やし、

南に向かって移動・拡散し，おそらくアンデスの高原を通って南米大陸の最南端に至った。その一部はアマゾンの森に入ってそこに適応し，別の一団はアンデス高原にとどまりラクダ科の野生動物ビクーニャやグアナコの狩猟を中心とする生活をつづけた。

　Phase I・第5章で論じられたように，ラクダ科動物は6000年ほど前にペルー中部の高原で最初に家畜化され，その後に他の何か所かで家畜化された。まずビクーニャが家畜化されアルパカとなり，その後にグアナコが家畜化されリャマが生まれたと考えられている（ただし両者の交雑もある）。

2......「チャク」（殺さない狩猟）に見るレジリエンスのダイナミズム

　リャマによる輸送力は，今から3000年ほど前のアンデス文明における権力形成に大きな影響を与えたことが近年さかんに議論されている［関（編）2017］。その後，アンデス文明の最後を飾ったインカ帝国では，皇帝や地方首長が管理する大量のリャマ群が，大規模な輸送と再分配システムを支えた。

　アンデスにおいては強大な帝国となったインカであったが，突如現れた白い人間たちによってもろくも崩壊した。鉄や銃（火薬）を知らず，病原菌に対する免疫がないことが，大きな弱点であった［ダイアモンド2012］。アンデス社会は，スペインの植民地とされ，スペイン文化とカトリック信仰が広がった。さらに近代文明が押し寄せ，インカの民は周縁化されていった。しかし，アンデス高地の先住民は生きぬき，独自の文化を，変容させながらも，継承してきた。

　私は，長くアンデス先住民社会の研究を続けるなかで，彼らのサステイナブルな生業と暮らしを実感してきた。そして，2000年代に入ったとき，「レジリエンスのダイナミズム」を印象づけられる大きな出来事に遭遇した。それは，スペイン征服と共に衰退したインカ時代の伝統「チャク」の復活である。クロニカ（特に，スペイン人征服者とインカ王女の間に生まれたインカ・ガルシラーソの記述）に，皇帝の指揮のもとに大勢の民衆が集まって行われた「チャク」と呼ばれる追い込み猟の記述がある。チャクで捕獲されたラクダ科の野生動物ビクーニャは，毛を刈られたあと生きたまま解放され，その毛は皇族の衣装とされた。シカもチャクの獲物とされ，雄は殺されて食用となったが，雌は解放され，立派な雄も「種雄」として解放された。

　牧畜を成立させている草食動物の家畜の定義のひとつに「生殖の管理」があげら

図3　人の列がV字型罠の外側から群を追う

図4　ビクーニャの毛を刈り, 生きたまま解放する

れる（Phase I・第5章）。チャクの事例は, 野生動物が生殖も含めて管理されていたことを示しており, 野生動物と家畜を明確に区別する近代の動物観を揺るがすものである。私はそのことに注目し, 牧畜論を見直すべき重要な事例と捉えていた [稲村 1995]。ただし, それはインカ時代のことであり, 文献研究に過ぎなかった。

　ところが, その失われた「インカの伝統」が現実に目の前で繰り広げられたのである（図3・4）。これは,「先住民が征服によって打撃を受け, 植民地化と近代化にさらされながら, からくも「伝統」を維持してきた」というそれまでの見方を覆し,「レジリエンスのダイナミズム」を見せつけられるものであった。「レジリエンス史観」の発想の原点である。そのような観点から見直してみると, 他のさまざまな現象, たとえば極左組織センデロ・ルミノッソの勢力拡大と挫折, フジモリ政権の誕生の物語も, 先住民社会のレジリエンスの再編を背景として, 歴史舞台の前景に現れてくる。

　前置きが長くなったが, 本章では,「レジリエンスのダイナミズム」の視座から, 先住民社会の現状を見直してみたい。中心的な議論に入る前に, 変容しながらも維持されてきたアンデス先住民社会の特質, 農耕と牧畜, 両者の関係等について概観しておきたい。そこにも, 逆境を生きぬいてきた秘訣としてのレジリエンスが埋め込まれているからある。

2　アンデスの先住民社会

1………高地環境,「コミュニティ」の構成

　私が調査をしてきたのは,ペルー南部アレキーパ県のプイカという,農民と牧民が居住するディストリート（行政区）である。ここからは,民族誌研究のデータに基づき,農耕と牧畜の特徴,農民と牧民の関係,人々の自然とのかかわりや信仰,社会のしくみの全体像の概観を示したい（約40年前のデータが中心であるが現在形で記述）。標高4000メートルを超える環境で営まれてきた牧畜の仕組みについてはやや詳しく紹介したい。アンデスの人々が,厳しい環境のなかで如何に独自のニッチ（生態学的文化的生活圏）を構築してきたのかを示したいからである。

　中央アンデスの生態学的環境の多様性については第9章で述べられているが,高所では大雑把に二つの生態系の区分が重要である。ケブラーダと呼ばれる峡谷とプーナと呼ばれる高原である。峡谷は暖かく,そこで高さに応じた多様な作物が栽培されてきた。高原は,年間を通じて冷涼で,樹林限界を超え,農耕には適さない。

　プイカ行政区は,南北と東西におよそ30キロメートルの範囲に,標高3000から5000メートル余りの高さに位置する二つの生態系を包含している（図5・6）。プイカの領域の面積の大きな部分は標高が4000メートル以上の高原で,そこで牧民はアルパカとリャマを飼っている。リャマの主な用途はキャラバン編成して農作物や交易品を運搬するための荷役である。40キロ余りの荷を負って,1日20キロメートルほどの距離を移動することができる。アルパカは毛の生産を目的として飼われている（図7）。毛刈りでは,近隣の牧民たちが手伝うアイニ（相互扶助）が行われる。農民の播種や収穫のアイニと同様に,アルパカの持ち主がチチャ酒や食事を用意する。

　標高4000メートルより下に位置する険しい峡谷では,農民が階段畑でジャガイモ,トウモロコシなど多様な作物を栽培している。農民の一部は,刈り跡の農地や集落周辺の草地を利用して,ヨーロッパ由来のウシやヒツジなどの換金できる家畜を飼っている。牧民と農民は,物々交換や（牧民によるリャマを使った）農作物の運搬などによって,お互いに緊密な相互依存関係を保ってきた。

　プイカでは,二つの生態系（それに対応する二つの生業形態）を反映して,社会的にも明確に二つのコミュニティに区分されている。ここでは,その二つを仮に「牧民コミュニティ」と「農民コミュニティ」と呼んでおこう。この二つのコミュニティ

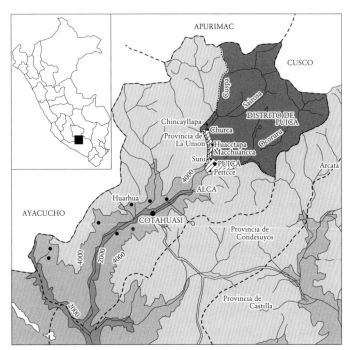

図5 ラウニオン郡のコタワシ渓谷とプイカ行政区（濃いグレー部分と斜線の部分）。濃いグレーの部分が標高4000m以上の高原，斜線の部分がそれ以下の峡谷。プイカの峡谷にはプイカ村のほかに六つの属村がある。高原には三つの谷がある。

図6 コタワシ渓谷の衛星画像（作成：苅谷愛彦）

のそれぞれが，双分的なアイユ（インカ時代にみられた基本的共同体）を成している。そして，その両者を合わせたもの（いわば「全体コミュニティ」）がプイカ行政区を構成している。（図8）。

図7　アルパカの毛刈り。近隣の牧民同士でアイニ（相互扶助）と呼ばれる労働交換が行われる。

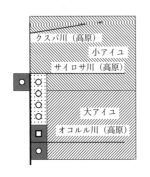

大アイユ	小アイユ	高原（牧民コミュニティ）
下アイユ	上アイユ	峡谷（農民コミュニティ）

▦ 上アイユ
■ 下アイユ
□ プイカ村
○ 他の属村

牧民コミュニティと農民コミュニティが，それぞれ2つのアイユに分かれ。両コミュニティがプイカ行政区（全体コミュニティ）を成している。

図8　プイカ行政区の構造（左は地図を模式化したもの）

2……… アンデス先住民社会の農耕の特徴

プイカ行政区には，二つのタイプの耕地，すなわちコムニダとライメとがある。コムニダ（comunidad）はスペイン語で，その文字通りの意味は「共同体」であるが，ここではトウモロコシを栽培する耕地を意味する。ライメが標高3600〜4000メートルの高所の天水耕作の休耕を伴う畑であるのに対し，コムニダはそれより低い高さの峡谷斜面の灌漑のある段々畑で，そこではトウモロコシの連作が行われる。両耕地共に，農民が飼うウシ，ウマ，ロバ，ヒツジ（ヨーロッパから持ち込まれた家畜），そして時々牧民が高原から引き連れてくるリャマの侵入を防ぐため，耕地全体が石垣で

図9　ジャガイモを植え付けるためのチャキタクリャ(踏み鋤)による耕起

囲まれている。

　コムニダの畑は段々畑の区分毎に個人が占有して親から子に相続されるが，種まきと収穫はほぼ同時期に行われ，収穫後には石垣が開かれ，刈り跡で家畜が放牧される。家畜の放牧は施肥の意味をもつ。収穫期に農作物を求めてリャマのキャラバンと共に高原からやってくる牧民も，この刈り跡でリャマを放牧する。

　ライメは，集落毎に，基本的には六つ（村によっては七つ）の区画の共同耕地からなり，4年の耕作と2年の休耕のシステムに作物の輪作を組み合わせたものである。共同耕地とは言っても，各家族の耕す場所は決まっていて，親から子へと相続される。ライメは天水農耕によるものでジャガイモ栽培が軸となる。休耕後の畑をチャキタクリャ（踏み鋤）で一斉に耕起し，ジャガイモを植える（図9）。翌年はその畑にオユーコ（*Ollucus tuberosus*）やオカ（*Oca tuberosa*）という芋を栽培する。3，4年目にはアカザの仲間のキヌア（*Chenopodium quinoa*）や，ソラマメ，オオムギなどが栽培される（ソラマメとオオムギはヨーロッパから導入された作物）。

　トウモロコシやジャガイモには，現地名で区別される多様な品種がある。特に，山本紀夫が現地調査を行ったアンデス東斜面（クスコ県マルカパタ）などでは，標高差を利用して極めて多様なジャガイモを栽培している［山本 1992］。特に，標高4000メートル近い高所では，ルキと呼ばれる（毒性をもった）苦いジャガイモがある。これは，そのままでは食べられないが，昼夜の寒暖差を利用して「チューニョ」と呼ばれる「凍結乾燥ジャガイモ」に加工される。チューニョは，毒抜きされるだけでなく，水分が抜けているため長期の保存や運搬に便利なものである。

　毒のあるジャガイモは野生のジャガイモに近く，寒さや病気に強く，虫害を避けることもできる。キヌアも種子の表面にサポニンという毒を含み，野生種の特徴を

保持している。これらの特徴は，虫や鳥獣からの害を防ぐという効用がある。それ
は，アンデスの農民の伝統知の一部であり，病虫獣害，気象の変化（寒冷・乾燥など）
に対応するレジリエンスの一要素であり，結果として農耕のサステイナビリティ（持
続性）を支えてきた。

　コムニダでもライメでもケチュア語で「アイニ」と呼ばれる労働の相互扶助が行
われてきた。耕作や収穫の手伝いを隣人たちが相互に行い，畑の主が隣人たちにチ
チャ（トウモロコシ酒）や食事をふるまうという慣習である。

3 ⋯⋯⋯ アンデスのユニークな牧畜

　険しい斜面に段々畑が続く峡谷を上流に遡っていくと，標高4000メートルを超え
るあたりからなだらかな高原に至る。そこは，緯度的には（南緯12度余りの）熱帯に
位置するため，昼夜の気温較差は大きいが年間の気温較差が小さい。また，気候は
雨季と乾季にはっきり分かれるが，雪山を水源とする高原のボフェダル（湿原）は乾
季でも維持される（図1）。それらの生態系の特性により，一年中，高原の一定の領
域内で家畜の群れを維持できるのである。私は，このようなアンデスの牧畜様式を
「定牧」と呼んできた。これが，ヒマラヤやアルプスの移牧，モンゴルなど乾燥した
草原の遊牧と全く異なる特徴のひとつである。

　第5章で述べられたように近年アルパカの野生祖先種がビクーニャであることが
わかってきた。また，ビクーニャの（1頭の雄と数頭の雌およびその仔で構成される）
「家族群」は固定的な生息域をもつ。つまり，アンデス牧畜の「定牧」は，野生祖先
種の習性にも適合している。リャマは，アルパカより大きく，多様な環境への適応
力が高い。ふつうは，湿原から外れたより高い地域で放牧される。リャマの野生祖
先種は，ビクーニャよりも大きく強いグアナコである。グアナコは高原と海岸の間
で移動することも知られている。以上のことを勘案すれば，アンデスの「定牧」は
アルパカ（及びその野生祖先種ビクーニャ）の特性に規定されていると言える。

　プイカでは，牧民の各家族（拡大家族）は，平均して，およそ300～400頭（最大で
約2000頭）の家畜を飼っており，その70～80％はアルパカ，残りがリャマである。ま
た，家族によっては少数のヒツジ，数頭のウマを付随的に飼っている。

4········家族の占有領域内の「ミクロな季節的移動」を伴う定牧（定住的牧畜）

プイカでは，農民はふつう核家族だが，高原に住む牧民は拡大家族を形成する。拡大家族は，例えば，老夫婦とその結婚した息子たちと孫たちで構成されている。牧民たちが拡大家族をもつ理由は，彼らが占有する放牧地を分割するのを避けるためである。

牧民の住居とそれを取り巻く放牧地はエスタンシアと呼ばれる。図10aは，私が作成した標高4500メートルに位置するエスタンシアの地図である。プイカにおける各エスタンシアの平均の面積はおよそ20平方キロメートルである。隣り合って居住す

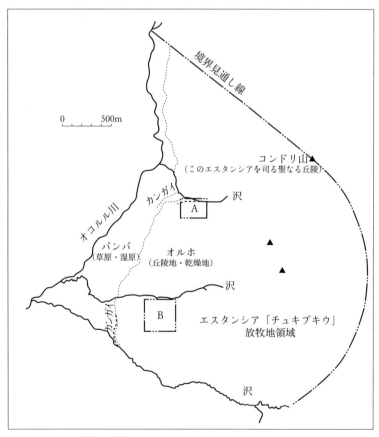

図10a　エスタンシア「チュキプキウ」の地図

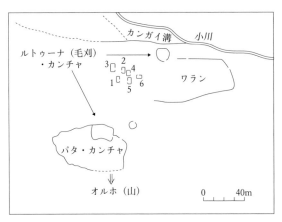

図10b 主住居（図10aのA）：拡大家族が住む6棟の住居（及び食糧庫）と乾季に使う半開放の家畜囲い（ワラン）をもつのが特徴である。

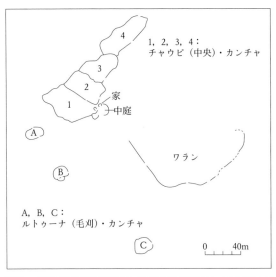

図10c 雨季に使う副住居（図10aのB）：1棟の家屋といくつものカンチャ（家畜囲い）で構成されている。カンチャはローテーションして利用する。

る牧民たちは、お互いに、エスタンシアの境界を川、小川、尾根、大きな岩などによって認識している。

　牧民の家族はふつう、そのエスタンシアの中に主住居と副住居の二つをもってい

る。主住居はU字谷の両側の斜面から流れてくる小川のほとりに位置している，そのため日常生活で水を得ることが容易である。小川の水源は山脈の降雪や氷河であり，一年中枯れることがない。それが高原のボフェダル（湿原）を維持し，そうした場所がアルパカの放牧に適している。

主住居には，食糧庫を含む数棟の家屋と大小の家畜囲いがある（図10b）。食べ物や日常物資は主居住地に保管されているので，そこが生活の本拠地である。家畜は，夜間，ワランと呼ばれる半開放の大きな囲いで寝る。小さな囲いは，毛刈用の囲いで，そこで，アルパカの毛刈り，リャマのキャラバンの荷の積み下ろし，家畜儀礼などが行われる。これらの囲いは小さいので，牧民が家畜を制御しやすいようになっている。

二つの居住地は近いので，簡単に行き来ができる。では，なぜ二つの住居をもつ必要があるのだろうか。それは，雨季と乾季で異なる家畜管理のためである。11月から4月にかけての雨季には，彼らの家族の一部と家畜は，水はけのよい場所に立地する副住居に移動する。副住居には，ひとつの家屋と多くの大小の家畜囲いがある（図10c）。家畜囲いが多いのは，ローテーションして使用するためである。その理由は次のとおりである。雨季は家畜の出産の時期にあたる。新生獣を狐やコンドルから守るため，夜になると，家畜はチャウピ・カンチャ（中央囲い）に集められる。一方，アンデスのラクダ科家畜は，糞を同じ場所にする習性を持つため，雨季には，囲いの地面が糞と雨が混ざりあって泥になり，感染症のリスクが高まる。そこで，新生獣・幼獣の死亡率を下げるため，清潔な囲いを維持することが重要である。これが，副住居が水はけのよい場所に位置し，いくつもの囲いを持つ理由である（図10c）。

ペルー中部高原の洞窟遺跡を発掘したJ・ウィーラー（Wheeler）らは，ラクダ科動物の家畜化の時期を判断する指標のひとつとして，幼獣の死亡率（出土骨の割合）の急上昇を挙げた（Phase I・第5章）。新生獣は出産時に母から抗体を受け継ぐが，間もなくその効果が薄れる（それ以後は感染によって自ら抗体を獲得してゆく）。家畜化プロセスの初期，動物が人為的に囲いに集められると，密集による直接的な感染のリスクとストレスに晒されることによる発病のリスクが高まる。その影響は（抗体のない）幼獣に強く現れ，死亡率が高まるというわけである。これが出土獣骨の年齢割合が家畜化の時期の指標とされる根拠である。人為的選択によって家畜化が進行するとともに，適応過程が進み，幼獣死亡率は次第に下降することがわかっている。

結論的には，アンデスの牧畜における一定領域内のミクロな季節的移動の目的は，

雨季に清潔な家畜囲いを維持し，感染症を避けることである。これは，上下の異なる生態系の間を移動するヒマラヤのヤクの移牧などとはまったく異なる。二つの住居の間の距離は１キロあまりに過ぎず，それらの場所の高さにはほとんど違いがない。そこで，ミクロな季節移動を伴うけれども，このようなアンデス牧畜を「定牧」と呼ぶことができる。逆に言えば，生態学的条件からも家畜の本来の特性（野生祖先種の固定的生息域）からも移動の必要がないのにも関わらず，あえてミクロな移動をしているわけである。そこに，長年の間に培われてきたアンデスの牧畜の特性があり，それは感染症のリスクに対応するレジリエンスの要素のひとつであると言えよう。

5………搾乳の利用の欠如と，農産物獲得のためのリャマの重要性

アンデス牧畜のもう一つのユニークな特徴は，ミルクを利用しないことである。旧大陸（アジア・アフリカ）の牧畜では，元本（家畜）を減らさずに利息（乳）を利用することがイメージされてきたが，それとはまったく異なるのがアンデスの牧畜である。

専業の牧民は多くの家畜を所有し，その肉は食用にされるが，個体数を維持するためには，肉は日常的に大量に消費することはできない。では，彼らの主食は何なのか。それは，農民から手に入れるジャガイモやトウモロコシなどの農産物である。その作物を手に入れる伝統的な方法は二つある。ひとつは，肉や干し肉，また，他の場所でとれる岩塩，土器などをリャマで運んで農村で物々交換する方法である。もうひとつは，リャマを使った一種の輸送サービスである。峡谷では，雨季が終わる４〜６月にジャガイモなどのイモ類やトウモロコシを収穫する。牧民はその時期に農村に降りていき，親しい農民の家に滞在し，農民の依頼を受けてリャマで農作物を運ぶ（図11）。村に滞在している間，牧民たちは，リャマを収穫後の階段畑に連れて行き，そこでリャマたちに，残ったトウモロコシの茎や葉を食べさせる。彼らは，階段畑から農家まで10袋の作物を運ぶと，ふつう依頼主の農民から１袋を受け取る。そうして，何人かの農民の依頼を受ければ，年間の食料を賄う量の作物を得ることができる。乳を利用しない理由はそこにある。標高差によって区切られる（高原の）牧畜と（峡谷の）農耕が隣接しているため，牧民でも農作物を容易に得ることができるからである。他方，アンデス東斜面の先住民社会のように，農牧複合が行われてきた地域も多い［山本 1992］。

このように，アンデスでは，ユーラシア大陸でのように農耕地帯から離れて遊牧

を行う必要が生じなかった
ため，乳糖不耐症（乳児期の
ラクターゼ産生が成長とともに
止まり，乳糖を分解できないた
め下痢や腹痛を引き起こす症
状）を克服するほどの乳利
用の動機がなかったと言え
るだろう。

図11　牧民による農作物運搬：後方の女性たちは段々畑の持ち主で，
手前の牧民がトウモロコシをリャマに背負わせる袋に詰めている。

6………カトリック慣習の先住民化，祭りにおける再分配の機能

　植民地時代，各地にカトリックの教会が建設され，キリスト教が広められた。プ
イカ村にも大きな古い教会がある。神父は常住していないけれども，住民たちが教
会を管理し，カトリック聖人の祝日に祭が行われる。

　ここでは詳しく述べないが，牧民の家族的な儀礼は，キリスト教の影響をあまり
受けることなく続けられてきた。アルパカの供儀によって心臓を取り出すことから
始まり，エスタンシア内の聖なる山の精霊オルホ（家畜の真の持ち主）と家畜を育て
る大地の精霊（女神）パチャママに様々な供物をささげるものである（図12）。私が
観察した儀礼は12日間にわたって行われた［稲村 1995］。これは，インカ時代との連
続性を想起させる伝統である。

　一方，以下で述べるプイカ村の祭は，いわば「全体コミュニティ」（プイカ行政区）
の行事だが，スペインから持ち込まれたカトリックの聖人信仰を受け継ぐものであ
る。エスタンシアでパチャママに祈る牧民は，プイカ村に来ると，美しい聖女像の
前で，十字を切り，祈りをささげる。カトリックの聖人信仰は，聖女がパチャママ
と同一視されるなど，シンクレティズム（宗教融合）の様相を呈している。また，信
仰そのもの以上に社会的な機能が重要である。

　聖人の祭は，コミュニティのメンバー同士の絆を強める機会である。プイカでは，

プイカでの祭に農民だけで
なく牧民も参加するため，
（「全体コミュニティ」におい
て）牧民と農民の間の関係
を強化する機能も果たす。
プイカでは，毎年，人々は，
祭でカルゴ（役割）を果たす
カルグヨフ（カルゴ受任者）
を任命する。

図12　コラル（家畜囲い）の中で，家畜が生まれる雨季に行われる家畜
儀礼。3頭の仔アルパカを押さえて，果物やトウモロコシ粉などで触れ，
成長を願う。

　プイカでは，三つの重要
なカトリック聖人祭が催さ
れる。ひとつは「受胎の聖
女」の祭で，それはプイカ
村に居住する農民たちだけ
によって祝われる。「サンティアゴ」の祭は農民と牧民の両方の祭りである。そして，
サン・フアンとサンタ・バルバラは，プイカ村の教会に安置されている聖人と聖女
だが，牧民を守護する聖人であり，その祭は牧民が主催する。

　牧民がカルゴを務める場合，そのカルグヨフは，特設祭壇を用意したり，カトリ
ック聖人の行列にリャマと参加する，などの義務を果たす（図13）。そのために，カ
ルグヨフ夫妻はリャマのキャラバンを率いてプイカ村に下りてこなければならない。
カルグヨフ夫妻はまた，1週間以上，彼の親しい農民の家を借りて祝宴を張り，全
ての住民を招待して，大判振舞いをしなければならない。宴会のために，エスタン
シアからアルパカの肉を持ち込み，親しい農民の協力を得て，十分の食事とチチャ
（トウモロコシを醸した酒）を用意し，またインディアン・ハープとバイオリンの奏者
に依頼して音楽も提供する。

　4種類の農民のカルゴと3種類の牧民のカルゴがあり，それらは順番とランクで
秩序づけられている。カルグヨフは，まったく報酬を受けず，むしろ祭で大判振舞
いを提供することにより，多くの出費をしなければならない。その対価として，彼
はコミュニティ内において名誉と威信を得ることができ，一生の間にすべてのカル
ゴを果たすと，コミュニティの長老として人々の尊敬と影響力を得る。

　以上のように，プイカの聖人の祭は，スペインの慣習が先住民社会に適合する形

で再編されたものである。祭を運営するカルゴ・システムは，先に述べたプイカ行政区（「全体コミュニティ」）の構造を反映し，互酬的関係を強化し，小規模な再分配システムとして機能してコミュニティの絆を活性化するのである。

図13　聖女のプロセシオン（聖行列）にリャマたちが付き従う（後方に見える）。

3　社会的レジリエンスのダイナミズム

1⋯⋯⋯インカ帝国のレジリエンスとスペインによる征服

　アンデスでは，標高差によって異なる多様な資源が利用され，紀元前3000年頃からピラミッド状の建造物が建築され，いわゆる古代文明が形成されてきた。Phase II・第9章で，地域ごとにユニークな文化が栄えたり，それらを統合する広域の「国家」が登場し，やがて崩壊する，といった文明盛衰のリズムの全体像が描かれた。そのクライマックスが巨大な石造建造物で有名な，南北5000キロを統合したインカ帝国であった。

　インカ帝国では，アイユ（共同体単位）の農地が，皇帝・太陽神・人民の土地の三つに分けられていた［ロストウォロフスキ 2003］。人々は共同で土地を耕し，その収穫物がそれぞれの取り分に分けられた。さらに，標高差や地域によって多様な環境を最大限に利用する「垂直統御」によって資源を確保し，大規模な再分配システムによって，その長大な領域を統御していた。インカ帝国は，当時は「タワンティン・スーヨ」（四つの地方）と呼ばれ，それぞれの地方に首長をおき，帝国の都クスコから地方に向かってインカ道が伸びていた。首都クスコと地方の重要な拠点には大規

模な倉庫が建設され，食糧や物資が備蓄されていた。災害や不作のあった地域には，そこから援助物資が支給されたと考えられている。さらに，帝国各地の特産物が集積され，それが地方に効果的に再分配されるシステムが機能していた。そして，物資の輸送にはラクダ科家畜リャマが重要な役割を果たしていた。

　インカ皇帝は太陽の子孫とされ，壮麗な太陽神殿の内部は黄金の神像や装飾で

図14　マチュピチュ遺跡の「太陽神殿」。台形の構造は，荷重や地震の揺れに強いと考えられる。

満たされていた（図14）。皇帝は，亡くなるとミイラにされ，王宮に住み続け，家族や従者もそのまま皇帝に仕え続けたと言われている。新皇帝は，新たな宮殿を造営し，そこに新たな一族と従者グループを形成した。このように，皇帝は神格化され（統合の象徴的機能をもち），太陽神殿と荘厳な儀礼によって国家の精神的統合がはかられた。

　このように，インカ帝国は，多重の再分配システムによる実質的な統御システムによって地方の首長と人民を統率すると共に，巨大な石造神殿を舞台とした太陽信仰を中心とする世界観の共有によって，（一時的にせよ）強固なレジリエンスを発揮していたと言えよう。

　しかし，この強大なインカ帝国も，1532年，メキシコから太平洋沿岸を南下してペルー北部海岸に上陸したフランシスコ・ピサロが率いるスペイン人の一群によってあっけなく征服されてしまった。インカ人はスペイン人の敵ではなかった。武力の差以上に，スペイン人が持ち込んだ病原菌に対する免疫がないことが，大きな弱点であった。インカ人は，戦いに敗れるだけでなく，感染症の蔓延によって戦わずして倒れていった［山本紀夫 2017］。

2……… アンデスの先住民

　クスコは，スペイン人によって破壊されたあと，スペイン風の町に変えられてい
った。ただし，精巧な石積みの壁の多くはそのまま再利用された。現在でも，イン
カの石壁に漆喰壁を継ぎ足しスペイン瓦で葺かれたハイブリッドの街路が残されて
いる（図15）。

　海岸地方に首都リマが築かれ，1542年にスペインから副王が派遣され，ペルー副
王領として南アメリカ大陸の大半がスペインの植民地となった。そして，スペイン
人たちが本国から続々と移住し，少数のスペイン系住民が先住民を支配する体制が
固められていった。メスティーソと呼ばれる混血が増えると，彼らは中間階層を形
成した。都市を中心にスペイン語，ヨーロッパ文化，キリスト教（カトリック）信仰
が広げられ，人々の生活は変化していった。海岸地方には，サトウキビのアシエン
ダ（大農園）が作られ，伝統的な農耕はモノカルチャーに変えられた。先住民は，虐
待と絶望と感染症によってレジリエンスが破壊され，人口は激減した［山本紀夫 2017］。
アシエンダの労働者や鉱山開発の労働人口を補うため，アフリカ系の奴隷が導入さ
れ，奴隷解放のあとは中国人の苦力（クーリー），そして1899年からは日本人の移民
も導入された。

　しかしながら，ヨーロッパ人は酸素が薄い高地に住むことを好まなかった（また，
出産に支障があった）。そのため，山岳地域では，先住民が今も過半数を占め，インカ

図15　クスコ市街の住
宅：宮殿の強固な石壁
の上にスペイン式の白壁と
屋根がつけられている。

由来の文化や社会システムが再編されながらも維持されてきた。特に山岳高所では，国はなくなったけれども，民衆レベルのアンデス社会は根強く生きながらえてきたのである。

3 ········ フジモリ現象と先住民の復権

1980年5月，軍事政権から民政に移管するための大統領と国会議員を選ぶ選挙が実施された。それは，ペルー史上初めての，全ての成人男女が投票できる，普通選挙であった。選挙に先立つ数か月間，ラウニオン郡の地方の住民たち（ほとんどは先住民）が，何時間も（遠い行政区からは何日も）歩いてコタワシ市に来て，郡役所で選挙登録をした。人々は選挙が何なのかよくわかっていなかったが，選挙をしないと罰金という「義務選挙」制度になったため，とにかく登録をしたのである。私は，選挙当日はプイカ村に滞在していた。二人の兵士が馬で投票箱を持ってきた。住民たちの多くは文字が書けないが，投票用紙の政党マークにチェックをして，投票箱に入れた。

大統領選挙の結果は，事前の予測通り右派のベラウンデが大統領になった。私の印象では，多くの先住民は，地域の有力者の言うことを聞いて，政党マークに印をつけた。有力者とは，多くの場合，スペイン語ができ，新聞を読んだりニュースを聞いたりして，政治に関心をもつメスティーソであった。

5年間のベラウンデ政権の次は，左派APRA党のアラン・ガルシアが政権を担った。当時は，1970年代のオイル・ショックの影響で，中南米諸国は経済危機に陥っていた。原油の値上げによって莫大なオイル・マネーを手にした湾岸諸国が，資源が豊富な「中進国」としての中南米に資金を貸し付けた。10年後の返済時期を迎えたとき，中南米諸国は債務を返済することができなくなった。

公務員を増やし，給料を上げるなどのポピュリズムに流れたガルシア政権は，スタグフレーション（不況とインフレ）を招き，国際社会に債務返済拒否を宣言していた。国際取引が停止され，ペルー経済はますます悪化し，極左組織「センデロ・ルミノッソ（輝く道）」が地方でじわじわと勢力を広げた。その勢力は，首都リマにも迫っていた。送電線爆破などのテロがあいつぎ，リマは停電が頻発し，交通信号も消えるようになった。失業者があふれ，国民の不安と不満が高まっていた。

1990年3月，民政移管後の3回目の選挙が近づいていた時，私はリマ市に滞在し

ていた。泡沫候補扱いだった日系二世の農科大学学長アルベルト・フジモリの支持率が急上昇しているというニュースが流れ始めた。年度末に帰国したが，4月の選挙で，フジモリ氏が，本命のノーベル賞作家についで2位につけた。ペルーの選挙制度では，一位の候補が過半数に達しない場合は決戦投票をすることになっている。私は，フジモリが大統領選挙で勝つことを予測し，6月の選挙の前，臨時のジャーナリストの資格を得て，リマに入って選挙戦を見守った。結局，「フェノメノ・ツナミ（津波現象）」と言われた勢いに乗って，フジモリ大統領が誕生した（図16）。ペルーの日系人の数は10万人足らずであり，戦前・戦中の「排日運動」の経験から日系人社会は「めだたない」ことを生活信条とし，フジモリの出馬には反対の立場であった。国際社会も，バルガス・ジョサを本命視し，日本政府も選挙前から彼を日本に招待していた。

　では，どうしてフジモリ氏が大統領になったのか。その背景には，先住民社会のひそかな動きがあった。フジモリは，目が細い「チーノ（アジア人：直訳は中国人）」で，自分たちの仲間のようであった。先住民社会に，（東洋からきた）「インカ皇帝の再来」といううわさが流れはじめた。フジモリ氏も，選挙スローガンをインカの掟である「なまけない，うそをつかない，ぬすまない」と日本のイメージを重ね合わせて「勤勉，正直，技術（日本のイメージに転換）」とした。フジモリ氏は，地方で住民と直接対話をする選挙運動を繰り広げていた。そのため，リマのマスメディアは，フジモリ支持の広がりに気づくのが遅れ，既成政党も対フジモリの対策をとること

写真16　大統領官邸前で行われた大統領就任式（1990年7月28日）

ができなかったのである。

　地方の先住民は，過去二度の選挙で国政について学習し，自分たちの票の意味を理解しつつあった。フジモリ大統領の誕生は，先住民社会にとって，インカの栄光の再生であり，傷ついたレジリエンスの再興のきっかけであったとみることができないだろうか。フジモリ政権下で起こった「チャクの再興」も，その流れの中で理解することが可能である。

4⋯⋯⋯極左組織「センデロ・ルミノッソ」の「アンデス的社会主義」の幻想

　センデロ指導者のアビマエル・グスマン（通称ゴンサロ）はアヤクチョ大学の哲学の教授であった。「ゴンサロの思想」は，共産主義の目標を「根源的にして究極的な新世界，搾取や抑圧，階級，国家，党，民主主義，武器，戦争などが廃絶される唯一のかけがえのない新社会」［デグレゴリ 1993］の建設とした。センデロの指導部は，アンデス領主制度に根をもつ地方のメスティーソであった。それは，科学を装った，強力な宗教的アイデンティティをうえつける，極度に情緒的なものであり，彼らは心情的にインディオ（先住民）と同化しその解放を叫びながらも，インディオを劣等民族とみなし，優越者の立場から屈折した激しい愛を語り，現代世界の悪から彼らを「守ろう」とした［デグレゴリ 1993］。

　センデロの勢力拡大に伴い，ペルーの経済社会が極度の混乱状態に陥ったなかで，政治不信が高まり，1990年に日系二世のアルベルト・フジモリが大統領に選ばれ，政権を担ったのであった。フジモリ当選の背景には，インディオに似たアジア人に対する，一種のエスニック・アイデンティティがあった。

　しかし，フジモリ派が少数与党の議会であったため，改革が一向に進まず，テロ対策も打つ手がなかった。裁判官がセンデロに脅迫と同時に買収され，捕まったテロ分子は無罪釈放されていた。そうした袋小路を脱するために，フジモリ氏は1992年に「自己クーデター」を断行した。大統領自身が軍を動かして議会と裁判所を封鎖するという禁じ手を使ったわけである（図17）。まもなく軍がセンデロの首領を逮捕して軍事法廷で裁いた。下部党員には免罪措置で投降をうながすことによって，フジモリはセンデロの解体に成功した。支持率も上昇し，翌年の制憲議会選挙で過半数を占め憲法改正も実現した。1995年には大統領に再選され，経済社会改革が進められた。しかし，フジモリ氏は，2000年に強引な憲法解釈によって三選を果たした

図17 フジモリ大統領の「自己クーデター」によって戦車が出動し、最高裁判所を封鎖した。

が、まもなく日本に事実上の亡命をして、失脚した。

現代のペルーの社会構成として、白人・メスティーソの支配的階層とインディオ（先住民）の被支配的階層と二分する見方がある。しかし、実際のエスニック区分は曖昧かつ流動的である。先住民には、山岳地域でコミュニティに住みケチュア語を母語とする人々がいる一方で、都市に住みスペイン語を話す人々も多い。また、アマゾン地域を中心に様々な言語を母語とするマイノリティ諸集団がいる。さらに、メスティーソは上層から下層まで多様である。他方、公式的なカンペシーノ（農民）というカテゴリーがあり、それにはインディオもメスティーソも含まれる。

このような人口構成と流動的な社会において、センデロのイデオロギー、すなわち「インディオ共同体」をモデルとする「アンデス的社会主義」は、現実から相当に乖離していた。そこはメスティーソのセンデロ幹部による強引なアイデンティティ・ポリティクスによる操作があったと言えるだろう。

4　インカ時代の追い込み猟「チャク」とその復活

1⋯⋯インカ時代のチャク

クロニカによれば、インカ皇帝が催していたチャクは次のようなものであった。人々が長い横隊を組み、徐々に包囲をせばめ、最後に獲物を手で捕らえた。ビクーニャやグアナコは毛を刈られた後、生きたまま解放され、その数がキープ（結縄）に記録された。ビクーニャの毛はとくに質が高いため、皇帝に献上され、王族の衣服

の材料とされた。グアナコの毛は，庶民の衣服のために使われた。食用としてシカもチャクの対象となったが，若いメスや種オスとしてふさわしい立派なオスは生きたまま解放された。また，チャクに先だって肉食の害獣が駆除されたという。

Phase I・第5章で述べられたように，家畜の定義においては「ヒトによる生殖管理」が重視される。T・インゴールドらが「狩猟は動物を奪取するものであり，牧畜は動物を保護するものである」[Ingold 1980] と論じ，野生動物（狩猟）と家畜（牧畜）を二項対立的に峻別する考え方が一般的であるが，チャクでは，その考え方に再考を迫る。つまり，狩猟と牧畜は，連続したものとして捉えるべきだという考え方が成り立つわけである。

2……… チャクの再興の経緯とその影響

インカ時代には約200万頭のビクーニャがいたと考えられている。しかしスペインによる征服とともに，スペイン人がもちこんだ銃による無秩序な狩猟によってビクーニャの数は激減した。1965年には，個体数が1万頭を割り，絶滅の危機に直面した。そこでペルー政府は，アヤクチョ県のルカーナス行政区のパンパ・ガレーラス（標高約4000メートル）に国立自然保護区を設立した。しかし，1980年代には，極左組織センデロ・ルミノソに襲われ，保護区の管理は放棄された。

1990年にフジモリ政権が誕生すると，治安が回復し，地方の開発と環境保全の政策が実施された。1991年，政府は，ビクーニャの管理権をその土地のコミュニティに付与し，刈られた毛を利用する権利を与える法律を公布した。その結果，各地にビクーニャ管理委員会が設立され，その全国組織が発足した。こうして，1993年パンパ・ガレーラス保護区で新しい形のチャクが実施された。さらに，ワシントン条約でもチャクによるビクーニャの保全が認められ，1994年ビクーニャの毛の国際的な取引が開始された。

現代のチャクでは，草原にナイロン・ネットをV字型に張る罠が考案された。この新技術により，通常のチャクは数十名程度で実施できるようになった。私が調査したルカーナス行政区では，2001年に49回のチャクが実施され，3890頭のビクーニャから898キログラムの毛を刈ることができた。ビクーニャの毛は1キロ当たり500ドル以上の価格で売れ，約15万ドルの純収入になったという。これは，先住民コミュニティにとって大きな現金収入となり，それによって電気の敷設や学校の新築な

どの基盤整備が進められた。ビクーニャの経済的価値の認識が人々の間に広まり，チャクはペルーだけでなくボリビアの高原にも広域に普及し，その効果として，ビクーニャの個体数は大幅に増加している。

3······チャクの再興の背景・経緯とその影響

チャクが復活し全国に普及してきた背景には何があるのだろうか。先スペイン期にはインカ王族のものとなったビクーニャの毛は，現在はヨーロッパなどに輸出され高級衣料として商品化されている。チャクの再生と拡大の背景に，アンデス先住民社会に市場経済が浸透し，流通と市場が確保されたことがある。インカの伝統であったチャクは，現在のグローバル化と市場経済化の下でこそ再興したわけである。その背景には，フジモリ政権下で進められた地域開発，治安の回復などもあった。

チャクの普及は，一方で，先住民社会の変化に影響を与えている。チャクの生産物の集積や輸出のため，先住民社会の全国組織が設立された。植民地時代に分断化が進んだ先住民コミュニティ間の横の連携が促されたのである。また，現代的な組織では実務能力が重視されるため，リーダーシップのあり方も変化した。先にみた，カルゴ・システムのような再分配経済に基づく威信経済をベースとした長老の権威から，実力主義のリーダーへの移行である。一方で，全国組織における官僚主義や，これまでは問題にならなかったコミュニティ間の境界線をめぐる紛争も発生した。さらに，ビクーニャをもつコミュニティとそうでないコミュニティの間の格差も問題となる。そうした新たなリスクに対して，先住民社会はさらにレジリエンスを再編していくことになるだろう。

5　アンデス先住民社会のレジリエンスのダイナミズム

レジリエンスの視点からみると，インカ社会は新大陸の内部では一時的にせよ強固なレジリエンスを発達させたといえるだろう。その要素としては，精神的な統合に係る側面として，太陽神とその子孫であるインカ（という虚構の認識の共有），それを具現化した巨石造りの太陽神殿と荘厳な儀礼があった。各地の神殿・聖地で催さ

れた儀礼は価値観の共有，インカの民としてのアイデンティティを強化した。実質的な側面としては，資源の確保とその巧みな再分配，統率された戦闘力や統御の機構などが重要だったであろう。インカの戦闘では，敵対する相手には容赦なく，恭順する相手には寛大だったと言われている。巨大な石造建築は，実質的な砦としての役割以上に，Phase II・第10章で松木が述べる「戦わない戦争」のための装置であると共に，権力のシンボル，また共感意識の強化に資するものではなかっただろうか。自然災害への対応も重要で，巨石を組み合わせた石造建築は，地震災害にも強い構造をもっていた。このように，アンデスの自然への対応と集団間の競争のなかで培われたレジリエンスは，新大陸の内部では比類のない段階に達していた。

　しかし，そのレジリエンスは，まったく異質の世界（旧大陸）との遭遇では機能せず，もろくも崩れ去った。インカ帝国の崩壊と共に国家のレジリエンスは喪失した。しかし，大衆レベルでのレジリエンスは，傷つきながらも維持され，再興の機会をうかがってきた。

　先住民社会で維持されてきたレジリエンスの具体的な要素は，農耕と牧畜のシステムに見られるセミ・ドメスティケーション（半栽培，半家畜）を含む柔軟性と多様性である。また，牧畜のシステムの「ミクロな移動」にみられる（家畜化過程の初期に顕著であった）「幼畜の感染症への対応」もあげられる。それは，私たちの社会の幼稚園や学校での感染症流行，さらに現代のパンデミックをも想起させるものである。Phase II・第7章で，農耕開始以後のヒトの集住（定住と密集）と牧畜による人畜共通感染症について詳しく論じられたが，「家畜化」はそもそも，動物の側における感染症流行の契機になったのである。「幼畜の感染症への対応」は，家畜の感染症流行を抑制するレジリエンスの一要素である。このことは，現代の（狭い場所で多くの家畜を飼育する）効率重視の畜産が新たな感染症の温床となっていることについても考えさせられる。生産性重視の近代農業でも同じことが言えるが，その点についてはPhase V・第21章で論じられる。

　精神世界については，数千年の適応過程で培った自らのニッチへのキリスト教の「併呑的受容」（Phase IV・第16章）にレジリエンスの根強さを見ることができる。ラクダ科動物の家畜化によるニッチ構築には，そこで培われてきた家畜の真の主である「聖なる山」と家畜を養ってくれる「大地の霊パチャママ」（地母神）という世界観を伴っている。ローカルな生業と生活の場（エスタンシア）ではその枠組みを堅持してきたと言えよう。「全体コミュニティ」では，カトリックの「聖人信仰」を受容しな

がら，その機能はコミュニティの紐帯の強化，農民と牧民の互酬的関係の維持へと組み換えがなされたのである。

　植民地時代を通じて，先住民社会は分断化されたが，コミュニティ内部で社会レジリエンスが蓄えられてきた。それは，カトリックを「併呑的受容」した土着の信仰であり，日常の生活で維持される互酬（相互扶助），非日常（祭）で活性化される小規模な再分配経済による利他的行動と共感意識であった。

　本章では，近年のペルーにおける大きな出来事である，フジモリ政権の成立と極左組織による内戦を取り上げた。先住民社会の視座からみて，センデロ・ルミノッソの出来事は，いわば原理主義的な視座からの「インカへの回帰」への執着による，レジリエンス復興の挫折といってもよいだろう。そこはメスティーソのセンデロ幹部による「先住民社会」の政治的な操作があった。その操作とは，「近代」の側からの「非近代」の操作，つまり，「科学知による普遍性」を無理やり「先住民社会」に適合させようとするエスノ・ポリティクスだったのではないだろうか。

　「伝統知」に基づくヴァナキュラーな（地域に根ざした）ニッチを構築してきた先住民社会は，首領ゴンサロの「哲学的思想」によって上から強制的に再構築できるような代物ではなかった。経済システムに関して言えば，先住民コミュニティの基盤となってきたものは互酬と小規模再分配による富の分配と住民の相互扶助であり，国家社会主義とは異なるものである。

　一方，センデロ・ルミノッソの盛衰を後景として，前面に登場したフジモリ政権の成立では，「選挙」という新たな権力生成メカニズムによる「インカ皇帝の再来」という象徴によって，先住民社会の連帯が促進された。「民主主義」という現代的政治システムのなかで先住民が実質的に手にした復権の兆しと言えるだろう。

　「フジモリ現象」と「センデロ・ルミノッソ」という二つの大きな出来事は，歴史の舞台に登場した，正と負の重なりあった物語であったが，その後景に，先住民社会のレジリエンスのダイナミズムがあった。

　最後に紹介した「チャク」には，環境（ここでは野生動物）を完全に支配することなく緩やかに利用するという，「近代科学」とは異なる優れた知が埋め込まれている。ビクーニャの毛の集積と輸出という近代経済のシステムに適応するため，分断された先住民コミュニティのヨコの連携組織も再編された。

　チャクは盛大な祭りとも結びつけられている。環境保護区「パンパ・ガレラス」で（冬至の時期に当たる）6月24日に行われる「大チャク祭」では，インカ皇帝のパ

フォーマンスが地元の学校の先生と生徒によって演じられる（図18）。ヨーロッパ系の支配階層によって蔑まれてきた先住民にとって，過去の栄光の歴史を再認識し，アイデンティティを回復する機会にもなっているのである。

　チャクの成功と発展は，現代的な状況下でこそ生起したレジリエンスの再編もしくはダイナミズムといえ

図18　インカ皇帝の儀礼パフォーマンス。一種の「創造された伝統」であるが，多くのメディアの関心を集めた。

るだろう。チャクは，グローバリゼーションが進行する現代において，「伝統文化」による地域の個性が環境保全と地域振興に役立つ事例として，私たちを勇気づけてくれるものである。これは，Phase V・第25章で論じられる「ヴァナキュラーなグローバリゼーション」の好例と見ることもできるだろう。

研究ノート

稲村哲也

あの人たちはどこから来たのか，あの人たちは何者か，あの人たちはどこへ行くのか
アンデス高原のリャメーロ

　大きめの石がゴロゴロと転がっているので荒野というべきか。強烈な陽射しが照り付けるが，風は冷たい。足元にイチュというイネ科の草本が生え，あたりには直径数メートルほどのモコモコとしたクッション・プラントが緑のパッチワークのように広がっている。この植物は，乾燥した痩せた土地で育つが，標高4000メートルの高地の強い日射がなければ育たない。

突然，振り分け荷物を背負った十数頭のリャマが現れた。隊列の最後にふたりの男が，群れを追うわけでもなく，ただついて歩いていく。しずしずと近づいてきたその隊列は，やがて遠ざかり，高原のなだらかな起伏の向こうに消えていった。1978年10月，アンデスの「リャメーロ」（リャマ飼い）との最初の出会いだった。この人たちは，いったいどこから来てどこに行くのだろうか，どこでどのような生活をしているのだろうか。

　当時大学院生だった私は，民族学調査団に参加することになり，9月にペルーに到着したばかりだった。そして現地で大先輩の大貫良夫さんらからアンデス高地を車で巡る広域調査に誘っていただいた。それがアンデス高原で最初の牧民に出会った経緯である。

　それから半年後のことだ。私は，アレキーパ県のプイカで現地調査を開始し，フィデルという若い牧民とクスコ県チュンビビルカス郡に向かっていた。彼が物々交換のためのキャラバンの旅に出ることを聞き，同行を願い出たのだ。リャマの群れには，ジャガイモやチューニョ（凍結乾燥ジャガイモ）と交換するためのアルパカの肉と岩塩が積まれていた。

　出発前，居住地の中庭にリャマが集められ，地母神パチャママや山の精霊に旅の安全を祈る入念な儀礼が行われた。それから，フィデルと私は，オコルル川に沿って，なだらかなU字谷を上流に向かった。デランテーロと呼ばれるリーダーのリャマが先導する。フィデルは裸馬に乗り，リャマ群を巧みに追いながら進んでいく。牧民はふつう徒歩で旅をするのだが，この時は私のために馬を使った。よそ者が，山あり谷あり川あり湿原ありの標高4000mの高原を徒歩で付いていくのは無理だからだ。

　その日はフィデルの叔父の家に泊まった。翌日，標高約5000mの分水嶺を超え，クスコ県側に入った。その晩は，リャマと一緒に路傍の家畜囲いの中で寝た。空気が薄いため寝苦しく，夜中に何度も夢を見て，目覚めた。目を開けると，眼前に満点の星が輝き，脇で寝ているフィデルの向こうに，腹ばいになって静かに反芻しているリャマたちのシルエットが浮かんでいた。

　三日目は，私が乗る馬が疲れて遅れ，キャラバンが起伏の向こうに消えてしまい，私は足跡を必死で追った。幸い日暮れ前に目的地の寒村に着いた。

振り分け荷物に農作物を積み，峡谷の農村から高原の居住地に向かうリャマのキャラバン（1979年，プイカ）

そこではフィデルの知人の家に泊まった。翌日は，村人たちが集まり，岩塩とアルパカの肉をチューニョと交換する物々交換が行われた。フィデルは，ここへは父親と一緒に一度来ただけだとのこと。私には方角さえわからなかった高原を越え，リャマ群を率いて，難なく目的地に到着したことに驚いた。

　あれから40年，考古学者の鶴見英成君から，私が昔たどったキャラバンのルートを知りたい，と連絡があった。10年前にプイカで実施した医学研究者との共同調査に参加した鶴見君が，河原で拾った黒曜石を持ち帰り，その成分を分析していた。その後，米国の考古学者との共同研究で，クスコの遺跡から出土した黒曜石のナイフと成分が一致した。プイカにある黒曜石産地からクスコへの交易のルートに間違いないと言う。道中で撮影した写真をグーグル・アースで照合すると，キャラバンのルートが特定できた。プイカの牧民は古代と同じ交易ルートを代々継承していたのだ。私は40年前，それとは知らずに，そのキャラバンに同行していたというわけだ。

遊牧・移牧・定牧——牧畜形態の比較

稲 村 哲 也

　狩猟採集（及び漁労）は自然環境から直接的に資源を得る生業であり，牧畜は動物を介して自然の資源を獲得する生業である。農耕が自然環境を改変することで効率的に食料を得るのに対し，狩猟採集と牧畜は，環境を大きく改変せずに営まれてきた。農耕が基礎となって（その一部は牧畜との組み合わせによって）人口の拡大と集住が起こり，古代文明，近代文明へと発展してきたことを考えれば，これらの生業は，その多様性，移動性，柔軟性などの特徴から，レジリエンスについて考える上で多くの示唆を与えてくれるはずである。

　現在では，牧畜（近代的畜産は除く）は，その多くが農耕の困難な乾燥地域，寒冷地域，山岳高所などに限定されている。したがって，牧畜はとくに厳しい環境に適応した生活様式だということに留意しておく必要がある（かつては，より多様な環境で牧畜が営まれていたことが推測される）。なお，牧畜社会は，国家からの定住化政策などの影響があるものの，狩猟採集社会と比べれば，今なお広大な地域で伝統的なシステムが維持されている。

　Phase I・第 5 章で，動物のドメスティケーション（家畜化）について，包括的に論じられた。ここでは，家畜化によって成立した生業である牧畜について，移動に焦点をおいて，概説する。牧畜は，文字通り「動産」である動物を媒介として，人が生態系を間接的に利用する生業である。そのため，どのように移動するのか（あるいはしないのか）が，人＝動物＝生態系の相互作用の重要なポイントとなる。すなわち森，砂漠（乾燥地域），草原，山岳地域などの生態系の特徴が，人と動物の移動を規定するからだ。また，ヒマラヤ・チベットを含めて，アンデスとモンゴルを比較検討したい。それによって，このPhase III でとりあげたモンゴルとアンデスの牧畜の特徴をより明確にすることができるだろう。

世界の主要な牧畜の形態

　まず，世界の主要な牧畜（家畜種と地域）を列記しておこう。これは，『文化人類学事典』の「牧畜の四類型」［石毛 1987］に，筆者が，e）とf）を加えるなどの変更を施したものである。いずれも，牧畜を主たる生業とする社会が成立してきた地域であるが，専業の牧民のほか，農耕と牧畜を組み合わせた農牧民の社会も含まれる。ここで登場する家畜は草食動物で群居性という性質をもっている。

a）ツンドラ牧畜民――トナカイ：東シベリア，北部マンチュリア，スカンジナビア半島

b）ステップ牧畜民――ウマ，ヒツジ，ヤギ，ウシ，フタコブラクダ：モンゴルなど中央アジア

c）砂漠・オアシス牧畜民――ヒトコブラクダ，ヤギ，ヒツジ，ロバ：西南アジア，オリエント，北アフリカ

d）サバンナ牧畜民――ウシ，ヒツジ，ロバ：東アフリカからスーダン地方

e）アンデス高地牧畜民――アルパカ，リャマ：アンデス高地

f）チベット・ヒマラヤ牧畜民――ヤク，ウシ，ゾモ（交雑種），ミタン（熱帯に生息するウシの仲間），ジャツァム（ミタンとウシの交雑種）など：チベット高原，ヒマラヤ

遊牧，移牧，定牧――移動を基準とした類型論

　「遊牧」というロマンティックな言葉は，世界の多様な牧畜の理解に誤解を与えてきた。そこで，大きな移動を伴う牧畜として「移動牧畜」（mobile pastoralism）という語を提示し，その下位区分として「遊牧」と「移牧」を位置づけておきたい。それに対して，アンデスの牧畜は「定牧」と位置づけられる。「遊牧」と「移牧」は，ふたつの対立軸（水平/上下，不規則/規則的）の組み合わせの理念型として捉えられる。

　「遊牧」の典型は「水平的で不規則な移動」，「移牧」の典型は「上下の規則的な移動」である。しかし，それぞれのふたつの対立軸（指標）は必然的に結びついているわけではない。たとえば，水平的な移動であっても，規則的な移動をする例もある。水平/上下の両方をもち合わせた移動もある。たとえば，チベットの遊牧民は，水平的に広範囲を移動するが，標高差もある程度利用することが多い。

　現代の牧畜を扱う場合，2つの指標のうち，「水平/上下」の指標を優先し，水平

の要素がより強いものを「遊牧」，上下の要素がより強いものを「移牧」としておくのが適切であろう。

　「移牧」では，山岳地域の地形と生態系の特性により，「上下」と「規則的」のふたつの要素は結びつく傾向にある。しかし，「上下」に移動するが，部分的には「不規則」な移動をするというケースもある。たとえば，チベットの谷の最上流部では，源頭部が高原として広がり，そこでの夏の移動は不規則である。

　こうして比較してみると，遊牧と移牧との間の境界線を引くのは難しい。では，なぜ区別する必要があるのかというと，それは，理念型の設定により，あいまいな現実の事象を相対的に位置づけることができ，論理的な比較が可能となるからである。もとより，レッテルそのものより，対象の位置づけを知ることが重要である。

（農耕も含む）上下移動 ── トランスヒューマンス，移牧，移農

　ヨーロッパのアルプスやピレネー山脈での牧畜の規則的な上下移動は「トランスヒューマンス (transhumance)」と呼ばれてきた。ウシやヒツジが夏には山岳高所で放牧され，冬になると暖かい低地に移動するという牧畜様式で，農耕とも密接に結びついていた。こうした上下移動はヒマラヤでも共通している。

　以下では，農牧複合における農耕を要因とする上下移動も視野に入れ，下記のように整理しておきたい。

- ・トランスヒューマンス（上下の規則的移動）：生業（牧畜や農耕）のために異なる生態系を利用する，山岳地域における上下の季節移動。規則的な移動であることが多い。
- ・移牧（牧畜のトランスヒューマンス）：標高差によって異なる生態系を利用して家畜を放牧するための，主に山岳地域における上下の季節移動。
- ・移農（農耕のトランスヒューマンス）：標高差によって異なる生態系を利用して多様な作物を栽培するための，主に山岳地域における上下の季節移動。

アンデスとヒマラヤ・チベットの比較

　アンデスとヒマラヤ・チベット（さらにモンゴル）を比較してみると面白いことがわかる。表1のように，これらの地域を総合すると，移動に関して，論理的に可能なすべての形態が出そろうことになる。

上から２つがアンデスで，A①は第15章で扱ったプイカなどで典型的な「定牧」である。次のA②は，第15章の「農耕の特徴」（２－２）で触れたマルカパタなど（アマゾンに面した）アンデス東斜面の農牧複合である［山本 1992］。そこでは，農牧民が標高4000mを超える高原（プーナ）の住居の近くでリャマ・アルパカを飼い，そこからアマゾン方面に下る谷の標高1500mの低地まで利用し，高さに応じて，ジャガイモ，トウモロコシ，トウガラシ，果物など多様な作物を自給している。リャマを率いて谷を上下するが，その移動は，播種や収穫などの農耕の要素によるものである。そこで，このタイプを「定牧移農」と呼ぶことができる。

　次の３つのタイプ（B）がヒマラヤを中心とするもので，チベット系民族シェルパのヤクなどを飼う生業がよく知られている［山本・稲村編 2000］。B①は，特に高所に居住するシェルパの場合で，主村が標高3700m付近に位置し，乾燥しているため，農業の生産性は低い。そのため，彼らの多くは，谷に沿って，標高4700m辺りまでに複数の集落と耕地をもち，その間を上下に移動しながら耕作とヤクの放牧をおこなう［鹿野 2001］。農業と牧畜は，家畜の糞が肥料として使われるなど不可分の生業として統一され，両方が密接に連動したトランスヒューマンスを行っている。このタイプは「移牧移農」と呼べる。次のB②は，やや低い地域に居住するシェルパの場合である。そこでは，シェルパの人々は定住村落（標高2000～3000m）の周辺に耕地をもち，農耕に従事している。家畜をもつ家族は，ふつう，その一部成員が，家畜の世話のために村を離れ，規則的な移牧を行う（図１）。冬は集落の近郊の森でヤクやゾム（ヤクとウシのハイブリッド）を放牧し，春に谷を上り，夏の間は標高4500m

表1　牧畜のタイプと移動の要素

地域とタイプ		移動の要素		牧農5タイプ と遊牧	牧畜タイプ
		牧畜	農耕		
アンデス	西部高原	—	*（該当なし）	A①定牧	定牧
	東斜面	—	＋	A②定牧移農	
ヒマラヤ （チベット）	クンブ（高地シェルパ）	＋	＋	B①移牧移農	移牧
	ソル（中高度シェルパ）	＋	—	B②移牧定農	
	チベットの峡谷上流部など	＋	*（該当なし）	B③移牧	
モンゴル （チベット）	モンゴル乾燥地域 （チベット高原）	＋	*（該当なし）	C遊牧	遊牧

農と牧の要素に分け，移動の要因となっている場合を＋（プラス），そうでない場合を－（マイナス）で示した。

図1　ネパール，ソル地区のシェルパ民族の夏の放牧地（標高4300m）でナク（ヤクの雌）を搾乳する少女

辺りの草地で放牧する。夏の放牧地では豊かな草地で幼畜が育てられ，搾乳が盛んに行われる。このように，ソル地区では，トランスヒューマンスは純粋な牧畜活動で，農耕とは切り離されている。そこで，その生業形態を「移牧定農」と呼ぶことができる。B③は，ブータンやチベットの峡谷上流部などで営まれている専業牧畜民の場合で，これはシンプルに「移牧」と言える。

　最後のCがモンゴルのゴビ（乾燥地域）などで典型的な遊牧である。チベットの標高の高い高原部でも遊牧が営まれてきた。チベットの場合は標高差を利用する移牧の要素も含まれることが多い。

　以上のように，一定の基準（対立項）をもうけて整理することで，論理的な類型化を行い，複雑な要素が絡み合った事例を整理し，有効な比較を行うことができる。そのうえで，移動と関連づけた生態系への適応と利用，土地へのアクセス（占有・共有など），住居のタイプ，家畜の種類と用途などを関連づけて分析することが可能となる［稲村 2014］。

Phase **IV**

現代の危機とレジリエンス

D−1破砕帯　2号機

1号機

浦底断層

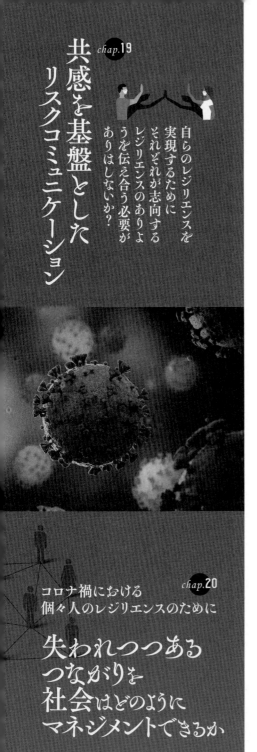

chap.19

共感を基盤とした
リスクコミュニケーション

自らのレジリエンスを
実現するために
それぞれが志向する
レジリエンスのありよ
うを伝え合う必要が
ありはしないか?

コロナ禍における
個々人のレジリエンスのために

chap.20

失われつつある
つながりを
社会はどのように
マネジメントできるか

Introduction

　今までの三つのPhaseでは，ホモ・サピエンスの誕生に始まる20万年の長い歴史時間と地球規模の広い地理空間のなかでヒトの進化とレジリエンスについて振りかえりました。ここからは今の時代，この場所で生きている私たち自身の生活に直接間接に関わっていたり，近未来の社会の安寧や人々の生存に関わるような事柄について取り上げます。具体的には**災害**であり，それは火山の噴火や（第16章），原水爆実験による放射能汚染（第17章），地震と原発事故（第18章），さらに感染症のパンデミック（第19章）です。危機という点からみれば，これらの章は天災や人災による環境の激変によってもたらされ（自然と人為の要因が重なることも多々あります），それに対処するレジリエンスの発揮は集団やコミュニティが単位であり主体です。

　しかし現代では**社会の細分化**（核家族化やさらに個人化）が進み，家族や親族（血縁）または地域（地縁）で作られる集団やネットワークが必ずしも従来の機能を果たせてはいません。そこで第20章では，平野が今を生きる個々人

が直面したり抱え込んだりする心理的な苦悩や危機について心理学やパーソナリティー論の観点から考察します。西欧近代は市民革命と産業革命を経て自立＝自律した合理的個人が社会を作ることを当然と考え前提としてきました。けれども，そのことにともなう**個々人の単独者化（アトム化や孤立化）**が，共感と協力，支え合いによって「進化」をとげてきたヒトが今，現在，暮らしている社会のつながりを根底から揺るがしかねない事態をもたらしています。デジタルネットワークの拡充によって今までとは別種の新たな共感のかたちとつながりが生まれるかもしれません。が，まず今は多様な個々人の違いを受け入れつつ共感と共生の途を模索することが求められています。

　これから各章を少し詳しく紹介してゆきます。個別の内容を要約するとともに，その背景にある広い問題系のなかで位置づけ意味づけることを心がけます。第16章で取り上げるのは，フィリピン・ルソン島西部のピナトゥボ山の大爆発（1991年6月15日）で被災した先住民アエタの創造的復興のてん末です。ピナトゥボ山は日本の雲仙普賢岳の噴火（6月3日）の2週間後に起きました。2週間の違いは単なる偶然ではないでしょう。二つの国は，日本〜沖縄〜フィリピン〜インドネシアの国々（島々）が，太平洋プレートの西北端の部分の海上に帯状に連なって位置しています。そのプレートが東側（アメリカ西岸側）から西側に向かって1年で約10センチずつ動き，ユーラシアプレートとフィリピン海プレートにぶつかって下方へと潜り込んでゆく帯状地帯の上に乗ったかたちになっています。それらのプレートの接触面で蓄えられた歪みエネルギーが地震を引き起こします。

　東日本大震災（2011年3月11日）の前には，インドネシア・スマトラ島の北西沖でマグニチュード9.1の大地震が起き（2004年12月26日），その津波によってアチェの町がほぼ壊滅するなど17万人ほどの死者・行方不明者を出しました。被災地域はスリランカやインド，タイなどにも広がり，それらの国々で合わせた犠牲者は5万人以上なので，合計の犠牲者は22万人を超えます。日本とインドネシアのあいだにある台湾やフィリピンも定期的に大地震に見舞われてきました。

　この地震帯はまた火山帯とも重なっています。インドネシアのジャワ島の西の海上にあってスマトラ島にはさまれた小さな島クラカトワの火山が1883年8月27日に大噴火したときには，3万6000人の死者を出しました。吹き上がった火山灰（大量の硫黄を含む）が地球の大気圏を取り巻いて火山の冬を引き起こし，世界中の気温を5年あまりにわたり1.2度ほど低下させました。さらに同じインドネシアで，ジャワ

島の東のバリ島，その東のロンボク島の東にあるスンバワ島のタンボラ火山の爆発（1815年4月10〜12日）は記録の残る歴史上で最大の規模でした。島の中心集落であるタンボラは壊滅し死者は1万人にのぼりました。その後の飢饉，疫病によるものも含めれば犠牲者は7万人から12万人にのぼるといわれています。さらに吹き上がった噴煙による世界的な気温の低下は様々な政治的・経済的影響を与えました［Wood 2014］。

　私自身が東南アジア島嶼部地域，主としてフィリピンで長くフィールドワークをしてきましたから，フィリピンの災害の事例の数々がすぐに思い浮かびます。1970年代の末に20か月ほど暮らしたルソン島西部のピナトゥボ山は，たまたま私が1年間のサバティカル（研究休暇）を始めた1991年6月に大噴火しました。それ以外にもフィリピンでの滞在中に台風や大雨，洪水，地震などを経験しました。ある意味で自然災害に慣れっこで鈍感になっていました。が，それでも東日本大震災（2011年3月11日）の津波被害と福島原発の深刻事故には驚愕し恐怖を覚えました。

　その気持を引きずったままで暗い気持でいた頃，渡辺京二のエッセイを読み，別の衝撃を受けました。渡辺京二は石牟礼道子の創作活動を支え水俣病の患者さん支援の運動を続けた知行合一の人です。彼は，次のように言ったのです。

　　　この地球上に人間が生きてきた，そして今も生きているというのはどういうことなのか，この際思い出しておこう。火山は爆発するし，地震は起こるし，台風は襲来するし，疾病ははやる。そもそも人間は地獄の釜の蓋の上で，ずっと踊って来たのだ。人類史は即災害史であって，無常は自分の隣人だと，ついこの間までは人々は承知してきた。だからこそ，生きるに値し，輝かしかった。（渡辺京二『未踏の野を過ぎて』弦書房，2011年，p.11〜12）

　本書のテーマのレジリエンスは，そうした地獄の釜のような危うい自然環境のなかで生きてきたヒトの弱さと無力さ，それゆえに共感によって結ばれ協力してきた歴史を振り返り，踏まえてこれからの生き方と社会の作り方を考えようとするものです。一気に変えることはできないにしても，今までの惰性の流れに乗って棹さして進むのではなく，別の発想と考え方を探り，別の流れを生み出そうという心意気です。

　そうした視点からPhase IVの各論を見直すと，第16章と第17章では，災害後の生活再建の仕方が似ています。第16章のピナトゥボ噴火の事例では清水が，結果から

フィリピン・ヴィサヤ地方パナイ島アクラン州ドムガ村の引っ越し風景。フィリピンには「災害文化」(c.f. Bankoff, Greg, 2003, *Cultures of Disaster*.)があり、それは自然災害や伝染病の流行、紛争などの危険が生じたときには他所へ逃げる、つまり一時避難したり移住したりすることが対応策のひとつとなっている。近くに住む親戚との不和や何らかの不都合が生じたときには、家ごと引っ越してしまうこともある。日本人の感覚とは違って、必ずしも一所定住や一職専従を善しとするわけではない（1991年4月28日）。

見ると自然災害が産みの苦しみとなったこと、すなわち被災アエタたちが被災後に故郷を離れて再定住した場所での生活再建の奮闘をとおして、フィリピンの先住民であり同時に国民でもあるとのダブル・アイデンティティを獲得した経緯を紹介します。その際に「**創造的復興**」を可能にしたレジリエンスとトランスフォーマビリティについて考察しています。

　第17章で中原が紹介する南太平洋のマーシャル諸島の事例は、核実験による放射能被ばくという人災です。海洋民族であるマーシャル諸島の人々は、古来より広範囲に広がる島々との関係を維持し、また伝染病の流行や災害などの際には他の島へ移住して新たなニッチを確保・構築して生活再建することを繰り返してきました。そうした経験の蓄積とネットワークを活用して、放射能汚染後の避難・再定住の場所で賠償だけに頼るのではなく、その土地の住民との関係の再構築をとおして生活ニッチを拡充しています。**ネットワークと移動**がレジリエンスを支えていると言えるでしょう。それはアエタの事例でも当てはまる重要なポイントです。それとの比較で福島の原発事故の被災と復興についても、そもそも建設時に始まる補償金に頼る生活ではない生き方の模索についても紹介しています。

　第18章では、東日本大震災の被害の甚大さに対する責任を回避するために安易に使われた「想定外」というキーワードについて、鈴木はそれが災害レジリエンスを喪失させる最大の原因になりかねないと警鐘を鳴らします。もっともらしく深い真実を語っているようで、単に思考停止を招くだけのマジックワードというわけです。しかし「**想定しなければ防災も減災もレジリエンスもない**」のです。そもそも「想定」と「予測」はまったく異なる概念で、その混同が問題を複雑に深刻にして適切

な対処を困難にします。科学が行うのは「予測」であり，その結果を受けて対策を決めるために行政機関や開発事業者が「想定」を行います。東日本大震災と原発の深刻事故は「予測できなかった」のではなく（科学的な予測はされていました），「想定しなかった」（東電と行政が予測を受け入れて適切な対応策を講じなかった）との指摘は厳しく重いです。さらに鈴木は熊本地震の教訓もふまえ，「想定外」の被害を回避するための**防災教育**の重要性を力説します。来たるべき災害（東南海沖大地震と津波／東京直下型地震／富士山噴火等々）に備えてレジリエンスを高めるために傾聴に値する指摘と提言です。

　第19章では，世界じゅうの国々，人々を巻き込んだコロナ禍（COVID―19パンデミック）をめぐってレジリエンスについて考えます。奈良はリスクマネジメントの専門家で，コロナ感染の拡大防止のための東京感染症対策センター（東京iCDC）のリスクコミュニケーション・チームのリーダーとして具体的な政策提言その他に積極的に関わっています。その経験からコロナの感染拡大を阻止するためには，さまざまなレベルにおける**説明と傾聴の対話をとおしたコミュニケーション**による理解と合意，そして共感から協働へという人類史を貫くヒトの強みをあらためて作動させることの大切さを強調しています。今ここにある危機に対応するためのヒントが，本書のテーマであるヒトの進化史の再考からの知見と直接に関わって示されています。

　またレジリエンスは個人を対象とした心理学でも重要な研究テーマです。第20章では，ヒト＝人類や社会集団といった大きな単位ではなく，今を生きる個々人のパーソナリティーと精神的健康について取り上げます。コロナ禍は感染の拡大防止のために，不要不急の外出自粛が要請されました。多くの人が公共善や最大多数の最大幸福のために，その要請に応えました。私もほとんど自宅に引きこもりの状態となり，運動不足の身体とウツ気味の気分になりました。精神の健康はとても重要ですし，個人的にもそのレジリエンスに関心があります。執筆者の平野は，個々人のパーソナリティーが利己的で自己中心的であるか他者と共感的協力的であるかについて，また個人と社会との関係について先行研究を広くレビューしながら，それらが多様でありうることを指摘しています。そのうえで**個々人の多様なレジリエンスをうまく活かした社会**を模索してゆく必要を説いています。

　以下の各章は私の短い言葉では説明しきれない豊かな内容と示唆に富んでいます。じっくり味わい楽しんでいただければ幸いです。

（清水）

第**16**章

危機を生き延びる

ルソン先住民アエタの柔軟対応力と
トランスフォーマビリティ

清水　展

現地社会のあり方に自らが強く関わるコミットメン
ト人類学の姿勢を貫き，文化人類学者として初め
て，日本学士院賞を受賞。現在，京都大学名誉
教授

　フィリピンには今も活発に小噴火を繰り返すマヨン火山（南ルソン・ビコール州）
をはじめ活火山が80以上ある。そのひとつ，マニラから北西に直線距離で150キロほ
ど離れたピナトゥボ山（1890メートル）が1991年6月15日に大噴火した。噴火の規模
は20世紀最大級，その直前の6月3日に噴火し火砕流によって43名が犠牲となった
雲仙普賢岳の600〜700倍であった。死者は700人以上，建物被害10万棟以上，噴火時
の避難住民247万人という大災害であった[1]。

　なかでも最も深刻な被害を受けたのは，ピナトゥボ山麓の一帯でおよそ2万人ほ
どの人口を擁し，移動焼畑農耕を主たる生業とし補助的に狩猟採集をして暮らして
いたアジア系・ネグリートのアエタであった。彼らは噴火の直前に山を下りふもと

1　噴火の規模に比して死傷者の数が少なかったのは，ピナトゥボ山の東麓に米軍のクラーク空軍基
　　地があった関係で，USGS（米国地質調査所）とPHIVOLCS（フィリピン火山地震研究所）が噴火の
　　徴候が見え始めた同年4月から共同の火山観測を行い，大規模噴火を事前に正確に予測できたか
　　らであった。

近くの町の学校や教会，役場などに緊急避難した。ちょうど始まった雨期のあいだをテント村などで過ごし，半年ほどして政府が平地民の村の近くに造成した再定住地に移って生活再建を進めた。彼ら自身の自助努力に加えて，フィリピンの中央と地方の政府，赤十字，各国の政府，内外のNGOなどの支援により，2，3年のうちに支援物資に頼る緊急事態を乗り越えていった。

噴火以前には割と均質であった山麓一帯のアエタ社会は，噴火後にはアエタ個々人やグループの意識と生活様式の変容，そして多様化が急激に進んだ。山に戻って焼畑農耕と補助的な採集狩猟による伝統的な生活に戻った者たちがいる一方で（およそ1～2割），再定住地を生活の拠点としてフィリピン社会・国民の一員であると同時に先住民でもあることを強く自覚して新しい人間となり，自立自存（自律自尊でもある）の歩みすなわち創造的復興をなしとげた者たちもいる（およそ1～2割）。多くの個々人やグループは，意識と生業・生活スタイルに応じて，その両者を両極とするスケールのどこかに位置づけられる。また個々人を見ると，町で賃労働の雑業に就く一方で職を失えば一時的に山に戻って焼畑農耕を行い，山と町とで異なる2つの生活世界を往還する者が今でも少なくない。

1　　トランスフォーマビリティへ

本章では，私自身が1977年から45年の付き合いを続けているピナトゥボ山南西麓・サンバレス州・カキリガン村のアエタの被災と復興の歩みに焦点を当てて報告する。彼らが被災によって故郷のピナトゥボ山麓にある村を去り，平地の再定住地で創造的復興をすることができたのは，政府やNGOの支援に加えて，噴火前の生活スタイルと生存戦略のゆえであった。それは想定される自然災害（台風や大雨，日照り，病虫害等）への備えのために焼畑に多様な作物（イモ類，豆類，陸稲，トウモロコシ等）を植え，さらにはそれぞれの作物ごとにも多様な品種バラエティーを用いるという，多様化とリスク分散を柱とするものであった。

具体的には，早ければおそらくは100年近く前に一部のグループで移動焼畑農耕を試み始め，それが少しずつ全域に広まった後にも採集狩猟活動が重要な食料獲得手段であった。さらに近年に定着犂耕農業を試み始めてからも焼畑農耕と採集狩猟を

続けていた。すなわち新たな生業は従来のものに加えて足し算的に受け入れられ，それが旧来の生業を捨てて全体の構成を変えることをしなかった。そのことが結果として食料獲得手段の多様化をもたらし，それらの重層的並存によるセーフティーネットの確保と維持，そして状況に応じてどれかを選択的に最大活用するという生存戦略を可能にした[2]。

　周囲の自然環境や社会状況の変化に柔軟な対応をして生き延びるというこの生存戦略が，ピナトゥボ山の大噴火によってそれまでの生活世界が壊滅的な打撃を受けた後に，新しい土地へ移動して再定住し，そこでの生活再建と社会復興を可能にした。そして多大な苦労を伴う災害復興の企てをとおして，彼らはそれまでと異なる自己意識と世界観をもった新しい人間となり新しい社会を作っていった。その過程における彼らの意識と生活のダイナミックな変容に着目すると，それはアエタ・コミュニティ（とりわけ私が調査したカキリガン・グループ）が保持してきた柔軟なレジリエンス力を最大に発揮して自らが変わりつつ危機に対応するという意味で，トランスフォーマビリティの発露とみることができる。日本語にすれば変容可能性である。具体的には毛虫が蝶々になる変態をイメージしていただきたい。同じ個体でありながら様態が一変し，毛虫のときとは異なる移動をし（這うことから飛ぶことへ），異なる食べもの（葉から花蜜へ）で生きてゆく存在への変身である。

　レジリエンスとは，本書総編者の稲村の説明によれば［奈良・稲村 2018］，外界からの打撃や刺激に対して「危機・逆境に対応して生き抜く知」である。アエタの場合，噴火によるピナトゥボ山一帯の自然環境とりわけ被覆植生のダメージは大きく，生活基盤が壊れてしまった。噴火の灰砂で厚く覆われた山腹では焼畑も狩猟採集もできなくなった。被災アエタの大多数が山に戻ることは不可能だった[3]。止むなく再定住地に移り住みそこで生きてゆくためには，新たな環境世界（平地キリスト教民がマジョリティの市場・貨幣経済の社会）に居場所を作ってゆくことが不可避であった。自

2　清水［1990: 8-9］（詳細については同書第4章「開発プロジェクトの併呑受容」参照）。フィリピンの歴史を振り返れば，スペインとアメリカの植民地支配の際に土地と人々から収奪する富を効率よく最大化するために，プランテーション農業でサトウキビやコメ，バナナ，パイナップルなどを商品作物として単一生産するシステム（モノ・クロップ・カルチャー）が導入（強制）されたことが，人々に貧困をもたらした根本原因となった。

3　しかし雨期の大雨のたびに山腹斜面に積もった灰砂が流され，一部で植生が回復してきて2, 3年後には山に戻る家族も少数ながら出てきた。

らも大きく変わりながら危機・逆境に対応し巧みに適応していった彼らの戦略と実践は，人類史を考えるうえでヒトの柔軟性や可塑性そして潜在力の大きさ，それゆえのトランスフォーマビリティの重要性を実証している[4]。それは続く第17章で紹介するロンゲラップ環礁住民の放射能汚染の被害からの復興の事例によっても裏付けられている。またPhase III・第13章で報告した，社会主義体制の崩壊や雪害によって草原から都市へと移住したモンゴルの牧民の事例でも同様である。

2　噴火前の暮らし

　アエタはその身体的な特徴（低身長と暗褐色の肌，縮毛）や成人の多くが学校教育を受けていなかったゆえにフィリピンのマジョリティー（平地キリスト教民）から見下され差別されるので，なるべく彼らとの接触を避けながらピナトゥボ山麓の一帯で暮らしていた。主たる生業は移動焼畑農耕で，補助的に採集と狩猟で食料を得て自給自足度の高い暮らしをしていた。焼畑の伐採ほかの作業に使うナタや料理の鍋釜などの鉄製品や布，食用油，塩などを山への登り口の川岸までやってくる商人と，バナナやイモ，森の産物（野生バナナの花芽，野生蘭，蜂蜜，食用昆虫）などと物々交換して入手していた。

　山麓や山腹での暮らしは，焼畑でイモを栽培することによって少ない労働投入で生存に必要な食料を安定的に得ることができ，質素ではあるが飢えに苦しむことがなかった。1979年5月にカキリガン村を訪れて集団遺伝学の調査をした尾本惠市によれば，百数十人から血液サンプルを得たアエタの栄養状態はきわめて良好であり，栄養失調や貧血，その他の深刻な健康問題は見られなかったという。村で暮らしながら強く実感していたことであるが，山中で暮らしていたアエタは限りない欲望に

4　第19章では，国連国際防災戦略事務局UNISDRはレジリエンスを「ハザードの影響に抵抗し，吸収し，対応し，適応し，転換し，回復する能力」と定義し，またストックホルム・レジリエンスセンターはそれを「（個人，森林，都市，経済といった）システムが継続的に変化し適応していく能力」と定義し（Key Concept 1），ともに変化し適応してゆく能力に着目している。本章のアエタの創造的復興の事例では，変化し適応してゆく能力または潜在力（トランスフォーマビリティ）が多様なレジリエンス対応の創造的で発展的な，それゆえ重要な側面であることを具体的に明らかにする。

身を任せて振り回されることがなかった。少なく欲求し少ない労働でそれを満たし，多くの余暇と自由を得ていた。それはM. サーリンズが『石器時代の経済学』のなかで説く「始原のあふれる豊かな社会」を実現するための「禅の戦略」に通じるものであった［清水 2003: 75-77］。

　1991年6月12日の1回目の中噴火の数日前までに，南西麓の各集落のアエタたちに地元の町村の役場などから噴火の危険の知らせと緊急避難の連絡が届いた。それでアエタたちは集落を後にしてふもと近くの町の教会や学校，公共施設へと緊急避難をした。噴火による直接の死者は，山を下りることを拒み山中の洞窟に避難し6月15日の大噴火の際に火砕流で焼死した100余人であった。しかしその後の雨期のあいだを過ごしたテント村で，免疫を持たない麻疹やインフルエンザが流行し700人あまりが亡くなった。麻疹に対しては保健省や国境なき医師団（MSF）を中心に集中的なワクチン接種が進められ，爆発的な拡大を抑えて最悪の事態を回避した。

　噴火で降り積もった火山灰砂の重みで山中や山麓にあったアエタ集落の家々の屋根は落ち，焼畑地も灰砂で覆われた。火口からの距離によって積もった灰砂の厚みは異なり，山頂に近い高所の集落では60〜70センチほどになった。直線距離で10キロ以上離れていたカキリガン村でも30〜40センチほど積もった。カキリガン村に私は1977年10月から1979年5月まで住んで20ヶ月のフィールドワークをした。村はサントトーマス川が小さな谷を流れる河岸段丘に位置し，噴火の後の雨期の大雨のたびに山腹に積もっていた灰砂や小石が押し流されてきて狭い河原を埋めていった。初めの1，2年は川の両側の谷を埋め，その後は河岸段丘を超えて堆積土砂がせりあがってきた。数年のうちに小学校の建物の屋根まで灰砂が堆積し，さらに校庭の国旗掲揚の7〜8メートルのポールも埋もれてしまった。

　アエタにとっての歴史は，忘れがたい出来事を個別に一話ごとに完結するイストリア（お話，物語）として記憶されている。出来事はそれが生起した場所や関係の深い人物の名前と結びついており，それらの場所は生活の場である周囲の自然景観のなかにある。出来事が生じた具体的な場所の地勢と景観が，そこに今も生えている大木や岩や崖が，個々のイストリアにまるで眼前に展開しているようなリアリティーの感覚と，実際に生じたという証拠を提供する。聞き手の側に想像力の飛翔と共感的な追体験を呼び起こす。こうした出来事の物語化と生活世界を取り巻いている自然景観のなかへの埋め込みという記憶と歴史意識のあり方は，噴火によって山腹山麓の景観が一変したことにより，その裏付け保証を失った。それは逆から見れば，

新たな時間感覚と歴史意識が育まれる必要性と余地が生じたことになる。

　噴火は被災したアエタに耐え難い苦難と困窮をもたらした。が、それに立ち向かうことをとおして、彼らは非力で弱々しい犠牲者（victim）から艱難を克服した生存者（survivor）となり、さらには自立＝自律し自尊する先住民（katutubo-原義は原住民）となっていった。彼らの生活再建と復興の歩みそして自己意識や世界観の変容に、私自身が初めは緊急支援のNGOボランティアとして、やがて伴走レポーターになって深く関わっていった。そして彼らにとって噴火の被災が新しい人間・新しい社会を生み出す「産みの苦しみ」であったことを目撃し、その過程を報告してきた。

　噴火前のアエタの伝統的な生業、社会組織と宗教・文化については20ヶ月のフィールドワークとその後の補充調査にもとづいて博士論文を執筆し、それを改稿して英語［Shimizu 1989］と日本語［清水 1990］の民族誌として出版した。さらに噴火後にはアエタ個々人の被災体験の聞き書きとアエタ社会の変容などについて日英語で民族誌を出版した［Shimizu 2001, 清水 2003］。それ以外にも個別の報告や論文として幾つも発表している。なので屋上屋を重ねることを避け、本章では噴火後のアエタ社会の変化と持続をめぐり、彼らの社会が特徴的に持ち続ける自然環境の変動へのしなやかで柔軟な適応の仕方と、環境変化にともなう新たな外部世界への対応力について、レジリエンスとトランスフォーマビリティを手がかりに考察したい。

3　噴火後の創造的復興の歩み

　噴火から3、4年が過ぎて彼らの生活が落ちついてきたとき、噴火時の様子と、その後の生活の激変による苦難と復興の歩み、そして噴火前の生活の思い出や将来の希望を彼らに語ってもらう聞き書き調査を始めた。そして噴火が引き起こした苦難と社会変容について『噴火のこだま──ピナトゥボ・アエタの被災と新生をめぐる文化・開発・NGO』［2003/2021年に新装改訂版］を出版した。同書で着目し考察したのは、ピナトゥボ・アエタが噴火被災の苦難を、中央と地方の政府をはじめ国内外のNGOなど多方面の支援によって乗り越え、フィリピン国民であり同時に先住民であるとの強い自覚を持つに至り、先住民として新生してゆく過程と背景であった。

　アエタ被災者は、ピナトゥボ山麓に限られた領域で移動焼畑農耕を主たる生業と

する生活から，再定住地で建設労働者や農業賃労働者，インフォーマル・セクターでの就業などで生計を立てる生活へと変わっていった。平地民が住む町や村の近くに居を構え，彼らと同じような暮らしをしているが，しかし運悪く解雇されたり長期の失業状態が続くと，そこに家族の生活の拠点を置きながら，10キロあまり離れた山に戻って焼畑農耕をする。農作業があるときは，数日のあいだ畑の近くの仮小屋で寝泊まりし，作業が終われば再定住地の家に戻ってくる。言ってみれば遠距離通勤する焼畑農民となり，山にいるときには採集を積極的におこなって副食を確保する。

　つまり噴火前の焼畑農耕と狩猟採集の生活から，噴火後には賃労働を主たる生業としながら，必要に応じて焼畑農耕や採集（ときには狩猟）という生活へと戻ってゆく。すなわち頻繁な移動と食料獲得手段の多様化によってリスク分散を図ると同時に，その時々や場所場所の条件に応じてもっとも効果的で労働生産性の高い食料獲得法を活用するという生存戦略は，噴火の前も後も変わらずに維持されている。それがアエタ社会とアエタ自身の大きな変容（トランスフォーメーション）をともなう創造的復興を可能にした。産業革命以降の250年ほどのあいだに，人類社会が等しく経験してきた生業と生活様式の変化および時空間意識の変容を，噴火による生活世界の崩壊のあとにアエタは10年あまりで凝縮して追体験したのである。

　噴火前のアエタの「伝統的な」生活と，噴火後の生活再建および先住民としての新生をめぐって，私は被災による困窮と再建への苦闘が新しい人間と社会が生まれるための産みの苦しみであったと捉えた［清水 2015］。それが可能となったのはアエタ社会のレジリエンスによるところが大であり，頻繁な移動と多様な食料獲得手段の保持によるリスク分散という生存戦略が，外部世界からの支援とあいまって有効に機能したからであった。

4　変化と持続，危機を生き抜く柔軟対応力

　ピナトゥボ山の大噴火は，彼らにとって「世界の終わり」であった。頻繁な移動をするために彼らは，それ一本で焼畑作業をするナタや鍋釜などの調理道具と衣類のほかは家財道具と呼べるようなものを多く持ってはいなかった。山を下りる際に

は，袋に入れて肩に担いだり手で運べるものだけをもって避難した。それまでは不要の接触を避けていた平地キリスト教民の住む世界へ止む無く逃げ込んだ次第である。しかし多くのアエタには，一時避難センターやテント村，さらに再定住地の周辺に頼れる親戚や友人知人はほとんどいなかった。いわば裸一貫での生活再建であった。

　数年を経て植生が回復してくると山に戻って噴火以前と同じように移動焼畑農耕で暮らす者たちが出てきた。他方，多くは再定住地で，または平地民の村のなかや近くで，平地民と頻繁な接触・交流をしながら彼らと似たような生活を営み始めた。個々の家族や個人を見ても，安定した雇用があれば賃労働者として平地民社会のなかで暮らし，雇用を失えば一時的に山での暮らしに戻る者が今でも少なくない。

　アエタ・コミュニティーの全体を見ると，また個人の生活ぶりを見ても，生業と生活様式の多様性が噴火後に劇的に拡大した。食料や賃金を得るための選択肢の数をできるだけ多く広げ確保したうえで，個々人の生活戦略は，一所定住や一職専従ではなく生業手段の多様性の確保とそれらの最大活用にあるという基本は，噴火前と変わっていない。その時々と場所でもっとも効率的に食糧や現金収入を得るために最適の方法を選択し行動している。

　そうした生存戦略について，かつて私はNGOによって進められた定着農業を柱とする開発プロジェクトが既存の生業システムと生活スタイルを根本的に変えることなく，その一部として受容された経緯について詳細に分析した［清水 1990: 67-115］。そして開発プロジェクトの受益者である山から下りたアエタたちが，彼らにとって新奇な犂耕農業を旧来の生業システムの一部として部分的かつ選択的に受容する様態を「併呑的受容」と呼び，「彼らの生業システムの特徴は，多様性の確保とその最大限の利用ということにある［清水 1990］」と指摘した。また旧来のシステムを捨てたり大きく変えたりすることなく，そのなかの一部として受け入れることによって結果として多様な生業手段の選択肢を確保していることを，「重層的並存」をキーワードとして次のように説明した。

　　　新しい生業手段の導入はそれ以前の生業を放棄させるものではなく，ひとつの有力な選択肢を加えるにとどまる。そうした幅広い選択可能性のなかから何を選んで力点を置くかは，その時々の状況によって柔軟に決定される。大林が東南アジア諸社会の歴史を通じて認められるパターンとして指摘した「重層的並存」［大

林 1984: 11-12] という現象がひとつのグループ，さらにはひとつの家族のなかに見いだされる。［清水 1990: 8]

5 リスク分散の生存戦略とニッチ構築，そして時空間認識の爆発的拡張

さまざまな食糧獲得方法の保持というアエタの基本的な生活スタイルかつ生存戦略は今も変わることがない。すなわち前述したように，噴火前の主たる生業であった移動焼畑農耕と採集狩猟活動を一時的に休止した後，2，3年で復活させ食料の一部を確保するための有力な手段とした。再定住地で政府が簡素な住居とともに用意した農地は狭く荒れて石ころが多く，農業だけによる生活再建は不可能であった。移住の当初の1年ほどは，中央政府や地方自治体，赤十字，NGOなどの緊急支援による食料や生活物資の分配を受け，その後には再定住地の道路整備や建物建設その他のための工事に雇われることによって，食料（Food for work）や賃金（Cash for work）を得ていた。同時に，養豚や野菜作り，紙漉きや各種の手工芸などの生計プロジェクトもNGOなどによって実施された。

しかし2，3年が過ぎてそれらの支援が手薄になると自分たちだけでプロジェクト事業を継続することが難しくなった。代わりに近くの農民の田畑仕事や町の建設工事現場やインフォーマル・セクターで不定期な賃労働者として現金収入を得るようになった。それだけでは不十分な場合や雇用を失った場合には一時的に山に戻り，焼畑農耕による食料確保に比重を置いた。

こうして平地民（キリスト教徒）の村の近くに造成された再定住地にある住まいを生活の拠点として暮らすなかで，子どもたちは学校に通い大人たちは政府職員やNGOスタッフ，商人，近隣の平地民らとの日常的な接触と交流をとおして，平地民と同様の装い方を身につけ大衆文化（たとえばテレビ）を享受するようになった。地元の町の政治家にとっては，弱く貧しいアエタを庇護する頼りになるパトロン・イメージを作るために，また再定住地に集住するアエタがまとまった票田であるために，格別の庇護と配慮を与える者も少なくなかった。学校教育や大衆文化，近隣の平地キリスト教民らとの日常的な接触と交流，NGOスタッフや政府職員らへの請願

や交渉，さらに選挙に参加することによってアエタ被災者は，フィリピン社会の一員であり，フィリピン国民であるとの自覚を強めていった。

他方で，復興支援を続けるNGOが催すエンパワーメント・セミナーなどに参加することをとおして，まずグループの若手・中堅のリーダーたちが先住民としての民族的な覚醒とアイデンティティを強化していった。すなわち記憶にないほどの遠い昔に最初にフィリピン諸島に渡来した民族の

図1 噴火後にピナトゥボ山南西麓で火山灰地を緑化するために，まず日本の葛を植えて地表を被覆してから植林するプロジェクトを実施しているNGOのIKGSに招かれ，その事務所がある兵庫県氷上郡山南町を訪れて住民と交流するヴィクター・ヴィリヤ氏(中)とフレッド・ソリア氏(右)。左端は，私の友人でドキュメンタリー映像作家でアート・アクティビスト，フィリピン国家芸術家のキッドラット・タヒミック氏(1998年10月17日)。

末裔である先住民としての歴史意識を遠い過去にまでさかのぼらせていった。他方で子どもたちには将来のために高校まで，できたら大学までの教育を受けさせたいと願い，また子どもたち自身も多くが強くそう望むようになった。つまり将来の進路や生活設計を考えることで現在から未来へと時間意識が先延ばしされていった。かつては焼畑の農耕暦に応じて1年のサイクルを繰返す循環する時間意識が優越していた。それが噴火後には，過去と未来の双方へ時間感覚や歴史意識が引き伸ばされ，直進する時間意識が強くなっていった。

またアエタ・グループのリーダーたちには，支援する外国のNGOから報告会や交流会に招かれて短期の訪問をする者や，数ヶ月の研修に派遣される者たちも増えていった。噴火の前にはピナトゥボ山麓の一帯に限られていた生活世界が，噴火後には地元の町村へと拡大し，マニラの中央政府を意識するようになり，さらには海外のNGOが自分たちの生活を支えてくれていると認識するようになった。海を越えた支援のネットワークの広がりに応じて地理的・空間的認知はフィリピンを超えて大きく拡大していった。私の友人も日本やオーストラリアなどに招かれた（図1）。

こうした生活スタイルと時空間認識の変容は，噴火後の生活再建や復興といった枠組みを超えて，先住民としての誕生や創出と呼ぶことができる。

6　人類史への示唆

　上述したように，アエタの生存戦略は生業手段（食糧獲得方法）をできるだけ多様化してリスク分散を図り，生きてゆくための最低限の食糧を確保する方途を保持しつつ，他方では多少のリスクを取ってでも最も効率の良い生業を選んでいる。その場合でも最悪の事態に対処するためのセーフティーネットとなる山での移動焼畑農耕と採集狩猟活動をいつでも活用できる態勢を捨てることはない。採集狩猟から農耕さらには賃労働までの各種生業が重層的に保持されている。

　これと関連してすぐに思い起こされるのは，かつて1980年代に開発経済学，政治学，文化人類学，歴史学などを巻き込んで激しい議論がなされた「スコット vs ポプキン論争」である。洪水や日照り，虫害，鳥害，病気などによって年ごとの収穫が不安定であるという所与の条件のもとで，最悪の場合でも死なずに生き抜くこと，つまり生存を最重要視して行動する「モラル・エコノミー」か，それとも多少のリスクを取っても自己利益を最大化しようとする「合理的農民」か。東南アジアの稲作農民の行動の動機づけと選好をめぐる激しい議論の応酬がなされた。しかしアエタは，山に戻って「伝統的な」暮らし方によって生存のためのセーフティーネットを確保しつつ，町のインフォーマル・セクターでの不定期な賃労働のチャンスを積極的に取りにゆく。「スコット vs ポプキン論争」が，アエタ社会においては見事に調停され，併存または混融している。アエタの実践理性は研究者の二項対立の思考法による分析理性よりも現実に即して適合的といえる[5]。

5　さらにスコットは，近年，国家権力と生活者コミュニティーとの緊張関係，すなわち国家の支配を逃れて自律的なコミュニティーを作り維持した人々の社会について，アナキズムをキーワードとして重要な著作を相次いで発表している。注目すべきは以下の3冊である。『ゾミア——脱国家の世界史』2013（2009）年，『実践　日々のアナキズム——世界に抗う土着の秩序の作り方』2017（2012）年，『反穀物の人類史——国家誕生のディープヒストリー』2019（2017）年。紙幅の制約のために本章では氏のアナキズムをめぐる立論について紹介や論評をすることはできず別稿にゆずる。

スコットに刺激と示唆を受けつつアエタの事例に戻って彼らの復興の歩みを簡単にまとめれば，以下のように言うことができる。アエタは，ピナトゥボ火山の大噴火による「世界の終わり」と続く苦難に耐えて生活の再建とコミュニティーの復興に奮闘した。その過程で，イギリスで始まった産業革命が地球上の諸社会を工業化と賃労働・貨幣経済に組み込んでいった250年余の近代の歴史を，10年から20年で圧縮して追体験した。またD・ハーヴェイが近代性（モダニティ）を時間と空間の圧縮と特徴づけたひそみに倣えば，アエタの場合には歴史時間が過去と未来に引き伸ばされて認識され，地理空間が町や州や国を超え海外へも広がって意識されてきたという点で，生活と意識の時空間が爆発的に拡張した。

　さらにはヒトがおよそ1万年前に狩猟採集から農耕へと生業を転換させ始めた歴史に比べれば，アエタが移動焼畑農耕を始めたのは早くても100年ほど前であろう。その点では，農耕の始まりにともなうヒトの社会の変容もまたアエタはすでに噴火の被災の前に凝縮して経験していた。ここで留意すべき重要な点は，移動焼畑農耕へと生業の比重を移しさらには犂耕農業を技術的に獲得し試行しながらも採集狩猟活動を保持しつづけたことである。頻繁な移動とできるだけ多様な食料獲得手段を保持し拡大してゆくという基本的な生存戦略が，アエタ社会のレジリエンスを生み出し可能にしてきた。

　狩猟採集と焼畑農耕，犂耕農業，そして賃労働などの食料獲得手段の多様性を維持し，状況に応じて最適のものを選び活用してゆくことがアエタ個々人の生活力を裏付け，自身を頼みとする自立＝自律性と誇りを下支えし，コミュニティー全体に柔軟で強靭な持続性を与えてきた。しかもその持続性は変化しつつ持続する，または変化することで持続するというトランスフォーマビリティを特徴とし，また強みとしている。多様性と重層的並存という生存戦略が，噴火の被災後にアエタが生活環境の激変に柔軟に対応し，創造的復興を遂げてゆくことを可能にしたのである。

研究ノート

清水　展

噴火の前と後の長いお付き合い

　私は1977年6月に1週間の予備調査，同年10月から1979年5月までの20

ヶ月間の本調査をカキリガン村で行った。電気はなく飲料水は近くの山の湧泉から引いた簡易共同水道の蛇口が村に２つあるだけだった。前半は，その前年に村で開発プロジェクトを始めたNGO「少数民族開発のための全教会財団」(Ecumenical Foundation for Minority Development) のディレクターのルフィーノ・ティマ氏が，家族とともに住んでいる家（３LDK）の一部屋に寄寓した。

Ecumenical とは「キリスト教各派の合同一致を目的とする」という意味の形容詞であるが，村に教会を建てたり宣教をすることなどはなかった。財団はスイスに本部がある World Council of Churches から50万スイス・フラン（約6000万円）の活動資金を受け，ピナトゥボ山の南西麓のカキリガン地区にブルドーザーで集落と耕地を造成し，山中で暮らすアエタに，山を下りて定着犂耕農業を始め子どもたちには小学校教育を受けるように説得し，応じた家族に細やかな支援と指導をした。

調査の後半はアエタの友人が作りかけて資金不足で放置していた家を借りて完成し，賃料を払って住んだ。そこでの調査研究の成果を博士論文としてまとめ，さらに単著書として出版した。清水展［1990/2020］年『出来事の民族誌──フィリピン・ネグリート社会の変化と持続』である。レヴィ＝ストロースが提唱した「熱い社会」と「冷たい社会」という対比的な概念を援用し，移動焼畑と補助的な狩猟・採集を生業とするアエタ社会が，日常生活の連続を断ち切るような出来事にいかに対処対応し，平穏な日常生活を回復してゆくかのプロセスを詳細に分析した。

具体的には，病いと死，結婚と駆け落ち，NGOによる小学校教育と定住農耕を二本柱とする開発プロジェクトの導入など，それまでの社会秩序の安定的な持続を揺るがすような出来事を取り上げ，それらが確立された制度や儀礼によってではなく，当事者・関係者らが意識し共有している緩やかな規範を柔軟に解釈し折り合いをつけてゆく交渉（即興劇に似ている）をとおして解決・懐柔されてゆくことを明らかにした。それは民族誌的現在（ethnographic present）という虚構（研究対象の社会（コミュニティー）が歴史的に変化してきたことを軽視や無視して，静態的で閉じて自己完結する体系として叙述するスタイ

ル）への反発と，構造機能主義の静態的な社会理解に対する異議申し立てであり，代わって，眼前の同時代人が生きる現実世界の動揺と秩序回復（再編成）のメカニズムを動態的に把握する企てであった。

　同書を出版した翌1991年3月末から私は1年間のサバティカル（研究休暇）を得て，フィリピンに滞在した。着いてすぐの4月初めにピノトゥボ山が噴煙を上げ始め，6月に大爆発した。カキリガン村の友人知人らが被災したため，私はアエタ被災者の緊急救援と復興支援をする日本の小さなNGO（AVN：アジア・ボランティア・ネットワーク）の現地ワーカーとなった。日本に帰国した後も，数年のあいだは夏休みや冬，春休みのたびに戻ってボランティア活動を続けた。その経験が私自身の人類学への取り組み方を変え，現地の人々に深く係わり続ける「応答する人類学」を模索するに至った。噴火によってアエタの友人らの生活と意識が変わり，私もまた人類学をするスタイルが大きく変わっていった。

焼畑に掘り棒で陸稲種籾を播く（1978年6月）
1メートルほどの間隔を空けて先に植えたトウモロコシが20センチほどに成長した後，同じ畑に掘り棒で穴をあけ，陸稲を数粒ずつ播いてゆく。トウモロコシは早く成長して早く収穫ができ，陸稲との生育時期が異なるために焼畑の有効利用ができる。伐採せずに残した樹木の根本には豆類を植え，蔓が這い上がる。焼畑は一家族が毎年2〜3枚を新たに開き，1枚の畑に陸稲とトウモロコシ，もう1枚にイモや豆など異なる作物を植え，また同じ作物でも異なるバラエティーの種を植えている。3枚目の畑に商品作物として（交換用に）バナナを植える家族もいる。

第 17 章

強制移住先を「私の島」に

放射能汚染災害からコミュニティの創造へ

中原聖乃

文化人類学，特にマーシャル諸島の核実験被害の研究を通して，原発事故や核実験後の核問題と放射能汚染被害後の生活再建について研究。現在，総合地球環境学研究所研究員

　放射線は，人の健康に影響を与えるため，高レベルの汚染地からの避難をコミュニティに強いることになる。人が生物として生きる上で健康は欠かせないし，居住地がコミュニティレベルで失われることは，仲間とともに生きるという人間の存立基盤を揺るがす。

　本章は核実験による放射能汚染を経験し，現在暮らしを立て直しつつあるマーシャル諸島共和国ロンゲラップ・コミュニティの事例から，福島原発事故をはじめとした放射能汚染災害から再生するための教訓となることをあぶりだす。

　マーシャル諸島共和国の国土は，いずれもせいぜい海抜数メートルの29個の低島サンゴ環礁と 5 つのサンゴ独立島から構成されている（図 1 ）。マーシャル諸島は，1946年から58年まで米国の核実験場となり，核実験場に指定されたビキニ・エニウェトク両環礁の住民は，強制避難の対象となった。全67回の核実験のうち1954年のブラボー水爆実験は広島原爆の1000倍の威力を持ち，避難対象とならなかった多くの風下の環礁や島に死の灰が降り注いだ。核実験当時，風下に位置していたロンゲ

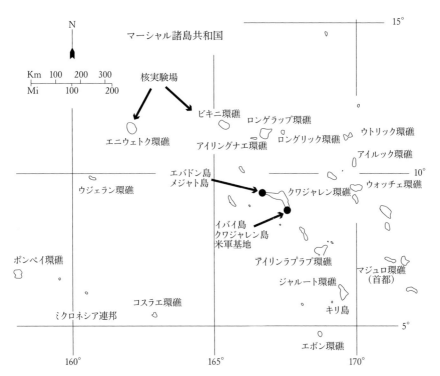

図1　マーシャル諸島地図（中原［2012: iv］を一部改変）

ラップ環礁に居住していた82人は急性放射線障害を発症し，3日後に米軍により救出されたが，数度の移住を繰り返し，現在ではロンゲラップ自治体は，1985年に避難したクワジェリン環礁メジャト島を中心的コミュニティとしている。無人島であるメジャト島に移住した当初は，食料確保もままならず，米国の援助食糧や補償金に依存しており，メジャト島を生活圏として利用していた隣のエバドン島との軋轢も生じていた。そのため，ロンゲラップ・コミュニティは，故郷であるロンゲラップ環礁への帰還を望み，米国に費用負担を要求し帰還事業を実施した。しかし，放射線レベルの高さから，帰還しても望む暮らしが必ずしも実現しないことや，国が帰還に反対していることから，実際の帰還は，工事作業従事者とその家族以外には進んでいない。

　私はこれまで20年以上にわたりマーシャル諸島の核実験被災地の生活再建につい

て考察してきた。調査を始めた当初は，人々はマーシャル諸島の他の被害地と補償金や被害レベルを比較し，コミュニティ内でも限られたパイを巡って米国の補償金や援助食糧の取り合いが行われて，その不満は私にも頻繁にぶつけられた。ところが被災から55年，現在の避難地への移住から25年を経た頃から，食料生産活動が本格化し始め，人々はその多忙さや大変さを笑顔で私に語るようになった。

マーシャル諸島には今から1500年ほど前に，人類が移動の終着点としてたどり着いた。彼らがそこで構築したニッチは，台風や干ばつといった自然災害，親族間抗争などによって常に脅かされたが，人的ネットワークによって危機から回復してきた可能性をスペネマン Spennemann の研究が示している。しかし核実験による災害は，これまでマーシャル諸島の人々が体験した災害とは全く別の次元のものであった。核兵器による安全保障はある意味で Phase I・第2章で言う欲望充足装置である。対話や交流によって，相手国の文化への認識を高めながら，時間と手間のかかる信頼関係の構築で国家間関係の安定化を図るべき国家が，自国の安全の飽くなき追求（欲望）のために，産業界や学術界とともに圧倒的な破壊力を構築し，示すことで心理的に他国を脅そうとする（充足）装置となってしまったからである。

本章では，大国の欲望充足装置の構築のために押し付けられた放射能汚染による危機を生き抜くレジリエンスとはどういうものなのかを考えたい。

1　米国の核実験による被災と強制移住

マーシャル諸島社会は1885年にドイツ帝国の保護領となり，第一次世界大戦後は日本による国際連盟委任統治を経験し，第二次世界大戦後は米国による国連信託統治を経験した。111年間の外国による統治後，マーシャル諸島共和国として独立を果たしたのは1986年である。

1946年から1958年まで，米国はマーシャル諸島北部のビキニ環礁とエニウェトク環礁で，住民を強制移住させ67回の核実験を実施した。これらの核実験の総威力は広島原爆の6000発分に相当する。ビキニ環礁住民は強制避難後，幾度かの移住を経て，現在はサンゴ独立島であるキリ島とマジュロ環礁の小島の二か所をコミュニティの中心的居住地としている。エニウェトク環礁では，強制避難後，被災者は故郷

に戻り現在に至っている。

　マーシャル諸島は，1986年に独立すると同時に米国と自由連合協定を締結し，過去の核実験の補償金を得ることになった。これらの補償金は国が管理するものと自治体が管理するものがある。核実験の被災地として米国が認めているビキニ・エニウェトク・ロンゲラップ・ウトリックの四つの環礁に分配された。米国からの補償金は2002年に終

写真1　補償金を受領するために並ぶ人々（2002年，筆者撮影）

了したが，各環礁自治体では，これまでに受領した補償金の一部を分配せずに蓄えており，現在はそこから自治体メンバーに分配している（写真1）。

　被ばくした人々の健康被害は深刻である。1960年代から甲状腺障害，白血病，がんの発症が見られたが，現在でも甲状腺障害やがんは多い。核実験の被害を被った四つの環礁以外の人からも，がん，甲状腺障害の患者が出ている。さらに，間接的な健康被害として，ドラッグ，飲酒，アメリカナイズされた生活による生活習慣病も国の大きな社会問題となっている。

　現在マーシャル諸島政府は核レガシープロジェクトとして，核の歴史を若い世代に伝える取り組みを行っている。2014年には，核保有の違法性について国際司法裁判所に訴えた。

2　ロンゲラップ・コミュニティ──故郷への帰還政策

　多くの健康被害が生み出され続けるマーシャル諸島の中でも，とりわけここでは，ロンゲラップ・コミュニティを暮らしの再生の事例として取り上げたい。それは，ロ

写真2 ロンゲラップ再定住工事が行われていた頃のロンゲラップ環礁
（ロンゲラップ政府提供）

ンゲラップ・コミュニティが，マーシャル諸島の中でもコミュニティの人が最も高い放射線量を浴び，かつ故郷を喪失した状況がいまだに続いているにもかかわらず，住民レベルでの暮らしの立て直しがみられるからである。

核実験の3日後に米軍により救出されたロンゲラップ環礁住民は，3年後の1957年に，故郷の環礁に帰還した。このとき，困難な状況にある親族のケアをすることが義務とされるマーシャル諸島では，他島に居住していた多くの親族らも帰還した。しかし，その後，被ばくしていない女性が流産したり，地元の食材を食べて体調を崩したりといった異変があったことから，ロンゲラップから避難するという考えが広まっていった。しかし，米国との独立交渉のさなかにあったマーシャル諸島政府は，ロンゲラップの人々からの避難の希望を真剣に聞き入れなかった。ようやくロンゲラップを離れることができたのは，国際環境保護団体のグリーンピースの支援を受けることができた1985年であった。以降，ロンゲラップの人々は，集団で移動したクワジェリン環礁メジャト島に居住し，現在に至っている。ロンゲラップ地方自治体は，故郷のロンゲラップへの一斉帰還のための費用を米国に要求し，1998年からロンゲラップ環礁の除染と発電施設，道路，港の整備，空港整備などのインフラ工事，一般の家屋建設が行われた（写真2）。

避難地メジャト島はエバドン島の生活圏であるために，ロンゲラップ避難者による自然資源の利用が制限され，米国による核実験補償金や食糧援助に依存していた。ロンゲラップ避難者がこっそりと漁をすることはエバドン島の人も承知しており，関係性は険悪であったという。ロンゲラップへの帰還が実現すれば，「獲っても獲ってもなくならない魚」に囲まれて思う存分好物のヤシガニを食べる暮らしを取り戻せ

ると考えていたが，ロンゲラップへの帰還が具体性を帯びるにつれて，実際には汚染は残っており資源利用に制限が課されること，除染は一部であることなど様々な問題が判明した。

　実は，ロンゲラップ自治体は，故郷に帰還するための工事費用を米国に要求するにあたって，米国から獲得していた補償金を人々に分配するという本来取り決められた方法ではなく，科学調査や弁護士費用に充てた。この補償金の使用を巡って，コミュニティ内が二分され，いくつもの訴訟が起こされた。ある男性はロンゲラップ・コミュニティが米国から獲得した補償金について，「弁護士，科学者，セメント会社に渡ってしまった」とのべる。こうしたことからロンゲラップの人々の帰島はなかなか進まなかった［中原 2012］。

　工事着工からこれまでに，ロンゲラップに居住しているのは，そこで産業として開始された養豚や真珠の養殖などに従事する男性とその配偶者と就学前の子供だけで，今も避難地であるメジャト島から集団で移住するには至っていない。

　マーシャル諸島の中でもとりわけロンゲラップの人々は，若い人の中には関心を持たない人もいるものの，1957年の環礁への帰還を，一種の「人体実験」だったと考えている人が多い。そのため，ロンゲラップの人の中には，アメリカに多額の補償金を要求することを正当な権利と考えている人もいる。しかしロンゲラップに再定住するための費用としての補償金は，故郷の原状回復には程遠く，コミュニティ内の帰還への意見は割れていた。

3　避難島メジャト島を「私の島」に

　2011年に7年ぶりにマーシャル諸島の首都マジュロを訪れた私に，私を養女にしてくれたマーシャル諸島の家族は，台所の棚に保管されたメジャト島タコノキの実から作られる保存食「タコノキ羊羹」を見せてくれた（写真3）。また，通りで出会ったメジャト島出身の女性がマーシャル語で「アメタマ」と呼ばれるココヤシから作った手作りキャンディーをくれた。またある男性は，私がメジャト島に通い詰めた1998年から2002年までの風景とは一変し，緑が生い茂っていることを話し，タコノキ羊羹の作り方を楽しそうに教えてくれた。

写真3　メジャト島から贈られたタコノキ羊羹を持つ首都在住の女性
（2010年，筆者撮影）

写真4　メジャト島の開墾後，美しく手入れされた庭（2018年，筆者撮影）

　2013年，11年ぶりにメジャト島を訪問したわたしの眼に飛び込んできたのは，タコノキの果樹園，野菜畑，ココヤシの林などであった。まだまだ開墾は続いているようであった。4月に最盛期を迎えるタコノキ羊羹づくりは見ることはできなかったが，ココヤシの樹液のジュース，アメタマ，パンノキもちなどが作られていた。また漁労も活発に行われて，男性たちがそこここで魚の干物を作っていた。こうして生産された保存食は，その9割がメジャト島以外の場所に住む親族や国外に移住した親族に分配されていた。これらの保存食はエバドン島の人たちからも求められるようになったという［中原 2012: 281］。メジャト島の何人かの人々は「前よりすごく忙しくなった。毎日毎日仕事をしている」と笑顔で述べた（写真4）。

　漁労活動の範囲が拡大すると，潮の流れ，場所ごとに異なる毒魚の判別，生物の生息場所といった自然知を獲得することにつながり，漁労活動は一層盛んとなった。貝の塩漬けや魚の干物が頻繁に生産されるようになっ

た。

　ココヤシの殻を燃料として，食パン，ケーキ，クッキーなどが以前よりも頻繁に作られるようになり，生活に彩りが生まれていた。

　またココヤシの果肉は，放し飼いされているブタとニワトリの餌となった。2002年当時，餌は米国からの援助食糧のうち人々の口に合わない野菜の缶詰などが主に充てられていたため，充分とは言えなかった。その結果ブタは自ら餌を探し島内を歩き回り，人々は豚肉を必要とする時には銃をもって探し回る必要があった。しかし，現在では餌となるココヤシの果肉が豊富にあるために，ブタは家の周りなどあちこちにおり，私のインタビュー中にも，幾度となく後ろからついてきた。

　これらのブタは，険悪であった隣のエバドン島との間の関係を再構築した。ブタは葬儀，結婚式，1歳の誕生日（ケーメン）などで供されるが，必要な時に適度な大きさのブタが必ずしも親族内で用意できるわけではない。そうした時に，エバドン島の人が所有しているブタを利用するのである。こちらのブタがちょうどよい大きさに育ったら，お返しすると言う。ブタは決してお金で売買する即時交換で取引されるわけではない。

　2021年現在，メジャト島は米国からの補償金や援助食糧に過度に依存した生活から，自給自足経済と交換経済を取り戻しつつある。核実験被災から67年，メジャト島移住から36年が経っていた。

4　ニッチを創造する

　ロンゲラップからの移住直後，無人島であったメジャト島には暮らしに必要な木がほとんどなかった。マーシャル諸島の離島での暮らしに不可欠な，食料や建材となるパンノキ，タコノキ，ココヤシは，もともとこの地にはなく，長い時間をかけて，東南アジアから人々の移動とともに持ち込まれ，育てられたものである。したがって，メジャト島では，当座の食料調達や家屋の建築にも事欠く状況であった。

　しかし，マーシャル諸島政府からもロンゲラップのイロージからも十分な支援は得られなかった。本来人々を庇護することが義務とされるイロージからの移住に関する支援はほぼなかったと人々は語っている。イロージとは，マーシャル諸島内の

写真5 メジャト島からイバイ島に向かう船に載せられたブタ（2013年，筆者撮影）

一定の範囲内の管理権を有する貴族層で，管轄内の人々をサポートする義務を有する。マーシャル諸島政府は米国からの独立（1986年）を前に，ロンゲラップの人々の移住を独立後に先延ばしすることを提案していた。そこで，ロンゲラップの人々はグリーンピースに支援を要請し，解体した後の家の建材や家財道具，人を船で運んでもらった。

ブルーシートでの簡易式の屋根やドラムを柱にしてベニヤ板を屋根にした場所を作るために，雑木を伐採することから開墾は始まった。このような困難な状況の中でいち早く支援を始めたのが，マーシャル諸島全域にいるロンゲラップの人々の親族らである。とりわけ，マーシャル北西部に位置する環礁群やエバドン島は，従来から婚姻関係で強い関係を有しており，移住直後の当座の食料だけではなく，ココヤシの種，タコノキの苗木などを船で運び，開墾や植林を手伝った。もちろん環礁共同体どうしではなく，あくまでも親族による支援であった。なかには，マーシャル諸島最南部のジャルート環礁に嫁いだ女性がメジャト島の移住の際にメジャト島に移り世話をし，そのまま数年を過ごしたという事例もある。婚姻により別の環礁に移動した女性は特別の存在とみなされ，故郷の危機の際には支援の義務を有する。

人々は25年という長い年月をかけて更に開墾を進め，植林し，保存食を生産するようになった。そしてこうした保存食やブタを交換する贈与関係のネットワークを避難地で新たに創造したのである。

以前はエバドン島とロンゲラップ環礁との間に島ぐるみのネットワークは存在せず，あくまで親族関係を有する人の間の関係性があったのみであった。したがって，当初は，メジャト島の浜辺を離れた沖合での漁労活動もエバドン島の人々は快く思

わなかった。2002年ごろまでは，メジャト島の中での魚の干物づくりは頻繁には行われていなかった。

　ところが，エバドン島とロンゲラップの間で婚姻関係が生まれたり，米国の核実験被害コミュニティに対する政策により医療物資が豊富なメジャト島の医療サービスや米国からの食糧援助をエバドン島の人が利用したりして，両島に婚姻関係とは別の関係性が生まれてきた。次第にメジャト島の人々の沖合での漁労活動に対して，なにも言わなくなったという。そして保存食やブタを交換できる関係性が構築できたのである（写真5）。

　関係性のネットワークは，サンゴ環礁から形成されるマーシャル諸島社会ではソーシャルセキュリティとして機能している。マーシャル諸島の人々は，婚姻関係だけではなく養子縁組関係によっても，全域に人のつながりを持っている。マーシャル諸島においては，現在では少なくなりつつあるが，2000年のメジャト島では親族や兄弟姉妹の間て実子を養子に出し，また受け入れていた割合が4分の1程度であった。

　マーシャル諸島社会は，関係性なくしては生活の継続は困難である。ロンゲラップの人々がくらしを再建できたのは，故郷を原状回復したからではなく，関係性を再構築できたからに他ならない。

5　福島——ある女性の関係づくり

　福島原発事故の被災者はどのような暮らしの再建を行っているのだろうか。東京電力福島第一原発事故の後，町ぐるみで会津若松市に移住した大熊町を取り上げたい。Aさんは震災発生時，福島県双葉郡大熊町の住民だった。

　まず，Aさんが事故当時住んでいた大熊町について概観する。大熊町は，福島第一原発が立地する町であり，廃炉作業が進んでいる。原発事故後，大熊町の全住民が町外へ避難し，現在に至っている。町役場や小中学校は，大熊町から100キロ離れた福島県会津若松市に移った。現在大熊町住民は会津若松に住んでいる人が多い。2019年4月10日，町面積の4割にあたる町西部で避難指示が解除され，5月7日，町役場が大熊町で業務を再開した。大熊町の避難指示が解除された地域の住民登録は，

2019年3月末の時点で，全体の約4％にあたる138世帯367人である。6月1日，災害公営住宅の入居が始まった。避難者が残る会津若松市にも役場機能の一部や小中学校を残している［朝日新聞 2019］。

Aさんは，事故後福島県内の様々な場所で避難生活を送ったが，「避難者は帰れ」と言われたり，大熊のことを語り合う人がいなかったりしてなじめず，2012年7月会津若松市の仮設住宅に移ってからそこに落ち着いた。そして2016年11月に会津若松市の災害復興住宅に入った。

周りの多くの人はすでに補償金に関する書類の提出を終えていたが補償金の申請書はなかなか記入できなかった。Aさんにとって補償金の書類を提出することは，自らが被った被害がなきものにされてしまうという憤りがあった。

Aさんがどうしても譲れない点がもう一つあった。それは子供の学校である。会津若松には，大熊町からの避難者が多数いるため，もともと大熊町にあった熊町小学校と大野小学校の二つが，市内の廃校になった小学校校舎を利用して授業が行われている。二つの小学校が会津若松で再開した4月16日には，両小学校の生徒は700人を超えていた。その後生徒数は大幅に減り，Aさんの娘さんが入学した時に40人いた生徒は，6年生の現在11名になった。夏休みのたびに，生徒が減っていっている気がするという。大熊町からの避難者は，地元の高校に進学するなら，早いうちから地元に慣れておいた方がいいからという理由で，住民票を移して地元の会津若松の市立小学校に通っている子供が多い。しかし，Aさんは娘を熊町小学校に通わせている。

> わたし：大熊町の小学校にこだわるのはどうしてですか。
> Aさん：曲がる気がするから。
> わたし：「曲がる気がする」というのはどういうことですか。
> Aさん：便利だからといって変えていると，自分たちの避難者としての存在が無くなってしまう。

2021年初めには，会津若松の小中学校を3年後に大熊町に帰還させる計画が浮上した。Aさんはこのことに反対した。多くの人が避難している会津若松市から，大熊町の学校がなくなる。これにより，避難を続ける人の子どもたちは，会津若松市現地の小学校に，住所変更をして編入する必要がある。Aさんは，避難者としてのアイデンティティがなくなり，自分たちの存在がかき消されてしまうと考え，行政

への働きかけを行った。

　しかし2021年3月には大野小学校，熊町小学校は2022年3月に休校し，2022年4月から会津若松市内で小中一貫の義務教育学校「学び舎ゆめの森」として新たなスタートを切ることが決まった。2023年4月からは，学校は，会津若松市から大熊町に移転（帰還）する予定である。

　一方，Aさんは自分がしたい「暮らし」について考え始めた。Aさんは仕事で移住した大熊町の暮らしを「本当に暮らしやすかった」と思う一方で，「子供のころは，山菜を大人と一緒に取りに行ったりしていた」生まれ故郷の会津を懐かしく思い出す。Aさんの家に招かれると会津でとれた山菜が並んでいる。これらの山菜は，Aさんの実家の母親やその兄弟や近隣住民が採集したものを保存しておいたものである。また，Aさんの義理の妹の親族が用意したものもある。Aさんの義理の妹の親族は，故郷で自家製の缶詰をよく作っており，それを食べることもあるという。Aさんの義理の妹も同じ地方の出身で頻繁に行き来するようになっている。また一緒に無農薬でコメを作るサークルにも入った。

　学校に関する決定で，Aさんは「学校をめぐる行政の政策に振り回されてきた」ということと，「自分たちが望む暮らしは自分たちで創っていかなくてはいけない」ということに気づいたという。その根底には，自分の「曲げない生き方」に子供を巻き込んでいたのではないかという自責の念と，子供が原発事故のことを忘れないで，かつ自分で考えて行動できるようにしなくてはいけないのではないかという思いがあった。その後，大熊町の「くま」と会津地方の郷土玩具「赤べこ」から名前をとり，「くまべこ・子どもを守るママの会」を立ち上げた。会のフェイスブックには「会津で共に学んできた大熊町の子どもたちの思い出作りをする」ことが謳われている。Aさんは，仲間とともに，原発がどのような政策により成り立っていたのかについての勉強会に参加したり，放射線・放射能の測定を実施したり，子供を放射線量の低い場所に滞在させる「保養」の企画を行っている。

　Aさんは，会津で新しい生活を始めた大熊町の人によるコミュニティを作りたいと話す。Aさんは，自らが原発災害からの避難者であることを忘れずに，その原発をめぐる構造を知ったうえで，新しい暮らしを拓く術を模索している最中にある。

　原発導入の基本的な理由は，日本はエネルギー自給率が4％と主要国の中で最も低いことであった。「エネルギー安全保障」「環境への適合」「経済効率性」を実現するために原発の導入が叫ばれてきた［長谷川 2011：20］。ただし原発の導入が進めら

れたのは，電力を必要とする都市部ではなく，財政の厳しい地方の自治体であった。その際，大きなリスクを有する原発という迷惑施設を財政的な問題を抱える地域に立地するために，一種の「利益誘導システム」が導入された［清水 2011：676］。

日本の軽水炉で最大スケールのものは135万キロワット級だが，これを1基誘致すると，工事開始前から廃炉になるまでの前後45年間に総額1215億円の補助金が地元（立地市町村，隣接市町村，県）に落ちる仕掛けになっている［清水 2011：676］。欧米にはこのような仕組みはない［長谷川 2011：20］。

こうした補助金を得た自治体は，音楽ホール，商業施設，温浴施設，など様々な公共施設を建設することができ，原発関連産業はそれまでは出稼ぎに出ていた地域の雇用を創出した。原発によるこのような補助金は期間が決まっているため，時期をずらして次々と原子炉を導入することが多い。一見すると豊かな暮らしが実現しているようだが，原発に一元的に依存する原発依存に陥ってしまった。福島第一原子力発電所の事故は，こうした原発依存状態にあったときに起こった事故なのである。阿部は経済効率優先の社会の脆弱さについて次のように述べている。

　　　社会が高度化すると，われわれの理解は遠く及ばなくなる。システムの多くは，ブラックボックス化してゆく。そしてなにかのはずみでブラックボックスをのぞく機会があればいつの間にかそうなっていたのか，と思わずつぶやくことになる［阿部2018：202］。

原発事故は，ブラックボックスをのぞく機会であった。

2021年現在，福島の原発被災地では，福島イノベーション・コースト構想が進展している。これは，ホームページによれば，東日本大震災及び原子力災害によって失われた浜通り地域等の産業を回復するために，新たな産業基盤の構築を目指す国家プロジェクトである［（公財）福島イノベーション・コースト構想推進機構 2021］。ここには，AIによる農業，空飛ぶ車の実験など，そこに古くから暮らしてきた営みとは無縁の事業が計画されている。Aさんの行動はその構想とは別の暮らしの再生となっている。

6 放射能汚染被害を生きるためのレジリエンスとは？

　レジリエンスとは，例えば「突風や衝撃にもバランスを保つ「力」」のようなもので [奈良田・稲村 2018：16]，逆境を生き抜く力と言えるだろう。まずその逆境を生きる人や社会が，その逆境の状況や構造を知る必要があり，その上で，その逆境をいかに生きるのかを，逆境を生きる人や社会が自ら考えて対処する力と考えたい。例えば災害からの復興では，外部からの援助を受けてその災害を乗り越えることができた人や社会があった場合，その人や社会にレジリエンスが高いとは言いにくい。しかし，災害の中にいる人や社会が自分たちの置かれた状況を知り，どういう外部援助が必要か，その外部援助を効果的に受けるにはどのようなアクセスが適切かといった判断があった場合，それはレジリエンスが高いということになるだろう。

　「逆境を生き抜く力」であるレジリエンスは，マーシャル諸島ロンゲラップではどのように発揮されたのだろうか。また核実験被災者は，どのように災害の構造を知ったのだろうか。一般的によく言われる健康被害や環境汚染に加えて，その後の補償金や経済援助への依存は大きな問題である。人も社会も米国への補償金要求が自治体の最も重要な課題であった。人々の生活も，食料品や日用品といったものの多くを，加害サイドに長期にわたって依存してしまうという，「生活の糧の一元化」に陥ってしまっていた。

　　　政治的暴力がもたらすトラウマに対する文化的対応は，しばしば，被害者のローカルな言語を抗議と補償の普遍的な専門用語に変え，それによって，苦しみの表象と経験をつくり変える。人々が生きていくなかで遭遇する苦痛や死や悲嘆は，これらの歴史的に形作られる合理的思考やテクノロジーによって変形される。しかし非常にしばしば，その変形が，鎮めようとする苦しみを，かえって強める結果になっていることには，注意が払われない [クライマン 2011: iii]。

　しかし，被害を受けた人々は，多額の補償金も，経済援助も，「核実験前」の暮らしを取り戻すために役立たないことに苛立ちを覚えるとともに，物理的にダメージを受けたコミュニティが精神的にも傷ついていくのに気づいていった。

　こうした状況からどのように脱却したのだろうか。ロンゲラップの女性組合のリーダーは「私たちは（米国から多額の補償金を受領している）ビキニ環礁（の状況）を知

っている。昼間にクーラーをつけて家の中でビデオを見ている。それとは違う生き方を探す」と述べていた。米国からの補償金で除染し最低限のインフラを整備し「ロンゲラップ環礁へのアクセス権」を残すことで，人々は故郷での暮らしを一旦あきらめ，故郷を想起させる固有の資源を回復し，分配することで，新たなロンゲラップの中心コミュニティを創造し，コミュニティの人々が海外移住組をも含めて繋がり続けることを選択した。

その際，人々は，外部からの経済的資源である米国からの補償金を完全に否定したわけではない。米国からの食糧援助や医療サービスは，ロンゲラップの人々も享受したが，それをメジャト島の創造的コミュニティ再建のために使った。再定住計画のための米国からの補償金では，計画通りのメジャト島島民のロンゲラップ環礁への再定住は行われず，つまり，ロンゲラップは，出稼ぎの島，あるいは機会を捉えて遊びに行く「故郷」となっている。ロンゲラップの人々は，米国からの補償金や援助を，米国の提示した計画に則って使用していたわけではない。

前章（第16章）では，フィリピンの火山噴火で被災したアエタの人々の生活再建におけるレジリエンスを，「状況に応じて最適のものを選び活用していく」点に求めた。マーシャル諸島の被ばく者の場合には，米国から押し付けられたものであって選ぶことはできなかったものの，少なくともそれを活用することはできた。

自分たちの暮らしの糧を得るための手段を選ばなければ，できるだけ多くの補償金を得ることだけに専念すればよい。しかし，それでは，米国の論理にさらに深く取り込まれてしまうことになる。それを回避するような生き方を自ら考え実行できる力が，放射能汚染から暮らしを取り戻すレジリエンスである。

こうしたレジリエンスは，今に生み出されたわけではない。海洋民族であるマーシャル諸島の人々は，広範囲に渡って関係性を持っていたことが伝染病の症例記録とカヌーの航行記録によって明らかになっている。これまでも災害により別の島に移住することはあり，移動と定住を繰り返してきた。現在でも人々はいとも簡単に別の場所に移住し新たな生活を始める。危機的状況や機会を捉えて移住し，自らのニッチを構築してきた。ロンゲラップの人々は，一見すると「かわいそうな被ばく者」に見えるかもしれないが，被ばく後，実はしたたかにニッチを構築し続けてきたとも言える。

福島の原発災害の構造を見てみよう。福島原発事故の災厄は，実は，原発事故に起因するのではない。本章の5節でも述べたように，地元の暮らしが補助金へ一元

的に依存してしまう構造が，事故ではなく，原発を受け入れた段階で始まっている。つまり，原発による災厄からの「復興」は，原発依存からの脱却が中心的な問題であり課題なのである。この課題をいかに乗り越えるのか。本章では，被害者であることを認識しつつ，新たな暮らしの糧を探す試みを紹介した。

　原発であれ核実験であれ，放射能汚染被害は，自然災害には求められない「力」が被害者に必要とされる。それは自身の「被害性」に対する認識と，被害を受けなかった他の社会や後世の人たちと共に，その「被害性」を共有しようとする意思と行動である。それがないままに表面的に復興することは，再び同じ被害を生み出す危険性を残してしまう。

　いま，人の認識を用いずに自動で敵を攻撃するAI兵器や，地上レーダーに探知されにくい，極超音速で飛ぶミサイルの開発・導入が進められている。核兵器が廃絶されても，それを上回る兵器は確実に開発され続けるのだろう。被害性の「認識」と「共有」は，被害を生み出す構造を捉える上で重要である。被害者のレジリエンスとは，自分たちの被害を乗り越えるだけではなく，同様の被害を他者が受けないような社会を構築する力である。

第 18 章

「想定外」という落とし穴

レジリエンスを阻むもの

鈴木康弘

災害地理学・変動地形学の立場から，国内およびアジア諸地域の活断層について共同調査を進める中で，持続可能な社会づくりを研究。現在，名古屋大学減災連携研究センター教授

　20世紀末以降，日本では自然災害の脅威が増している。都市の近代化に伴って災害リスクが軽減しているかに見えたが，1995年には約半世紀ぶりの直下型地震による阪神・淡路大震災が発生し，低頻度の大規模災害に対する備えの不備があからさまになった。「安全神話の崩壊」と言われ，防災に対するパラダイム変換が求められた。また21世紀初頭にも数年おきに地震が繰りかえし，そのたびに様々な問題が露呈したが，防災体制の抜本的な改善ができないまま，2011年の東日本大震災を迎えてしまった。1995年以降，原発の耐震性が見直され，対策の必要性が認識されていたにもかかわらず，福島第一原発事故を防ぐことはできなかった。

　繰りかえされる災害のたびに対策強化が図られてきたように見えるが，果たして日本の災害レジリエンスは向上しているだろうか。2016年の熊本地震は，95年以降に日本政府が活断層の問題に向き合うようになって初めて起きた活断層地震であり，20年間の取組の成否が試された。また2020年以降のコロナ禍においても社会レジリエンスの低下が露呈している。レジリエンスの課題は山積しているが，ここでは「想

定」に焦点を当てて，レジリエンスとの関係について検討する。

1　「レジリエンス」の再確認

　レジリエンスは一般的な用語であるが，1970年代以降心理学や社会生態学において，ダメージを受けた後の「しなやかな回復力」（という専門用語）として注目を集めた。レジリエンス・アライアンスは1999年に，レジリエンスの概念を，Latitude（許容度，回復力），Resistance（抵抗度），Precariousness（危険度，現状の危うさ），Panarchy（別のシステムの影響度）の4つの概念で説明した［香坂編 2012］。防災においては，とかくResistanceが強調されるが，従来型防災からの脱皮という観点からは他の3要素が重視されるべきであり，それこそが東日本大震災から学ぶべき最大の教訓だったのではないか［鈴木・林 2015; Suzuki et al. 2016a］。

　そう考えると，レジリエンスを「強靱性」と訳すのは適切でない。日本語の強靱という単語にしなやかという語感は乏しい。藤井［2011］は，かつての「コンクリートより人へ」の政策が問題であったとし，「デフレ脱却とセットで」，「公共事業が日本を救う」，「『強さ』とは『しなやかさ』のことだ」と言うが，鈴木・林［2015］は，そもそも災害が大きくなるかもしれないという情報（「不都合な真実」）を正視できず，事前に「想定」できない社会態勢が問題であるとした。また，安全は経済と相反することを覚悟した上で議論すべきで，「強さ」に依存しないことこそ「レジリエンス」の発想の原点であると考える。

　レジリエンスへの期待は，頑強に耐えることより外力に対して柳のように「適応する力」であり，「復元する力」である。柔よく剛を制す「柔靱性」，もしくは「柔軟性」が訳語としてふさわしい。もちろんレジスタンス（頑強性）を含むが，それのみが防災だった古い考えを改めようというのが阪神淡路大震災以降のパラダイム変換であり，その必要性を誰もが認めざるを得なくなるきっかけが東日本大震災の大惨事だったはずである。

　日本政府はナショナルレジリエンス（国家強靱化）計画において多様な取組を求めているが，実施段階における予算規模が示すとおり，その中心は依然としてハード対策である（令和3年度予算（国費）の総額44,036億に占める公共事業関係費は37,

591億円（85%））。レジリエンスを強靱化と訳し，その本質的意味を取り違えているのはおそらく日本だけであり，まずは本来の意味を再確認することが東日本大震災の教訓を活かす出発点である。

2 　レジリエンスと「想定外」

　「想定外」は災害レジリエンスを喪失させる最大の原因である。「想定」しなければ防災も減災もレジリエンスもない。高さ6mの砂丘を津波が越えることを「想定」しなかった仙台平野や，高さ15mの津波を考慮しなかった福島第一原発がその証左である（図1）。

　そもそも「想定」と「予測」とは異なる概念であり，その混同が問題を深刻にする。科学が行うのは「予測」であり，その結果を受けて対策を決めるために行政機関や開発事業者が「想定」を行う。東日本大震災を「予測できなかった」のではなく，「想定しなかった」のである［鈴木 2011, 2012］。それにも関わらず，震災直後，両者が混同され，東京電力や原子力安全・保安院が語った「想定外」という言葉は，マスコミによって「未曾有の人知を超えた天災」として報じられた。

図1　仙台平野の「想定外」の大津波（2011年3月11日 午後3時55分，宮城県名取市，共同通信社撮影）

地震の規模がM9になることは予測できなかったが，大津波が起きる可能性は予測されていた。平安時代の貞観時代（869年）に東北を襲った大津波は古文書にも記され，その時の津波堆積物も確認されていた。また400年前にも内陸7kmまで入り込んだとされる大津波もあった。政府の地震本部は2011年3月末には大津波説を公表しようと準備して

いた。

　過去の大津波は2000年頃から注目され，地震本部の重点的な調査対象にもなり，盛んに調査された。またマスコミ報道もかなりの数に上った。しかし，大津波が起きたら仙台や福島は大変なことになると思えば思うほどに，逆に対策を進めにくくなった。不都合な真実（かもしれないこと）を正視できず，その可能性を否定したいという心理が働いた［添田 2014］。地震発生の半年後から多くのマスコミが報道したとおり，東京電力は15.7mの高さの津波を2008年の時点で計算していたが，対策を講じなかった。内閣府の中央防災会議も大津波を予測する科学的根拠を確認した上で，対策上は想定する必要は無いという結論を下してしまっていた［島崎 2011］。こうした判断責任の所在が問われることになった。

　「予測」は科学者に説明責任が求められ，「想定」は行政や事業者に判断責任が委ねられるべきである。しかし実際は責任の所在が曖昧にされ，科学の不確実性に全ての責任が押しやられることもあり得る［鈴木 2013］。こうしたことを繰りかえさないためにも，「予測」と「想定」の混同は避けなければならない。

　「予測」と「想定」の混同は未だに続いている。とくに地震学者は「想定」という言葉を使う必要はない。あくまで科学的な情報のため，「予測」「推定」「推測」という用語でのみ語るべきである。「想定」とは，それをするかしないかの判断や意思を伴う用語であり，科学者が「想定」と言ってしまうことで責任が曖昧になり，防災を進める上で大きな支障になる。

3　原発と活断層

　原発の耐震設計は震源の想定から始まる。活断層はプレート境界と並んで大規模地震の震源である。そのためその存在を正しく認定して，地震の震源として想定すべきであることは，原発建設がスタートした1950年代から自明であり，1978年に制定された耐震設計審査指針にも明記されていた。

　しかしながら活断層の認定に問題があり，見落とされたまま原発が建設された事例がかなりあることが2002年頃から徐々に明らかになってきた［鈴木ほか 2008; 中田 2011］。

2004年以降，活断層地震が連続的に起きるようになったが，その度に，活断層認定が問題になった。2004年新潟県中越地震は六日町盆地の西縁の活断層が起こしたが，その認定が国土地理院による活断層図（2003年刊行）以前には十分行われていなかったため，活断層がない地域でなぜ地震が起きたかという誤った議論を招いた［渡辺ほか 2005; 鈴木・渡辺 2006］。2007年の能登半島地震においては，沿岸海域に活断層が見つかっていたものの，短い断層であり大地震にはつながらないとされ，原子力安全・保安院や原子力委員会の審査でも事業者側の判断が追認されていた。しかし実際には長さは約20kmであり，M6.9の地震発生につながり，志賀原発は想定外の震動に見舞われた。さらにその後の調査で，他にも沿岸部に未発見の海底活断層があるとされたが，その認定は遅れている［渡辺ほか 2015］。2007年中越沖地震においても，柏崎刈羽原発の沖合海底に少なくとも長さ35kmの海底活断層があり，海底探査の記録にはその証拠が示されていたにもかかわらず，原発設置審査において見逃されていた［石橋 2009; 渡辺ほか 2010］。

　東日本大震災は断層層型とは異なるプレート境界型地震による災害であったが，震源断層像を正しく想定できていなかったという意味で，活断層の問題と同根である。東日本大震災を検証するために設置された国会事故調査委員会は，従来の原発行政を「規制の虜」と酷評した［東京電力福島原子力発電所事故調査委員会 2012］。耐震審査指針などを定めておきながらそれを遵守しなかったことが糾弾された。そして事業推進の経産省とは切り離して中立性を確保するため，2012年9月に環境省の外局として原子力規制委員会ならびにその運営を担う規制庁が発足した。発足直後から，それまで原子力安全・保安院が行っていた原発敷地内の破砕帯調査が引き継がれた。これは2011年以来，あちこちの原発において敷地内に活断層が見落とされている可能性を保安院が指摘していたため，再稼働に向けた審査を開始する前に決着させる必要があったからである。2012年11月以降の調査により，2006年に改訂された耐震安全審査指針に照らして，震源として考慮すべき断層（活断層）が少なくとも敦賀原発や東通原発などの敷地内に存在することが明らかになった（図2）。

　かつての原発建設の際には，最初に立地審査が行われ，その次に耐震審査が行われた。活断層調査は耐震審査の際にしか行われなかったため，立地を決める際には活断層が考慮されない。立地が決まった後で行われる調査において，敷地に近い場所の活断層認定が消極的なものになった可能性がある。また，活断層は活動間隔が長いため，原発の耐用期間内にはまず地震を起こさないという考えがあり，これも

図2　敦賀原子力発電所(原子力規制委員会は, D-1破砕帯が「耐震設計上考慮する活断層」だと判断した。2013年5月15日, 共同通信社撮影)

活断層を重視しない風潮につながった。さらに活断層調査は結果のシロクロがつきにくいため, 「疑わしきは罰せず」では過小評価が起きやすかった。

　2013年には原子力規制委員会による新たな規制基準が制定された。活断層について言えば, その内容はほぼ従来の耐震審査指針を踏襲した内容であるが, 規制基準は省令のため強制力が高く, 運用が厳格になった。今後の審査は立地も耐震も安全審査として一本化され, 低確率でも対策を義務づけている。リスクを見落とした場合の代償は大きいため, 「否定できないリスクは考慮せよ」となった。さらに多重防御の考えを取り入れ「想定外」を回避するための取り組みを強化した。

　その後, 原子力規制委員会は, 原子炉直下に活断層の疑いのある原発について再稼働を認めていない。しかし廃炉を命じることもなく, 事業者に判断を委ねているため, 依然として使用済み核燃料が置かれ続けている。こうした状況を招いた国の

責任も議論されていない。このままの状況で原子炉直下の活断層が活動したらどのような被害が生じるか「想定」されていない。

4 ハザードマップは「想定外」回避に有効か

近年，防災・減災の戦略においてハザードマップが重視されている。ハザードマップは地点ごとの災害予測情報を伝えるものであるため，この方向性は高く評価される［鈴木編 2015］。

ハザードマップは1950年代の地理学の研究成果が元祖と言われる。「濃尾平野水害地形分類図」［大矢 1957］が1959年の伊勢湾台風の高潮災害を予測したことでその有効性が確認された。

1995年阪神・淡路大震災以降，政府に地震調査研究推進本部が設置され，そこで地震の長期予測が行われ，地震動予測地図が作成・公開された。また国土地理院は活断層の詳細な分布図を作成・公開するようになった。土砂災害については1999年広島豪雨，洪水については2000年東海豪雨，火山については2000年の富士山低周波地震などをきっかけに，それぞれハザードマップの作成が始まった。そして情報公開の原則化が拍車をかけた。

2020年，ハザードマップの重視の動きは一層進んだ。内閣府はハザードマップを災害時の避難の要否判断の基準とすることを定め，国会はリスクの高い場所を市街化区域にしないことを決め，不動産売買の際の重要説明事項とした。

しかし，現状のハザードマップの整備状況は不完全である。また，洪水や津波等のコンピュータ・シミュレーションに基づくハザードマップは，想定レベルの違いによって様々なものが混在している。こうした状況はハザードマップを鵜呑みにした対策の危うさにつながるため，早急にハザードマップの質を点検し，市民に適切な助言を与えられる体制の整備が求められる［鈴木 2020］。

日本人は判断を他人任せにし，コンピュータやAIなどの出す結果に期待しすぎる傾向があることは大きな懸念材料である。またハザードマップの完成度が未だ低いことを念頭に置かずに，その利用が義務づけられるなど，ひとつひとつの足場が危うい。予算化して行った事業は間違いがないという前提であり，縦割りの相互不干

渉にも問題がある。こうした体制が招く行政の無謬性は新たな「想定外」に通じかねない。このままではうまくいかないと思っても問題を指摘しないという状況は，想定外の温床になりかねない。こうした状況では，東日本大震災の教訓が活かされていると言えるのだろうか？

5　熊本地震の問題

　2016年熊本地震は1995年阪神淡路大震災から21年目に起きた活断層大地震であり，それまでの活断層地震対策の成否が問われた。政府の地震本部は，この地震の震源となった布田川断層について，近い将来の地震発生確率が「やや高い」としていた。また，国土地理院はその位置を2万5000分の1の詳細な地図に示していた。そのため，住民の多くは活断層の存在を知っていた。活断層地震が起こる度に住民にとって「寝耳に水」の災害を繰りかえしてきたが，この地震はそうではなかった（図3）。

　しかし「想定外」でなかったとは言いがたい。つまり地元に布田川断層という活断層があり，地震を起こすかもしれないということを多くの住民（私たちが2018年に行った益城町の住民アンケート調査結果によれば52％）が知っていたが，大半の住民は「起こらないと思っていた」（同63％）と回答し，事前に何らかの備えをした人は少なかった（同24％，［竹内ほか2020]）。これは活断層情報が伝えられる際，一般に，「活断層が地震を起こすことは滅多にない」と付け加えられるためであろう。「確率は低いけれども地震は起こる」と言うべきである。このことは今後のリスクコミュニケーションや防災教

図3　熊本地震直後の益城町（遠方の歩行者付近に道路を横断する地震断層が出現。2016年5月3日撮影）

育にとって重要な点である。

　政府は，活断層予測情報が出されていたにもかかわらず住民への周知が足らなかったと言っているようだが，情報の質的な見直しがなされるべきである。また，予測情報自体に曖昧さが大きく，「確率がやや高い」とは言うものの，実際の今後30年間の地震発生確率は「ほぼゼロから0.9％」とされていて，正確に言えば，「もしも予測幅の上限であれば」という但し書きがつく。すなわち「もしかしたらやや高いかもしれない」としか言えていなかった。これでは，予測情報の内容を詳しく知れば知るほど懐疑的にならざるを得ない。予測がこれほど曖昧だった理由は調査不足に起因しているため，調査観測計画自体が不十分だったとも言える。

　さらに熊本地震においては，益城町の市街地における建物被害は地震断層沿いに集中していた。Suzuki et al. [2016b] によれば，全壊家屋の90％は地表地震断層から100m以内に集中し，阪神淡路大震災と同様な「震災の帯」が形成された。さらにその100m以内において，建物被害率は断層に近づけば近づくほど上昇した。こうした特異な現象は従来の強震動計算手法では再現できないため，別のメカニズムを考慮する必要がある。「震災の帯」においては最新の耐震基準の建物にも大きな被害が出ているため，地震断層近傍においては通常のレベル以上の耐震化が必要である。しかしそうした注意喚起が積極的になされることはない。国交省は，地震断層の直上ですら，3階建て以下の低層建物なら建てても問題ないというレポート［国土交通省都市局2017］を公表している。

　1995年以来，日本の地震防災は「日本中どこでも強い揺れが起こりえる」ことを前提にしてきた。それは阪神淡路大震災の前に「関西に地震は来ない」といった誤解があったことへの反省でもあった。しかしこの場合の「強い揺れ」とは概ね震度6弱までのことであり，震度6強や7はどこでも起こるわけではない。これからは「震災の帯」が起こりかねない場所を特定して，それを周知することで「想定外」を回避して，レジリエンスを発揮した備え方を指導するという，第2フェーズの地震対策が必要である［鈴木ほか2016］。

6 「想定外」回避の鍵を握る防災教育

　「想定外」を回避できない最大の理由は，不都合な予測結果の公表を渋る社会的な風潮にある。問題が深刻であればあるほど不都合であり，忖度が働きかねない。こうした状況を変えるには次世代の教育に期待するしかないのかもしれない。

　近年，防災教育の充実が段階的に図られ，2012年以降に小学校や中学校において「生きる力」を育む教育が重視されてきた。そしてその集大成として，2022年から高等学校の「地理総合」が必修化され，防災教育が柱のひとつになる。自然災害のメカニズムや防災対策の知識を単に与えることが目的ではなく，そうした基礎的知識やGISのスキルに基づいて，生徒自ら，持続可能な社会づくりに向けた社会のあり方を実践的に学ぶことになる。多くの若者が防災の基礎を最低限の知識としてもち，しがらみのない純粋な考えによって社会のあり方を構想できるようになれば，本当に「想定外」を回避できるようになるかもしれない［鈴木 2021］。

　しかし，「地理総合」の実施においては課題が多い。日本学術会議は2017年と2020年の2度にわたって提言を発している。その最大のポイントはこの科目を教師が教えられるようになるため，「持続可能な社会づくりに向けた解決すべき課題の明確化」を社会に対して求めている点にある。第一に，SDGsのうち地理教育が貢献すべき課題を見極める必要があること，第二に，課題解決の方法論を地球規模および地域規模の両面から明らかにすべきこと，第三に，「解決する力」とは何かを具体的に明らかにする必要があること，を指摘している［日本学術会議 2017; 鈴木 2018, 2019］。

　防災について言えば，災害を具体的に「想定」して，その解決策を見極めることが必要であり，簡単に答えの出る問題ではないが，少なくとも社会的な議論が活発に行われる気運がなければ，教育現場に戸惑いが生じる。災害軽減という目標は一般論としてわかりやすいが，その具体的な道筋は明確になっているだろうか。

　問題解決は容易ではなく，2007年の学術会議の答申は，「短期的な経済効率重視からのパラダイムの変換」を求めている［日本学術会議 2007］。地球温暖化対策と同様に，社会的な利害が絡む場合もある。短期的な経済効率を追求する現状の社会構造が，持続可能性のために採るべき対策を肯定しない場合もあり得る。こうした問題に地理教育はどのように取り組めば良いのか。課題解決のために必要な社会変革の方向性を含めて見極める努力を続けなければならないだろう。これは総合的に防災

第
18
章

「想定外」という落とし穴

を構想することであり，まさにレジリエンスの課題である［Suzuki 2020］。

7　「想定」と「予測」——それぞれの責任

　本章は，災害レジリエンスの根幹として「想定」の問題を取り上げた。想定しなければ防災も減災もないため，災害にしなやかに備えるために「想定」は根本的に重要なことは論を俟たない。また，万が一災害が起きた際，予め想定されていれば，その想定と比較することで冷静な対応が叶う。また心理的にも事実を受け止めやすく，回復も早くなることが期待できよう。

　本章はまた，「想定」について議論する際，「予測」と峻別することが重要であることを述べた。科学的な予測を，対策上の想定にどのようにつなげるかを，責任を明確にして考えなければならない。不都合な予測情報を正視せずに対策しなかった場合の責任は行政にある。一方で，予測情報の説明責任は科学者にある。わかったことだけを言い，どの程度の不確実さを持っているかについて科学者は十分に説明しないことも多い。不確実さの説明は必ずしも容易ではなく，論文だけでは伝えきれないため，リスクコミュニケーションに科学者が参加することは必須であるが，研究業績になりにくいため，また，特定の事業者等から批判されることを恐れて，こうした問題には関わりたくないという研究者が増えている。

　予測の不確実さは，対策しない口実に使われることもある。例えば，震度6強や震度7の発生は限定的であり，そこでは通常の耐震基準では建物被害を免れないため追加対策が必要になることは明らかであるが，対策の必要性を主張すると，場所を正確に特定できないことを理由に反対される。これは不確実性を理由に「想定しない」一例であり，科学的な限界が政治的判断に利用される場合すらある。

　万が一，福島第一原発のように想定不十分で事故を起こしたら，「予測可能性」と「回避可能性」が裁判で問われることになる。レジリエンスにおける「予測」の重要性は既に述べたとおりであるが，「回避」もまたレジリエンスの有効な手段のひとつである。結局のところ，レジリエンスが有効に機能していたかどうかが最終的に問われると言っても過言ではない。災害レジリエンスは決してハード対策ではなく，こうした備えの哲学である。

研究ノート

鈴木康弘

モンゴルにおける国際防災協力の取組

　防災における「想定」の重要性は，日本の経験として国際的にも発信する必要がある。私が所属する名古屋大学は，2002年に学内および地域防災を推進する災害対策室，2010年に減災連携研究センターを設置して，市民・行政・企業等と一緒に20年近く地域防災に取り組んできた。その試行錯誤の経験を風土の異なる諸外国へ伝えることで国際防災に貢献するとともに，海外から地域防災の本質を学ぼうという試みを始めた。

　2016年，名古屋大学はモンゴル国立大学内にレジリエンス共同研究センターを立ち上げた。モンゴルではまだ一般的ではない様々なステークホルダーが参加する超学際的（transdisciplinary）な研究を開始した。モンゴル科学アカデミー，環境・観光省，非常事態庁などが参加して，普及啓発活動のほか，専門的な人材育成にも取り組んだ [Suzuki et al. 2019]。

　2017年からはレジリエンス共同研究センターをベースに，JICA草の根技術協力事業「モンゴル・ホブド県における地球環境変動に伴う大規模自然災害への防災啓発プロジェクト」を開始した。このプロジェクトは名古屋大学と放送大学，モンゴル側では非常事態庁とモンゴル国立大学が実施主体となり，科学アカデミー，ホブド県，ホブド大学も協力した。プロジェクトの趣旨は，モンゴルの地方社会が，地球温暖化に伴う自然災害や低頻度の大地震といったものへ，どのように取り組んだら良いかを市民と一緒に考えようというものである（Phase III・第13章で紹介）。

　そのまま放置すれば「想定外」を招いてしまうような災害に対して，防災意識をどのように持つことが最適か，その答えを出すことは難しいが，確実に言えることは，地域特性や住民気質を活かした市民の主体性と，最新の科学的知見を組み合わせることからしか見えてこないということであろう。そのため，①身近な防災を考える市民主導のワークショップ，②子供達と一緒に行う防災カルタづくり，③地理学的・人類学的な現地調査をベースにした

ウランバートル市郊外の活断層トレンチ発掘調査。（ドローンによる：撮影／稲村哲也）

ハザード・マップ作成，④モンゴル人研究者による地球環境変動や自然災害に関する解説を収録した放送コンテンツ作成，を同時に進めている。その中で思うことは，モンゴル人と日本人のレジリエンスの違いであり，そこに防災のヒントがありそうである（第13章）。

　もうひとつの深刻な問題は，首都ウランバートルの地震対策である。近年，ウランバートルでは有感地震が１年に数回起こり，地震災害への不安が高まっている。モンゴルは大陸の奥地にあるため地殻変動上安定と誤解されがちだが，実際には変動帯に位置する。20世紀前半には３回もＭ８クラスの地震がモンゴル西部で起きている。いずれも活断層型の地震である。ウランバートル近郊では大地震の記録はないが，近年，活断層がいくつも存在することが報告され始めた。その代表例は私たちが2018年に発見した長さ30kmにおよぶウランバートル断層である［Suzuki et al. 2020］。この調査にも非常事態庁，モンゴル国立大学，科学アカデミーとの共同研究体制が有効に活かされた。2010年以降にJICAが実施した建物の耐震性に関する調査結果も考慮して，首都の地震防災体制をどのように強化するかという検討が新たにスタートしている。

第19章

COVID−19災害を乗り越える

リスクコミュニケーションによる共考と共生

奈良由美子

日常生活におけるリスクマネジメント, リスクコミュ
ニケーションを研究。COVID-19パンデミックにあ
たっては各種対策組織で専門家として活動。現
在, 放送大学教授

　わたしたちの社会は変化を続けている。その変化は新しい災害を次々に生み出し
てきた。狩猟採集社会での危機は飢餓であり, 飢餓を乗り越えるために農耕が始ま
ったが, 定住化を前提とする農耕社会ではその地の恵みとともに当該地域の環境由
来の自然災害も引き受けることとなった。家畜を扱い, 集団生活を営むなかでは感
染症の流行にも脅かされるようになった (Phase II・第6章, 第7章)。工業社会では,
科学技術によってそれまで存在していなかったあらたな危機としてCBRNE災害
(chemical化学剤, biological生物剤, radiological放射性物質, nuclear核, explosive爆発剤によ
る災害) がもたらされた。そして情報社会ではサイバー攻撃という脅威におびえるこ
ととなる。

　21世紀の現代に生きるわたしたちは, 飢餓や自然災害を含めてこれらの災害のど
れも未だに解決できてはいない。わたしたちは同時にさまざまな災害のリスクにさ
らされながら生きている。しかも, 今後さらに新しい思いもよらなかったような災
害が起こるかもしれない。

災害分野におけるレジリエンス概念の登場の背景にはこうした災害の多様化がある。ひとつのハザードにだけ対応していればよいということはなく，また，どんなに備えていても備えきれないという経験を重ねるなかで，PDCA（計画・実行・評価・改善）サイクルに即したリスクマネジメントを内包しつつ災害発生前と後の両局面を射程に入れた総合的な災害対策が模索されるようになったのである。

本章では，人間が自然環境にますます踏み込み，またグローバル化の進展が著しい現代における災害としてのCOVID–19パンデミックをとりあげ，レジリエンスを考える。結論を先取りして述べると，そうした現代における災害を乗り越える過程にあって，かつてわたしたちの祖先が獲得した共感力（Phase I・第1章。「相手の置かれている立場や相手の気持ちに共感する力」）の意義がいっそう高まっている。

1　災害としてのCOVID–19パンデミック

まず災害の定義をおさえておきたい。災害とは，「地震，噴火，洪水などさまざまな災害因による，社会とその成員に対する破壊と剥奪と喪失のプロセス」のことを言う [広瀬 1996]。また国連防災機関は，災害（disaster）を「危険事象（hazardous events）が曝露，脆弱性，能力の条件と相互作用することにより，コミュニティや社会の機能があらゆる規模で深刻に破壊され，人的，物的，経済的，環境的な損失や影響のうちの1つ以上をもたらすこと」と定義している [UNISDR 2009; UNDRR 2020]。

国連防災機関によれば，ハザード（hazard）は，生命の損失，負傷その他の健康への影響，財産の損傷，社会的・経済的混乱，または環境悪化を引き起こす可能性のあるプロセス，現象，または人間の活動のことであり，ハザードには，環境的，地質学的・地球物理学的，水文気象学的，生物学的，技術的なプロセスと現象が含まれる。

このうち環境ハザードには，土壌劣化，森林破壊，生物多様性の喪失，塩害，海面上昇などが，地質学的・地球物理学的ハザードには，地震，火山活動とその放出，地表の崩壊などがある。水文気象学的ハザードは，大気，水文，海洋に起因するハザードであり，台風，洪水，干ばつなどがある。技術的ハザードは，技術的または工業的条件，危険な手順，インフラの故障，または特定の人間の活動に起因してお

り，例えば，産業汚染，核放射線，有毒廃棄物，ダムの決壊，輸送事故，工場の爆発，火災，化学物質の流出などがあげられる。

そして生物学的ハザードとは，病原性微生物，毒素，生理活性物質など，有機的な起源を持つ，あるいは生物学的な媒介物によってもたらされるもので，例えば，ウイルス，寄生虫，病気の原因となる物質を持つ蚊などがあげられる。つまり感染症パンデミックは災害であり，このことは仙台防災枠組2015-2030［UNDRR 2015］でも明確に言及されている。

2　立ち上がる緊急社会システム

災害時にわたしたちは明らかに平常時とは異なる状況に身をおくことになる。地震などによる外力は，社会の成員である個人の生命や資産，社会を構成する建造物や社会基盤，また社会を構成する単位である組織に直接的な被害を与える。それらの被害は，家族やコミュニティ，企業や行政機関の解体や機能不全につながり，社会活動における二次的な被害をもたらす。

このような状況下でみられる，通常の社会過程とは異なる一時的な社会的適応過程のことを緊急社会システムという［野田 1997］。緊急社会システムでは，社会，国，コミュニティ，組織，個人には通常とは異なる対応が求められる。災害時の対応は，平常時に比べて顕著な不確定性の増大，緊急性の増大，自律性の低下（すなわち相互依存性の増大）のもとでなされるからである。

感染症パンデミックは，一気に音を立てながら物理的に破壊することはしないが，自然災害と同様に社会システム全体の破壊や活動フローの損壊をもたらし，生命と生活を脅かす。中国武漢市で感染者が顕在化した新型コロナウイルス感染症（COVID-19）の拡大は，2020年3月にWHOによりパンデミック（世界的流行）と表明された。2020年の冬，世界規模で緊急社会システムが立ち上がったのである。それはわたしたちにとって長い被災生活のはじまりでもあった。新型コロナウイルスは世界中で猛威を振るい続け，2021年9月24日現在での世界の感染者数はおよそ2億3000万人，死者数はおよそ473万人，日本でのそれらはおよそ169万人と1万7000人となった。

3 COVID-19パンデミックの災害特性と平常の得がたさ

本書巻頭のKey Concept 1で述べたとおり，災害分野におけるレジリエンスは「ハザードにさらされているシステム，コミュニティ，社会が，リスク管理を通じた本質的な基本構造と機能の維持・回復を含め，適切なタイミングかつ効率的な方法で，ハザードの影響に抵抗し（resist），吸収し（absorb），対応し（accommodate），適応し（adapt），転換し（transform），回復する（recover）能力」のことである。また本章では，危機や逆境に対して適応，回復，転換する能力や特性およびその過程や現象としてもレジリエンスをとらえている。

COVID-19パンデミックにより創発された緊急社会システムは，災害への抵抗・吸収・対応・適応・回復・転換過程の総体であり，レジリエンスの主体となる。もっとも大きいグローバルなレベルで緊急社会システムをとらえた場合，そのサブシステムである国，コミュニティ，組織，個人もまた，それぞれがレジリエンスの主体としてCOVID-19パンデミックに抵抗し，吸収し，対応し，適応し，回復し，転換して，新たな平衡（平常）を得ていくこととなる。

本章の原稿を執筆中の2021年11月，いまだCOVID-19パンデミックは収束していない。少なくとも現時点ではわたしたちの緊急社会システムは新たな平衡（平常）に移行する途中にある。そのプロセスは長くそして険しい。

その長さと険しさは，そもそもCOVID-19が新興感染症であることによる。今でこそ，この感染症がインフルエンザのように飛沫・接触により感染伝播すること，ノロウイルスのようにヒトへの感染力が強いこと，病原性（重篤度）が高いこと，潜伏期間中においてもヒトへの感染性があること等が分かってきている。しかし初期においては臨床像やウイルスの特性も有効な対処方法についてもよく分からなった。高い不確実性を抱えるこの危機への対応は困難の連続であった。

また，COVID-19パンデミックには，システムが新たな平衡（平常）に至るプロセスの推移のしかたにも大きな特徴が見られる。自然災害は線形，いっぽう感染症災害はらせん状なのである［Fakhruddinら 2020］。例えば地震や洪水といった自然災害は，基本的に限られた期間内に生じる1回限りの事象であるのに対し，COVID-19等のパンデミックでは，長期にわたりいくつもの波が押し寄せる。リスク低減のた

めの「災害に対する準備－対応－復旧－緩和（将来の災害への準備）」の段階移行は，自然災害においては直線的であるため，どのような過程で収束していくかが見えやすく目途がつけやすい。しかしパンデミックの場合にはこのサイクルが何度も何度も繰り返される。いったいいつになったらこの危機が終わるのかが見えづらく，健康医療のみならず，経済，教育等さまざまな分野にも大きな不確実性を伴いながら影響を及ぼしていく。

　つまりCOVID-19は典型的なシステミック・リスクでもある。単独のリスクとして捉えその因果関係と管理方策を検討するだけでは不十分であり，COVID-19以外の疾病のリスク，そのほかの社会，経済，倫理，政治的な要因・影響までを含めた包括的な観点からの分析と，医療界，産業界，学界，市民社会，政府にまたがる包括的なガバナンスが求められる。

4　COVID-19をめぐる　　リスクコミュニケーションの難しさ

　危機を乗り越える過程ではリスクコミュニケーションが行われる。災害レジリエンスにおいて，例えばわが国の国土強靱化計画では，ハード対策に加えてリスクコミュニケーションの強化が重視されている。また，コロナ対応にあってもリスクコミュニケーションの重要性はすでに様々に指摘されている。世界保健機関（WHO），米国疾病予防管理センター（Centers for Disease Control and Prevention: CDC）等がガイドラインを設け実践コンテンツの提供を行う等，国内外において様々な機関がCOVID-19に関するリスクコミュニケーションを実践している。リスクコミュニケーションとは，個人，機関，集団間で情報や意見のやりとり（相互作用プロセス）を通じて，リスク情報とその見方の共有を目指す活動のことである。

　COVID-19拡大以降，私は，コロナ対策の現場においてリスクコミュニケーションに携わってきた（新型コロナウイルス感染症対策分科会歓楽街対策ワーキンググループ・リスクコミュニケーションチーム，東京iCDC専門家ボードリスクコミュニケーションチームなど）。これまでの取組から，以下のようにCOVID-19の特性ゆえのリスクコミュニケーションの難しさを痛感している［奈良 2021b］。

感染症の流行は，クライシスのフェーズから始まり，状況の特性を目まぐるしく変えながら推移する。その時々の特性をつかみながら，情報受発信の効果的なタイミングや内容を慎重に見極めるとともに，コンセンサスコミュニケーション（ワクチン接種の優先順位や自己決定権，ワクチン接種証明書活用の是非，私権制限に関する議論等）も同時進行で行わなければならない。

　また，COVID-19のリスクコミュニケーションは，突如発生して社会に大きなインパクトを与えるエマージング・リスクを扱うこととなる。科学的にまだ解明されていないことも多く，作動中の科学（science in making）のなかにある。いっぽうで，感染者は増え続けていくなかで，エビデンスを待っていられない，今答えを出さなければならない問題が目の前にある。そういった状況において，迅速で正確かつ平易な表現でのメッセージを一貫性をもって発信しなければならない。

　さらに，リスクに関する教育・啓発，行動変容の喚起から，リスク評価・管理機関等に対する信頼の醸成，問題発見と課題構築および論点の可視化，意思決定・合意形成・問題解決に向けたコミュニケーションまで，COVID-19に関するリスクコミュニケーションの目的は多様で複合的となる。

　なにより，パンデミックにおいてはあらゆる立場のひとびとが感染リスクにさらされる客体であり，同時に感染リスクを低減する主体となる。つまりあらゆる層がリスクコミュニケーションの関与者となり，いかにすればあらゆる層に情報が届くか，多様な層の声をひろえるか，情報弱者への対応も含めて，メディアの選択や対話の場の設定の工夫が必要となる。

　COVID-19に係るリスクコミュニケーションでは行動変容を呼びかけるメッセージの発信が欠かせない。ひとの行動が災害の再拡大・収束の大きな変数となるためである。このとき，「なぜ」その感染防止策が必要なのか，どう有効なのかの理由の提示が必要となる。それなしには，情報の受け手は納得ができず，状況の理解や行動の変容には結びつきにくい。加えて，リスク評価機関およびリスク管理機関には，市民をはじめとする情報の受け手がCOVID-19をどのようにとらえているか，どのような感染防止策を行っているか（行っていないか），そしてそれは「なぜ」かを理解することが求められる。その理由を理解しようともせず，ただ一方的に行動変容を求める情報発信を繰り返しても，効果がないばかりか疑問，反発，不安，不満，不信を招くことすらある。

　また，COVID-19をめぐっては，患者さらには医療従事者やその家族に対して偏

見や差別の目が向けられた。歓楽街が感染拡大の原因をつくったと名指しされ，メディア報道とも相まって，偏見・差別，風評被害，社会的分断が引き起こされ，感染防止への意欲や行政への信頼を失った事例もあった。これらは，結果的には円滑な治療や感染対策を阻害することにつながる。感染症のリスクコミュニケーションにおいては，このような問題にも注意を払う必要がある。

5　COVID−19パンデミックにおける共感の現代的意義

　COVID−19パンデミックに見舞われたわたしたちの社会システムが新たな平衡を取り戻すまでのプロセスは，困難の連続である。しかし，分かってきたことや解決できたことも多い。有効な感染防止策，またワクチンや治療薬も手にしつつある。加えてここでは，この危機を乗り越えるうえでのさらに本質的な部分について考えたい。それが共感である。

　Phase I・第 1 章で述べたように，ヒトが危機を乗り越えるなかで獲得した共感する能力は人間の根源的レジリエンスであり，レジリエンスの本質である。「危機とレジリエンスは永遠のスパイラルであり，それが現代にまで続いている」と藤井［2018］も述べている。初期の人類が獲得した共感力は次なる危機や逆境を乗り越え，リスクを低減していくうえでの必須の力として今も重視されている。

　新型コロナウイルス感染症（COVID−19）パンデミックという危機にあって，これを乗り越える過程でも共感が重要な役割を果たしていることがさまざまな研究から明らかになってきている。例えば，マクリデスらは，米国の2700以上の郡のデータをもとに，感染拡大の程度とソーシャル・キャピタルとの関連について分析した。その結果，ソーシャル・キャピタルが高まることで，累積感染者数と死亡者数がそれぞれ減少し，ウイルス拡散がおさえられていることが確認された。この結果について，ソーシャル・キャピタルが信頼関係や互酬性を構成要素とする，コミュニティ内での個人の他者への関心と共感が反映されたものであり，それらの高さが，より衛生的な習慣や社会的な距離をとることにつながったと説明されている［Makridis and Wu 2021］。

　また，グループら［Groep et al. 2020］によるオランダの青少年を対象とした研究で

は，長引くステイホーム期間中にいったん共感性が下がるものの（共感は目の前にいる相手に対して生じやすいが，ステイホームによりそうした状況が激減したため），時間経過とともに次第に共感性のレベルが元に戻り，コロナ対策関連の寄付など対社会的行動を始めるようになったことが報告されている。共感する力そのものがしなやかに回復すること，その力が課題解決に資する利他的思考と行動に結びつくことが明らかにされた。

6　リスクコミュニケーションにおける共感

　共感する力や特性は，リスクコミュニケーションをうまく機能させるうえでも必須の力となる。これを明記したものとして，例えば，安全・安心科学技術及び社会連携委員会［文部科学省 2014］が策定した「リスクコミュニケーションの推進方策」がある。この推進方策では，東日本大震災の教訓もふまえ，各ステークホルダーが互いの立場や見解を理解できる「共感を生むコミュニケーション」に重きがおかれている。

　共感はCOVID-19のパンデミックを乗り越える過程でのコミュニケーションにおいても重要視されている。感染症対策では，年単位の長期にわたり人々の行動変容を必要とするが，流行が長引くなかでは，いわゆるコロナ疲れ，コロナ慣れが生じる。人々に感染防止対策の持続を促すためにはどのようなリスクコミュニケーションを行えばよいか。これは，多くの組織や機関が抱える課題のひとつである。

　この課題については，長期にわたりブレのないリスクコミュニケーションを行うために，自分たちが行うリスクコミュニケーションの原則を明確にしておくことが必要となる。そのなかでも共感は常に重視されている。

　ひとつの例として，以下に，CDCによるクライシス・緊急事態リスクコミュニケーション（Crisis and Emergency Risk Communication: CERC）が掲げる 6 原則［CDC 2018］を示す。

　①最初であること（Be First）：危機は一刻を争う。情報を迅速に，最初に発信する。
　②正しくあること（Be Right）：正確な情報を発信する（情報が完全に揃っていない場

合，今どこまで分かっているか，更なる情報収集をどのように行っているかを言えばよい）。

③信用されること（Be Credible）：正直，誠実，透明性を貫く。

④共感を表すこと（Express Empathy）：人々の不安や懸念，困難に共感し，これを言葉で伝えることは信頼につながる。

⑤行動を促すこと（Promote Action）：人々に意味のある行動を提示し，不安を和らげ，秩序を回復し，コントロール感を促進する。

⑥敬意を示すこと（Show Respect）：人々が脆弱性を感じているとき，相手への敬意に満ちたコミュニケーションは，協力と信頼を促進する。

また，英国政府の非常時科学諮問委員会（Science Advisory Group in Emergencies: SAGE）は，感染防止対策に飽きてきた人々に行動維持を促す際のガイドとして7つのポイントを奨励している [SAGE 2020]。次に示す7つのポイントの基盤には，相手の立場や状況，心情に思いを至すことが一貫して関わっていることが分かる。

①行動を制限することに対して，よりリスクの少ないポジティブな代替案を提示・支援する。

②「人々はウイルス制御に努力している。その努力が感染拡大を抑え，公益をもたらしている」といったポジティブなフィードバックを行う。失敗への言及は努力の継続を阻害するので避ける。

③すべての人が感染対策をするうえで重要な役割を担っていることを強調する。特定のサブグループや行為を名指ししての非難は避ける。

④感染拡大を抑制するため，人々がそれぞれの環境を変え，新しい社会的習慣を形成することを促す。本人だけでなく周囲の人や属する集団，環境の再構築も必要である。

⑤人々がリスクのある行動をとってしまう状況や理由を理解し，受け入れ可能な解決策を一緒に考え，支援する。主体的で自律的な動機づけは行動変容の持続において効果的である。

⑥法令やルールを守るよう強調するのではなく，他の人がとっている感染予防行動とそれへの評価を具体的に示す。

⑦感染防止のためにそれぞれの集団や行動に応じて必要となる情報やアドバイスを，より集中的，実践的に提供する。

新興感染症では，その初期にはリスクの未知性や恐ろしさを強く認知するような恐怖喚起コミュニケーションが有効に作用する。しかし，トップダウンで一方向の情報発信の効果は，次第に限定的となっていく。相手はそれぞれの価値観と合理性を持って判断し行為する主体であるとの前提にたち，共感を基盤としたリスクコミュニケーションの原則を貫くことの意義は，長期にわたるパンデミックを乗り越える過程においていっそう重要となる。

7　災害レジリエンスの多様性

　COVID-19パンデミックは，共感の意義をわたしたちにあらためて示してくれる。それとともにレジリエンスの多様性のあり方を考えるきっかけにもなった。

　国レベルでみたとき，COVID-19パンデミックに対するレジリエンスの姿は多様と言える。例えば，最初から経済を優先してきたブラジル，「ゼロ・コロナ」を掲げ徹底して感染者をおさえこむやり方をとってきたニュージーランドや中国，自然免疫の獲得をめざしたスウェーデン，そして「ウイズ・コロナ」で経済と感染対策のバランスをとりながら収束を目指すアメリカやイギリスなど様々である。

　では個人という主体のレベルではどうだろうか。日本のように罰則を伴わない要請ベースの感染防止政策の中では，大人数での飲食や県境またぎの移動などの自粛は文字通り「自粛」であり，マスク着用や三密回避も決して強制ではない。ワクチン接種についても，感染症の緊急のまん延予防の観点から「接種を受けるよう努めなければならない」という予防接種法第9条の規定（努力義務）が適用されており，強制ではなく，本人が納得したうえで判断するものとなる。新型コロナのリスクとどうつき合うか，どのように乗りこえていくかはさまざまであってよい。しかし，実際には少なくとも日本においては大半の人がこういった対策を励行している。

　私は，2020年4月から現在まで新型コロナについての市民対話型ワークショップを重ねてきた。これは科学コミュニケーション研究所との協働で実践している取組みであり，その回数はおよそ30回である。

　そこではさまざまなことが語られるが，国や行政のコロナ対策をめぐって，市民から一貫して語られる言葉が三つある。それは，「ビジョン」，「エビデンス」，「サポ

ート」である。このうち「エビデンス」については，「緊急事態宣言の発令や解除の判断の根拠が分からない」，「飲食店の時短営業の根拠が分からない」，「調べてみると，基準があることが分かった」など評価できないという声と評価できるという声がある。また，「サポート」についても，「経済的な補償がほしい・足りない」，「補償してもらって助かった」，「情報提供の支援が足りない」，「あって良かった」と，両方の受け止めが見られる。「ビジョン」については，評価できるという受け止めはほとんど見られない。「どのようなポリシーでコロナ対策を行おうとしているのかが分からない」，「場当たり的に感じられる」，「見通しがつかない」といったような声ばかりである。

　これらの声の意味することは，自分たちが日本という全体がつくる緊急社会システムの一部であるという市民の認識であろう。全体の危機への対応・適応のプロセスと自分たちのそれとが無関係ではいられないこと，全体とのインタラクションのなかで自分たちのレジリエンスが実現されていくことを，市民は分かっている。だからこそ，全体のレジリエンスの姿を切に知りたがっている。

　本来システムが新たな平衡に至るやり方は主体によって多様でよいし，また何が望ましい平衡かも他から押しつけられるものではない。しかし，感染症パンデミックのように，被災が主体間で伝播し，影響が分野間で増幅する災害では，他の主体・レベルのやり方を考慮に入れざるを得ない。であるならば，自らのレジリエンスを実現するために，互いにそれぞれの志向するレジリエンスのありようを伝える必要がありはしないか。

8　乗りこえた先にどのような社会を作りたいのか
——レジリエンスについての対話

　いま必要なのは，レジリエンスについての対話だろう。おりしも，日本では新型コロナウイルス感染症対策分科会による「ワクチン・検査パッケージ」の活用の提言（「ワクチン接種が進む中で日常生活はどのように変わり得るのか？」2021年9月3日）をふまえ，政府が「ワクチン接種が進む中における日常生活回復に向けた考え方」（同年9月9日）を示したところである。この政策について担当大臣からは「国民的議

奈良由美子

研究ノート

災害レジリエンスの現場にローカル知あり

　自然災害は現代社会において依然深刻な脅威である。私のレジリエンス研究の原点も自然災害にあった。リスクマネジメント，リスクコミュニケーションを専門とする私が大学院生であった1995年，阪神・淡路大震災が発生した。災害社会学の指導教員とともに被災地に入りそこで見たものは，生活まるごとが一瞬で壊れるさま，そしてそこからしなやかに立ち直るひとびとの姿だった。様々な主体と関わりながら，ひとは困難を乗り越える力を多様なかたちで獲得しつつ，価値観をも転換させながら生活を立て直していく。それ以来，阪神・淡路大地震，四川大地震，東日本大震災等の被災地でのフィールドワークを通じて，災害によって生活システムがいかに解体するか，いかに再構築するのかについて研究を重ねてきた。

　フィールドにおいて当事者と協働してのアクションリサーチも行っている。東日本大震災では，甚大な被害を受けた宮城県亘理町のいちご農家のかたがたとともに，生業再生の支援ネットワークをつくる活動に取り組んだ。亘理町には「もういっこ」という優れた品種のいちごと生産技術があり，「いちご作りを次世代につなげたい」という強い思いもあった。被災地の外には「被災地支援をしたい」という思いと，そのための一定の資源があった。被災地内外のシーズとニーズとをインタビュー等により明らかにしたうえでマッチングし，いわゆる「いちご株券」発行のスキームを作り，新たな販路の拡大と基金の設立につなげた。

　また，Phase III・第13章とPhase IV・第18章でも紹介したモンゴルでの防災活動にも取り組んでいる（JICA草の根技術協力事業「モンゴル・ホブド県における地球環境変動に伴う大規模自然災害への防災啓発プロジェクト」）。このプロジェクトでは，地理学，文化人類学，リスクマネジメント学，国際協力論など様々な分野の研究者が学際的チームを組んで関わっており，第18章の著者である鈴木をプロジェクトリーダー，本書総編者の稲村をサブリーダーとし，

私もメンバーとして参加してい
る。そこでは，ハザードマップの
作成，防災カルタの作成，防災啓
発の映像コンテンツの制作など，
複数のサブプロジェクトが相互に
関連づけられながら同時並行で進
められている。

2011年3月　宮城県南三陸町志津川での調査。
後ろ姿が筆者。

　そのなかでは住民参画型防災の
しくみ作りの要件を明らかにしな
がら社会実装するアクションリサ
ーチが行われている。その際の作
業仮説の肝は，地域に防災の「リーダー」を付置することの有効性にある。
個別インタビュー，グループフォーカスインタビュー，住民を対象とした質
問紙調査等をふまえ，私たちは，コミュニティにおいてリーダーシップをも
つバグ長（地区長）とソーシャルワーカーをコアなステークホルダーとする
ワークショップを数回繰り返した。まず，彼らを「参加者」としての防災ワー
クショップ（自分たちの地域地図を見ながらハザードと対策とを共考するグルー
プワーク）を行った。ついで，今度は彼らが「ファシリテーター」となり，
住民を参加者とする大規模な防災ワークショップを実施した。参加した住民
らが作成したワークシートや事後評価からは，住民の自助・共助に対するわ
がこと意識が喚起されたことがうかがえた。住民とリーダーらが導出した提
案（水害リスクの大きい箇所での堤防強化）は政策にも接続された。また地区の
防災ボランティアリーダー育成の促進にもつながるなど，地域防災に関わる
それぞれが実践共同体の構成員としての主体性を高めたと言える。

　こうした活動に関わるなかでいつも思うことがある。それは，レジリエン
スの源は現場にあるということだ。その地に住むことの「プロ」であるひと
たちの持っているローカルな知が，技を作り，ひととのつながりを作り，し
くみを作る源となる。それがレジリエンスとして発露するまでの過程を共有
させていただけることに，あらためて感謝したい。

論」を行いたいとの表明もなされている。

　ここで，東京iCDCのリスクコミュニケーションチームが実施したアンケート調査の結果を示したい。ワクチン接種を促すための様々な報奨や特典を提示する「インセンティブ」についてひとびとがどう考えているかを把握する調査である（調査対象者は東京都民。2021年7月実施。詳細は東京iCDC　公式noteを参照されたい）。3種類のインセンティブを提示したところ，「ワクチンを接種した人には，お見舞いや面会の制限をなくすべきだ」との項目については，同意する（「強く同意する」・「やや同意する」）人は39.8％，同意しない（「あまり同意しない」・「まったく同意しない」）人は41.6％であった。また，「接種を促進するため，ポイント付与や商品割引などの特典を用意すべきだ」に対する意見には，同意する人が37.9％，同意しない人が45.2％となっている。「ワクチンを接種した人だけが参加できる飲み会やイベントを用意すべきだ」に対しては，賛成（29.4％）を反対（53.4％）がかなり上回っている。

　年代による違いを見てみると，「お見舞いや面会の制限をなくす」については，年代による大きな差はみられず，賛成と反対が拮抗している。これに対して，「飲み会やイベントを用意」については，若い世代も含めたすべての世代で，賛成よりも反対する割合のほうが顕著に大きくなっている。

　また，接種意向による違いを見たところ，「絶対に/おそらく接種しない」グループでは，「接種した，必ず/おそらく接種する」グループにくらべて，おおむねインセンティブに賛成する人が少ない。とくに，「飲み会やイベントを用意」でこの傾向が顕著である。しかし，「飲み会やイベントを用意」の項目については，「すでに接種した」（つまりその特典を受けられる）グループでも反対が賛成を大きく上回っている。これに対して，「お見舞いや面会の制限をなくす」については，接種済みグループで賛成の割合が約40〜50％と高く，反対の割合を上回っている。さらに，接種忌避グループにおける賛成割合と反対割合の差も，「飲み会やイベントを用意」項目におけるそれに比べると小さくなっている。

　これらのことから，ひとびとが受け入れるインセンティブとそうでないインセンティブがあることがわかる。少なくとも今回の調査で示した項目について言えば，「飲み会やイベントの用意」のような，排除されたり社会参加できないといった不利益をワクチン未接種者にもたらすインセンティブに対しては，ひとびとは反対の姿勢を示しやすいと考えられる。逆に，「ポイント付与や商品割引の特典」のように，誰かを排除することなく接種した人が利益を楽しめるものや，「お見舞いや面会制限

をなくす」のように，利益を他のひとと分かち合えるものについては，比較的，人々は受け入れやすいと言える。

　先述した「ワクチン接種が進む中における日常生活回復に向けた考え方」にもとづく政策についても，ワクチン接種の促進，個人の生活及び社会経済活動の制限の緩和，経済復旧の観点等から歓迎する声があるいっぽうで，「ワクチン接種ができない・しないひとやPCR検査を受けられないひともいるなかで，社会的な排除や分断が拡大するのでは」との懸念の声もある。社会的排除や分断というあらたな危機を抱えるかもしれない。そういった将来の危機の可能性を許容しつつ前に進むのか。その可能性を小さくするにはどうすればよいのか。新たな危機に対して今度はどう対応，回復，適応し，そして転換していくのか。

　こうした問題も含めて，わたしたちにはコロナ禍をどう乗りこえるか，乗りこえたその先にどのような社会を作りたいかについて，立場の異なる複数の主体が考え方や実現のしかたに関する意見を表出しあい，理解しあうことが求められている。これは互いが大切にしている価値を尊重することと同義である。そのためのしくみや場を持つことがまずは必要だろうし，こうしたやりとりにあっても共感は大きな力を発揮するだろう。

第**20**章

個人のパーソナリティーと危機対応

平野真理

臨床心理学者として，傷ついた体験から立ち直る
力をいかに育むか，という観点から，人の心のレジ
リエンスについて探っている。現在，お茶の水女
子大学基幹研究院准教授

1 コロナ禍において求められるレジリエンシー

　本章では，新型コロナウイルス感染症のパンデミックという，今まさに起こっている非常事態における人々の心のレジリエンシーおよびレジリエンスを具体的に考えることで，逆境下における心のレジリエンスの実際についての理解を深めたい。

1⋯⋯⋯コロナ禍の精神的健康とパーソナリティ

　コロナ禍における精神的健康に関する調査は，感染が拡大し始めてすぐに世界中で開始された。しかし2022年1月現在，私たちはまだ混乱の渦中におり，人々の心に起こっている力動や，心の変化プロセスを客観的に分析するための継時的データはまだ十分に得られていない。現在報告されている調査研究は，コロナ禍において

精神病理や不適応を発症する可能性の高いのはどんな人かを検討したものが多い。つまり，早めの支援が必要な人々を掬い上げ，メンタルヘルス不調を予防するための研究である。それらの研究では，居住地域や経済状況等の変数とともに，パーソナリティ（性格）が取り上げられている。パーソナリティは，個人のもつある程度一貫した認知・行動特性であり，遺伝的に規定される側面も大きい（Phase I・第4章）。そのため，コロナ禍における反応や行動を予測する上で重要な指標となる。調査においては，ビッグファイブ・パーソナリティ（Key Concept 2）のほか，認知・行動特性，価値観など幅広い変数が用いられている。

　各国で行われている調査結果を概観すると，ほとんどの研究で共通して示されている精神病理や不適応の予測因子は神経症傾向である［Lee and Crunk 2020 など］。カナダで行われた調査では，神経症傾向の高い人々がパンデミック前に比べてストレスを強く感じていることが示され，それは神経症傾向の高い人々が，他の人々よりウイルスの脅威を大きく知覚しているからであると説明されている［Liu et al. 2021］。一方でドイツで行われた調査では，開放性と外向性が精神的健康にプラスに作用していることが報告されている［Modersitzki et al. 2021］。また，北米の若者を対象に実施された調査では，神経症傾向の高い人々と，外向性の高い人々が，ともに情緒的なサポートを求める傾向が高いことも報告されている［Volk et al. 2021］。

　日本で2020年5月に実施された調査では，個人の持つパーソナリティおよび道徳観やイデオロギーと，コロナ禍における心身の状態や行動特徴との関連が検討された［Qian and Yahara 2020］。その結果，ビッグファイブにおける神経症傾向の高さはストレス，不安，抑うつなどネガティブな精神状態のほとんどと関連することが示された。一方で，協調性と開放性の高い人々はストレスが低く，誠実性の高い人は抑うつが低い傾向が示された。また，外向性が高い人々は，パンデミック状況をあまり深刻に捉えずに過小評価しやすく，心身の健康状態が高く保たれやすいといった関連が示唆された。すなわち，全体的には，ビッグファイブで測定される各性格特性が高いほど，メンタルヘルス悪化のリスクが低いことが示された。また適応という面では，神経症傾向が低く，外向性，開放性，協調性が高い場合には，パンデミック状況による仕事へのネガティブな影響が少ないことが示唆された。さらに行動面においても，ビッグファイブの各性格特性が高いほど（神経症傾向については低いほど），予防行動を多く行う傾向が示されている。その他にも細かな性格特性とコロナ禍における心身状態や行動との関連が示されたが，その多くが，ビッグファイブの

────**405**

第
20
章

心のレジリエンシー

「望ましいパーソナリティ」がコロナ禍での適応を予測することを示していた。

　しかしながらこの調査では，そうしたシンプルな関係性ではない結果もいくつか確認されている。例えば，本来であれば望ましい特性である「公正さ」が抑うつを予測することや，「道徳性の高さ」が家族や子どもへの不安を予測するという関連がそれにあたる。つまり，平時においては適応につながる「正しい」特性が，この状況下では適応につながらない場合があることがうかがえる。平時において適応的なはずの特性が機能しないということは，言い換えれば，平時においては特に適応的ではない特性がレジリエンシーとなる可能性がある。それこそが，その状況において最も注目すべきレジリエンシーであろう。

2⋯⋯⋯⋯社会的望ましさとは異なるレジリエンシー

　では今回のコロナ禍において，平時とは異なる適応のあり方が求められている側面はどこであろうか。最も大きな点は，「他者とのつながりの持ち方」であると考えられる。他者と友好な関係を築き，積極的な相互交流を行うことは，社会的に望ましいとされる。その対極として位置づけられる孤立やひきこもりが問題とされることからも，この社会においては他者とのつながりは持たないよりも持つ方がよいという価値観が共有されている。先の東日本大震災においては，この他者とのつながりの重要性が「絆」というスローガンで強調され，復興を乗り切る際に不可欠な要素とされた。しかし，コロナ禍では一転，感染を予防するために「ソーシャル・ディスタンス」が提唱され，他者と距離をとることが推奨されている。

　そうした状況において，社交的な性格を持つ人々は，その急激な社会の価値観の変化に適応しなければならない。既出のカナダの調査［Liu et al. 2021］では，ビッグファイブの中でも外向性の高い人が，コロナ前と比較してストレスの変化を感じやすかったことが報告されている。社交性や外向性は，本来レジリエンシーの主要な構成要素であるが，この状況においてはむしろストレスを増幅させる要因となってしまっている。上述した日本での調査において，外向性の高い人々がパンデミック状況を過小評価しやすい傾向があるという結果を述べたが，そのことは，ウイルスに対する危機感の薄さというよりも，他者との関わりを制限されてしまうことに対する反応であるかもしれない。

　反対に，他者とのつながりや，家の外に出ることを回避する傾向の性格特性を持

つ人々にとって，この状況はどのように体験されているだろうか。例えば，ひきこもり親和性［東京都青少年・治安対策本部 2008］とは，実際にはひきこもっているわけではないが，ひきこもる状態に共感し，ひきこもりたいと思う心性のことである。特に若者において不適応リスクの高い特性として扱われており，精神的健康へのネガティブな影響も確認されている。ひきこもり親和性尺度［下野他 2020］には，「外にいるより家の中にいる方が気が楽だ」「人に会わず，ずっと一人でいたいと思う」といった項目が含まれており，こうした内容を見る限り，現在のコロナ禍においてはむしろ生きやすい特性であるように思われる。近年のレジリエンス研究において，レジリエンシーは「望ましいパーソナリティ」とほとんど同義のものとして扱われてきたが，実際には個々の逆境状況によって，どのような性格特性がレジリエンシーとなるかは変わってくる可能性が見えてくる。

　このように，平時であれば望ましくないパーソナリティが，今回のコロナ禍においてはレジリエンシーとなり得る可能性を考えてみるために，他の「望ましくないパーソナリティ」に焦点をあててみよう。近年のパーソナリティ研究において注目されている特性にダーク・トライアドがある。ダーク・トライアドとは，ナルシシズム，マキャベリアニズム，サイコパシーという社会的に望ましくない三つのパーソナリティを総合して指すものである。攻撃性，利己主義，反社会性，未熟さというような，社会的にネガティブなあり方と関連する［Kaufman et al. 2019］。コロナ禍におけるダーク・トライアドの高い人を対象とした研究では，主にその行動に焦点があてられている。ポーランドで行われた調査では，ダーク・トライアドが高い人が，このパンデミックにおいて行動制限を遵守しない傾向や［Zajenkowski et al. 2020］，予防行動が少なく，ため込み行動が多かったことが報告され［Nowak et al. 2020］，北米において行われた調査でも，サイコパシーの高い人々が他者を感染リスクにさらす行動をいとわない傾向が示された［Blagov 2021］。

　利己的であることは，社会の中で他者とうまくやっていく上ではマイナスであるが，生きるか死ぬかという過酷な状況を生き抜く上ではプラスに機能することもある。例えば，生活史戦略［Figueredo et al. 2006］という観点で人の行動を理解すると，常に生命が脅かされ先の予測が立たないような環境においては，そうではない環境と比べて，即時的な利益を追求することが有利な生存戦略とされる。ダーク・トライアドの高い人に見られる利己的な行動は，この見通しの立たないコロナ禍においてはまさに適応的な戦略であるとも言えよう。さらに，こうした望ましくない性格

特性は，過酷な状況においては他者からも求められる可能性がある。自分が治安の悪い地域に住んでいる場合と，治安の良い地域に住んでいる場合を想定してもらい，ダーク・トライアドの特徴を持った人物をリーダーとしてどの程度求めるか評定してもらった研究では，治安の悪い地域に住んでいると想定した場合に，サイコパシーやマキャベリアニズムの特性を持った人物をリーダーとして求めやすいことが明らかになった［増井・浦 2018］。しかし一方で，2020年に行われた北米の大統領選挙においては，当時の現職大統領のダークな特性の認識がネガティブに影響したことが報告されている［Williams et al. 2021］。今後，ダーク・トライアドの高い人々や，人的被害よりも経済的安定を優先するリーダーがコロナ禍においてどのように評価されていくのかに注目したい。

2　コロナ禍における人々のレジリエンス

1………**コロナ禍における人々の心の適応**

　続いて，コロナ禍において，人々の心理状態がどのように変化したかのプロセスを見てみたい。2019年12月から2020年5月にかけての人々の生活満足度，ポジティブ感情，ネガティブ感情の変化を検討したドイツの調査では，全体的に見ると，国内での感染がほとんど見られなかった2019年12月から2020年3月までの間には，心理状態に変化は見られず，国内での感染者や死者が出現しはじめた3月から5月にかけて生活満足度やポジティブ感情が減少したことが報告されている。

　日本においては，第1波である2020年2月〜6月においては自殺率が14％減少したのに対して，第2波である2020年7月〜10月においては16％増加し，とりわけ女性と児童・青年に大きな増加が見られたことが報告された［Tanaka and Okamoto 2021］。第1波においては，国全体が混乱の渦中にあり，政府の補助金や，労働時間の短縮，学校の閉鎖などが行われていた。しかし第2波では，第1波の際の自粛努力も空しく感染は増える一方であり，何とか持ちこたえてきた生活もいよいよ経済的に立ち行かなくなったり，雇用喪失等の問題が出現してきた頃である。

　東日本大震災や阪神・淡路大震災後の自殺率は，全体的に見ると減少傾向にあったことが報告されている［眞﨑他 2018］。その要因についてはさまざまに議論されて

いるが，震災後の雇用や景気の回復の影響が関係しているとされる。また，とりわけ東日本大震災においては，早期よりこころのケアの支援が派遣され，ある程度のサポートが確保されていた。先にも述べた通り，震災後の回復においては，コミュニティの中での人と人との助け合いや，サポートのなかで心の安定を取り戻していった人が多かった。しかしながら今回のコロナ禍においては，人と関わることが悪とされ，私たちがこれまでに培った回復の「物語」が通用しなくなっている。また震災とは異なり，最悪の逆境状況がすでに終わっているわけではなく，この先にさらに悪化することも予想される見通しの立たない状況下で，どこを目指して，何を努力すれば終着が見えるのかがわからなくなっている状態である。

　リスク状況があいまいであるということは，そのリスクの見積もりに個人差が生じやすく，さらにそこに対するレジリエンスの持ち方も人によってかなり異なってくる。ある人々は，多方面からデータを収集し，危険を回避するためのありとあらゆる努力を行うことで気持ちを落ち着かせるかもしれない。またある人々は，「大したことない」と目線を逸らすことで，押し寄せる不安から自分の心を守ろうとするかもしれない。

　2009年に新型インフルエンザが流行した際の人々の行動傾向について調査した研究［及川・及川 2010］では，いくら情報として危機的な状況が繰り返し伝えられ，リスクに対する知識が増えたとしても，人々は楽観性バイアス（人は一般に，根拠が

ないにもかかわらず，自分と同じような属性（性別，年代など）を持った他者よりも，自分は不幸な出来事に見舞われる可能性が低いと考えがちであること）によって適切な予防行動をとらない傾向があったと報告されている。今回のコロナ禍においては，当時に比べて明らかに多くの人々が予防行動をとっていることがうかがえるが，敢えて危機感

東京スカイツリーの集団接種会場でワクチン接種を待つ人々（写真：AP/アフロ）

を持たずにこれまで通りの生活を行うことで心の平静を保っている人もいるだろう。その一方で，政府からの自粛の「要請」に必死に従う人々の中に，従わない人々に対して怒りをもって糾弾する人々も出ている。また，感染者数がやや落ち着きを見せていた2021年3月に実施された，4,000人を対象とするワクチンに対する意識調査では，73％が「接種をする／たぶん接種をする」，14％が「接種をしない／たぶん接種をしない」と回答していたが，接種すると答えた人の中にはワクチンの安全性をあまり信頼していないと答えていた者も多く，仕方がなく接種をする者が多かったことがうかがえる［福長 2021］。人と人とのコミュニケーションが奪われた生活の中で，この状況をどう乗り越えるかという向き合い方において，人々の間に大きなズレが起こっており，それによる対立が生じてしまっていると言えよう。

2………個々のレジリエンシーの多様性と集団のレジリエンシー

　このように，社会において個々のレジリエンスのあり方のズレが大きいという現状について考えるにあたって，集団のレジリエンシーについて触れておきたい。チームや組織のもつレジリエンシーは，その集団に所属するメンバーの持つレジリエンシーによって構成されている。個々のメンバーの強みが，互いを補い合い，チームとして見たときには個人としてよりも逆境への対処可能性が豊かになると言える。さらに言えば，ある個人のレジリエンシーが，他の個人によって引き出されるということもある。家族という集団において，「子どものためなら○○ができる」といったことが起こることをイメージしてもらえるとわかりやすい。いずれにしても，各メンバーのレジリエンシーが多様であるほど，集団のレジリエンシーも豊かなものとなるだろう。

　しかしながら，メンバーのレジリエンシーを単純に足し算したものが，集団のレジリエンシーになるかというとそうではない。例えば次のような職業チームを想像してほしい。メンバーAはレジリエンス尺度の得点が全般的に高く，メンバーBは「社交性」や「行動力」といった前進する力に関わる得点が高いが，「感情調整力」が弱く，メンバーCは全体的に得点が低く，特に「楽観性」が低いが，「自己理解」が高い。このチームのレジリエンシーを高めたいと考えるとき，おそらく，レジリエンス尺度得点の「低い」メンバーのレジリエンシーを底上げすること，すなわちBの「感情調整力」やCの「楽観性」を向上させようと試みるのではないだろうか。

しかしながら，メンバー全員のレジリエンシーを同じ状態に引き上げようとすることは，実は集団としてのレジリエンシーを弱める可能性がある。例えば，もしチームの全員が高い「楽観性」を持った場合，そのチームは前へ前へと進む力は高いかもしれないが，リスクの見積もりが全くできずに大きな損失を抱える可能性が高い。上記のチームで言えば，行動力が高くどんどん新しいことにチャレンジをしようとするAとBに対して，楽観性が低く保守的なCは足かせになっているように見えるかもしれないが，実はチームのレジリエンスという観点で見れば，Cによってリスクの回避がもたらされているとも捉えられる。このように，個々人の持つよい側面の多様性だけでなく，弱い側面の存在によっても，全体としてのレジリエンスが拡がる可能性があるといえる。

3⋯⋯⋯⋯コロナ禍のレジリエンシーから考える個人と社会の関係

　話をコロナ禍の状況に戻すが，この長期にわたるパンデミックは，震災後の復興スローガンのように，「皆が同じ方向を見て，歩みをそろえて，逆境を乗り越える」という状況とは異なる。したがって，人々のレジリエンシーの質も，レジリエンスの方向性も，かなりばらつきが大きい。これから先，日を追うごとに，経済的影響をはじめとして，家族の問題，持病の問題など，それぞれの抱える環境によって，さまざまな被害が顕在化してくることが予想される。それらの問題にひとりひとりが，自分の持ち得るリソースを使って乗り越えていくためには，社会という環境がそうした個々人のレジリエンスをサポートすることが必須である。すなわち，このパンデミック状況に対する向き合い方や乗り越え方の個人差——レジリエンスの多様性——を担保することが社会全体のレジリエンスを高めることにつながるといえよう。

　しかしながら，先に述べた通り，このコロナ禍における個人のレジリエンシーには「社会的に望ましくない」形があることも想定され，その中には，非常に利己的なあり方も存在するだろう。個々人のレジリエンスはどのような形であれ否定されるべきではないとはいえ，社会の中での利己的なふるまいが積極的に尊重されるべきなのか，ということについては改めて考える必要がある（第19章）。

　他者との共感的な関わりを絶ち，利己的な行動を行うことは，長期的に見ると個人のレジリエンシーを脆弱にする可能性が高いと考えられる。第一に，個人のレジリエンスにおいて他者からのサポートは大きな環境資源となるが，利己的な行動は

この環境資源を失うことにつながる。第二に，レジリエンシーが発揮されるためには，自尊感情や自己効力感など自己への肯定的な認識が重要な役割を果たすとされているが［例えばLiu et al. 2014］，こうした自己への信頼感情には他者からの肯定的評価が大きく関わっており，他者との関係性を失うことはこうした自己への肯定的認識を失うことにつながるだろう。第三に，個人のレジリエンスがうまく機能しない場合には，自らの膠着した方略や認知的枠組みをいかに脱却し，新たな適応方略へと組み替えていけるかが重要となるが，他者への共感的な認識を持たないことは，そうした再構成の選択肢や可能性に閉ざされていくことにつながる。まとめると，レジリエンスは環境に適応するために自分を変化させていく営みであるが，そのプロセスを支えるのは「他者」であり，利己的な行動はその「他者」の喪失という点で個人のレジリエンシーにとってはマイナスとなることが考えられる。

　ただしこの問題を考える上で重要なことは，利己的なレジリエンシーのあり方を，個人の特性と考えるのではなく，この状況に適応するため結果として表れているパーソナリティとして捉えることであろう。つまり，人が利己的なレジリエンシーを用いているということは，その人を取り巻く世界が，「生命を脅かされ」「先の予測が立たず」「敵に囲まれている」かのように認識されているということである。情報が足りずに今後の見通しが立たないことや，医療や経済的な支援を十分に得られないことは，社会から切り捨てられている感覚に繋がっていくだろう。そうした中で人は，他者に共感し利他的に行動したり，他者と共存していく努力をすることよりも，自分自身を必死に守ることを優先する。人は発達早期において養育者の保護的関わりの中で基本的信頼を培っていく［Erikson 1959］とされているが，社会は人々の利己的な行動を制限するよりも，人々が社会から守られ，「抱えられている」という感覚を抱けるよう尽力することが必要かもしれない。そして，個々人のレジリエンスが最大限活かされるために，社会がひとりひとりの多様性を担保するなかで対立を解消し，失われつつあるつながりをどのようにマネジメントできるかを検討していく必要があるだろう。

Phase V

人新世を転換する

地球の健康

プラネタリーヘルス

地球と人間の健康を
つなぎなおす chap.21

私も村も自然も
同時に無事＝「無事」

生命のための安全／安心ではなく
生活のための安全／安心

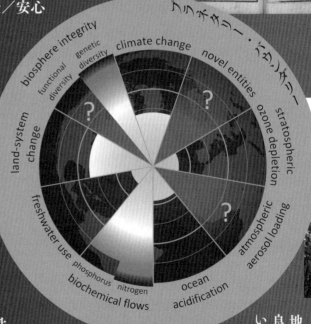

プラネタリー・バウンダリー

biosphere integrity
genetic diversity
functional diversity
climate change
novel entities
stratospheric ozone depletion
land-system change
freshwater use
phosphorus nitrogen
biochemical flows
ocean acidification
atmospheric aerosol loading

人間にとっての
死と生の意味 chap.23

世界に対する責任性

現在の我々には
子孫が存在する義務があり
その在り方に対する義務がある

地球への
良質な「介入」を
いま行う

chap.24

温暖化の脅威を「良性の危機」として活かす

国際的な緊張緩和のために，環境保全を目的とした共同研究や協力を提唱することが，現代日本の役割だ

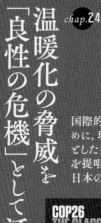

chap.25

地に足の着いた
ヴァナキュラー・グローバリゼーション

地域に根差し……地球を意識し地球に共感し地球をデザインする

Introduction

「我々はどこから来たのか　我々は何者か　我々はどこへ行くのか」。パリで精神を病んだポール・ゴーギャンが，南海の無垢の楽園を求めてやってきたタヒチで描いた作品のタイトルです。人間の根本的な問いの一つと言えます。本書も，レジリエンスという考えを軸に，人の来歴を探り，まさに何者なのかを明らかにしてきました。このPhaseでは，これまでのPhaseに戻りつつ，つまり我々はどこから来た何者なのかを振り返りながら，これからどうすべきなのかを問うことになります。注意してほしいのは，「どこへ行くのか」と他人事のように突き放すのでなく，「どうすべきなのか」を自分たちで考えるということです。さらにいえば，それを「楽観的」に考えることです。

　「あなたは楽観的ですか」。コモンズの実証的・理論的研究でノーベル経済学賞を受賞したエリノア・オストロムさんは，2012年３月ロンドンで開催された「圧迫される惑星 (Planet under pressure)」に集まった人々に呼びかけました。「**楽観的に**」とは，放っておいてもなんとかなるという意味ではなく，

思考を継続し意志をしっかりもてば，どんな困難なことでも解決可能だ，ということです。いまさら何をやっても手遅れだ，と思うことが悲観的ということになります。

「楽観的に」というのは環境問題にかかわる者の合言葉になっています。地球という巨大なシステムを，人間の手で変えることはできない，と悲観するのではなく，一人ひとりが将来をしっかり考えて，責任持った行動をすれば必ずよい方向に変えることができると信じることが大事なのです。しかしそれは理想郷を求めることとも違います。ゴーギャンはこの点間違ってしまいました。楽園など，どこにも無いのです。実際彼は，楽園だと思ったタヒチで植民地官僚と近代的価値観に染まった現地の人の間でさらに心の病を深めていきました。理想の社会は，今ここにある場所で，それぞれ自分たちで作りあげてゆくものなのでしょう。

本書はここで，何かひとつの理想的な社会を構想しようというのではありません。共通のありうべき社会は，まだ（おそらくこれからも）ありえません。それぞれが理想と思う世界を描きながら，その良しあしを競うのではなく，それぞれの考えを尊重しそれが共存できるようにすることを考えるべきです。

われわれは安定した世界に住んでいるわけではありません。自然災害は多いですし，一人一人の一生に比べた時，その変化は見えにくいものですが，地球も変化し続けています。人間社会も常に変化しています。進化することも変化です。急激な変化も含めて，変わり続ける世界に住んでいるのがわれわれです。本書ではむしろ，変化する中で常に「楽観的に」，つまり前向きに考える「力」や社会をどのように保持し続けて行けるかということを重視してきました。レジリエンスの言葉で「変容可能性Transformability」ということです。

この最後のPhaseでは，未来について考えることになります。ただし答えはありません。未来を考えるのに専門家はいません。**一人一人がそれぞれ考えることがわれわれの「変容可能性」の基盤**です。幸い人類は変化する中で未来を考えることができるという能力を得ることができました。みんなが一人ひとり考えるときの足掛かりとなる考えを並べたのがこのPhaseです。それぞれの章は健康，哲学，政治，コミュニティといった視点からの論考ですが，欠けているところはいくつもあります。たとえば経済，あるいは都市。考える視点はほかにもいくつもありますが，すべてをカバーするように，網羅的に視点をならべることは不可能です。むしろ「点」は欠けている方がいいと思っています。「星空の想像力」とたとえることができるかも

しれませんが，情報は多すぎても役に立ちません。星々を紡ぐ物語のはじまりの，いつどこでだれが，かはわかりません。夜を迎えて空を見上げます。星が瞬いています。その星を結びつけて，星座を創り，物語をそこに載せてゆき，語り継いでゆきました。物語が先にあったのかもしれませんが，いずれにせよ，点と点を結んで，図を作り，物語を語り始めました。この Phase の論考はそうした物語を創る時の「点」だと思っています。

＊

第21章（モハーチ・木村）は，**プラネタリーヘルス**という斬新な考えを説明してくれます。これまでずっと別途に扱われた地球と人の健康を一緒に考えるべきだ，という提案です。さらにいえば，この二つはいつの間にかトレードオフ，つまり人の健康を重視すると地球の健康が悪化する，という関係にあったのですが，その関係を変えなければいけない，と言うのです。それがプラネタリーヘルスです。特に注目しているのが食と農です。パプア・ニューギニアの「事件」をとりあげています。主食が伝統的なサゴからコメに変わり，さらに健康にいいと信じて砂糖をかけて食べ，糖尿病患者が増加する。人が近代科学知識を誤って理解したよくある事例の一つです。滑稽感すら漂いますが，こうしたことをわれわれ人類は長く地球規模で行っていたのかもしれません。主食の誕生，さらにその主食の安定供給を大義名分として発展した近代農業は本当に正しかったのでしょうか。

第22章（古川）は一転してコミュニティの水害に対する対応を紹介しています。日本のどこにもあった小さな村の過去のひとつの出来事の記録ですが，そこには世界が考えなければいけない大切なことがいくつも含まれています。ひとつは哲学者内山節の「自然の無事」を引用しながら述べていることです。自然災害が多いなか，**「私の無事」「集落の無事」「自然の無事」**を切り離さなかったのがほんの少し前までの日本。しかし現代社会は「私」が過剰な時代です。集団に従属せず，自分の考えをしっかり述べること，あるいは個性を大切にしてゆくことは大事なことですが，それだけでは人間の可能性を閉ざすことになりかねません。こうした「自然―内―個」とも言いかえられる土着・在来の（ヴァナキュラーな）知は，次の章で論じられる西欧の哲学者ハイデガーの思想と通じています。**「有事の文化化」**という言葉も考えさせられます。またコモンズを軸とした「関係性の創発的組み換え」はまさに変容可能性と言えます。いろいろと考える足場を得ることのできる論考です。そのうえで最後に指摘しておきたいのは，小さな村の知恵が，地球規模の発想であるプラネタ

リーヘルスの考えと根底で通じ合っているということです。

　さて，「私」が過剰な時代に必要なのが「哲学」です。人間だけが，自分は死ぬべき存在だと知っています。未来を想うことができるのも人間の特徴です。そのうえで今をどう生きるかを考えることになります。一人ひとりが死を意識し未来に思いをはせる。哲学者は，それをいわば一身に引き受けて，人類智へとつなげてゆく役割を担います。第23章（魚住）では，多くの哲学者のそれぞれ重厚な思想のなかから，ハイデガー，アーレント，ヨナスを取り上げ，彼らの思想をよりどころに現代世界の危機とレジリエンスを考えています。そこで一貫して脅威ととらえているのは，近代の発展を支えてきたはずの近代科学と技術です。核やハイテク兵器の軍拡やITによる超監視社会など，無批判でいれば行き着くところまで行ってしまうのが科学と技術。そのなかで人間基盤は，喪失の危機にあります。ハイデガーの「**世界—内—存在**」からヨナスの「**未来世代への責任**」までを振り返りながら，自分たちは何者でどこに行こうとしているのか，を考える論考になっています。

　思想はすぐに形になりません。また一人ひとりが違う考えをもっていても構いません。一方で，現実の世界では，異なる考えを調整し，意思決定を行う過程が必要です。それが政治です。第24章（米本）ではまず気候変動という脅威に関する国際政治を取り上げます。この章にも，いくつも考えなければならないことが散りばめられています。気候変動枠組み条約の締結は，温暖化の脅威に関して科学的知識が集積されたからではなく，冷戦の終結によって国際関係の大きな軸がなくなったという指摘はその一つです。脅威はあくまで可能性でしたが，それを「**良性の脅威**」として国家の安全保障のなかに取り込むことがレジリエンスの点でより重要になってきます。温暖化の経験を，たとえば地震などの自然災害への脅威も念頭に置いた，よりレジリエントな文明の形成へと活用しなければなりません。そのための国際関係の構築が必要となってきます。

　最後の章は私自身が現時点で考えていることをまとめました。**ヴァナキュラー（地に足を着けた）なグローバリズム**という言葉に，地域に根差して生活することが，結局のところ地球を想うことになる，という意味を託しました。まだ不十分な試作品です。さらに考えてゆくつもりですが，皆さんも一緒に考えていただきたいと思います。アーレントの言葉を引用しておきます。「私が望むのは，考えることで人間が強くなることです。危機的状態にあっても，考え抜くことで破滅に至らぬよう」

（阿部）

プラネタリーヘルスと
食の変革

第**21**章

人と地球の健康から「バックループ」の実験へ

モハーチ ゲルゲイ　木村友美

医療人類学・科学技術社会論の立場か
ら，慢性病に関わる身体と医療技術との
相互作用を研究。病気の多様性を生きる
現代的状況を描き出す。現在，大阪大学
人間科学研究科准教授

栄養学・公衆衛生学の立場から，ヒマラ
ヤ高地やニューギニア島西部をフィールド
に，グローバル化が及ぼす健康問題につ
いて研究。現在，津田塾大学学芸学部
准教授

1　人間の健康，地球の病気

　気候変動の今を生きることには，さまざまな矛盾を伴う。人の健康と環境の健康
との分離はその一つであろう。公衆衛生の指標から見れば，20世紀後半以降，世界
の乳児死亡率は急速に減少し，出生時平均余命も人類史上かつてないほど長くなっ
ている。予防接種の開発と普及，栄養知識の向上，医療・衛生インフラの整備など
が，人類の健康に対して莫大な利益をもたらしたことは間違いない。

　しかし一方で，Key Concept 3で指摘するように，「人類活動の急激な加速」（The
Great Acceleration）とも呼ばれる時代において，こうした人間の厚生を高める行為は
地球環境を大きく脅かす要因ともなった。大気汚染や海洋の酸性化，温室効果ガス
の排出量の増加，土地と水の劣化などは，人間の活動による生態系への圧力が引き
起こした脆弱性の症状であろう。レジリエンス研究にも大きな影響を与えた地球シ

—— 419

第
21
章

プラネタリーヘルスと食の変革

ステム科学者のヨハン・ロックストロームは，『小さな地球の大きな世界』で「人新世」とも呼ばれるこの時代をこう描く。「（わたしたち人間は）地球の回復力を低下させ，短期的には大きな利益をもたらすが長期的には脆弱性を生むシステムを，農村から都市に至るあらゆる所で構築してきたのだ。これは，あまり賢明な戦略ではなかった」［ロックストローム・クルム 2018: 54］。なぜなら回復力が弱まった地球環境の影響は，後述するように，ループとして再び人の健康を害する要因となっているからだ。

「プラネタリーヘルス」（planetary health「地球の健康」）という言葉は，その「人新世」の矛盾に目を向けさせるものだ。人の疾患を対象としてきたグローバルヘルスの取り組みと異なり，プラネタリーヘルスは地球環境と人間そして動植物との関係性に焦点をあて，気候変動の時代に突入した人間の健康を追求する研究と実践をつなぐ試みである[1]。

病気と健康をめぐる人と地球の絡み合いを社会─生態システムの特性として把握するため，プラネタリーヘルスの入門書［Myers and Frumkin 2020］は，人の健康を害する生態的原因（ecological drivers）を次の 6 項目にまとめている（図 1）。(1) 気候変動（地球気候システムの破壊），(2) 地球環境汚染（大気，水，土壌など），(3) 生物多様性の損失，(4) 生物地質化学的循環の変化（炭素，窒素，リンなど），(5) 土地利用と土地被覆の変化，(6) 資源の枯渇（淡水，耕地など）。このリストは，Key Concept 3 で紹介したロックストロームらが提唱する「プラネタリー・バウンダリー」（地球の限界）と呼ばれる，地球のレジリエンスの条件として導入されてきた九つの限界値と部分的に重なっている。そのことは，プラネタリーヘルスの考え方におけるレジリエンス研究の影響を示唆するとも言える。つまり地球の限界を正しく知ったうえで，引き続き，これらの六つの生態的要因が人の健康にどのように関わっているのかを解明することがプラネタリーヘルスの鍵を握るものとされる。

Phase II・第 7 章で取り上げた，人間と自然環境の健康／病気を絡み合わせる「環境適応の尺度」（154頁）は地球そのものの問題となってきたと言っても過言ではない。2020年の冬から世界を揺るがした新型コロナウイルス感染症の流行はまさにこの環

1　プラネタリーヘルスの入門書として，Myers and Frumkin［2020］を参照されたい。従来の公衆衛生やグローバルヘルスとの関連についてはBiehl and Ong［2018］の批判的な概説が参考になる。

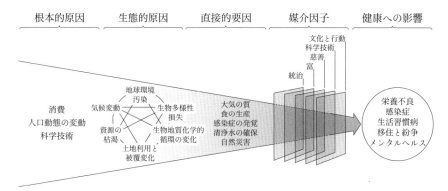

図1　人の健康を害する生態的変化のメカニズム（Myers and Frumkin［2020:7］を元に筆者作成）

境と身体の地球規模の絡み合いを示す出来事である[2]。病気に対するレジリエンスを地球生態系の健全さという点から問い直すプラネタリーヘルスの研究は，個々の健康と医療制度の実際を地球という巨大なシステムとの相互関係のなかで探求するものであるだけではなく，第25章で述べる環境問題がそうであるように「人と自然の関係性を模索する必要性を多くの人が意識する」きっかけでもある。

　病原菌の薬剤耐性は，こうしたプラネタリーヘルスの課題を分かりやすく示す現象であろう。医療の現場では欠かせない治療薬である抗菌剤は家畜動物の成長を促し，感染症のリスクを高める過密な飼育に対処するために畜産業においても幅広く使われている。そのおかげで飼育の期間が短くなり，より多くの人々が肉を比較的安価で買うことができるようになる。肉という高カロリー食品の普及は，生存に必要な栄養摂取量を確保するという観点からは，合理的な仕組みであろう。しかし，牧草地転換にともなう森林の縮小と家畜由来の温室効果ガスの排出は，気候変動の主な要因とされることからも，人間と地球の健康は互いに矛盾するところがあることがわかる。それだけではない。抗菌剤は，多量に投与すればするほど，効かない薬剤耐性菌が増えてしまい，地球規模で容易に広がっていくことになる。次々と発生する耐性菌は，人間と家畜の健康を同時に脅かすという観点から，抗生剤に依存し

2　本章では，食と健康の課題を取り上げ，主に慢性疾患について論じることにする。感染症をめぐるレジリエンスについてはPhase II・第7章，コロナ禍にまつわる諸事情についてはPhase IV・第19章と第20章を参照。

プラネタリーヘルスと食の変革

ている現在の保健医療システムのレジリエンスに疑問を投げかけるものである。人工物である抗菌剤と人間と家畜との相互関係において，後述する「食と健康のループ」が生成されるのである。

　次節では，プラネタリーヘルスの中でも最も複雑な問題の一つとして顕在化している食糧生産と栄養との相互関係についてより具体的に検討する。

2　食と農にみる地球の健康

　人が生きるために十分なカロリー[3]を確保するための食糧生産と環境破壊とは，切っても切れない関係にある。第1節で述べてきた健康と環境の矛盾は，ここでより身近なものとして現れる。地球の生態系が急速に劣化するなかで，増加し続ける世界の人口にどのように高栄養でバランスが取れた食べ物を行き渡らせるかは，プラネタリーヘルスの最も根本的な課題の一つである。

1………栄養の両面性

　狭義での「健康な食事」は，人の健康な心身を維持するための栄養摂取である。個々の健康な生活を維持するために十分なカロリー摂取と，それがなるべく多様な食品で構成されていることは，栄養学で定められた健康な食生活の二本柱となっている[4]。低栄養（栄養の不足）には，この二つの意味が含まれており，一つには食事摂取のカロリーが足りていないという量の不足，もう一つは，微量元素等の多様な栄

3　食事からのエネルギー摂取量は，一般に「カロリー」と呼ばれ理解されていることが多く，本書では混乱を避けるため「カロリー」を用いる。正式には，カロリーはエネルギー摂取量の単位（kcal）の略である。

4　ここで言う「栄養学」は，プラネタリーヘルスにおける様々な議論と活動で用いられる知識を指す。一方，医療人類学者が示してきたように，栄養学は同質の知識ではなく，地域に根差しながら，多様な文化的かつ組織的な文脈に埋め込まれている。このような多様性を論じるMiguel Cuj他は，食文化とは異なる意味で「栄養の文化」（cultures of nutrition）の用語を提案している［Cuj et al. 2021］。

養素が欠乏した状態，つまり栄養の質の不足である。低栄養は，小児の成長阻害を
はじめ，さまざまな疾病や死亡の原因とされ，地域差があるものの，依然として重
大な公衆衛生上の問題である。

その一方で，過栄養や栄養の偏りは，糖尿病などの生活習慣病を引き起こし，「肥
満のパンデミック」と呼ばれるほど，世界中に広まっている現象である。過栄養と
肥満は，いまや富裕層に限られた問題でなく，世界の貧困層の多くにおいても深刻
な健康被害をもたらしている。飢餓に苦しむ人が大勢いるなか，標準体重を超える
人の数は全世界で20億人以上とされている。

このような疾病構造の変化をもたらした栄養不足から栄養過剰への変化を「栄養
転換」と呼ぶ。しかし，この変化は決して栄養と疾病に限られた課題ではない。

2……… 健康推進と環境破壊

現代の食糧生産システムは，ある意味，カロリー不足の改善をめざしてきた20世
紀の公衆衛生の産物とみることができる。しかし，食糧生産による自然環境への負
荷によって，地球上の窒素やリンなどの化学物質の循環が攪乱された。農業は世界
の年間水使用量の約7割を使用する地球最大の淡水消費分野であり，水質汚染の一
因となっている。農牧地を拡大するため熱帯雨林が伐採され，食糧生産のため世界
の河川のおよそ6割には大規模なダムが建設されているのも広く知られている事実
だろう。また，国連食糧農業機関がモニターする水資源の約9割が満限利用か過剰
利用の状態にあると報告されている［FAO 2018］。

温暖化にともない害虫の生息域が拡大し，生存率が高くなることで主要穀物の生
産量が抑制され，食糧不足を引き起こすことも懸念の一つである。また，2000年代
以降，健全な農作に欠かせないミツバチなどの花粉媒介者の減少が世界中で報告さ
れている。それは殺虫剤の使用と気候変動が主な要因となっている。ビタミンAや
カルシウムなどの必須微量栄養素を多く含む食物には，花粉を媒介する生物の働き
が必要とされている。その喪失によって，豊かな栄養源である食物の農作が阻害さ
れ，それが結果として低栄養という形で人の健康に影響を及ぼすことが明らかとな
ってきた。

農地は，地球全体の氷のない陸域の地表面の約40%を占めており，その割合は拡
大している。それゆえ炭素吸収源であった森林などが放出源へと転化し，多種多様

図2　食と健康のループ（The EAT-Lancet Commission. 2018. EAT-Lancet Commission Summary Report, EAT（p.5）. https://eatforum.org/eat-lancet-commission/eat-lancet-commissionsummary-report/（2021年9月3日アクセス）を元に筆者作成）

な生物の生息地が大量で安価な作物の生産を可能にする単一栽培の農地に変わってしまう。連作により土壌が短期間で疲弊し、蓄積される病原菌などを排除するために化学肥料と殺菌・殺虫剤の使用が年々増え続ける。こうして大量の窒素化合物などが地下水に溶け出し、大気に放出され、地球上の物質循環にも影響を与え、再び人間の健康を脅かす環境要因となる。この「食と健康のループ」とも呼べる連関を、「地球にとって健康な食事」（The Planetary Health Diet）をはじめて提案したEAT-Lancet委員会は図2のように示している。このループの原動力になっている「食糧生産システム」（food system）は、本来は人の栄養確保と食糧安全保障のための仕組みである。しかし、優れた科学技術をもってしても、現在の食糧生産システムは地球環境に莫大な負荷をかけてしまい、「地球の限界」（planetary boundaries）を脅かした結果、健康の限界（health boundaries）にもつながる「食と健康のループ」とも言える連関である。いわゆる「地球にとって健康な食事」はこの相互作用を持続可能な範囲で維持することを試みるという指針である［Willett et al. 2019］。

　このような食糧生産の拡大によっておこる環境の悪化は、長期的にみると食糧生産量を減少させる恐れがある。つまり、大気や土壌汚染などの環境悪化は、それ自体が直接に人の健康を損なうリスクになるだけでなく、食糧生産からの栄養摂取を危機的状況に導くことを通じて、健康に関わる問題となる。多種多様な環境破壊の中でも、食糧生産にもっとも大きなダメージを与えるのは主食増産による土壌の問題である。この現象は、20世紀後半の公衆衛生と食糧安全保障とも深く関わってい

るので，栄養学との関連でより詳細に見てみよう。

3 ……… 食への依存と単一栽培

　食糧安全保障に対応する近代農業の戦略は，高カロリー食物の増産という観点から，主食（主に穀類）という概念を定着させるものだった。増加し続ける人口に十分なカロリーをもたらすための単一栽培と，主食との密接な関係は，結果として地球環境と人間の健康への被害を互いに増幅させる一因になった。

　「主食」の定義は様々あるが，栄養学的には，食事摂取量のうちの主なカロリー源となる食物をさす。多くの食事において，「主食」は一日あたりの摂取カロリーのうち6割以上を占めると言われている。主なカロリー源というと，個人や日によってバラつくのではないかと思われるだろう。しかし実際には，人のカロリー摂取はほとんどの場合，炭水化物からのエネルギーに寄与している。したがって，主食作物の安定した生産は，飢餓や低栄養を減らすための鍵を握ると広く考えられてきた。

　主食に依存するという安定とひきかえに，食品摂取の多様性は乏しくなる。人が食べるために栽培されている植物は5000種類以上あるといわれているが，世界の食糧供給の4分の3は，たった12種の植物と5種の家畜動物でなりたっている。そして4つの作物（小麦，コメ，トウモロコシ，大豆）が，地球の全農地のうちの半分を占めている[5]。

　しかし，食多様性の維持は，摂取する栄養素の不足をふせぐとともに，炭水化物に偏った食事内容になりにくいという利点からも，より良い健康状態に寄与すると考えられる。さらに，生態環境の多様性という観点からも，食多様性は重要である。

　2019年に発表された『プラネタリー・ヘルス・ダイエット』（*The Planetary Health Diet*）によれば，レジリエントな食料生産システムを築くために，一時的に収量を上げる集約的な農業から，食多様性を高める食システムへの転換が求められている［Willet et al. 2019］。単一栽培は大量で安価な食物を生み出すため，一時的には低栄養から多

5　人類史をみると，すべての初期国家が穀物を課税作物とし，穀物を中心に人を管理・コントロールすることで成立してきた（Phase II・第6章およびPhase IIのKey Concept 5を参照）。農業は，人の栄養摂取，つまり生存のために開発され，発展してきたものである。その農業によってうみだされる食物が，単なる栄養摂取だけでない価値をもち，資本主義経済の拡大によってより大きな力をもつようになった。

くの人々の命を救ったことは事実である。しかしその後，上述したように，連作により土壌が短期間で疲弊し，蓄積される病原菌などを排除するための化学肥料と殺菌・殺虫剤の使用は年々増加しており，その結果，地球上の窒素やリンの循環が害されるという結果をもたらしている。

3　主食の変化と糖尿病──インドネシア・パプア州の事例から

　主食の変化が人の健康にどのような影響を与えるか，パプアにおける糖尿病患者の事例をみてみよう。ニューギニア島の西半分，インドネシア・パプア州は，政治的に複雑な支配と独立の歴史をたどり，近年になって急速にグローバル化の波が及んでいる地域である。その沿岸湿地帯は「サゴヤシ文化圏」とよばれ，サゴヤシの樹幹から採れるサゴ澱粉を中心としてイモ類，バナナ，魚などを多様に食する生活が営まれていた。しかし近年になって，ニューギニア島外から新たな食物としてコメが流入し，インドネシア政府の政策によって安価に供給されるようになっている。

1……サゴヤシ文化圏の食生活

　サゴヤシから澱粉を採集し食す習慣は，マレー半島からボルネオ島，インドネシアの東部諸島，ニューギニア島にわたって分布しており，タロイモ，ヤムイモ，バナナなどを食する「根栽農耕文化」のなかにみられる。切り倒したサゴヤシの樹幹を細かく砕き，水でさらして澱粉が取り出される（図3）。精製されたサゴ澱粉は，薄いパンケーキ状にして焼いたり，バナナの葉に包んで焼いたりして食べる（図4）。また，水を加えて練りながら火にかけて「わらび餅」のようにして食べることもある。これは「パペダ」と呼ばれ，魚の煮込みスープと一緒に食べることが多い。

　サゴを食べる地域では，バナナ，タロイモやキャッサバなどの塊茎類や，狩猟によって得られる鳥類や小動物，漁労によって得られる魚介類など，多様な食品が摂取されている。調査地であるパプア州のバデの市場では，近隣で採れる魚や果物，そして複数の種類のイモ類が売られていた。熱帯低地の豊かな生態系のなかで，サゴを中心とした食生活には多様性がみられていた。

木 村 友 美

コメの過剰摂取がもたらすもの

　パプア州で2012年に実施した医学調査から，比較的小規模な町においても糖尿病が増加している実態が明らかになった［木村ら 2013］。そのなかで，糖尿病を患う先住民女性の印象的な事例に出会った。それは，一般に考えられている「過栄養」とは異なり，「コメが体に良い食べ物である」という誤った認識とコメの過剰摂取という食選択によって，糖尿病が悪化していた事例である。しかし，さらに究明していくと，サゴからコメへの主食の変化の背景に，インドネシア政府による食糧政策，医療システムの問題などが複雑に絡み合う状況がうかびあがってきた。

　調査地としたのは，パプア州南部の港町バデである。バデは，外海につながる大河ディグール川の下流に位置し，近年では天然ゴムの生産も活発になっている。島外から流入する人やモノ，新たな食物によって，先住民族の人々の生業や生活にも変化が起こっている。

　アウユ民族のYさん（69歳，女性）は，筆者らが2012〜2013年に実施した医学調査から，糖尿病と診断された。体格指数のBMI値が34.1，腹囲は120cmと肥満体型であり，本人は主訴として胸の痛みと疲労感，膝関節の痛みを訴えていた。肥満体型の一方で，血中総コレステロール値（総合的な栄養状態を表す指標）が極めて低く，貧血状態にあることも分かった（マラリア等の感染症で貧血症状を呈する場合があるが，診察の結果，感染症の疑いはなさそうだった）。

　Yさんの肥満体型とは裏腹に，血液指標は低栄養状態を示していた。栄養問診を実施したところ，1日3食の食事毎に，ボウル1杯の大量の白めしに白砂糖をふりかけて摂取するという極端な食事内容が明らかになった。一日の栄養摂取量を算出した結果，一日の総エネルギー摂取量は約1900kcalと，必要量を満たしているにも関わらず，たんぱく質や脂質の摂取量が極めて少なかった。ビタミン，ミネラルなどの微量栄養素のあきらかな不足も判明した。Yさんは「コメが健康に良い食べ物である」と信じて，このような白米

パプア州沿岸部バデの人々（木村撮影）

の大量摂取を約２年間毎日続けていたのである。

その後，筆者らは食事指導と運動指導を行い，体重を週一回測定し記録するようにお願いした。１年後に再びＹさんを訪問すると，糖尿病と肥満の状況は改善されていた。そして膝関節痛や全身倦怠感が改善され，近くの市場まで歩いて買い物にいけるようになるなど，生活の質も向上した。このとき実施した食事指導は特別なものでなく，もとの伝統的なサゴ中心の食事に戻し，野菜類，魚介類など多様性を増やすという単純なものだ。この簡易な介入によって糖尿病が改善した例は，極端にコメ食に依存した食生活がいかに健康に悪影響を与えていたかということを示すものとなった。

2……… サゴからコメへ──主食変化の背景

　先に紹介したコメの過剰摂取の事例（研究ノートを参照）は特殊なものではなく，バデで調査をしていると，コメへの強い嗜好は先住民族の複数人から聞かれた。その背景には，コメという島外からもたらされた食物への憧れの感情も影響していた。パプア州では，コメは一部の試験的栽培をのぞいて栽培されておらず，すべて島外からの輸入品である。コメは1960年代頃まで一般には普及しておらず，オランダのミッション系学校の給食，公務員への配給などのかたちでこの地域に導入されたことから，コメを食べることが社会的地位の高さと関連していた。しかし，その後の1998年にはインドネシア政府によるコメの配給制度が開始され，貧困地域にコメが安価で供給された。かつては社会的地位と結びついていた憧れの食物──外来のコメ──は，パプアの人々にとって購入可能な食物になったのだ。

従来，サゴは市場で買うものではなく，家族で管理し，自家生産するものだった。しかし，家計収入のためにゴム生産が活発になって生業形態が変わったことや［稲村ほか 2013］，若者の都市への流出などによって，サゴ管理と澱粉精製に関わる働き手が不足するようになった。このような職業構造の変化も，市場で安価に手に入るコメという主食の選択を助長するものとなった。

このように，サゴからコメへの主食の変化には，歴史的背景，価格の変化，職業構造の変化という要因が複合的に影響し，グローバル化とともにさらに加速している実情が浮かび上がった。

図3　サゴヤシの樹幹を砕いて澱粉を取り出す（木村撮影）

3……… 医療システムのジレンマ

「誤った食選択と糖尿病」の事例には，もう一つの大きな問題点——医療システムの齟齬——が潜んでいる。パプア州に導入された，新たな「医療機関」とそれに関わる制度の危うさが，先住民族の人々を誤った食選択へと導いていた可能性がある。バデの診療所の例

図4　焼かれたサゴとキャッサバの葉の炒め物（木村撮影）

をみると，そこにいる医師たちは，ニューギニア島外から僻地への派遣医師として，卒業後すぐに1，2年の任期で赴いた若者達であった。そのため，住民の元来の食生活になじみが浅く，「サゴは不衛生な食品で，下痢症状の原因である」と認識し，「診療所を訪れる人々におかゆを勧めた」という事実が明らかになった。これが住民のあいだに間違って伝わり，「コメが体に良い」と拡大解釈された可能性が高い。バデの診療所においては，感染症への対策が第一の優先事項であり，生活習慣病対策には未着手だった。糖尿病に自覚症状がないということも，問題を見えにくくさせていた。

一方で，糖尿病は，怖い病気として顕在化しつつある。ある日，バデの診療所で，糖尿病で足の指が壊疽した女性の痛々しい状況に遭遇した。麻酔もないままに指を切断していく処置には，目を覆いたくなるほどだった。中学生の息子が傍らで心配そうにお母さんの手を握っていた。一緒に調査地にいた日本人医師らは，膝くらいから切断しないと敗血症が心配だと話したが，近くに対応をできる病院がない。この女性は大きな町メラウケの病院まで行ったそうだが，その後亡くなったと聞いた。この噂はすぐに町に広まった。筆者らが家庭訪問していたときのことだった。スラウェシ島出身でお菓子屋さんをしていたある女性に呼び止められ話を聞いてみると，健診で糖尿病と言われたので自分も足が心配だと言って泣き出してしまった。

　パプアの人々は裸足で歩くことも多いため，足の小さな傷が，糖尿病による末梢神経障害によって悪化しやすい。住民にとって，血糖値が高いこと自体よりも，足を切断されるということの衝撃は大きな恐怖心を抱かせる「健康問題」となる。

　医療制度や設備が十分でない地域における糖尿病の深刻さは，集団としての有病率の高さだけで理解することはできない。感染症の有病率に比べると，糖尿病の人口はまだ多くはないが，治療の困難さや重症化しやすさ，実際の症例をみるとその深刻さは明らかである。低中所得国の多くで，感染症がいまでも深刻な問題として中心にあり，これに加えて生活習慣病が加わり，疾病の二重負荷（double burden of disease）と呼ばれる状況にある。ゆっくりと症状が進行し，慢性的な治療が必要になる糖尿病にかけられる医療資源（人材や薬，設備など）は，まだ十分とはいえない地域が多い。さらに，健康教育の不足により，食事や運動によって予防可能な疾患であるにもかかわらず，その情報が十分に得られないということも問題となっている。

　さらに，プラネタリーヘルスの観点からみると，この医療システム自体が，地球の社会生態システムの一環として影響を与え合うアクターであることにも注目したい。近代の医療システムは人々の健康に貢献し，寿命を延伸させた。一方で，長寿によって糖尿病などの慢性疾患が登場した。そして，パプアのようにローカルな生態系に根付いていた人の生老病死に，画一化された近代的医療システムと衛生的な「主食」が持ち込まれることで，結果として，外部からのコメの供給のために遠く離れた地で加速する単一栽培，そして環境負荷の高い「流通」を経て，人と環境の双方の不健康につながったのである。

4 在来植物の可能性——人と環境にとっての食多様性

　一種類の主食に依存することは，先ほど紹介した糖尿病の事例のように，生活習慣病の増加を加速させ，肥満でありながら低栄養というような「隠れた飢餓」を引き起こす。在来の食物がコメに代わる事例は，パプアの事例だけでなく，世界の他の地域でもおこっている[6]。白米は，微量栄養素に乏しいだけでなく，血糖値のあげやすさを示すGI値（グリセミック・インデックス）が高く，糖尿病との関連も報告されている［Hu et al. 2012］[7]。このようなコメの特性に加え，コメ食を中心としたときに食品摂取の多様性が乏しい食事内容になっていることも，問題点としてあげられる。サゴを主食とする場合には，一緒に魚や，イモ類，野菜類，そして果物など多様な食品が摂取されていた。多様な食品を摂取することは長寿に関連するとされ，食多様性に乏しい食事内容は生活習慣病の発症と関連することも報告されている。日本の高齢者を対象とした研究からも，高齢になっても食多様性の高さを維持している人では身体機能が高く，心理的健康度の高さとも関連することがわかっている［Kimura et al. 2009］。

　食多様性は人の健康に寄与するだけでなく，環境の維持・回復にも良い影響を与える。例えば，サゴヤシのように樹木の半栽培[8]を中心としたアグロ・フォレストリー（森林農業）は生態環境の多様性の維持にもつながるといわれている。サゴヤシの場合，育成にあたって農薬の必要がなく，酸性土壌でも育つことから，他の農業に比べると周囲の環境改変は極めて少なく済むのである［山本 2010］。サゴを中心とした食生活では，多様で十分なエネルギー摂取のために狩猟を続けることが不可欠であり，そのために動物の住む森の存在が尊重されているという報告もある。

6　インド北部のラダック地方で行った研究からも，オオムギの粉「ツァンパ」を主食としていたヒマラヤ高地の住民（農牧民や遊牧民）の間でコメの摂取が増え，生活習慣病が増加していることが明らかになった［木村 2018］。

7　一方で，サゴ澱粉のGI値は比較的低く，消化のスピードが遅いため，血糖値の急上昇を防ぐと考えられる。

8　樹幹から出た枝をとって植栽することで増やすことができ，少ない管理で10～15年で15mほどの高さになり，その幹に大量の澱粉が蓄えられる。この栽培方法は，狭義には農業とはいえず，「半栽培」と呼ばれている。

単一の食物に依存することは，多様性を失うだけでなく，その地域における食糧安全保障の問題（食糧確保の不安定化，自給率低下，価格不安定など）も増大させる[9]。パプア州の場合，コメは島外からの輸入によってもたらされるもので，パプア州において稲作の拡大といった農業開発による環境改変が進行しているというわけではない。むしろ，外国資本による鉱山開発やアブラヤシのプランテーション[10]によって，サゴ林を含む広大な森林が破壊されている。つまり，コメという主食の外からの流入と，一方でグローバルな開発による土地や資源の搾取という，地球規模の食システムのなかにパプアの人々のローカルな食生活が組み込まれている。

5　バックループという実験

　パプアの事例からも見えてきたように，「地球」は従来とは違う意味で病気と健康の動的な舞台となっている。人為的気候変動の時代を生きる中で，生物多様性の損失に伴う栄養の不均衡から大気汚染物質が引き起こす呼吸器疾患まで，病気をめぐるレジリエンスはもはや地球規模の出来事として私たちに突きつけられているのだ。いったいどのように，地球の健康とわたしたち人間の健康を共に保つことができるのだろうか。これはプラネタリーヘルスの難問である。ここでは近年のレジリエンスの生態学研究で広く使われている「ループ」の概念を踏まえながら，プラネタリーヘルスにおける「人と自然の関係性を模索する」（第25章）という姿勢をもって，この難問に向き合おう。

　本章は，生態学の知見に踏み込むものではないが，レジリエンス研究の源流とし

9　パプア州の他に，サゴ食文化が根付いていたインドネシア・マルク島においてもコメが主食とされるようになり，調査世帯におけるコメからのエネルギー摂取が総エネルギーの7割を超えていたとの報告がある［Girsang 2014］。島嶼部において，島外からの食品を主食として依存することは，食糧安全保障の観点から大きなリスクとなる。

10　アメリカ系の国際企業によって鉱山開発が行われたグラスベルグ鉱山は，2006年には世界3位の銅産出量となった。鉱山周囲の森林破壊だけでなく，汚染物質の流出や地すべり事故によって大規模な環境破壊が起こっている。さらに，インドネシアが世界のトップシェア（6割を超える）を占めるアブラヤシのプランテーションは，パプア州でも拡大している。2018年までの間に，外国企業によって，アブラヤシ農園のために270平方キロメートルの熱帯雨林が伐採されたことが報告されている。

ての「生態的レジリエンス」にまずはふれなければならない。初期の生態学では，工学のレジリエンス概念をそのまま用い，攪乱を受けた生態系が元に戻る力を表す意味で「生態的レジリエンス」とする使い方が定着した。しかし，Key Concept 1で論じられるように，災害研究をはじめ，より複雑な社会生態システムを対象とする際に，原状回復の定義は理論的にも実証的にも困難となってきた。プラネタリーヘルスは，この問題を考えるうえで示唆的である。

　第1節で述べてきたように，プラネタリー・バウンダリーの思考を引き継ぐプラネタリーヘルスにおいて，農耕と牧畜を生活の基盤とする人類の健康な生存のために，地球の気候と環境変化を安全な限界（バウンダリー）の範囲内で保つことが課題となっている。さらに回復力が発揮される限界内に留めるための「地球に対する管理責任」（planetary stewardship）の醸成が求められている。それは，第2節で紹介した食と健康のループ（図2）や，その実態としての食を通じた人間の健康と地球環境との関わり合いからも見てとることができるだろう。回復力が弱まった地球環境が食糧生産を通して人の健康な生活を脅かすという懸念のもとでは，図2が描く健康と環境の限界に囲まれたループの発想が活かされている。このように，限界を超えないための維持や保存という目標設定は政策の観点からは当然の流れだが，地球の動的な変容をふまえるとレジリエンスとは言い難い。

　本章の残りの部分では，こうした地球や健康を管理する思考ともいえる「閉じたループ」の発想に疑問を投げかけ，想像力を開放することによって地球と人類のレジリエンスを模索する「バックループの実験」について考えてみたい。

　生態的レジリエンスを再考するために2000年代初頭に考案された「適応サイクル」のモデルが誕生し，崩壊と均衡の過程を繰り返すというループの動的思考を取り入れた，レジリエンスのそれまでとは異なる発想が可能となった [Holling and Gunderson 2002]。例えば，山火事や洪水などの環境崩壊は，生態系に改変をもたらす出来事として描かれる際に，環境が均衡を保つという表のループに対して，「バックループ」（裏のループ）と称される。こうした攪乱に伴う再編は生態系のレジリエンスにおいて欠かせない要素である（Key Concept 3）。

　気候変動は，生物多様性から健康や食生活まで，農業革命以降の定住社会の基盤を揺るがし，人類の存続を脅かすものである。これを上述した適応サイクルのバックループとして位置付け，人類全体の根本的な解放と再編成，さらには絶滅までを想像するのは，地球に対する管理の姿勢とは対極にある。一部の研究者が指摘する

ように，人新世を人類史のバックループとして位置付けることもできる［Wakefield 2017］。すなわち「人新世のバックループ」は，氷河期の終了と比較されるほどの規模で新たな生活基盤の再編を模索するという試行錯誤のフェーズであり，食と健康の絡み合いをはじめ，地球と人間の健康をつなぎなおすという実験の拡張を意味する。

　プラネタリーヘルスが，その概念や科学的位置づけの探究だけでなく，実践にも重きを置く点は，まさに人々の試行錯誤によって人間と地球の健康が共につくられていく過程を示す，将来的な視点をもつものだ。パプアの事例をみると，根本的な認識の転換による新たな食の変革という可能性がみえてくる。それは，単に伝統的な食生活に戻る，ということではない。事例で紹介したように，パプアの人々にとっては目に見えづらかった糖尿病が，血糖値をはかるという科学技術が持ち込まれたことによって，より身近に意識させられる「健康問題」としてあらわれた。それによって，コメという外部からもたらされる主食と，現地の在来植物であるサゴやイモ，魚，果物などの多様な食品摂取を，新たな「地球の健康」という視点から見つめ直すことができるだろう。身近な食資源の重要性に目を向けたとき，生態学的多様性の意義や，それらを保持・活用することによって，圧倒的な外部からの開発への危機を新たな角度から見つめ直すきっかけとなる。パプアの人々にとっては，サゴを中心として広がる食や生態環境の多様性への「気づき」があり，さらに新たな学術研究としてもたらされた栄養学や医学による実態把握と介入が加わることによって，ともに関わり合いながら食と健康をループさせる模索が始まったといえよう。

　多様性を目指す食糧生産の試行錯誤は今まさに本格化してきたところである。技術革新や学術研究に後押しされ，炭素除去の可能性を含む再生農業から混農林業や人工肉，再野生化（rewilding）まで，農業革命のバックループにおいて様々な実験が行われつつある。こうして人新世のバックループを生きるとは，障害と混沌の時代に生きるということかもしれないが，今まで想像さえできなかった，地球との共存を根本的に変える視点から健康を考える好機でもある。

有事の文化化と「無事」

弱者生存権を保障する地域のコミュニティ

古川　彰

地域生活者の日常生活をその生活の視点から明
らかにする生活環境主義的な方法で，小さな共
同体の営々とした実践を掘り起こしてきた。現在，
関西学院大学名誉教授

1　個人の安全／安心？　社会の安全／安心？

　本章ではコミュニティとりわけ村のような比較的タイトな集団（小さな共同体と呼
んでもよい）が，安全／安心を確保するためにどのような仕組みや仕掛けを作り上げ
てきたのかを知ることを通して，レジリエンスについて考える[1]。

　群馬県上野村に暮らす哲学者の内山節はある村での経験を通して，そこで使われ
る「自然の無事」という言葉が，現在わたしたちが使う「自然保護」に近い言葉で
あることを知る。ただ，近いけれど「自然保護」という言葉は人と自然とを截然と
区分して人が自然を保護するという意味を伴うのに対して，「自然の無事」のほうは

1　本章は，古川彰「「村の無事」という秩序」（『コミュニティ事典』春風社，2017, 所収）および「村の
　災害と無事」（『村の生活環境史』世界思想社，2004, 所収）などを併せて改稿したものである。

自然も村も私も同じ世界のなかにあり相互に関係をもっていることを含意している［内山 1998］。そして「この関係が無事でありつづけられるならば，自然，村，私といった個別のものも無事でいられるだろう」という感覚が込められている，と村の自然観を理解する。つまり「固有の人間としての「私」が無事であるためには，共同の時空である「村」や「自然」（村の領域の動植物や領土そのもの）が無事でなければならず，この時空とともにある相互的な関係（内山はそれを交通と呼んでいる）が無事に存在していなければならない」のだという指摘である［内山 2001］。

　無事というのは，事が何も起こらないということではなく，他者や自然に開かれていて，それらすべてを受け入れることであるが，それは同時に共に在るということでもある。だからこそ人の無事，村の無事と自然の無事が相即するのである。つまり，私の無事そのものが単独にあるのではなく，私も村も自然も同時に無事であることこそが無事なのだ。この場合の村や自然は，人が過去と未来を含み込んでいるように，そのまま現存する村や自然ではなく，現在・過去・未来を含み込む人，村，自然であり，それらが無事なのである。

　それぞれの人が開かれているこのようなあり方は過去のことなどではない。現在の日本国憲法29条3項に記されている，財産権には公共性が含意されているという規定は，敷衍すれば個人はすでに公共的存在であることを含意しており，私たちはその私の一部をなんらかのかたちで公共に委譲してわたしたちを維持しようとしていることを意味するだろう。つまり，無事は個人を何らかの「共」に付託することによって成り立つ概念である。

　こうした無事の維持が可能になるのは，災害，災厄の経験を文化として蓄積するという方法によってである。たとえば，コミュニティが災害その他によってなり得る可能性としての窮乏する民（以下，貧民）に，コミュニティの財産を開いておくという仕掛けがある。それは貧民という実態ではなく，可能性としての貧民である。それまでのさまざまな災害によっていつでも誰でもが貧民となり得ることを前提として，その貧民に稼ぎの場をコミュニティとして用意しておくという形で災害経験が文化化されているのである。つまりそれは有事の体験を文化化して埋め込んでいくプロセスでもあるので，大きな危機に際して，あたかも無事が崩れたかに見えるけれど，無事そのものがあらたな形に再構築する潜在力を内蔵しているのである。生命のための安全／安心ではなく，生活のための安全／安心である無事をこそ社会の基底において考えようというのである。

2　「貧民稼ぎ」という仕掛け

　さきに見たように人の無事，村の無事と自然の無事とが相即する，つまり村が無事であるためには自然が無事でなければならないとすれば，その無事のための工夫がなければならないだろうし，家と村，自然との関係においてもそれぞれの工夫が

あったはずだ。ここでは村の無事と個々の家の無事の関係，そしてその無事を実現するための仕掛けについて見ていこう。

　以下で使用する資料のひとつは琵琶湖西岸に位置する滋賀県マキノ町知内地区にのこされている『記録』とタイトルの付けられた文書，同地区中川家文書（引用の場合は［中川文書］と記す）および『知内漁業組合沿革誌』である。『記録』は

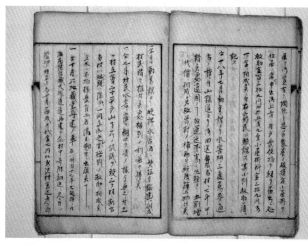

知内村「記録」。270年以上も書き続けられる「村の日記」である。このページには明治17年水害の記述が見える。

1745年に時の庄屋が記したものが残されたもののなかでもっとも古く，現在も区長が継続して書き続けており，約270年間の村の出来事を知ることができる[2]。以下，とくに注記しない場合は『記録』からの引用である[3]。

　知内地区は幕藩体制のもとでは独立した村であり続けたが明治5年の大区小区制で犬上県第六大区高島郡第一区に，そして明治12年の郡制を経て同18年には連合戸長制下で新保村ほか六ヶ村戸長役場に入れられる。さらに明治22年の町村制におい

2　『記録』は公的な文書の写しだけでなく，村で起こった様々な出来事が記されているので，「村の日記」と名付けている。

3　本稿では読みやすさを選んで，文書そのままではなく，読点を入れ，読み下しもしくは現代語訳で引用する。また，カナをひらがなにしている場合もある。

知内村遠景。白く光るのは琵琶湖。

て，ついに知内村は他の六ヶ村と合併して百瀬村となり，その後昭和30年の町村合併でマキノ町となり，さらに平成17年には近隣5町村と合併して高島市となる。このような行政の枠組みの変化を受けながらも知内村『記録』の存在が示すように，知内「村」はなんらかの自律的な集団として存続してきたと考えられる。すくなくとも滋賀県の村の多くは行政範囲の拡大にもかかわらず明治以前の村の枠組みが完全に崩壊してしまうことなく現在まで続いていることが確認されている。明治以降は行政的には村ではなくなってもなお，かつての組織が維持されているような村を以下では「むら」と記述しておく。

　知内村では大正期まで神事組織である「諸人（もろと）」（宮座）が，村の支配的な政治組織でもある「長分（おさぶん）」と重なっていた。つまり神事と政事とが一致していたのである。しかし内圧・外圧のなかで政事と神事とが分離し，かつての「長分」支配は形をかえていく。「長分」支配のもとでは神事と政事とがそのまま村の政治であった。村の規約のなかに神事に関する規約が入っており，神事も政事もともに「村事（むらごと）」としておこなわれてきたのである。しかし押し寄せる近代化のなかで，「村事」は「家事（いえごと）」と「行政」に分離しつづけその役割を縮小し，ついにはほとんど消滅したとさえ言われることもある。町内会や区が単なる行政の末端としてのみ機能しているに過ぎず，基本的には行政が直接個々の世帯とつながっているというのがその場合に描かれる図式である。

　ともあれ本稿では，村落制度改革の前夜ともいうべき明治18年の村の災害への対策のありかたを通して，村が個々の家とどのように関わっていたのかをみていく。水害でおおきな被害を被った家を村はどのように受けとめ関与してきたのか。つまり「家事」に対して「村事」はどのように関与し，またその関係はどのようであったのか。さらにそれらはどのように変化したのか。しかしそれでも知内が「むら」とし

て維持されてきたとすれば，それは「むら」と「家」との間のどのような仕掛けに
よってであったのかを検討してみよう。

1 ……… 災害と救済

　明治18年5月から降り続いた雨は6月も続き，琵琶湖の水位を押し上げ，ついに
「六月三十日強雨の為湖水氾濫し，田地八分どおり浸水し自宅の庭も最上1尺浸水し
たり。浸水家屋七十三戸」[中川文書]となり120戸あまりのむらの半分以上の家を浸
水させる大水害となった。

　7月には高島郡長が巡視に来て「水当の家屋に御覧有りて憫然と思召し，家屋の
破損の者，小屋掛住居の者は申出るべし」と言われたので，届け出たところ「御下
金」があったので「窮民に賦課」したことが記されている。

　また勧業課にたいしては水害畑に植える蕎麦の種を「山陰道より御回送相成，当
村は七斗申請候処，遠国のこと故運送費嵩み，地種より五割増の代価に相成」るの
で，その補助を願い出て許され，同時に「晩稈水害田に繁殖方輸達に相成」などの
指導も受けている。

　さらに翌明治19年3月には水害田畑の種穀料として「自作地五反歩以下の者，並
びに小作人」に「水害田一反歩に付，籾六升の価を以て」「朝廷様より御下金」され
ている。その人数や金額は「71人金額69円6銭6厘」であった。

　明治18年6月の水害は，このような行政による温情的な手当がなされるほどの大
災害となり，むらとしても，まずは次のような通常の災害時の対策をおこなってい
る。

　　七月　貧民糊口難渋救助を乞い候に付，長分協議の上，社倉米・囲籾を当秋迄貸
　　与の議決に相成候事
　　九月　村民水害に罹り糊口を凌ぐ。稼方無之きに付，三ヶ村立会字平戸山下りの
　　協議を致し，三ヶ村に割合，当村は組頭長文は除き一同立込。之れ亦格別の救助
　　に相成候，立木に不拘様長分二名隔日目付に出張候事

　つまり7月には社倉米の貸し出しをおこない，9月には災害に遭った住民には通
常の利用期間ではない入会林へ立ち入って，柴や下草の利用を許可している。

　しかしこの水害は，通常の社倉米の貸し出しというような手段では到底，復旧で

きるようなものではなかったようである。次にみるように村はこれまでの村人全員のための財産であった知内川の「簗」[4]で漁をする権利を，災害で生活が困難になった窮民だけが利用できるようにするという大改革を行うのである。その大改革をみるまえに知内において「簗」がどのような意味を持っているのかを見ておこう。

2……簗の意味

知内と西浜の境を流れる知内川は琵琶湖のアユが遡上をはじめる5月頃からビワマスの遡上する11月まで多くの魚が遡上する絶好の漁場である。河口部から100メートルたらずのところに簗をしかけ季節ごとに遡上してくる魚を収穫してきた。その歴史は慶長年間にまで遡るとも言われる。

この豊かな漁場が村境をなすため，知内と西浜の間では漁場の権利を巡って数々の争い（相論）が繰り返されてきた。この相論については伊藤康宏［1984］の詳細な論考があるので，『記録』の記事をそれで補いながら，知内にとっての知内川の簗の意味を考えることにしよう。

簗をめぐる最後の相論は明治3年から同8年に起こっている。この相論当時は知内川の簗の権利は西浜村が持っていたのであるが，その簗の川下に知内の漁民が別の仕掛けを作って魚を採ろうとしたことが起点となった。知内川の簗は遡上する魚を採る昇り簗であるから，下流部で魚を採られたのでは，簗の漁獲が減るというのである。この争いは，どちらも従来から行っていた漁であり，旧慣尊重の建前から両者に漁を許可されるかたちで決着する。『記録』によると，明治6年に入ると知内は簗漁権を求めて県庁への請願，運動を始める。その結果，はやくも7年中に，歴史に鑑みて知内にも簗漁権を認める，そのため簗の権利を西浜と知内との入札によって決めることにするという通達が出されている。まもなく行われた入札において，西浜の180円に対して，352円を入れた知内が簗漁の権利を落札してしまうのである。入札金額は簗の収穫の7年分にあたるという。

その後，不当を訴える西浜に対して県は3対1の割合で利用するようにとの妥協

4　知内川の河口近くに架けられる簗は，琵琶湖から遡上する魚を捕獲する昇り簗で，川幅いっぱいに架けるため，川が村境に位置する場合は必ずと行ってよいほど二つの村の権利争いを引き起こしてきた。

案をだすのだが，結局は明治8年3月に知内が打ち切り金100円を支払うことでこの相論は最終決着することとなる。さらにその後の顛末が記録には次のように記されている。

籤の権利を得た知内であったが，明治12年に水産資源保護を目的として籤隔年法が出されて2年に一度しか漁ができなくなり，せっかく手に入れた籤の価値が半減する事態に直面する。それに対してむらは迅速に対応する。同じ明治12年には乱獲防止，資源保護をうたって知内漁業組合を設立し，同16年には知内共立養魚場を作って養殖事業を開始する。その一連の努力を背景に県と掛け合って，ついに明治18年，籤漁隔年法の例外規定によって，一年おきに設置場所を変更することで毎年の営業が認めら

上　知内川の梁。手前のコンクリートの箱にアユが落ちる。
下　知内川の梁。アユが遡上する頃になるといまも架けられる。

れたのである。その喜びは『記録』に「漁者一同大慶す」と記された。この例外は現在まで継続する規定となっている。

　以上の記述から，知内の村民にとって籤および籤漁がいかに重要な意味をもっているかが理解されるだろう。こうしてようやくのことで念願の籤の権利を手に入れたその年である明治18年に，知内は大洪水に見舞われたのである。

第22章
有事の文化化と「無事」

3 ……… 貧民漁業制（貧民稼ぎ）

　明治18年洪水では，「細民は困難を告げ，藁餅と唱へ，藁と米を入れたる団子を製し食するに至る」［中川文書］というありさまで，これまで災害時のルーティーンとしてきた対応では立ちゆかないと考えたむらの執行部は村人全員をあつめて総会を開催し，「貧民漁業制」を決定する。その内容は『記録』ではごく簡単にしか記されていないので，長くなるがとても貴重で興味深い文書なので『知内漁業組合沿革誌』（以下，沿革誌）から引いておこう。

　　知内川の簗漁業は従来村稼と称し，知内住民は貧富の別なく斉しく漁業に従事し，
　　其収益は平等に配当し来れり。爾るに明治十八年六月湖水氾濫し，大字内の民
　　家は悉く浸水の不幸に遭遇し，殊に貧民の困難名状すべからざるものあり。相当
　　の活路を得せしめずんば，遂に飢餓凍餒の惨境に陥るを免かれず。当時の総代中
　　川源吾・鳥居五與茂為めに痛心苦慮種々協議の末，大字民を会し，同年後期より
　　従来の村稼を廃し，無資産の細民にのみ漁業をなさしめ，其収益を当該の漁業民
　　に配当し，以て活路を得せしめんと議る。大字民悉く之に賛す，依て爾来之の貧
　　民漁業の制を実行し，以て今日に至れり。尤も取締上必要あるを以て，大字民全
　　体の選挙により二名の総代を置き，金銭出納其他諸般の事務を取扱はしむ。而し
　　て当該の漁業民をして，漁具其他の使用料として漁獲収益金の内より非漁業者た
　　る有資産者の人員に相当する貯蓄組合規約第三条第二項貯蓄金（一人一ケ年参拾六
　　銭以上）を代積せしめつつあり［沿革誌：31］

　知内村の北端，隣の西浜村との境を流れる知内川の簗漁はそれまで「村稼」として，いわゆる総有の形態をとって知内の住民全員が利用できるものであったが，以後は「貧民稼」（明治22年の知内漁業組合設立時の申請書では「貧民漁業制」とあるので以下この用語を使う）とし，災害で生活が困難になったもののみが利用できるものとしたのである。

　その制度的なしくみは「知内村貯蓄組合規約」を見ることで理解できる［沿革誌：25-26］。そもそも知内村貯蓄組合設立の目的は「漁業者不漁若くは天災の為め飢餓凍餒に瀕するに臨み生活を補助する為」とし，第二条では「知内村内に於て漁業を為すものは総て此規約に加盟すべし」として漁民すべての生活保障であることを明確にする。

　第三条の貯蓄金額の項が『沿革誌』の「貧民漁業制」の最後にでてくる部分であ

る。「第三条　貯蓄金額は左の制限に依り毎年貯蓄すべし」とあり，収穫のかなりの部分を組合に供出し，救荒資金として備蓄することを定めている。ただし不漁などで事情がある場合は軽減措置もあり得るとしたうえで，備蓄金を次のように区分している。①簗漁者は一年の収穫金のうち 2／100以上，②其他漁業者は一年に36銭以上，③前二項を兼ねる者は両方を，組合に備蓄することとする。

　それでは『沿革誌』の最後に書かれた「当該の漁業民をして，漁具其他の使用料として漁獲収益金の内より非漁業者たる有資産者の人員に相當する貯蓄組合規約第三条第二項貯蓄金（一人一ケ年参拾六銭以上）を代積せしめつつあり」は何を意味するのだろうか。第三条第二項二における「其他漁業者」（上述の②）の中身が問題なのである。

　そこで知内の漁業者を規定している「知内漁業組合規則（明治12年施行，明治23年改正版）」［沿革誌：1-7］をみてみよう。その第二条が組合員を「当組合は水産保護漁業取締の為め設くるものとす。故に知内村に居住するものは必ず加盟すべし。故に営業者と休業者の二類に分ち，毎年一月之れが加除訂正を為し，稼人員を定むべし」と規定している。

　この規定ではまず，知内村の居住者全員を漁業組合に加入する漁業者として規定する。そして漁業者を「休業者」と「営業者」のふたつに分類しておく。その措置によって，知内の住民全員が漁業者であって水産保護の義務を負わせることになるとともに，生活困難になった場合にはいつでも営業者になれるようにという仕組みを作り上げているのである。

　そうであるとすると「非漁業者たる有資産者の人員に相當する……貯蓄金を代積せしめ」という表現は，川で稼いでいる「営業者」が川で稼いでいない「休業者」の分もかわって貯蓄しておくという意味であろう。つまりいつどんな災害で「休業者」が「営業者」になるかわからないのであるから，その人々の分も貯蓄が必要である。しかし彼らは現在休業中につき川で稼いではいないのだから，稼いでいる「営業者」がその代わりに積んでおこうということなのである。「営業者」の数を見てみるともっとも少ない44人（明治35年）ともっとも多い63人（明治27年）の変動幅があり，その出入りが読みとれる。組合員規則により一戸一人であるから，これは漁業で生活している家の数である［沿革誌：9-10］。

3　レジリエンスとしての無事

1......無事と弱者生活権

　知内の「貧民漁業制」の成立は明治18年である。長年の隣村との争いを戦い抜き，最後には高額の入札金と手切れ金を支払って得た，むらの住民全員の「簗漁権」を，それからわずか10年目の災害の結果として生活に窮乏する人々に気前よく，ほとんど占有権とも言える独占的利用権を与えてしまったのはなぜだろうか。しかし，私自身が発するこの問いは，問いそのもののなかに窮乏者に対する施しというニュアンスが含まれている。むらが窮乏民に簗漁権を与えたのは，むらの中の有資産者つまり土地をもっているものが，土地を持たない生活窮乏者に施した窮民対策であったという意味合いで見ているのである。

　じつはそうではなかった。生活保護が憲法上の当然の権利であるように知内の「貧民漁業制」もまた，知内の住民が当然のものとしてもつ権利として仕組まれていた。知内では全員が漁業者であり，ある家は漁業を「休業」／「営業」しているだけで，いつでも「営業」／「休業」する権利を持っているのだ。

　以上みてきた事例では，簗の漁を採る権利であったが，これは山や原野でも同様に存在し得るむらの仕組みであろう。鳥越皓之［1997］はより強く，日本の共有地には，権利として弱者に優先的に共有地を利用することを許す「弱者生活権」があり，「その権利は温情ではなく，所有論からみた権利として存在する」ものであるとする。

　その立論のしかたは以下のようである。日本のむらがもつ，私有地が村の総有（地）の上にのっているような土地所有の二重性に着目すれば，総有地の上に私有地がないところが共有地として現れている。その場合，村の中で私有地を持たない人や，私有地をもっていてもそれが生活するのに十分でない場合にはその共有地を優先的に私用する権利を与えてもよい。「もっと強く言えば優先的に利用権や占有権をもつ」［鳥越1997：9］としている。

　所有論とは人の自然（土地）への働きかけのあり方について論ずることであろう。とすれば内山がいう「自然の無事」と「村の無事」と「私の無事」の相即性も，このような自然（土地）と人との相互作用（交通）によってはじめて可能にされるのであり，村がその相互作用の仕組みを創造しつづけることが必要とされてきたということなのだと気づかされるのである。

2......人と村と自然の無事とレジリエンス

コミュニティのレジリエンスは共助にある。共助は精神でもあるが，それを支えるのは資源の分配と再分配の仕組みである。それぞれのコミュニティのもっている資源配置のもとで，社会状況，非常時の状況に応じて共助が作動するためのフレキシブルな仕掛け（制度にちかい）が，持続するコミュニティには埋め込まれている。知内ではそのうちのひとつが貧民稼ぎによる再分配の仕組みであった。

知内村では共有の資源である簗の稼ぎを持続させるために利用人数を制限すると同時に，コミュニティの構成員全員に開いておくための仕組みをつくってきた。全員を簗の稼ぎのメンバーとし，そのうち田を持たないもの，災害時に大きな被害を受けて稼ぎを必要とするものを「貧民」とし，簗での稼ぎを得られることを権利とし，制度化する。そうすることで，コミュニティの成員全員が暮らしを成り立たせること，つまりコミュニティの無事を確保するという仕掛けをつくり，たえず変容させながら維持してきた。

コミュニティ・レジリエンス概念を再検討したバリオスは，次のように言う。「コミュニティを静的，不変的，地理的に限定されたものとして暗黙的に理論化している現在の災害レジリエンスの定義は，社会集団の関係性や創発性を見逃している」[Barrios 2014:347]と。バリオスが対象としたのは激甚災害の後に新たに作られるコミュニティのレジリエンスである。それはさきにみた知内における貧民稼ぎほど長期的なものでもなく，また災害後に形成される緊急的な「災害ユートピア」[ソルニット 2010]としてのコミュニティでもなく，長期の復興過程に見られるレジリエンスである。コミュニティのレジリエンスの検討には，こうした短期，中期，長期の期間でのそのあり方を検討する必要はあるが，それらに共通してみることのできるのは，人々や集団間の関係性の創発的な組み換えである。

もちろん知内においては簗と簗からの漁獲というコモンズ（共有財）があり，それを媒介にした関係性の創発的な組み換えであったが，逆にバリオスが対象としたホンジュラスの事例では関係性の創発的な組み換えによってあらたなコモンズとそれを媒介にした共助が生成されていることを読み取ることができる。つまり，コミュニティのレジリエンスはコモンズと共助との創発的な生成であると仮定してみることが可能であるように思える。

第 23 章

人間の死と生
未来の世代への責任

ハイデガー・アーレント・ヨナスを手掛かりに

魚住孝至

哲学・日本思想。哲学・思想を幅広く捉え直すと
ともに，今日的な諸問題についても考えるように
努めている。現在，放送大学特任教授

　新型コロナウイルスのパンデミックで，改めて我々はいつ死ぬのか分からないという不安が呼び起こされた。年齢に関係なく，いつどこで感染するか分からない。ワクチン接種で重症化するリスクは大幅に減ったとされるが，身近な人が亡くなると他人事ではなく，死を考えざるを得ない。「死への存在」であることを覚悟することこそ，本来的な実存のあり様だと語ったのが，マルティン・ハイデガーの『存在と時間』（1927）である。第一次世界大戦後，実存に焦点を当てて，それまでとは全く違った位相で人間と存在を問題にした。ハイデガーは，第二次世界大戦を経験して，技術によってかり立てられている人間のあり様を問い直して現代の危機を深く考えた。ハンナ・アーレントは，ハイデガーの影響を受けながら，『人間の条件』（1958）において，「出生性」や人間が社会の中で語り，行為する意味を考え，近代科学による世界観の転換も考えた。ハンス・ヨナスは，現代の科学技術による地球環境の変化に危機感を持ち，『責任という原理』（1979）で，未来世代への責任を考えた。

　本章では，この3人の哲学者を手掛かりとして，人間にとっての死と生の意味を

改めて見つめ，現代の危機とレジリエンスについて考えてみることにする。

1　〈死への存在〉として人間
——ハイデガー『存在と時間』の「実存」と「世界―内―存在」

　ハイデガー（Martin Heidegger: 1889～1976）は，第一次世界大戦後，理論では捉えられない人間の「事実的生」を問題にしていた。「事柄そのものへ」迫る現象学に基づいて，通常抱かれているさまざまな人間観が，実は事物をモデルとして基礎づけるアリストテレスの存在解釈に基づいており，しかも生成において捉えていた元来のギリシアの存在感とは異なる，その存在解釈を解体して，事実的な「生」を生きたまま動的に明らかにしなければならないと講じた。この革新的な講義は評判となり，講壇哲学に飽き足らない若くて優秀な学生が多く集まった[1]。ヨナスとアーレントもほぼ最年少の学生として講義に出席していた。

　ハイデガーが革新的な人間論とそれに基づく存在論の解体という構想を全面的に打ち出したのが，『存在と時間』である。ハイデガーは，人間のことを「現存在」と呼ぶ。現に存在を了解していることを示すためである。現存在を，事物や道具などの存在するものとは異なることを明示するために，「己れの存在において，その存在そのものに関わりゆく」（SZ12）という「実存」の理念を予め立てている。その上で，現存在の根本構造として「世界―内―存在」を言う[2]。他の生き物が先天的な本能による「環境―内―存在」（ユクスキュル）なのに対して，人間は「世界―内―存在」だとする。近代哲学のように主観―客観の図式で主観を立てることを排して，既に根源的に世界と関わりつつ動的に生きる人間のあり様を問題とする。

　1　ドイツでは，G. ガダマー，K. レヴィット，K. マンハイム，H. マルクーゼなど。日本から留学していた田辺元，三木清，後から九鬼周造なども聴講している。

　2　「世界―内―存在」は，第二次大戦後にフランスの実存主義でも言われたが，サルトルはIn（内）をdans（世界の内に）と訳したが，メルロ＝ポンティはau（世界への）と訳して違った風に捉えた。

　　　以下，ハイデガーの著作からの引用は，『存在と時間』はSZでドイツ語版の，『ブレーメン講演』はハイデガー全集79巻（森一郎訳・創文社・2003）の，『放下』はハイデガー選集15巻（辻村公一訳・理想社・1963）の，『根拠律』は辻村公一訳（創文社・1962）の頁を掲載する。

ハイデガーは，世界—内—存在の世界性を，差し当たり道具との関わりから解明する。例えばハンマーは板に釘を打ちつけるためにあり，打ちつけるのは雨風から家を守るためであり，家は人が住むためにある。さまざまな道具の「……ために」という連関は最後には人間に行き着くが，そうした連関から成り立つ有意義性を現存在は了解しながら，それぞれの道具を扱っている。それがうまくいかない時に初めてその物が意識される。こうした道具において配慮する場面では有意義性によって成り立つ世界性は分かりやすいが，他の人間との共同存在としての世界—内—存在のあり様は十分には論じられていない。

　差し当たり大抵の平均的日常性では，現存在は周りの存在するものとの関わりに没頭して，自らを了解している。好奇心を持ち，曖昧なまま，世の中の「ひと」が言うような意義づけに合わせて世の人と同じように行為している。他の存在するものとの関わりに没頭して，自らの存在に無関心なままであるという意味で，それをハイデガーは「頽落」と呼んでいる。

　けれども現存在自らが理由もなく不安に襲われると，日常的に意義づけられていると思っていた世界は崩壊する。不安のただ中で，現にある世界—内—存在そのものが顕わになる。既に世界に投げられていることが自覚されるとともに，「ひと」に合わせていた意義づけが無くなったからこそ，改めて世界を了解して将来へと自ら企て投げるべく，世界をその都度それなりに意義づけて生きていかざるを得ない。本能によって対応が決まっている生き物と違って，人間においては，自らの存在に関わっていく「気遣い」が現存在の存在だというのである（『存在と時間』第1篇）。

　現存在は将来へと企投するが，将来は死によって限界づけられている。通常は死を未来に起きる出来事だとして考えないようにしているが，その実，死はいつ訪れるか分からない。生まれるや死は差し迫っており，それゆえ現存在は不安に襲われる。不安から逃避すべく忙しく働き，気晴らしするのが，平均的日常の「ひと」に合わせたあり様である。けれども，自己の内から「良心」の声として呼びかけてくる不安に開かれると，日常性は，自らの存在に関わることから逃避していたことを見つめ直させられる。良心を持とうと欲することによって，〈死への存在〉を覚悟すれば，将来へと企投する現存在の全体性も，自らの存在を問題にする意味で本来性も実存論的に看取される。将来の死へと先駆して初めて，既に世界に投げられて在る自らを自覚し，現に今この瞬間を本来的に生きることになる，そのような「先駆的覚悟性」が本来的な実存である。ここにおいて，〈ひと〉に合わせて選んでいた

「事実的諸可能性をはじめて本来的に了解させ，選ばせる」（SZ264）。これを時間的性格に着目してまとめると，〈既在しながら現前する将来〉（SZ326）という時間性によって構成されている。これが根源的な現存在の時間性である。

〈過去―現在―未来〉というのは，事物や道具などの存在するものを基にした公的な時間意識である。人間においては，既在のあり様の経験を担いつつ，将来に向けて期待して，現に今の状況を生きる事実的な実存こそが，根源的である。現存在は，日常的には「ひと」として世の中に合わせて自らの被投性を忘却し，現在の人と物との関わりに忙しく，先のことは未来として予期して，〈過去―現在―未来〉と思い込んでいるのは非本来的なあり様である。けれども現存在が死へと先駆する時には，「覚悟性は，被投的なものとして受け継いでいる遺産から，本来的に実存するためのその都度の事実的な諸可能性を開示する。覚悟しつつ被投性へと帰来することは，受け継がれた諸可能性を自己に伝承する」（SZ383）。すなわち死へと先駆することで，被投的な既在へ投げ返され，受け継いでいる実存の諸可能の遺産を改めて反復して捉え直して，現前する瞬間において遺産の新たな可能性を見出して自ら違ったあり様になっているのである。〈先駆―反復―瞬間〉が本来的な時熟である。先駆して，無自覚に囚われていた伝統を捉え直して，新たな可能性が開かれるのである（『存在と時間』第2篇）。

ハイデガーは，事実的な実存のあり様を具体的に解明しようとしていたことが分かる。『存在と時間』は厳密な学的構成を取るが，その人間理解は，精神医学をはじめ諸学問にもそれぞれに大きな影響を及ぼすことになった。

けれども以上は『存在と時間』の前半の既刊部分である。実は『存在と時間』の構想では，第3篇で時間の地平から存在を捉え直し，第2部で，カント―デカルト―アリストテレスと遡って西洋哲学の存在論を脱構築する予定であったが，未完に終わった。実は『存在と時間』が現存在分析論を基礎的存在論と称していたのは，実存から基礎づけて存在論を転換しようとする意欲が働いていたからだと考えられる。けれども形而上学を形成する存在論の変容は，実存的な覚悟に拠る以上に，より深い存在の歴史の中で生じた事態であることが次第に明瞭となって，非歴史的に実存に基礎づけようとした『存在と時間』は未だ形而上学的な試みだったとして挫折したのである。ハイデガーは，それ以後，自らを既に規定している西洋形而上学の根柢に戻って考え直すことになる。

2　現代技術の「総かり立て体制」と「放下」
──ハイデガー『技術への問い』前後

　第二次世界大戦直後はハイデガーにとって試練だった。大学教授活動を禁止され，戦前一時大学総長となった際のナチスへの加担の疑いで追及されたが，1949年3月制裁に及ばずと認定された。彼は戦争末期から現代文明を西洋形而上学の帰結として技術に焦点を合わせて考えていた。戦後公的活動を再開した49年12月のブレーメン講演で，現代では技術の本質によって，存在するものが「総かり立て体制」（Ge-stell）にあると言い出す。その論は『技術への問い』（1953）でまとめて論じている。

　現代では，存在するものは「用立て」られ「徴用されるもの」となっている。戦時下の「総動員体制」は，戦争が終わっても，「生産性向上」のためとして存在するもの一切が技術によって「総かり立て体制」に巻き込まれている。農業は植物の生長を待つのでなく，技術によって促成栽培され，家畜は早く出荷できるように「改良」される。ライン河の水は水力発電の資源となり，技術によって自然も資源として開発される。人間も人材とされる。ハイデガーは，絶滅収容所や水素爆弾にも言及している。「総かり立て体制は，徴用可能なものを，徴用して立てる働きの円環運動の内へ引きずり込み，固定して，在庫として恒常的なものとして留め置く」（全集79；32）。「人間は，人間の本質から技術の本質の内へ，総かり立て体制の内へ，徴用して立てられている」（37）。物は物として現れることなく荒廃が広がっている。ハイデガーの批判は，個々の技術がもたらす問題ではなく，存在するもの全体への対し方に関わるものであり，人間存在の危機を問題にしている。

　ブレーメン講演は「総かり立て体制」の後，「危機」「転回」と続く。「だが，危機あるところ，救いとなるものもまた育つ」というヘルダーリンの詩句を引用して，以下のように語る。「危機が危機としてあるような危機の本質の内には，〔存在の〕守護への転回がある」，「転回において，存在の本質の明け開きが，突然に明け開かれる」（92/3）。この事態の具体的な現われは，講演最初の「物」において瓶に即して示した，「物が物となる」，「天と地と死すべき者と神的なものからなる四方界」という本来的な世界が閃き，人間は，死を能くする「死すべき者」となる（22/3）ということであろう。ただ本来的にはそうであるとしても，「総かり立て体制」に巻き込まれている現代では，そのあり様がいかに獲得されるかはよく分からない。

ハイデガーは1955年の講演『放下』(Gelassenheit) において，総かり立て体制から脱却するあり様を示唆する。現代では次々と新しさを求めて計算する思惟に忙しくて，現に在ることをじっくり省みる思索からは逃げて無思慮となっている。自然は１つのガソリンタンクと化し，現代の技術と工業にエネルギーを供給する力源となっている。現代は原子力時代である。原子力は，原子爆弾のように我々が想像することも出来ない巨大なエネルギーを持つが，それを平和利用するべく計算した原子力発電所は近い将来世界中に建設されるだろう。けれども，途方もないエネルギーをいかに安全に管理できるのか，戦争でなくても事故による危険性をすでに指摘している (20)。また情報機器の発展により，マスメディアの情報が現実の物や人との関わりよりも一層身近になっている。技術的装置や自動機械が人間を緊縛し，引きずり，圧迫する力が，人間の意思や決断力を超えてはるかに増大している。人間の地盤喪失の危機は深刻である。

　今こそ人間の地盤を省みる思索を目覚めさせなければならない，とハイデガーは言う。技術から一歩歩み戻る冷静さで，技術的対象を利用せざるを得ないという限りでは「イエス」と言うが，それに囚われて自分たちの本質を損ねるのを拒む限りは「ノー」と言う。そのようなあり様を古語を使って「物へと関わる放下」(26) と言っている。絶え間なく遂行される思索からのみ生い育つ，「物へと関わる放下」と「秘密〔存在の真理の覆蔵〕(引用者補記)に向かって開かれ」ることが，新たな地盤への展望を与える (28)，と語られている。

　では，「放下」とはいかなるものか。この講演に付された「放下の究明について」(1944) では，「放下」は〈死への存在〉を引き受ける「先駆的覚悟性」を徹底した立場であり，「意欲の拒否という意味での無―意欲を通り抜けることによって，意欲ではない思索の本質に放ち入れられるように準備する」(47) と言われている。「放下」は，そもそも「委ねる」「任せる」が原意で，英語の"Let it be"に相当することである。

　この講演と同じ1955年から翌年の講義『根拠律』では，ライプニッツの「何ゆえにそもそも存在するものはあるのか，むしろ無ではないのか」の問いには，近代的思惟の，存在するものを対象として表象して (vorstellen: 前に立て) 我に根拠づける「意欲」があると指摘する。「科学は根拠づけの呼び掛けに無制約に応じる」が，「この呼び掛けの比類なき解放は，人間から地盤を奪い去る」と述べる (第４時限：64)。

　そして，これとは別のあり様として，「思索の前に属するもの」だが，「放下」を

語った神秘主義のエックハルトの影響を受けたシレジウスの詩句を掲げる。

〈バラは何ゆえなしに在る　それは咲くゆえに咲く〉

「バラが咲くことは，それ自身から立ち現れる単純なことである」，「この詩句が言わずに語っていることは，人間が彼自身の最も覆われた根底において，真実に在る，ということである」（第5時限：79）。

「放下」は，思索を絶え間なく行って，近代哲学のように対象化して，主体に根拠づける意欲を脱却して，「何ゆえなし」において，物が物として現れるのに任せるところに開かれる平静なあり様のようである。

ハイデガーは，現代文明の総かり立て体制の危機を見据えて，近代の表象する存在論から，さらに根柢にあるギリシアの存在論に戻って「転回」を準備しようとした。最晩年のハイデガーは，西洋の，存在から根拠づけようとする「哲学の終焉」[3]を宣言する（ユネスコ講演1964：『思索の事柄へ』1969）とともに，東洋の別の根源的な思索との「対決的解明」（「思索の事柄を定めることへの問い」1966）を展望していたのである[4]。

3　「出生性」と「行為」の歴史性——アーレント『人間の条件』

アーレント（Hannah Arendt:1906〜75）は，ハイデガーの弟子だったが，ユダヤ人で1933年のナチス政権成立に危機を覚えてパリに亡命し，第二次世界大戦勃発で収容所送りとなったが，1940年のドイツ軍侵攻の混乱時に脱出，辛くもアメリカに亡命した。ユダヤ人絶滅政策に戦慄を覚えて，後に『全体主義の起源』（1951）を著す。ハイデガーとの関係は亡命後切れていたが，1950年に修復し，以後その著作・講演も読んでいる。彼女は自らを「政治哲学者」と称するが，根本的な哲学的思索を展開して，近代・現代の人間存在論として『人間の条件』（1958／ドイツ語版『活動的生』

3　「哲学の終焉」を受けて，メルロ＝ポンティは「反哲学」を言った。

4　ハイデガー自身，戦後一時期，中国人と『老子』のドイツ語訳に取り組んだ。1950年代には，禅者の鈴木大拙や久松真一と語り，「言葉についての対話」（1954）は日本人との対話として書いている。そして講座『禅』（筑摩書房・1965）にこの論文を寄稿した。「批判的対決」はその序文にある。

1960)[5] を著した。

そこではハイデガーに直接言及しないが,「人間の生の最も一般的な被制約性」として「出生性」を語る。人間は「誕生によってこの世界にやってきて,死によって再びこの世界から消えてゆく」(13)。人間の生命の誕生の過程を考えてみても,すでに誕生前から次世代を生む生殖細胞は準備されており,子どもを生み育てることは人間の生命としても最も大きな出来事と言えよう。「新しい始まりは,誰かが誕生する度に,それとともに世界にもたらされる。だが,この新しい始まりが世界の内で本領を発揮しうるのは,当の新人に,何らかの新しい始まりを自ら為す,すなわち行為する能力が備わっているからこそである」(13-14)。アーレントにとって「行為」は,人間同士の間で語りながら共に事をなすことであり,死ぬまで新しいことを始める可能性を持っている。「出生性」と「新しい始まり」の能力を,ハイデガーの「世界―内―存在」に合わせて考えると,世界に含まれる他者との出会いという複数性が考えられ,さらに偶然性に加えて世代性も考えられて,より具体的で実態に即した人間存在の理解に開かれる。

アーレントにおいて,「行為」は,「労働」,「制作」と並ぶ人間の「活動的生」の三つのカテゴリーである。「労働」は「自然物を加工して,生活に必要な物資として生命体に供給する」ことであり,消費を生み出す。近代では労働は分業されて「生産性」を上げ,余剰はさらに拡大生産を生み出していくが,同じことの繰り返しで反復と循環である。近代では活動的生を労働のみで捉える傾向が強いが,アーレントは「制作」と「行為」を区別し,それぞれの価値を認めている。「制作」は「さまざまな物から成る人工的世界を産み出」し,世界の持続性をもたらす。対して「行為」は,人と語らい言論でもって共に事を為す。常に新たな始まりをもたらすが,「予測不可能で」かつ「取り返しのつかない」ことである。行為は遂行そのものに意味があるが,終わった後でも終わらない面もある。行為は関係の網の目で反応をもたらし,語られ,さらに文書に保存されることもあり,その物語が歴史となることもある。その意味で,行為と言論は,その都度の瞬間性とともに歴史的な伸び拡がりも持つ。「人間の生のように誕生から死へと「急ぐ」生は,特異に人間的な一切を,何度も繰り返し引き裂いては朽ちさせ没落においやるべく宣告されている。……こ

---

5 アーレントは英語の『人間の条件』を,2年後に母語のドイツ語に訳すとともに,少し書き加えて『活動的生』とした。以下,森一郎訳『活動的生』(みすず書房・2015)の頁を掲載。

のような危険に対抗するのが，行為から生じる応答性であり世界に対する責任性なのである」(325) と書いている。世界に対する責任性は，ヨナスが次世代を視野に入れて主題的に問題にしていくことになる。

1 ⋯⋯⋯ 近代科学の世界疎外と技術の段階

『人間の条件』は，近代科学において「世界疎外」が始まったと論じている (328)。ガリレイが望遠鏡を使った観測によって，天上と地上との秩序あるコスモスが，今や上下のないデータとなる。個人の感覚は捨象されて，機器による観測が始まり，さらに数式に還元して記述することになる。数式によって，それまで全然知られなかった実験をつくる道も拓かれた。数学が近代を導く科学となり，宇宙へ乗り出していく道を知性に拓いた。かくて「地上に居ながら，地球や自然を意のままに操る「アルキメデスの点」を発見したかのように振る舞うすべを見出した」(345)。人間は近代科学によって，地上に居ながら宇宙的な普遍科学へ踏み出したのである。

科学が切り拓いた革新によって近代技術も展開する (176)。第1段階は，蒸気機関が支配的になって，すぐさま産業革命を迎えた。第2段階は「電力ならびに世界の電化」である。自然プロセスそのものを作り始める。電力という無差別な形態に転化し，組織的に導入されて，成長の原動力となる。そして技術発展の最終段階は，オートメーションである (178)。科学技術は人間の労働・制作・行為の全体を大きく変容させることになる。オートメーションは現在も進行中であり，コンピュータが普及し，AI（人工知能）が改良されて生活の中へ浸透することによって，人間が職場を大々的に追われる事態も予測されている。

アーレントは，原子爆弾の炸裂からを現代だと区切っている。「原子爆弾は原子力技術の最初の応用器械であって，地球上の全生命体を絶滅させるに十分な殲滅能力をそなえている」(178)。原子力発電所となると，宇宙にしか生じないエネルギーや力を，この地上で，かつ日々の人間的生活の中で操作することになる。災害・事故・攻撃によって原子力発電所が暴走を始めれば，破滅的な事態に陥る。

「20世紀前半に相次いでなされた決定的発見の夥しさ」によって，「絶望があからさまに膨張し，世界から魔力が抜き取られ，近代に特有な現象であるニヒリズムが発生することにもなった」(343)。

科学技術はさまざまな分野で展開している。「一旦踏み入れた道はどんな道でも最

後の最後までたどるという鉄則が，科学の本質には潜んでいる」(5)。数学的処理は専門家にしか理解できず，その技術に関して市民は行為において正当に議論できなくなる。専門家もそれがもたらす事態を十分に予測できないことがある。

アーレントは，人工衛星が飛んで「宇宙時代」と言われることに，大地からの疎外を感じ取っている。『人間の条件』の序で，試験管の中で生命を産み出そうとする試み，突然変異を発生させて人間の形状や機能を根本的に「改良」しようとする試みの人工合成に言及しているが，これらの一部は今では技術的に現実化している。

2 ………「悪の凡庸さ」── 思慮なさの恐ろしさ

アーレントは，1961年に何百万人ものユダヤ人を絶滅収容所に移送した責任者だったアイヒマンの裁判を傍聴した。63年に，この裁判のレポートとして，ごく平凡な人間が特別な悪意も罪の意識も持たずに，思慮なくただ与えられた任務を忠実に遂行することによって何百万人もの無辜の人々を殺害したと論じた。「悪の凡庸さ」と論じ，ユダヤ人の中にも協力者がいたことを書いたので，激しい論争を巻き起こした。ヨナスとも一時絶交状態となった。計算的な思惟はあるが，根本的な思慮のなさがアウシュヴィッツ絶滅収容所での大量殺人を「効率的」に稼働させしめたのである。これも含めて，アーレントの議論は，ハイデガーの「総かり立て体制」をより具体的に論じていると言える。

4　「未来の世代」への責任──ヨナス『責任という原理』

現代技術が人間の行為と世界のあり様を根本的に変容させてしまったことを踏まえて，現代および将来の人間の生き方を展望して，未来の世代への責任，それも地球上の生命全体にも関わる責任を論じたのが，ヨナス（Hans Jonas：1903〜93）の『責任という原理』である。ヨナスも，ハイデガーの弟子でブルトマンの下でグノーシス思想を研究していたが，ユダヤ人なので，1933年ナチスから逃れてパレスチナに移り，ユダヤ旅団に志願して戦争に参加し，肉体の傷つきやすさを体験した。戦後ドイツに占領軍将校として戻るが，母親がアウシュヴィッツ収容所で殺されたこと

を知り，ドイツ文化との永遠の決別を決意した。カナダを経て1955年にアメリカに移住した。アーレントと再会し議論を重ねた。生命倫理の研究に従事し，妻ローレとも議論して，生命を操作する科学技術の問題や，その問題を解決するための倫理学的な原理論を構築した。1979年に哲学的遺書として『責任という原理――科学技術文明のための倫理学の試み』をドイツ語で著した[6]。

　現代技術は，加速度的に次々と開発されて，物質を，地球上の生命を，人間自身を圧倒する力を持つようになっている。人口が急増加し，生産と消費は途方もなく増大し，長期的に累積しており，自然の脅威となっている。今や人間の行為が地球規模で未来に対して大きなインパクトを与えるものとなっている。原子爆弾の脅威は自明だが，経済活動に伴って開発される諸技術は次々と連鎖反応して巨大化し，未来に脅威が顕在化する「時限爆弾」である。今や生活を送っている間にも時計を進めている。人間は科学技術を手にして，集団でばらばらに実践することによって自然を取り返しのつかない形で改変している。その影響は，ずっと遠くの未来の世代の人間に対して，そして地球上の多様な生命に対しても，それぞれの生存の条件に関わる重大事である（同書第1章）。

　それ故，現代の行為が，将来に対してどのような影響をもたらすのか，現在の科学的な知見に基づいて予測しなければならない。確実な予測は不可能であるが，恐れに基づいて，幸せな予測より，不吉な予測を重んじなければならない。予測される危険が未来への羅針盤となる。安易なユートピアを持って現代の行為を肯定してはならない。マルクス主義を批判し，科学技術の進歩という期待も危険であるとした。存在と当為を分けて，存在は没価値とすること自体が，科学文明を根底で支えており，自然環境を破壊している（同書第2章）。

　ヨナスの議論で特異なのは，未来の世代は物を言うことが出来ないが，子孫は存在する義務があり，その在り方に対して現在の我々に義務があるとすることである（同書第2章IV未来に対する義務）。ヒトラーの時代に絶望的な気持ちで亡命してきた夫婦が「こんな世界に子供を産み落とすことをしてはならない」という議論をしたという（73：訳書解説によれば，ヨナス，レヴィナス，アーレントの周辺で話題にしていたという407）が，生まれてくる後世の者たちの願望を予想するのでなく，彼らが存在する

6　加藤尚武監訳『責任という原理』（東信堂・2010新装版）の頁を掲載。アーレントとの関係については百木漠・戸谷洋志著『漂泊のアーレント　戦場のヨナス』（慶應技術大学出版会・2020）参照。

場合に彼らが果たす当為に依拠しなければならない（74）。当為は我々と後世の者たちの双方を越えたものである。後世の者たちから当為に従う可能性を奪ってはならない。人類は存在しなければならないということが，カント的に言えば，無条件に妥当する「定言命法」であり，人間という理念に対する存在論的な責任があると，ヨナスは論じる。

　宗教によることなく，このように断言できることを示すために，「何ゆえに，存在するものがあるのか，むしろ無なのではないか」というライプニッツの問いを問題にする。ヨナスはこの問いの意味は，「無に優先して何かがあるべきでなければならないということでなければならない。」「価値とは，それが存在するなら，単なる可能性にとどまらず，おのずからその実現を迫ってやまない唯一のものである。つまり，存在への要求を，すなわちあるべしを基礎づける唯一のものである。そして存在が選択的行為に依存する場合には，その存在を行為に基礎づける唯一のものである」（85）と論じている。

　ヨナスは，無に優先する存在によって当為を基礎づけようとしているが，そうなると，その当為を強制して，主体の意欲の問題に転化する危険性はないだろうか。具体的に言えば，子供を産みたくとも恵まれない人もいる。恵まれない事実もあるがゆえにこそ，生まれた子の存在を有り難く受けとめ，また生まれない場合には，それを自らの運命として受けとめるのではないか。ハイデガーが「放下」の無意欲の上で，「何ゆえなし」として，無があるゆえにこそ，存在するものが立ち現われることの重さを語っていたのとも異なっている。

　ヨナスは，「端的な事実的存在が明白に当為（「べし」）と合致するような，模範的な存在」として，「赤ん坊は，息をしているだけで，否応なく「世話をすべし」が周囲に向けられる」（223）と言う。けれども赤ん坊の存在がというより，赤ん坊に関わるさまざまなことが〈縁〉となって，世話を引き出し，反応がさらなる世話へつながるのではないか。ヨナスはカント的な「定言命法」と言うが，まず主体を立ててから，実践の意欲によって存在を基礎づけようとしているのではないか。むしろ「世界―内―存在」として，被投性を引き受けつつ，将来へと行為の連鎖が展開するのではないか。そう考えると，「世話をすべし」は，赤ん坊だけでなく，他者へとさらに広がるのではないか。

　そもそも我々は「世界―内―存在」として，既に先祖から受け継いだ自然と関わり合って生き，自らは死への存在であるが，出生性で新たな子どもを受け入れて共

に生きて，その自然を受け渡していくことを考えれば，将来の世代が生きる可能性を奪ったり，大きく損ねるような自然環境の改変はしてはならない責任がある。自然は，さまざまな生き物との長い間の関わりが積み重った結果，今の生態系が形成されてきたものであり，それを，人間が何代もかかって適応して「風土」としてきたのである。科学技術による改変によって，未来の世代が存在するのに危険性があってはならないし，大きな負荷を背負わせてはならない責任があるはずである。

ヨナスは，未来が脅かされて人間が破滅することを拒否することを第1の要件として，存在の肯定を集団的に行為に移さなければならないと言っている。食料問題，資源問題，エネルギー問題，熱問題をそれぞれ検討して，ユートピア思想を排して，将来を慎重に顧慮しなければならない。近接未来だけでなく，もっと遠い未来の集団への責任を考えるべきであるとする。ヨナスの論は，存在論的な基礎づけという点では上記のように疑問があるが，未来世代への責任は，グローバル化が進んで温暖化をはじめとする地球環境問題が多くの生命種の急速な絶滅を早めているという警告が発せられている今日，ますます重要であると思われる。

＊　　＊　　＊

本章は「世界─内─存在」から始めたが，今や情報によって，人々の行動は大きく左右されるようになっている。インターネットやSNSで情報は大量に発せられ，作り換えられて，あちらこちらに情報網のリゾームが展開している。さらにAI（人工知能）の機能進歩と普及が進み，世界が情報によって置き換えられているようにも見える。けれども情報は実態とかけ離れてしまうとバブルの如く崩壊する。3・11のような災害や事故によって状況が一変してしまうこともある。情報が肥大化しても，身体を基盤として現に生きる世界─内─存在であることは変りがない。科学的知識は宇宙大に拡大しても，現実の人間は地球においてしか生命を保ち得ない。しかも人間が「死への存在」であることは科学技術がいくら発達しても変わらない。細胞分裂には限界があり，免疫系の働きも老化していく。人間の生には死がプログラムされている。人間は死ぬ，それ故にこそ世代交代があり，人間社会はその都度「終わり」があり，更新されていく。人間社会が，自然から様々なモノを取り入れ，人工的な世界を展開させても，それにより変容された自然を後世に残していくことは変わりなく，有限な地球には限界がある。現在の地球環境も地球と生命の40億年の歴史によって形成されてきたものであり，最新科学によっても予測もつかない複雑多岐に絡まり合って生態系を成しており，どこかが変ればその影響は思わぬところ

にさまざまに現れる。今も未知のウイルスの変異によっても脅かされる。

　ハイデガーは現代技術の「総かり立て体制」を論じ，アーレントは近代科学から「世界疎外」が始まり，宇宙的な科学が地上に展開する危険を示した。ヨナスは諸々の科学技術が限界を越えてしまった危険を警告して未来の世代への責任を語った。哲学は根源的な「何ゆえに」を問い，現に存在することを問う。その問い掛けを繰り返すことで，現実の事実性を具体的に捉えるとともに生きる世界全体を問い深めて，我々が直面している地球的な危機の総体とその未来を考えていかなければならないのである。

第24章

国際関係論としての レジリエンス

日本外交の役割

米本昌平

科学史・科学論。自然科学と政治の交点の諸問
題を整理・分析することに従事。東京大学客員教
授，現在は哲学に転進

1 　冷戦の終焉と，地球温暖化問題の外交アジェンダ化

　21世紀に生きるわれわれは，地球温暖化が人類共通の最重要課題の一つであるこ
とを当然のものと考えている。だから，この問題を扱う国際条約が存在し，これに
よって毎年末に締約国会議（COP：Conference of Parties）が開かれることに，なんの疑
問も抱かない。だが，1992年に妥結した国連気候変動枠組み条約（以下，温暖化条約
と略）や，この枠組みの下での京都議定書の成立に，自然科学の情報はほとんど寄
与しなかった事実を知らされると，奇妙な感じを抱くはずである。

　実際に見てみよう。表 1 は，温暖化に関する科学情報を集約して，国際交渉に提
供するための公的機関，IPCC（気候変動に関する政府間パネル）が出したこれまでの報
告書の中で，人間の活動が地球温暖化にどの程度影響を及ぼしているか，その表現
がどう推移したかを見たものである。地球温暖化が「人間由来の温室効果ガスによ

表1 IPCC報告にある，地球温暖化への人間活動の影響についての表現（環境省）

報告書		公表年	人間活動が及ぼす温暖化への影響についての評価	温暖化の国際合意
第1次報告書 First Assessment Report 1990（FAR）		1990年	「気温上昇を生じさせるだろう」 人為起源の温室効果ガスは気候変化を生じさせる恐れがある。	1992 枠組み条約
第2次報告書 Second Assessment Report: Climate Change 1995（SAR）		1995年	「影響が全地球の気候に表れている」 識別可能な人為的影響が全球の気候に表れている。	1997 京都議定書
第3次報告書 Third Assessment Report: Climate Change 2001（TAR）		2001年	「可能性が高い」（66％以上） 過去50年に観測された温暖化の大部分は，温室効果ガスの濃度の増加によるものだった可能性が高い。	
第4次報告書 Forth Assessment Report: Climate Change 2007（AR4）		2007年	「可能性が非常に高い」（90％以上） 温暖化には疑う余地がない。20世紀半ば以降の温暖化のほとんどは，人為起源の温室効果ガス濃度の増加による可能性が非常に高い。	2009 コペンハーゲン 合意
第5次報告書 Fifth Assessment Report: Climate Change 2013（AR5）		2013〜 14年	「可能性が極めて高い」（95％以上） 温暖化には疑う余地がない。20世紀半ば以降の温暖化の主な要因は，人間の影響の可能性が極めて高い。	2015 パリ協定

環境省
科学データは温暖化の国際合意形式に全く寄与しなかった

る可能性が高い」と明言するようになるのは，2001年の第3次報告以降であり，最近の報告になればなるほど，人間による影響は決定的であると断定するようになっている。

　言い換えると，温暖化条約や京都議定書は，温暖化の危機を示す科学的データが蓄積したから，これに対する国際政治上の対応策として成立した，という関係のものではなかったのである。しかもこの二つの国際合意は，外交合意としても異色のものである。たとえば，環境規制は国内法の場合ですら，実質的な害が明らかになった後，多くの政治的努力が費やされてはじめて成立する法律群である。国際法となると，その実現はさらに難しくなる。たとえば，温暖化条約の先行条約である，オゾン層保護のための「ウイーン条約/モントリオール議定書」は，ウイーン条約の妥結直後に，南極でオゾンホールが観測されたため，条約の発効前に急遽，フロンを規制するモントリオール議定書を成立させたものである。この経緯を明確にするために必ず，「ウイーン条約/モントリオール議定書」と併記することになっている。

　これに対して温暖化条約は，その被害が確定するよりも前に合意に達した，言わば「予防原則」に立脚した初めての環境条約であり，この点だけでも画期的な国際合意である。だがそれ以上に，京都議定書は異端的と言ってもよい国際合意なのである。

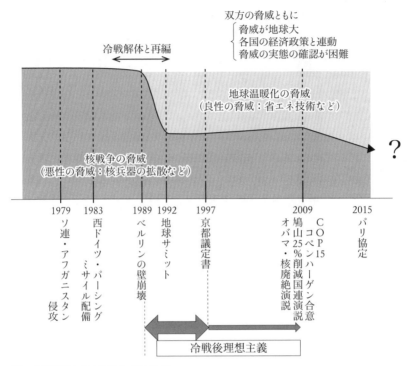

双方の脅威ともに
┌ 脅威が地球大
┤ 各国の経済政策と連動
└ 脅威の実態の確認が困難

冷戦解体と再編

地球温暖化の脅威
(良性の脅威：省エネ技術など)

核戦争の脅威
(悪性の脅威：核兵器の拡散など)

?

| 1979 | 1983 | 1989 | 1992 | 1997 | 2009 | 2015 |

1979 ソ連・アフガニスタン侵攻

1983 西ドイツ・パーシングミサイル配備

1989 ベルリンの壁崩壊

1992 地球サミット

1997 京都議定書

2009 オバマ・核廃絶演説 鳩山25％削減国連演説 COP15コペンハーゲン合意

2015 パリ協定

冷戦後理想主義

図1　国際政治における脅威一定の法則

　現代の主権国家は，自国経済の将来の達成度（パフォーマンス）に関して，義務が課せられる国際合意などは絶対に受け入れない。自国経済の将来の達成度について責任を持ちうるのは，強大な権力をもつ社会主義国などであるが，現在ではこれらの諸国もそのような約束は受け入れることはない。ところが京都議定書は，一国の経済活動に等しいCO_2排出量に関して，法的強制力のある議定書によってその削減を課すものであり，現代外交のなかではまったくの異端の合意である。

　ではなぜ，かくも破格の国際合意がこの時期に成立したのだろうか？　この時期にかくも異色の国際合意を成立させるのに見合うような国際政治の側の変動といえば，冷戦の終焉をおいて他にない。つまり，突然の冷戦終焉という国際政治の激変が，温暖化条約/京都議定書という異色の国際合意を成立させた本当の原因だったのである。

　冷戦とは，自由主義陣営と共産主義陣営が，最悪時には6万数千発の核弾頭を保

有して睨み合い，核戦争の恐怖におびえた過酷な時代であった。ところが，1989年11月9日，突然，ベルリンの壁が崩れたことによって，核戦争の恐怖はにわかに薄れ，欧州社会は一気に多幸症的な空気に包まれることになった。

だが同時に，国際政治という独特の空間は，核戦争への脅威が突然，減じたぶん，これを埋め合わせるような新たな脅威を，その生理として必須のものとした（図2）。別の角度から見ると，冷戦時代には核戦争阻止のために，一見，軍事とは無関係に見える，たとえば科学や経済や文化に関わる国際機関までもが，少なくともその一部は緊張緩和のための装置として機能していたのである。ところが突然，これらが不必要に見え始めるようになったため，国際政治に関わる集団は，これが外交力過剰と映ることを恐れたようなのである。こうして，自然科学の側はほとんど準備のないまま，地球温暖化という新たな脅威が，外交のアジェンダ表の中を急上昇してきたのである。

確かに，核戦争の脅威と温暖化の脅威とは，似た側面がある。第一に，ともに地球大の脅威であること。第二に，各国の経済活動と深く連動していること。第三に，脅威の実態の確認が極めて困難であること，である。もちろん，両者の間には違いもある。核戦争の脅威を過大に見積もれば，かつてのソ連のように，国の経済そのものが崩壊してしまい，後世に残るのは大量の核兵器と戦車群である。これに対して，温暖化の脅威は，かりにこれを過大に評価したとしても，後世に残るのは省エネ・省資源のための研究成果や投資である。癌になぞらえれば，前者は人類にとって「悪性の脅威」，後者は「良性の脅威」と言ってよいだろう。

2　冷戦後理想主義と再統一後ドイツの国際公約

温暖化条約／京都議定書を成立させたのが冷戦の終焉であったとしても，実際には，地球温暖化問題を外交アジェンダとするように行動をおこす，強力なアクターが存在しなくては，世界はその方向に動かない。

ここで，冷戦直後の国際政治の空間を満たした理想主義を「冷戦後理想主義」と呼ぶとすれば，それは次のような二つの主張から構成されるものであった。①地球温暖化が，人類による過剰なCO_2排出によって進行していることは事実と認める。②

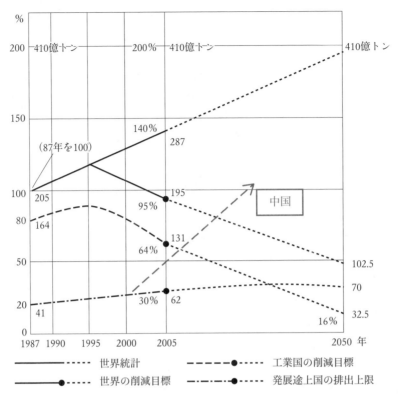

図2　再統一後のドイツは，温暖化問題を次の国家的課題とすることを明確化
西ドイツ議会『地球の保護』(1990)に，中国を加筆。

この事態を緩和させるためには，まず先進工業国が率先してCO_2排出削減を行うべきであり，そのための法的拘束力のある枠組みが必要である，とする政治的主張である。そして，このような冷戦後理想主義を実現させるために邁進したのが，ベルリンの壁崩壊を機に，再統一をめざしたドイツであった。

　図2は，再統一直前の1990年10月に，当時の西ドイツ連邦議会が採択した報告書，『地球の保護Protecting the Earth』にある図である。ここではすでに，先進国は21世紀を待たずにCO_2排出削減に向かうべきであることを主張しており，先進国のCO_2率先削減論の出発点となった文書とみてよい。実はわれわれ日本人は，欧州における「ドイツ問題」の重みをほとんど考えたことはない。欧州における「ドイツ問題」とは，第一次世界大戦も第二次世界大戦もともに，強国ドイツが抱いた欧州覇権と

いう野望が発端であったのであり，ここで東西ドイツの再統合を許してしまえば，欧州はまた大きな災難を招くのではないかという，欧州諸国が抱く歴史的な懸念のことである。

この時の西ドイツ議会は，近隣諸国のそのような懸念を汲み取った上で，この報告書を採択したのであり，再統一後のドイツは国力のすべてを地球温暖化という新しい人類共通の脅威に向けて投入する，と宣言したのである。さらにこれに加えて，当時，最強通貨であったドイツマルクを，エキュ（ECU）と呼ばれていた欧州共通通貨の創出のために供出した。ドイツの再統一は，これだけの経済的負担を払うことを約束してはじめて欧州社会に受け入れられることが許されたのである。

このような歴史的変動は，ある個人が象徴的に体現することがある。冷戦後理想主義という現代史の価値観を体現したのが，アンゲラ・メルケル（1954〜）であった。

ドイツは，1990年10月に再統一を実現させ，12月には再統一後，初の連邦議会選挙が行われた。この時，初当選を果たした議員の一人が，メルケルであった。彼女は，第3次コール内閣で，女性若者担当大臣，94年から原発安全・環境大臣に抜擢された。その後，第一回締約国会議（COP 1）がベルリンで開かれることが決まると，新生のEU（欧州連合）諸国の間を精力的に行き来し，ベルリン・マンデートという政治文書をまとめあげて，COP 1で採択させるまでにこぎつけた。この文書は，来るべき京都議定書について大枠をはめるものであり，メルケルは事実上の京都議定書成立の立役者と言ってよい。05年11月にはドイツ初の女性の首相となり，その後，EUの指導者としても圧倒的な信頼を勝ち得る立場にのぼりつめた。

3　パリ協定とレジリエンス——温暖化外交の実質的変質

だが冷戦後理想主義の勢いは，1992年6月のリオ・サミットが頂点であったのであり，以後は衰退していく。冷戦後理想主義が衰退していった最大の理由は，先進国経済の長期低迷と，発展途上国，なかでも中国の急成長により，国際経済全体の構図が激変したことにある。中国は，とくに21世紀に入って経済が急成長したが，急増する電力需要のほとんどを国内炭による火力発電でまかなったため，CO_2排出も急増し，2007年にはアメリカを抜いて，世界最大のCO_2排出国となった。

このような国際経済の変貌は当然，温暖化交渉の内容を変質させることになった。2007年のCOP13で採択された「バリ行動計画」では，それまで温暖化の適応策を議論することは，CO_2排出削減（温暖化交渉では，脅威を軽減するという意味でmitigationと表現）策の意欲を削ぐものという理由で扱われなかったのだが，ここで初めて，削減策と並んで，温暖化への適応策と発展途上国による関与が，交渉文書に併記されることになった。そして，冷戦後理想主義の崩壊は，2009年のCOP19で決定的なものとなる。ここで，先進国CO_2率先削減を義務づけた京都議定書の枠組みを延長することに失敗し，この枠組みの外にあったアメリカのオバマ大統領の手によって，コペンハーゲン合意がとりまとめられた。

　そのコペンハーゲン合意を国際合意の形に整えたのが，2015年のパリ協定である。これによって温暖化交渉の枠組みは，各国のCO_2排出削減を法的に義務づけるという温暖化外交の特権的性格は消滅し，国際的大義を掲げながら，主権国家としての国益は確保するという，事の善し悪しは別にして，ごく一般的な国際合意の水準にまで後退したのである。

　パリ合意はその第二条で，目的を三つ掲げている。（a）地表気温の上昇を産業革命前より2℃上昇以内に抑えること，できれば1.5℃上昇以内に抑える努力を続けること。（b）気候変動の悪影響に適応する能力，ならびに気候変動に対するレジリエンスを高めること。（c）温室効果ガスの少ない排出，ならびに気候変動に対するレジリエントな発展のための資金の流れを併せて確保すること，である。

　パリ合意にあるレジリエントとは，それまでの温暖化交渉では緩和と適応という概念しかなかったのに対して，温暖化によって発展途上国が被る損害と危険に対して，国際社会が支援する目的を意味する概念である。2014年9月にオバマ大統領が，大統領令「温暖化レジリエント国際開発」に署名し，アメリカの途上国援助の目的と体制をより明確にしたことによって，この概念が温暖化交渉にも採用されるようになった。

　一般メディアは，環境NGOの価値観に近い立場をとりがちで，勢い，第一番目の1.5℃上昇以内に抑える点ばかりを強調するのだが，実はこれは，温暖化条約にある目的からは逸脱した表現である。条約本来の目的は，大気中の温室効果ガスの濃度増大を危険にならない範囲に抑えることとされており，ラジカルな読み替えが行われている。だがその一方で，具体的な温暖化対策については，各加盟国が約束草案（INDC：Intended Nationally Determined Contribution）を事務局に提出し，5年ごとに

その評価・見直しを受けるのにとどまるのであり，国家としての経済主権は断固と
して確保されているのである。

4　安全保障概念の拡張とレジリエンス

　温暖化問題がこのように構造的に変質してくると，この問題を安全保障と結びつ
けて考えようとする立場が当然出てくる。それが，気候安全保障（climate security）論
である。この考え方を最初に採用したのはイギリスのブレア政権で，2006年5月か
ら1年間だけ，外務大臣を務めたM.ベケット（Margaret Beckett：1943〜）であった。彼
女はまず，2006年10月にわざわざ駐ベルリン・イギリス大使館に赴き，ドイツ外交
官に向けて演説し，そこで気候安全保障論を展開して，これを今後のイギリス外交
の柱とすると宣言した。

　そこで彼女は，温暖化が進めば，もともと脆弱であった地域に温暖化の悪影響が
加重され，地域紛争は激しくなるだろうと指摘した。具体的には，海面上昇による
領土の喪失，淡水資源の枯渇，食糧問題の悪化などをあげ，地域としては，アフリ
カ，中近東，中央・南アジア，南米，大洋州を挙げた。また逆に，温暖化の進行に
よって自然資源へのアクセス可能性が大きくなり，北極では緊張が高まることも指
摘した。

　この演説に続いてベケットは，国連の安全保障理事会（安保理）の議長席が回って
きたのを機会に，国連の最重要機関である安保理で，温暖化問題と安全保障につい
て討議をするよう働きかけを行い，これによって2007年4月に初めて，安保理で温
暖化と安全保障に関する討議が行われた。これ以降，この課題に関する討議は，安
保理で間歇的に行われてきている。とは言え，イギリスによる温暖化問題の安全保
障化という努力は，いまのところ成功しているとは言い難い。反対論をとる代表は
中国である。その主張は，「確かに温暖化には安全保障上の面はあるが，基本的には
発展途上国に対して持続ある発展を支援するという問題であり，それは社会経済理
事会の本務である」というものである。

　このような温暖化外交の本質的な変化を，レジリエントな文明を設計するという
観点からとらえると，日本は，さらにその上に地震対策をも含む包括的なレジリエ

ント性にも対処した文明像を考え出すべき立場にある。考えてみると，地球温暖化問題とは，大気中の温室効果ガスが毎年2.2ppmずつ増加していくことによって引き起こされる悪影響に対して措置を講ずることである。ところが，日本は国全体が地殻プレートの境界に乗っている，珍しい先進国である。実際，日本の地下に向けて，約10cm/年の速度で太平洋プレートが沈み込んでいるのであり，いずれの日にか到来するに違いない巨大地震に備えなければならない宿命を負っている。

　大気中の温室効果ガスの蓄積が引き起こす害に対抗するための条約は，まがりなりにも存在するが，地殻プレートの移動が引き起こす巨大地震・津波への対処を目的とする包括的な条約は存在しない。だが一方で日本は，実際に巨大地震の被害を受けてきている。1995年の阪神大震災の10年後には，これを踏まえて神戸で第2回国連防災会議が開かれ，「兵庫行動枠組みHyogo Framework for Action」が決定された。さらに2011年の東日本大震災をうけて2015年には，仙台で第3回国連防災会議が開かれ，「仙台災害リスク削減枠組み Sendai Framework for Disaster Risk Reduction」が採択された。日本が，より包括的で強靭な文明設計のための国際共同研究プロジェクトを提唱すべき立場にあるのは明らかであろう。

5　展望——課題としてのアジアにおける環境外交

　国際政治という特殊な空間は，17世紀のヴエストファーレン条約以降，主権国家が軍事力を背景に，自国の国民・領土・財産を守るためにせめぎ合う場である。そのためどうしても，国際政治では安全保障的な意味合い（security-taste）を帯びた提案が実際には機能していくことになる。このことは逆に，国際的緊張をはらむ地域に対して，異論の出にくい環境問題で国際協力の枠組みを設定することは，緊張緩和のための有力な手段であることを意味している。

　その最大の具体例は，20世紀後半の冷戦下の欧州で進められた「環境外交」である。1970年代前半にデタント（緊張緩和）が進み，75年にヘルシンキで，米ソ両陣営が話し合う全欧安保協力会議が実現した。そしてその成果の一つとして，欧州全域を対象とした大気汚染情報を共有する長距離越境大気汚染条約（LRTAP条約）が成立した。だが80年代に入ると欧州では「ミサイル危機」が起こり，米ソ間は険悪とな

る。ところがちょうどこの時，LRTAP条約が発効し，この祝賀パーティーには両陣営の外交官が集まり，対話の場を確保したのである。その後，ベルリンの壁が崩壊すると，冷戦時代に構築された欧州の大気汚染観測網は一気に活性化され，現在，欧州では科学データに基づいた環境外交が機能している。

　地球温暖化問題に戻ると，近年になるとIPCCが人類活動による温暖化の深刻な影響を繰り返し強調し，ただちにCO_2排出削減を求めるようになっている一方で，これとは逆に，国際政治上の削減のための強制力は希薄になり，問題の構造は格段に深刻なものになっている。20世紀では欧州が国際政治の主課題を描いてきたのに対して，21世紀に入ると東アジアにおいて，アメリカと中国の二大国間での国際関係の再設定の過程に入り，緊張が高まっている。だが同時に，米中二国はCO_2二大排出国であり，温暖化問題での協力を模索しているが，必ずしもうまくいっていない。

　むろん日本は，この歴史的変動の渦中にある，経済では世界第3位の先進国である。繰り返すが，国際的な緊張をはらむ困難な地域に向けて，環境保全を目的とした国際共同研究や環境協力を提唱することは，緊張緩和のための現代外交の定石である。日本の研究者は，地域の安定に寄与するものという固い信念をもって，アジアにおける環境保全やレジリエンス社会の建設に向けた国際共同研究を提唱し，関与し続けていくべきなのである。

表2　酸性雨と国際政治

1972	国連人間環境会議（ストックホルム）	1950年代末より高煙突政策
	OECD内での酸性雨の研究開始	社会主義国は参加せず
1975		全欧安保協力会議最終合意書
		第一バスケット　安全保障
1977	EMEP研究開始	第二バスケット　人権
1979	LRTAP条約署名	第三バスケット　経済能力・環境
1981		シュピーゲル紙が「森の死」を特集
1983	LRTAP条約発効	パーシングミサイル配備問題
1984	EMEP議定書（発効88年）	
1985	第一SOx議定書（発効87年）	
1988	NOx議定書（発効91年）	
1991	VOC議定書（発効97年）	
		ソ連崩壊
1992	国連環境開発会議（リオデジャネイロ）	
1994	第二SOx議定書（発効98年）	
1999	複数汚染物質議定書（発効05年）	

第25章

再び地に足をつけ
地球を想う

ヴァナキュラー・グローバリゼーション

阿部健一

生物学を修める。「生物の宝庫」熱帯林で, 次々と農園に転換される現場を目撃し, 人と熱帯林そして自然とのかかわりについて関心を持つ。現在, 総合地球環境学研究所上廣環境日本学センター客員教授

1 環境非束縛性と環境改変能力

　Phase I, IIで示されたように, ヒト（ホモ・サピエンス）がアフリカのサバンナに生まれたのは約30万年前。その後われわれの祖先は約7〜5万年前にアフリカを出て拡散し, 移動の先頭集団は, 氷期でつながったベーリング海を渡り, アメリカ大陸の最南端まで到達した。太平洋の遠地島嶼を含めると約1000年前頃には, 地球上のすべての自然条件のところに進出していたと考えられる。グレートジャニー。人類は一歩一歩自らの足で地面を踏みしめ, 歩き続け新たな環境に出会ってきた。そして今日では, 熱帯林から極寒の地, 灼熱の砂漠から高地まで, あらゆるところに人の姿をみることができる。

　環境非束縛性──「人間はどこまで動物か」を問うたポルトマンは, 一つの生物種としてどのような環境下でも生存している人間の動物にはない特質をこう呼んだ

［ポルトマン 1981］。生物的な進化を伴うことなく環境の束縛を乗り越えることができたのは，人類が知恵と技術を受け継ぎ発展させることができたからだ。砂漠には水なき大地で生きるための，極北の地で氷の世界で豊かに暮らすための，熱帯林のなかでは多様な動植物を活用するための術がある。この術を磨き，さまざまな環境に適応した生活様式を築き上げてきた。人類史の輝かしい側面である。

　さらにポルトマンは，動物にない人間の特徴として，「環境改変能力」を取り上げている。人類は自らの生存のために環境を変えることができる。ほかの動物でも小規模な環境改変は行う。しかしどれもやがて元の状態に戻るもので恒久的な改変ではない。一方，人間の環境改変は，はるかに大規模なもので，しばしばもとの状態に戻るのには長い時間がかかり，場合によってはもとに戻らないことさえある。農業がその例である。農業の場合，むしろ元に戻すことなど考えていないといったほうがいいだろう。農地は，恒常的に生産に活用することを前提としている。伝統的な焼畑は数少ない貴重な例外となる。

　近代都市は，この人類の環境改変能力が地球上に生み出したきわめて異質な人間的空間である。地球上に現出した完全に人為の異化空間。この都市に多くの人類が住むようになっていることには人類史的にもっと注目してよい。2007年は，都市に居住する人が農村に居住する人よりも多くなったとされる[1]。人類史上の大きな分水嶺を超えたのだ。さらに2050年には人類全体の3分の2にあたる60億人以上が都市に住むことが予測されている。

　近代都市が人類史のなかで特異的な地位を占めていることは容易に想像がつく。都市は急速に便利で快適なものになってきている。貧富の差，たとえばスラム街の存在など問題はあるが，都市の機能を多くの人が享受するようになっている。世界の社会システムも，近代都市の機能を支えるために構築されてゆく。過疎地域に建設された原子力発電所。送電線はどこからどこに向かっているのか思い浮かべれば，現代社会が都市を中心においていることは明白だ。農産物もそうだ。農村から都市へと大量の食糧が運び込まれている。Key Concept 3で示したグレートアクセレーショ

1　都市と農村の定義は各国で異なっている。都市と見なす基準は必ずしも人口規模だけではない。都市機能を有しているかどうかで都市と判断されることもある。アフリカなどでは銀行とガソリンスタンドがあれば都市だとされる。そのため都市人口が農村人口を超えたのがいつなのかは正確には分からない。いくつかの国連機関の統計によれば，都市に生活している人口が，全体の半分を超えたと推定されるのが2007年である［United Nations Department of Economic and Social Affairs 2014］。

ンは人類の活動量が1950年ころから加速度的に増加していることを様々な指標で示したものであるが，近代都市での豊かで便利な生活が急速に実現していることがわかる。

　人類は，「農業」という食糧を安定して得る手段を手に入れ，世界のいたるところに利便性の高い都市を建設してきた。その背景には安定性への希求がある。安住できる地をもとめ，予測可能な確実性の高い社会をつくりたい。「アンダーコントロール」，換言すればすべての出来事を想定内にしたい。人類史は，振り返ればその実現のための歴史ともいえる。

　しかしひとたび手が届きかけた想定可能な安定した社会が，今日再び脅かされるようになった。今のままの生活を続けてゆくことが地球に破滅的な危機をもたらす。地球環境問題の顕在化である。

　本章では，地球環境問題が国際的な課題になりその原因が我々一人ひとりの生活だと明らかになってゆく過程を明らかにする。それは，人類が地球を客体視するようになってきたことから始まる。常に地に足をつけて生活してきたつもりが，いつのまにか人類は地を離れ地球と相対するようになった。環境問題の根幹は，巨大な地球というシステムと小さな人間を対置させて考えるようになってきたことにあるのでないか。

　だからまず自分が地球と対峙する存在ではなく，その一部であると再び認めること。そして次に自らがよって立つ地域，たとえば生まれ育った地域にしっかりと根差して生きることが大切でないか，というのが本章の結論である。それをヴァナキュラー（土着の，すなわち地に足の着いた）なグローバリズムと名付けてみた。

2　地球環境問題の国際政治化

　人類がその環境非束縛性と環境改変能力を十全に発揮できたのは，約1万年前から気候が安定したからである。地質学的には完新世と呼ばれる時代だ。気候の安定は，人類の安定生活への希求に強固な基盤を与えた。この時代に，人類は自らの生活の確実性・安定性を意識しはじめたのかもしれない。

　完新世に先立つ更新世は，総じて寒冷で，氷期と間氷期が繰り返された。海面は

その都度上下し海岸線も大きく進退した。このときアフリカを出てから，地球のあちこちに進出した我々の先祖は，気候が不安定な中，基本的に狩猟採集を生活の基盤とし，移動することを常態としていた。完新世に入って気候が安定したときに，1年というサイクルで，人類は季節を意識するようになる。雨が降るべき時には雨が降ることを知ったことで，収穫まで「待つ」ことが必要な農業を，生存戦略の有力な選択肢にすることができた。農業という食料獲得の手段を得て，移動生活から定住生活を送るようになる。それはまず西アジアの一画で，そして正確には定住的狩猟採集民，定住的狩猟・農耕民，定住的農耕民という道筋をたどったようだ（Phase II・第6章）。農業は人類の主要な食料生産手段となり，定住はやがて都市を誕生させ，更新世の1万年の間に人類は高度な文明を築き，確実性を手に入れた。一方で穀物栽培が卓越したことで失ったものがある。第21章で言及された「健康」である。

　あと数千年続くと思われた完新世は唐突に終わりを迎える。気候が不安定になってゆく兆候が現われた。気候変動，つまり人新世の時代に入ったのだ［ボヌイユとバティスト・フレソズ 2018］。人間活動が地球という巨大なシステムに地質学的な影響を与え始めたのである。われわれ一人ひとりの生活・生産活動によって生じた二酸化炭素を初めとする温室効果ガスが大気に放出され，地球の温暖化傾向が顕著になっている。人類への影響は，温暖化そのものよりも気候が変動することのほうが大きい。雨の降り方は確実に変わってきている。このことは研究者が実証するより先に，影響を直接受ける人々が実感としているところである。農業の現場では，雨が極端に局所的に集中して降るようになっているため，従来のシステムによる気象予報では不十分になっているという声を聞く。また50年に一度，あるいは100年に一度という集中した降雨は，想定外の災害をもたらすようになってきた。自然災害はコントロール不可能で，都市は自然災害に脆弱であることがあらためて明らかになっている。

　人新世という言葉自体は，21世紀に入って普及した［寺田・ナイルズ 2021］。国際社会は，人新世という考えが広まる以前に，気候変動対策に大きく舵を切っている。国際関係の軸が大きく変化したことが理由だ。東西の冷戦時には，すでにその兆候は顕著となっていたにもかかわらず，地球環境問題が国際政治の表舞台に登場することはなかった。この点は第24章の米本論文に詳しいが，ここではジェシカ・マシュースの論文から引用しておこう。『安全保障の再定義』と題した論文［Mathews 1989］で彼女は，「1970年代に国際経済が国家の安全保障に取り入れられたように，資源や

環境，人口問題も安全保障のなかに取り入れられるべきである」と主張している。さらに「核兵器が軍事的，地政学的，心理学的にも世界を支配する力になったように，今後数十年間は，気候変動が世界を動かす力になるだろう」。この論文が外交専門誌に1989年に掲載されたことに注目しておいてほしい。冷戦体制が終わり，国際政治があらたな局面を迎えるにあたって，気候変動は，国家の安全保障，さらには国家利益の観点から議論されることになった。トランプ政権が気候変動枠組み条約から離脱したのも，国家経営の選択肢のひとつであり，政治的な戦略である。「気候変動が世界を支配する力」となる「新気候体制」（ラトゥール）に移行したわけだ[2]。

　国際政治の中心議題になった気候変動に関しては，1992年に環境と開発に関する国連会議で気候変動枠組み条約を採択し，毎年締約国会議を開催して議論を重ねている。対策は大きく二つに分かれる。緩和策と適応策である。

　緩和策は，原因となる温室効果ガスの排出を抑制し，逆に森林などの吸収源は増大させ，大気中の温室効果ガスの濃度を抑えることを目指している。温暖化の原因を元から断つことが目的だ。日本政府も2050年に温室効果ガスの排出量を実質ゼロにすることを宣言したが，それぞれの国で温室効果ガスの削減の努力を行うことになる。

　一方，適応策は気候変動の影響を小さくすることを目的としている。緩和策，つまり温室効果ガス削減の効果はすぐには現れない。気候が変動することを想定したうえで，社会のシステムを調整してゆく必要がある。そこには単に被害を軽減するだけでなく，有益な機会ととらえることも含まれている。つまり適応策は，気候変動という一つのリスクに対応するレジリエンスの考えが反映されている。また緩和策が大気中の温室効果ガス濃度の削減等を通じ，地球の大気システムへの影響をコントロールしようするものであるのに対し，適応策は直接的に特定のシステムへの温暖化影響をコントロールしようというものである。そのため，緩和策は広域的・分野横断的であり，適応策は地域限定的・個別的となる。

　国際的な場面で議論の対象となるのは，緩和策である。温室効果ガスの排出量の削減は，政策や国家の利益に直接かかわるから，数値目標など「量」を国家間で議

2　ラトゥールの「新気候体制」は，「冷戦体制」に代わる政治的な枠組みという意味ではない。人新世の時代に入り，近代を構築した「自然を客観的事実」とする認識を根本に転換させなければ，ますます変動し不確実になってくる地球に人類は居住できなくなってくる，という考えを示したものである［ラトゥール 2019］。

論しなければならない。一方適応策は，個別に身近な実践を考えることだ。地域限定的ということは，それぞれ様々に異なっている地域で，気候が変動するなか，それぞれがどのように豊かな生活をおくることができるか考えることである。いい機会ととらえよう。あらためて足元に目をやる機会がそこで生まれる。

3　地球を意識する時代へ──人と自然の二つのシステム

　日常の生活のなかでわれわれが地球について考えることはほとんどない。ただ人類史というスケールでみれば，人類が地球という存在に思いを及ぼしたことが何度かあることに気付く。地球が平面ではなく球体であることを理解した時がそうだ。球体であることは古くから唱えられていたが，マゼランやコロンブスの航海によってようやくそれが実証される。地動説も同様だ。地球という球体は自転している。そのことが分かったとしても日々の生活に大きな影響は及ぼさなかっただろうが，それを否定していた教会の知の権威は揺らいだ。さらに人類は地球を離れ，宇宙空間から地球を初めて眺めることになる。暗い宇宙に浮かんだ青い水の惑星の姿は，我々の脳裏にしっかり焼きつけられた。一方で，遠くから地球を眺めることは，地球は自分たちが住んでいる空間ではなく，客観視して「知ることのできる」対象となった。このことは人類にある種の「思いあがり」をもたらした。

　地球環境問題も，人類が地球についてあらためて考える大きなきっかけとなった。環境への悪影響は一つの地域にとどまらず，国境を越え地球規模に拡大する。酸性雨の原因となる硫黄酸化物や窒素酸化物を排出する工場もなく自動車も走っていない地域の森林が，その被害を受ける。自分が使ったスプレーに含まれるフロンガスは，地球を取り巻くオゾン層を破壊し，地球の反対側に住む人々の健康を害する。大洋を漂流するプラスチックはどこの国で使われたものかもわからない。熱帯林問題が，熱帯地域の問題ではなく地球規模の課題であるのは，熱帯林がほかの地域の生活資源として利用されているからに他ならない。

　地球環境問題は，地球を日常生活とのかかわりのなかで意識するようになる出発点である。換言すれば，地球のことを想うのは特別なことではなく，地球に生きるわれわれ一人ひとりが日常的に考えなければならなくなったということだ。これま

でになかった地球のとらえ方であり，人新世はとくにこの点を強調するために創られた言葉である。「あなたは地球に比べてはるかに小さい。しかしあなたのその行動が，巨大な地球に影響を与えているのです。」というわけだ。

人新世は，生物多様性がそうであるように，科学的・学術的な言葉ではない[3]。レトリックであり地球の危機を訴える強いメッセージ性を含んだ造語である。「良性の脅威」（第24章）をイメージ化したものだ。その上で必要なのは，意識の変革である。

地球環境問題は，人と自然を対立概念としてきたことを見直す契機となった。あらたな人と自然の関係性を模索する必要性を多くの人が意識するようになった。ヨーロッパからのエコロジー運動もそのひとつの表れである。人間中心主義に関しては様々な立場から疑義が呈せられている。

現代社会を支えている近代科学の根本である自然を「実態」として客観視してきたことも再考を迫られている。日本の「風土」という考え方に着目し，自然と人との「通態」的関係を論じたオギュスタン・ベルク［ベルク 2017］や，アマゾン少数民族の人類学的研究から自然と文化という二元対立的思考を「意味のないもの」とし，様々なエコロジー（人と自然の関係性）の存在に言及しているフィリップ・デスコラの研究［秋道・デスコラ2018］などは，ヨーロッパの自然観を相対化しようとするものだ。

Key Concept 3で示した「社会生態システム」も，環境問題を筆頭に，学際的研究が要求される諸課題の解決のための道筋を開いた。というより「現代の問題群」に向き合っている現場では，自然と人間の社会を別システムとして扱うことは意味がないのは明らかだ。たとえば都市生態系や農業生態系の問題を扱うときに人と自然を分けることなどまず考えられないだろう。

そのために学術面でも変革が必要である。「現代の問題群」の顕在化は学際的な研究を必然的に伴う。しかし1959年にスノーが指摘した自然科学と人文学という「二つの文化」の隔たり［スノー 1967］は，残念ながらますます広く深くなっている。閉じこもっていた個別の研究領域を超え，自然と文化と同じように，大きく隔たった学問領域をつなげてゆくことは，これからの研究者に突き付けられた課題である。本

3　日本語に訳するとその違いは明確ではないが「Biological diversity 生物学的多様性」と「Bio-diversity 生物多様性」という言葉は大きく異なっている。前者は学術的な用語で，後者は社会的な用語だ。生物学者たちが生物多様性という言葉を創り社会に普及させたが，その過程で学術的厳格さ（logical）を失うと同時に，社会的な価値を得た。

章を19世紀末の生まれという時代遅れのポルトマンの考えから始めたのは，彼がまだ学問が二つの文化に大きく分かれる前の研究者だったからだ。生物形態学を極めながら哲学者や社会学者と共同作業を行い，自ら芸術へも造詣が深かった。第23章で取り上げた哲学者アーレントにも影響を与えている。ポルトマンの関心は人間という生物であり，ユクスキュルから学んだ「環境世界」を「わたしたち人間の経済が生んだいろいろの結果から，また私たちの無理解から，全力をあげて守らなければならない自然の生活空間のため」のものと考えていた。研究者の意識変革が求められている。人新世の時代は，人文学だけでなく自然科学も含めた旧来の学問の再編を促すことにもなる。人と地球の未来を考えるためのあらたな学問として，地球環境学は学問再編の核となる［立本 2020］。

　社会生態システムという概念は，持続可能性さらにレジリエンスを考えるうえでも，重要かつ有効な概念である。しかし，大きな欠点も抱えている。空間的・時間的なスケールが限定されるということだ。社会生態システムの機能と構造を地道に一つ一つ明らかにしてゆくことにより，全体のシステムが理解できる。社会と自然の階層的なシステムが動的・多層的に連結していて，この連結されたヒエラルキー全体がシステム全体の動きを制御していると考えるホリングらの「パナーキー理論」［上柿 2007］は分かりやすくて美しく，学術的に「誠実」である。しかし社会生態システムは複雑系であり，どのひとつをとってもどこまで正確に理解できるのかわからない。小さな誤差は積み重ねの中で大きな齟齬を生みかねない。地球という巨大なシステムのレジリエンスを考えるときには，別のアプローチが必要となってくる。細かな分析の積み重ねによる理解よりも，粗くても地球を総体として理解しようとする全体論的なアプローチである。部分最適は全体の最適とはならない。パナーキー理論の最大の欠点は，地球の限界を考慮していないことだ。

　人新世は，大地（Earth）や世界（World）ではなく，地球（Globe）を想うことを要求する。さまざまな地域の集合体ではなく，一つの地球なのである。分析的な手法を組み合わせるのではなく，大きな思考の転換が迫られている。地球は我々の所有物ではない。我々もその一部であるところの一つの大きなシステム＝生態系である。地球そして自然との関係を見直す必要がある。そしてそれは，繰り返しになるが，自分の足元に目を向けるということになるはずだ。

4　地球に生きて，地球をデザインする

　本書は人類史の本である。地球に生きてきた人間が主役の物語だ。人類について
はその始まりから今日にいたるまで十全に語られている。人類は，優れた資質で変
化の中を生き抜いてきた。本書が明らかにしているのは，共感が大きな役割を果た
し，人類がずっとレジリエントな存在であった事実である。

　その人類は地球のレジリエンスなどこれまで考える必要がなかった。地球は人類
にとって無限に大きく，生活の中で意識することもなかった。地球が変化し続けて
いるのは事実だが，人類とは関係なかった。地質学が明らかにしているような急激
で大きな変化もあるし，気が付かないような緩慢な小さな変化の蓄積もある。現在
の地球上のさまざまな生態系は，砂漠であれ熱帯林であれ，こうした変化を乗り越
えてきた点で，レジリエントなシステムといえる。

　地球のレジリエンスを考えなければならなくなったのは，何度も繰り返すが人類
の存在の肥大化である。人類と地球が直面した新たな危機が人新世時代の地球環境
問題。人新世とは，人類史と地球史が初めて交差した時代だ。環境改変能力を持っ
た人間が地球システムを不可逆的に変えようとしている。地球の，そして人類のレ
ジリエンスは，この環境改変能力をどのように使うかにかかっている。第24章の「悪
性の脅威」と「良性の脅威」にならって「悪性の介入」と「良性の介入」を考えて
みたい。これまで人類が行ってきた地球への介入は，地球環境問題を引き起こした
悪性の介入であった。必要なのは良性の介入である。馬場（Phase I・第 2 章）が指摘
するように，人類の限界を，新技術による地球の開発で乗り越えてきたこれまでの
レジリエンスでは，今度の危機は乗り越えられない。Key Concept 3のプラネタリ
ー・バウンダリーが示すように，人類が頼ってきた地球がすでに限界に達している。

　良質な介入には，地球との共感が必要になるのでないかと思う。すでに明らかに
なったように共感は人類が培ってきた，感性を超えた優れた知的能力である。先に
述べた思考の大きな転換とは，地球との共感を可能にする「知の枠組み」（エピステ
ーメー）を人類が構築できるようになるかどうかということである。人と自然を二項
対立的にとらえてきた考えを人文学は自省するようになり，レジリエンスを考える
うえで社会生態系という概念を創出したのも，良質な介入に向けての知的試みであ
る。ただそこで意識されるのは自然であり，地球を見るという視点はない。地球を

意識し，さらに地球と共感するということは，人類がこれまで考えてこなかったことであり容易なことではない。

地球との共感は，まず身近なところから，つまり地域に根差すことから生じる。徹底的に地域にこだわること。地に足をつけた生活を送ること。それは必ず地球を想うことに通じてゆく。地域は歴史的・自然的・文化的にさまざまで固有なものである。しかしそれぞれ

図1　巨大な灌漑水路。アラル海にそそぐシルダリア（シル川）から引水している。二次水路・三次水路と分岐し，広大な乾燥地を綿花栽培地に変えていったが，世界第三位の面積を誇ったアラル海はほぼ消失することになった（2007年8月カザフスタン）。

がその地域に根差すことで固有性の中に普遍性が生まれる。それがヴァナキュラーなグローバリズムである。

具体的な例を出した方がわかりやすい。まず農業をとりあげよう。

農業は，人間の環境改変能力が生み出したものの一つだ。人間の生活を豊かにし，文明を作り上げた。ただ一方でPhase II・第6章で指摘したように，西アジアで始まった農業は本質的に脆弱で不安定なものだった。食糧の安定供給のために，人類は農業システムに過剰に介入してゆく。水不足で農業ができない地域を農地化するために灌漑施設を整える（図1）。病害虫の発生には大量に農薬を使用し，地力の低下にはやはり大量に化学肥料を投入する。農業版グレートアクセレーションである。現行農業は，このシステムの外からの投入で見せかけのレジリエンスを保っている。「回転し続けなければ倒れてしまう」（第6章）と表現するゆえんだ。この外部からの投入が途切れれば，現行農業は簡単に崩壊する。と同時に地球システムも崩壊する。プラネタリー・バウンダリーで示されているサブシステムで，リンとチッソの循環が不安定な領域を超え，限界に近づき，生物多様性も危機的状況になったのは，大規模近代化した農業がもたらしたものだ。

国連世界食糧農業機構（FAO）の世界農業遺産プログラムは，生産性・経済効率を

偏重した現行農業を見直そうとする制度だ。農業の多面的機能，つまり農業の文化的側面，国土保全に果たす役割，農業的生物多様性などを重視し，環境負荷の少ない農業システムをこれからの農業のロールモデルとして世界農業遺産に認定する。画一的な農業よりも，地域に固有な農業を大切にしようという動きである。

　農業は本来レジリエントな自然の力を利用したものである。そのため人類はさまざまな自然生態系のなかで，それぞれ最適な農業システムを作り上げてきた。もともと土地に根差したものでヴァナキュラーなものである。それが急速に自然から遊離し，大規模で画一的で，近代技術を駆使し，農業資材を大量投入することによる自立できない脆弱なシステムとなってきた。世界農業遺産が目指すのは，人の生活や文化も含めたヴァナキュラーな農業の復興である。近代的な大規模農業こそ食糧生産を支えていると思いがちだが，世界の食糧の7〜8割は，実は家族経営の小規模な農業が生産している。悪性の介入だった農業の近代化から，良質の介入を目指すのだ。

　われわれの生活を支えるこの農業システムをレジリエントなものに変えてゆくためには，自然から離れた農業をもう一度地域の自然に近づけるという大胆な発想が必要となる。農業だけでなく，生活もその地域の自然生態系に即して組み立てられてゆく。いわゆるバイオリージョナリズムの考えである。「社会生態系」との大きな違いは，バイオリージョナリズムがその地域に根差している，つまりヴァナキュラーであることに対して，社会生態系は，グローバルに対置されたローカルという位置づけに過ぎないという点だ。

　世界農業遺産の制度設計に携わった時にあらためて気づいた。徹底的に地域にこだわることが普遍性を獲得する，つまりヴァナキュラーなグローバリゼーションとなるということだ。試行的に行われていた世界農業遺産認定は2015年にFAOの活動の柱の一つとなるが，そのプログラム昇格にあたって認定基準の作成が求められた。専門委員会の結論は世界のどこでも通用する基準の設定は困難ということだった。多様な農業を認めるにあたって一つの世界標準の基準などありえない。しかしながら世界の様々な地域の農業が，それぞれに徹底的にその地域にふさわしい農業を模索すれば，世界の農業を変えてゆくことができる。地域の農業を見直すことが世界全体の農業を転換することになる，ということである。

　人間の環境改変能力が築き上げた近代都市というシステムも見直しが必要である。近代都市こそ地域の固有性と無関係に出来上がったものだ。都市は，すでに述べた

ように地球に大きな負荷をかけている。近代都市は，自然生態系から最も大きな恩恵は受けているが，最も自然生態系から遠いシステムである。都市緑化運動など，自然をとり戻す試みはされているが，それは根本的な見直しではない。

　近代都市は歴史性と固有性を失っている。日本の都市郊外の風景を思い出してほしい。国道沿いに立ち並ぶショッピングモール，量販店，チェーン店のレストラン，ガソリンスタンド。どこでも見かける風景であり，どこなのかもわからなくなる。マルク・オジェが「非＝場所」[Augé 1992] と呼んだ，歴史が蓄積されず，そこに住む人がアイデンティティを確立できないような空間が広がりつつある。

　ただ一方で，こうした地域性から遊離した「非＝場所」の拡大はつい最近のことで，まだ近代都市の一部でみられる現象である。人類史において都市は，その土地の歴史と文化を反映して構築された期間のほうがはるかに長い。建築・都市研究者の布野修司によれば「およそ20世紀半ば頃まではヴァナキュラー建築の世界が連続していたと考えていい。日本列島から，茅葺き・藁葺きの民家がほぼ無くなるのは1960年代の10年であった」[布野 2021]。グレートアクセレーションの時代に急速に都市は画一化していったということである。だから，農業システムと同じように，近代都市にも今「介入」を行えばレジリエントで地域の個性が反映された都市システムにすることができる。実際布野は，インドネシア第2の都市スラバヤにおいて，現地の素材を使い風土に適合した実験的な都市住居スラバヤ・エコハウスを設計・竣工した（図2）。高気密高断熱のエアコンによる「エコ・ハウス」が世界中で推奨される中で，ポーラスな（通気通風のために隙間の多い）空間構造と，循環水による輻射床冷房技術など再生可能エネルギーを利用するパッシブな技術も取り入

図2　熱帯地方におけるバナキュラーで快適な都市住宅のあり方を試行した実験的住居スラバヤ・エコハウス

れ，熱帯にあっても快適な住居を目指しているという［布野 2021］。

重要なのは都市を都市だけ切り取って考えるのでなく，地域というなかで都市を位置付けるという視点である。布野は「地球環境全体を考える時，かつての都市や建築のあり方に戻ることはありえないにしても，それに学ぶことはできる。世界中を同じような建築が覆うのではなく，一定の地域的まとまりを考える必要がある」と結論付けている。都市と農業は一見すると全く異なる社会生態系である。しかしことレジリエンスを考えるときには，有限の地球のうえのむしろ相互に影響しあうシステムと考え，個別に扱うのではなく，それぞれの地域のなかで二つを連結させて地球のための「豊かな介入」を模索すべきだろう。

その試みは本書でも展開されている。

放射能は都市と農村地域の区別なく脅威であることを示すPhase IV・第17章や，災害というリスクに対して，遊牧民の社会生態システムとモンゴルの都市社会システムとを連結させてレジリエンスを考えたPhase III・第13章の論考は示唆に富んでいる。

人類はその歴史の中で初めて地球を直接意識しなければならない時代になった。グローバリゼーションは，人とモノと情報が地球（globe）規模で動くことを言い表している。しかしこれから必要なのは，地球と一体化したあらたなグローバリゼーションである。一人としては小さな人間が，地域に根差しながら巨大な地球システムとのつながりを意識することになる。これがヴァナキュラーなグローバリズムだ。

人類史の中で，人は共感を通じてレジリエンスを高めてきた。いまあえて大上段に構え，地球と共感できるかをどうか改めて問いたい。そうなれば初めて，人類史は地球史と交差し，レジリエントな地球をデザインすることができる。

ヒトの能力を賢く使って「どこへ行くのか」を模索する

この本をいったん閉じるにあたって

山極壽一

　本書のまえがきで，ゴーギャンの絵を引いて稲村さんが述べたのは，人間と人間の社会を知る上で本質的な問いでした。今，私たちは，「われわれはどこから来たのか」という問いには明確な答えを持っています。本書の第1章と第2章が示すように，私たちの祖先は700万年前にアフリカで生まれ，長い間アフリカで進化したのです。180万年前に私たちの祖先は初めてアフリカから第一歩を踏み出し，その後何度も複数種の祖先がアフリカで誕生してはユーラシアへと渡りました。現代人であるホモ・サピエンスもアフリカに登場して世界へ広がった種の一つなのです。

　さて，2番目の問い「われわれは何者か」については，これまでも多くの説が飛び交ってきました。

対立する社会／協調する社会

　古くは神話や宗教による創造説がありますが，人間みずからがこの社会を作った

という考えは近代以降に現れ，そこには「相争う人間」という見方と「平等を基礎とする」という対立する説があります。近代初期の代表的な考えとしては，前者では17世紀のトマス・ホッブズによる「自然状態における人間は闘争状態である」という見方，後者には18世紀のジャン・ジャック・ルソーによる「自然状態における人間は平等で争いがない」という説があります。ルソーの社会契約論はフランス革命の思想的根拠となり，自由意思からなる一般意思（国家）の建設が試みられましたが，その後大きな混乱を引き起こしたことは歴史の示すところです。

　近年でも1950年代に先史人類学者レイモンド・ダートによって「原人段階で動物の骨を武器にして争い合った」という説が唱えられたり，1980〜1990年代にカレル・ヴァン・シャイクら霊長類学者たちによってサルや類人猿が群れを作る理由は食物を効率よく探し，捕食者の脅威やオスの暴力から身を守るため，という説が議論されたりしています。また同時期に，ルソーの「人間不平等起原論」に対抗して伊谷純一郎は「人間平等起原論」を著し，人間以前の霊長類の社会ですでに「先験的不平等」は現れており，類人猿から人間にかけて「条件的平等」に基づく社会が進化したという説も唱えられました。2000年代に入ると，チンパンジーの社会をめぐって「仲間を気遣う共感力が高い」と同時に，「集団間で殺し合うほど攻撃性が高い」という一見相矛盾する報告が出されました。リチャード・ランガムは「人間はチンパンジーのようなカッとなって暴力をふるう反応的暴力性を，死刑などの厳格な罰則で抑えることに成功したが，冷静な計略の下に戦争を起こすような能動的攻撃性を高めた」と主張しています。

　どうやら人間の本質は高い共感力とその裏返しの暴力性にあるようですが，「われわれは何者か」という問いにまだ明確な答えは出ていないのです。したがって，本書は改めて人類の進化史から文明史に至るまでその足跡を洗い出し，現代のわれわれの本質に迫ることを大きな目的としました。

人類はどこかで間違ったかもしれない，という自省

　3番目の問いは，唯一私たちが答えられるものです。いや，今答えなければならない喫緊の課題です。それは，本書にも随所で現れているように今までに私たち人間が拡大してきた環境の改変によって地球が壊れ始めているからです。環境だけではありません。人間の社会も近年トラブルが続出して，複雑で多様な暴力に悩まさ

れています。ここで一度立ち止まって，これまでの文明のあり方を見つめ直してみる必要があるのではないか。それが本書を執筆した26人の共通の思いでした。その根底には，「われわれはどこかで間違ったのではないか」という疑いが潜んでいたように思います。人間が獲得してきた「生きる力」とともに，「その間違い」に気づかなければ，真に幸福な社会を構想することはできません。

そこで，本書はレジリエンス（危機を生き抜く知）を主題に掲げました。そして，レジリエンスには「直面する危機を乗り越えた」という成功譚とともに，「新たな危機を招き寄せた」という失敗譚の両面があったというのが本書のねらいです。それを大きく時間軸と空間軸に分けて検証し，レジリエンス能力の歴史的発展段階と自然環境や文化の違いによる「転換」の諸相を追跡してきました。

改めて本書を振り返ってみると，人間と人間の社会について多くの新しい気づきが散りばめられていると思います。

ヒトの共感能力とその限界

まず，人類の進化史におけるレジリエンスの獲得ですが，これまでの人類を英雄視してきた見方ではなく，人類が類人猿の弱みを背負って進化の道を歩み始めたという見解に新しさがあります。その弱みを強みに変えたのが，共食と共同保育という社会力です。サルのようにあえて胃腸を強くせず，長距離歩行に適した直立二足歩行で食物の探索力と運搬力を強化することによって，肉食動物が闊歩する草原で生き延びたのです。また，多産にはなったものの，サルのように成長期間を縮めなかったおかげで，成長に時間のかかる脳を増大させることができました。その結果，頭でっかちの成長の遅い子どもをたくさん抱え，家族と複数の家族からなる共同体という重層構造を持つ社会が生まれ，この社会力がアフリカを出てユーラシアへと分布域を広げる源泉となったのです。したがって，人類が最初に手にしたレジリエンスは高い共感能力に基づく社会力だったということができます。

共感能力と認知能力の発達は社会の規模を拡大し，脳容量の増大をもたらしました。現代人ホモ・サピエンスの脳容量は1500ccぐらいで，150人ぐらいの集団規模の社会に対応します（ロビン・ダンバー「社会脳仮説」）。しかし，サピエンスになってから脳容量は大きくなっていないので，およそ１万年前に農耕・牧畜が始まり，人口や社会の規模が次第に拡大しても共感能力を働かせる仲間の数は増えていないとい

う憶測が成り立ちます。事実，現在78億に達した私たちの社会では，SNSやインターネットを通じて何千何万という人々とつながっていても，共感能力を駆使して付き合える仲間の数は150人どころか，数十人に過ぎないかもしれません。さらに，共感能力は仲間のことを思いやる心とともに，敵を作り出し排斥するという負の感情をもたらしました。仲間意識を高めるために，あえて敵を作り出して結束するという行為も生み出されたのです。

　この共感能力は道具や調理といった技術によって新たな社会性を生み出しました。人類の弱い消化能力を補い，カロリーの高い食物を摂取するために石器や火，調理といった技術が考案され，人々はますます食事を共同で分担して行うようになったのです。また，槍や弓矢など狩猟技術の改善によって，集団内部の互酬性や向社会性が強められました。そして，踊りや歌による音楽的なコミュニケーションが発達して，お互いの壁を乗り越えて心を一つにし，ひとりでは乗り越えられない課題や危機に共同で立ち向かおうという意識が生まれました。それが，自分の利益を貶めても集団のために尽くすという，他の動物にはない人間の自己犠牲の精神を涵養したのです。このように集団の規模が拡大し，社会関係が複雑になるとさまざまなパーソナリティが生まれ，それが現代では第4章や20章に示されるように災害や危機に対して多様な反応を引き出すようになりました。

言葉の登場による世界観の変容

　こういった長い進化の蓄積の上に言葉という独特なコミュニケーションが生み出され，時空を超えて人間は経験を共有し合うようになりました。しかし，言葉の発明は私たちに膨大な利益を与えてくれた一方で，大きな負の影響ももたらしました。言葉は重さを持たず，どこへでも持ち歩けるので，遠く離れた場所で起こったことや過去に体験したことを再現できるようになりました。つまり，仲間の体験を自分のものにできるようになったのです。そして，世界に名前を付けて要素に分け，それらをつなぎ合わせて物語を作り，仲間と共有するようになりました。それは宗教を生み出し，私たちに現実とは違う世界と夢を開き，生きる目的を与えてくれたと思います。でも一方で，言葉は事実を故意に捻じ曲げ，現実にはないことをでっちあげて人々をだましたり，不安に陥れたりするようになりました。5千年前に文字が発明され，150年前に電話が登場し，40年前からはインターネットの時代になりま

した。通信情報技術は急速に発達していますが，ヘイトやフェイクニュースなど私たちは誤った情報に振り回されて感情を逆なでにされています。現代のテロや戦争は情報戦略によって引き起こされるとも言われ，言葉は社会の破壊を引き起こす強力な武器にもなることを私たちは思い知らされています。

　道具技術の進歩と言葉によるコミュニケーション革命は，農耕・牧畜という食料生産の開始によってこれまでにはないレジリエンスを人間に与えました。それは，環境を人間に都合のいいように作り変え，土地の価値を高めて定住し，社会の規模を拡大していく傾向です。しかし，そこには脳の拡大という現象は起きていないのです。第3章では，そのプロセスを環境，脳神経，認知という3つのニッチが組み合わされた「三元ニッチ構築」仮説によって説明しました。第6章では，食料生産革命を「鉛筆を立てた」と表現し，それまで有効に機能していた旧石器時代的なレジリエンス（小集団による移動生活というリスク分散型の生活様式）が崩れ，人口の爆発と集住による集団の大型化・固定化，集団内・集団間の軋轢の拡大がもたらされたとしています。この変化が現代の私たちの抱える繁栄と悲劇の源泉になったと言えるのではないでしょうか。

もう一つの道への気づき

　しかし，食料生産革命以後に人間が歩んだ道は一つではありませんでした。古代メソポタミアをはじめユーラシアの古代文明は，小麦や米などの単一作物と牛や馬などの大型哺乳類の家畜化によって特徴づけられます。第5章で示されたように，これらの動物たちと人間との葛藤が開墾，運搬，乳の利用といった新たなレジリエンスを生み出したのです。一方，第8章，9章，15章に報告されているように，新大陸の文明は多様な作物と搾乳をしないラクダ科の家畜によって特徴づけられます。しかも，ビクーニャのように未だに野生のまま，体毛の刈り取りだけ行われている動物もいます。これらの違いが二つの大陸間で大きな違いを生み出しました。

　一つは家畜を介した感染症です。第7章に示されるように，細菌やウイルスは大型の集団が密集すること，個体が移動することで感染を広げます。ユーラシアでは家畜の肉，皮，乳を利用することによって古くからいくつもの感染症に悩まされてきました。しかし，新大陸では乳を利用せず，家畜群を頻繁に移動させることによって結果的に感染症が防がれてきたのです。それが，16世紀にスペインの軍勢が襲

来したことによって天然痘などの疫病が一気にまん延し，新大陸の文明が次々に滅ぼされる結果になったことは歴史が示す通りです。

　もう一つは戦争です。第6章ではユーラシアの古代文明の戦争は，敗者を「後ろ手に縛って」「家畜化」し，暴力を劇場化したと断じています。馬は軍事力として武力を強化するために使われました。しかし，新大陸の文明は神殿のような大きなモニュメントに象徴され，戦争は領土を拡張するためではなく，主として神に供する「生贄」を捕えるためだったとされています。戦争のあり方は搾乳する家畜を持たなかった日本でも独特で，第10章で紹介するように，統合が進んだ紀元後250年の間にも受傷人骨の割合が激減します。これは古墳などのモニュメントに武器を副葬品として大量に埋葬し，「戦う戦争」から象徴的な発動を介した「戦わない戦争」へと主体的な操作を行った痕跡と考えられています。現代でも通用する賢いレジリエンスの知恵ではないでしょうか。第14章で紹介されたアマゾン奥地に住むヤノマミの事例のように，そもそも集団間の戦争は社会に起こった危機を儀礼的な戦いを演じることで双方が納得する仕組みを用意していました。むしろ平和な共存関係を模索し，相手を排除して勢力を拡大することではなかったということを，今私たちは肝に銘じるべきでしょう。

　さらに，第8章で示されるように，新大陸では多様な作物の品種が作られ，家畜の代わりに野生の小動物が多く食されていました。ユーラシアの単一作物が炭水化物中心の食生活を生み，現代の糖尿病をはじめとする非感染性の疾患につながっていることを考えると，小麦や米製品への過度な依存はまだ狩猟採集時代の特徴を色濃く残している現代人の身体とミスマッチを起こしていると言えるのではないでしょうか。

柔軟性＝転換力というもう一つの能力を活かす

　さて，本書は文明のあり方としてもう一つ，太平洋諸島を取り上げました。これらの地域への人々の定着は新しく，第12章に示すように東南アジア起源の作物と家畜を伴った移動でした。とくに，ポリネシア人は北半球と南半球にまたがって移動しており，そこには天体認知を始めとして新しい環境に適応する応用力が必要だったのです。彼らは島々をカヌーで行き来し，自ら環境を作り変えていきましたが，そこには第11章で示されるような狩猟採集民がもつ移動性と豊かなコミュニケーショ

ン技術が反映されていました。有名なイースター島の環境破壊によって人々が自滅したとする説は，最近では西洋人の到来による破壊が原因とされつつあります。

　移動と複数居住という暮らしの柔軟性は，第13章に示されるモンゴルの遊牧民が急速に変化した政治支配の中でとってきた生活戦略に見られます。彼らは都市と草原に暮らしを構え，移動性，場の共有，柔軟性，相互扶助というレジリエンスによって激動の時代を生き抜いてきたのです。複数居住と移動性は第15章のアンデスの先住民社会にも見られますし，火山の大噴火で被災した16章のルソン先住民アエタの社会にも，第17章の度重なる原爆実験で放射能汚染に直面したマーシャル群島の社会でも見られます。アエタでは都市労働の他に採集狩猟から農業などの各種生業が重層的に併存していること，マーシャル島では人々が新しい居住先で関係性を再構築できたことがレジリエンスとして機能しています。

　気候変動や地震，津波などの自然災害に対して私たちはどういったレジリエンスを発揮すべきなのか。新型コロナウイルスがパンデミックとなった最中，当時の菅義偉総理は自助・共助・公助の役割を説きました。第18章は公助を発動する際の「予測」と「想定」の正しい取り扱いについて述べています。科学が行うのは「予測」であり，それに基づき行政が対策を立てるために「想定」を行うのです。二つを混同してはいけない。東日本大震災は「予測できなかった」のではなく，「想定しなかった」のだという指摘は重く，今後も短期的な経済対策のために同じような過ちを繰り返してはなりません。さらに，第24章の気候変動対策が環境外交という国際戦略であるという指摘も重要です。東西冷戦の終結が気候変動という地球環境の共有と責任に各国を目覚めさせたのです。火山や地震という自然災害を多く抱える日本がその先頭を切るべきだという主張は，これからの日本の外交にとって試金石となるでしょう。

　第19章と20章は，共助の必要性を強調しています。自然災害は線形であって一回限りの限られた期間で生じますが，感染症はらせん状で長期にわたりいくつも波が押し寄せます。新型コロナに対してはソーシャル・キャピタル（社会関係資本）が重要で，共感力が利他的思考と行動に結びつくことが必要と指摘しています。また，個人にとっては「他者とのつながりの持ち方」が重要であり，社会から守られ，「抱えられている」感覚を抱けるように尽力することが必要であるとも述べています。実はそういった共助の例が，日本の共有地で作られた「弱者生活権」に見られることを第22章は紹介しています。コミュニティのレジリエンスはコモンズと共助の創発

的な生成であり，それを支えるのは分配と再分配の仕組みということを私たちは深く心に留め置くべきでしょう。

食を与えてくれた地球の恩恵を未来に残そう

それでは，これまで人間が積み重ねてきた歴史を踏まえ，その過ちを正し，獲得したレジリエンスを賢く使って未来を創造するために，私たちは何をすればいいのでしょうか。まず，食料生産革命に端を発した課題に立ち戻るために，第21章が指摘するように人間と地球の健康にとって食がもたらす意味を再検討する必要があります。「人新世のバックループ」とは氷河期の終了時期に匹敵するほどの生活基盤の構築を模索し，身近な食資源の保持・活用が地球環境のもたらす影響を知り，それを新たな角度から見直す試みです。第23章が示すように，西洋の哲学者たちも産業革命以降の人間と人間社会の急速な変容に警告を発しています。ハイデガーは現代技術の「総かり立て体制」を，アーレントは「世界疎外」を，ヨナスは「未来世代への責任」を語りました。

私は今，人間がみずから作り出した時間に追い立てられていると思います。長い狩猟採集時代と農耕・牧畜の時代は自然に流れていく時間に従って人間は暮らしていました。しかし，産業革命以来人間は生産と効率に時間を割り振り，通信情報機器などの科学技術によって作られた時間に自らの身体も心も預けるようになりました。それは今，私たちの心身と大きなミスマッチを起こし始めています。最終章の第25章では，地球の一部である自らがよって立つ地域を意識することが大切というヴァナキュラー・グローバリズムを提案します。人類はそれぞれの環境に束縛されず，自らが環境を改変する能力を拡大することによって繁栄してきました。近年，都市は急速に拡大し，2050年には世界の3分の2の人口にあたる60億人が都市に住むと予測されています。増え続ける人口と家畜を食べさせるために，今や地球の陸地の4割が畑地と牧草地になりました。気候変動や新型コロナウイルスによるパンデミックはこうして地球の生態系を破壊したことが原因です。改めて，人間と自然の関わりをとらえ直すことが不可欠です。

振り返ってみれば，人間の共感社会は700万年前ごろから直立二足歩行を駆使して生活圏を広げ，食物を運搬し共食を始めたことから始まりました。それは，毎日何度も食事をしなければならないという霊長類の身体を基に，食物を社会的手段にし

て仲間のきずなを強めることでした。現代でも，その食の社会的機能は変わっていないし，むしろ強化されています。しかし，食の生産手段や配分システムは大きく変わりました。それをもう一度見つめ直し，私たちに食物を与えてくれた光，水，大地，大気といった地球の恩恵を未来に残さねばなりません。私が所属する地球研（総合地球環境学研究所）は，地球環境問題を人間文化の問題として捉え，自然の力をなるべくそのままに生かしながら各地域に伝えられてきた在来知や伝統知を取り入れ，科学技術を賢く使って文化や文明を再構築することを目指しています。最終章で紹介した世界農業遺産の推進もその一つです。人間の未来はとても語りつくせませんが，「われわれはどこへ行くのか」という問いにいくらかでも本書が答えることができれば幸いです。

学術的参照文献について

本書の各章で学術的に参照された文献の詳細な一覧は，京都大学学術出版会のホームページに掲載しています。右の QR コードを読み込むか，下記のリンクにアクセスしていただくと，PDF 形式の一覧をダウンロードしていただけます。

https://www.kyoto-up.or.jp/qrlink/9784814004010/400401bibliography.pdf

さらに学びたい方々のために

以下のリストには，本書の議論についてさらに理解を深めることができる，日本語の書籍を掲載しました。一般書から専門書まで多岐に亘りますが，レジリエンスについて考え危機をどう乗り越えるのか，深く考える手引きにしていただければ幸いです。

Phase I

入來篤史 [2004]『Homo faber　道具を使うサル』（神経心理学コレクション）医学書院。

印東道子編 [2013]『人類の移動誌』臨川書店。

尾本惠市編 [2002]『人類の自己家畜化と現代』人文書院。

サーリンズ, M. [2012]『石器時代の経済学〈新装版〉』（叢書ウニベルシタス）法政大学出版局。

篠田謙一 [2017]『ホモ・サピエンスの誕生と拡散』（歴史新書）洋泉社。

ダイアモンド, J.（楡井浩一訳）[2005]『文明崩壊 —— 滅亡と存続の命運を分けるもの』上・下，草思社。

ダンバー, R.（松浦俊輔・服部清美訳）[1998]『ことばの起源 —— 猿の毛づくろい，人のゴシップ』青土社。

ドゥ・ヴァール, F.（柴田裕之訳，西田利貞解説）[2010]『共感の時代へ —— 動物行動学が教えてくれること』紀伊国屋書店。

奈良由美子・稲村哲也編 [2018]『レジリエンスの諸相 —— 人類史的視点からの挑戦』放送大学教育振興会。

ハリファックス, J.（海野桂訳）[2020]『コンパッション —— 状況にのみこまれずに，本当に必要な変容を導く，「共にいる」力』英治出版。

フランシス, R. [2019]『家畜化という進化 —— 人間はいかに動物を変えたか』白揚社。

ボーム, C.（斉藤隆央訳）[2014]『モラルの起源 —— 道徳, 良心, 利他行動はどのように進

化したのか』白揚社。

ミズン, S.(松浦俊輔・牧野美佐緒訳) [1998]『心の先史時代』青土社。

ミズン, S.(熊谷淳子訳) [2006]『歌うネアンデルタール――音楽と言語から見るヒトの進化』早川書房。

山極寿一 [2012]『家族進化論』東京大学出版会。

山極寿一・関野吉晴 [2018]『人類は何を失いつつあるのか――ゴリラ社会と先住民社会から見えてきたもの』東海教育研究所。

ランガム, R.W.(依田卓巳訳) [2010]『火の賜物――ヒトは料理で進化した』NTT出版。

ランガム, R.W.(依田卓巳訳) [2020]『善と悪のパラドックス――ヒトの進化と〈自己家畜化〉の歴史』NTT出版。

Phase II

安斎正人 [2012]『気候変動の考古学』同成社。

大貫良夫・加藤泰建・関雄二編 [2010]『古代アンデス　神殿から始まる文明』朝日新聞出版。

国立歴史民俗博物館編 [1996]『倭国乱る』140-143頁, 朝日新聞社。

長田俊樹・杉山三郎・陣内秀信著 [2015]『文明の基層――古代文明から持続的な都市社会を考える』大学出版部協会。

スコット, J. [2019]『反穀物の人類史――国家誕生のディープヒストリー』みすず書房。

関雄二編 [2017]『アンデス文明――神殿から読み取る権力の世界』臨川書店。

田中琢 [1991]『倭人争乱』(日本の歴史2)集英社。

フェイガン, B.(東郷えりか訳) [2008]『古代文明と気候大変動――人類の運命を変えた2万年史』河出文庫。

藤井純夫 [2001]『ムギとヒツジの考古学』(世界の考古学16)同成社

ボッテロ, J.(松本健訳) [1996]『バビロニア――われらの文明の始まり』(知の再発見叢書62)創元社。

松木武彦 [2001]『人はなぜ戦うのか――考古学からみた戦争』講談社選書メチエ。

松木武彦 [2007]『日本列島の戦争と初期国家形成』東京大学出版会。

山本太郎 [2011]『感染症と文明――共生への道』岩波新書。

山本紀夫, 稲村哲也, 大貫良夫, 小林致広, 網野徹哉, 小野幹雄 [1993]『新大陸文明の盛衰』(アメリカ大陸の自然誌3)岩波書店。

リーバーマン, D.E.(塩原道緒訳) [2015]『人体600万年史――科学が明かす進化・健康・疾病』上・下, 早川書房。

ロスオウォロフスキ, M.(増田義郎訳)［2003］『インカ国家の形成と崩壊』東洋書林。

Phase III

青木信治編［1993］『変革下のモンゴル国経済』（政究双書）アジア経済研究所。

池谷和信［2014］『人間にとってスイカとは何か——カラハリ狩猟民と考える』臨川書店。

池谷和信編［2017］『狩猟採集民からみた地球環境史——自然・隣人・文明との共生』東京大学出版会。

石井祥子・鈴木康弘・稲村哲也編著［2015］『草原と都市——変わりゆくモンゴル』風媒社, 129-152頁。

稲村哲也［1995］『リャマとアルパカ——アンデスの先住民社会と牧畜文化』花伝社, 共栄書房（発売）。

稲村哲也［2014］『遊牧・移牧・定牧——モンゴル・チベット・ヒマラヤ・アンデスのフィールドから』ナカニシヤ出版。

小貫雅男［1985］『遊牧社会の現代——ブルドの四季から』青木書店。

小野林太郎［2017］『海の人類史——東南アジア・オセアニア海域の考古学』（環太平洋文明叢書 5 ）雄山閣。

鯉渕信一［1992］『騎馬民族の心——モンゴルの草原から』（NHKブックス）日本放送出版会。

後藤明［2003］『海を渡ったモンゴロイド——太平洋と日本への道』講談社選書メチエ。

小長谷有紀［1992］『モンゴル万華鏡——草原の生活文化』角川選書。

スコット, J.C.(高橋彰訳)［1999(1976)］『モーラル・エコノミー——東南アジアの農民叛乱と生存維持』勁草書房。

デグレゴリ, C.(太田昌国・三浦清隆訳)［1993］『センデロ・ルミノソ——ペルーの〈輝ける道〉』現代企画室。

松田忠徳［1996］『モンゴル——甦る遊牧の民』社会評論社。

山本紀夫［1992］『インカの末裔たち』（NHKブックス）日本放送出版協会。

山本紀夫［2017］『コロンブスの不平等交換——作物・奴隷・疫病の世界史』角川選書。

山本紀夫・稲村哲也編著［2000］『ヒマラヤの環境誌——山岳地域の自然とシェルパの世界』八坂書房。

吉岡政徳監修［2009］『オセアニア学』京都大学学術出版会。

Phase IV

枝廣淳子［2015］『レジリエンスとは何か——何があっても折れないこころ, 暮らし, 地域, 社

会をつくる』東洋経済新報社。

小塩真司・平野真理・上野雄己編著［2021］『レジリエンスの心理学——社会をよりよく生きるために』金子書房。

川喜田敦子・西芳実［2016］『歴史としてのレジリエンス——戦争・独立・災害』（災害対応の地域研究 4 ）京都大学学術出版会。

クラインマン, A. 編（坂川雅子訳, 池澤夏樹解説）［2011］『他者の苦しみへの責任——ソーシャル・サファリングを知る』みすず書房。

香坂玲編［2012］『地域のレジリアンス——大災害の記憶に学ぶ』清水弘文堂書房。

清水展・木村周平編著［2015］『新しい人間, 新しい社会——復興の物語を再創造する』（災害対応の地域研究 5 ）京都大学学術出版会。

清水展［2019（1990）］『出来事の民族誌——フィリピン・ネグリート社会の変化と持続』九州大学出版会。

清水展［2021（2003）］『噴火のこだま——ピナトゥボ・アエタの被災と新生をめぐる文化・開発・NGO』（改訂新版） 九州大学出版会。

鈴木康弘［2013］『原発と活断層——「想定外」は許されない』（岩波科学ライブラリー212）岩波書店。

ソルニット, R.（高月園子訳）［2010］『災害ユートピア——なぜそのとき特別な共同体が立ち上がるのか』亜紀書房。

林良嗣・鈴木康弘編［2015］『レジリエンスと地域創生——伝統知とビッグデータから探る国土デザイン』明石書店。

中原聖乃［2012］『放射能汚染からの生活圏再生——マーシャルからフクシマへの伝言』法律文化社。

野田隆［1997］『災害と社会システム』恒星社厚生閣。

広瀬弘忠［1996］『災害に出合うとき』朝日選書。

ホフマン, S.M., オリヴァー＝スミス, A.（若林佳史訳）［2006］『災害の人類学——カタストロフィと文化』明石書店。

Phase V

アーレント, H.（森一郎訳）［2015］『活動的生』みすず書房。

秋道智彌編, デスコラ, P. 寄稿［2018］『交錯する世界　自然と文化の脱構築——フィリップ・デスコラとの対話』（環境人間学と地域）京都大学学術出版会。

伊藤康宏［1984］「漁場相論」鳥越皓之・嘉田由紀子編『水と人の環境史——琵琶湖報告書』御茶の水書房。

内山節 [1998]「近代的人間観からの自由」内山節ほか著『ローカルな思想を創る――脱世界思想の方法』農文協。

谷口正次 [2017]『経済学が世界を殺す――「成長の限界」を無視した倫理なき資本主義』扶桑社新書。

寺田匡宏・ナイルズ, D. [2021]『人新世を問う――環境, 人文, アジアの視点』(環境人間学と地域) 京都大学学術出版会。

ハイデッガー, M.(辻村公一訳) [1963]『放下』(ハイデッガー選集) 理想社。

藤原辰史 [2019]『分解の哲学――腐敗と発酵をめぐる思考』青土社。

古川彰 [2004]『村の生活環境史』(関西学院大学研究叢書) 世界思想社。

ベルク, A.(鳥海基樹訳) [2017]『理想の住まい――隠遁から殺風景へ』(環境人間学と地域) 京都大学学術出版会。

ボヌイユ, C., フレソズ, J.=B.(野坂しおり訳) [2018]『人新世とは何か――「地球と人類の時代」の思想史』青土社。

ポルトマン, アドルフ [1981]『生物学から人間学へ――ポルトマンの思想と回想』(八杉龍一訳) 思索社。

メドウス, D.H., メドウス, D.L., ラーンダズ, J., ベアランズ三世, W.W.(大来佐武郎監訳) [1972]『ローマ・クラブ「人類の危機」レポート　成長の限界』ダイヤモンド社。

ヨナス, H.(加藤尚武監訳) [2010]『責任という原理――科学技術文明のための倫理学の試み』東信堂。

米本昌平 [1994]『地球環境問題とは何か』岩波新書。

米本昌平 [2011]『地球変動のポリテイックス――温暖化という脅威』弘文堂。

ロックストローム, J., クルム, M.(武内和彦・伊石井菜穂子監修, 谷淳也・森秀行ほか訳) [2018 (2015)]『小さな地球の大きな世界――プラネタリー・バウンダリーと持続可能な開発』丸善書店。

謝　辞

本書の刊行にあたって，下記の研究助成の成果を活用しました。

・科学研究費補助金・新学術領域研究（研究領域提案型）総括班JP19H05731「出ユーラシアの統合的人類史学：文明創出メカニズムの解明」（2018〜2023年度，代表・松本直子），A01班JP19H05732「人工的環境の構築と時空間認知の発達」（代表・鶴見英成），A03班JP19H05734「集団の複合化と戦争」（代表：松木武彦），B01班JP19H05735「民族誌調査に基づくニッチ構築メカニズムの解明」（代表・大西秀之），B02班JP19H05736「認知科学・脳神経科学による認知的ニッチ構築メカニズムの解明」（代表・入来篤史），B03班JP19H05737「集団の拡散と文明形成に伴う遺伝的多様性と身体的変化の解明」（代表：瀬口典子）

・科学研究費補助金・基盤研究（S）19H05592「中東部族社会の起源：アラビア半島先原史遊牧文化の包括的研究」（2019〜2023年度，代表・藤井純夫）

・科学研究費補助金・基盤研究（S）21H04980「酸素同位体比年輪年代法の高精度化による日本列島の気候・生産・人口変動史の定量化」（2021-2025年度，代表・中塚武）

・科学研究費補助金・基盤研究（A）18H03601「熊本地震から学ぶ活断層ハザードと防災教育—活断層防災学の構築を目指して」（2018年度〜2020年度，代表・鈴木康弘）

・科学研究費補助金・基盤研究（A）25257507「西ニューギニア地域の神経変性疾患の実態と予後に関する縦断的研究」（2013〜2016年度，代表・奥宮清人）

・科学研究費補助金・基盤研究（A）20H00047「惑星的な課題とローカルな変革：人新世における持続可能性，科学技術，社会運動の研究」（2020〜2024年度，代表・森田敦郎）

・科学研究費補助金・基盤研究（B）21H00647「山岳高所における環境・動物・人の相互作用のダイナミズム—中央アンデスを中心に」（2021〜2025年度，代表・稲村哲也）

・科学研究費補助金・基盤研究（B）19H01582「『小さな共同体』の環境保全力に関する研究：生活環境主義の革新的展開に向けて」（2019〜2022年度，代表・古川彰）

・科学研究費補助金・基盤研究（B）17H04659「中国及びネパール高地における適応と肥満，糖尿病とヒト腸内細菌多様性に関する研究」（2017〜2022年度，代表・山本太郎）

・科学研究費補助金・基盤研究（B）21H00501「放射線防護体系に関する科学史・科学論的研究から市民的観点による再構築へ」（2021〜2025年度，代表・柿原泰）

・科学研究費補助金・基盤研究（C）19K01237「写真着彩技術と対話を活用した持続可能な被ばくコミュニティ形成の応用人類学的研究」（2019〜2023年度，代表・中原聖乃）

・科学研究費補助金・挑戦的研究（開拓）21K18122「遊牧・山岳・先住民地域におけるリモート教育のモデル構築に関する実践的研究」（2021〜2026年度，代表・稲村哲也）

・科学研究費補助金・挑戦的研究（萌芽）19K21587「地域での『共食の場』を通じた介護予防の効果—住民主体の活動における実践的研究」（2019〜2021年，代表・木村友美）

・科学研究費補助金・若手研究18K13330「多面的プロフィール化によるレジリエンスの多様性理解及び臨床心理学アプローチの開発」（2018〜2022年度，代表・平野真理）

・理化学研究所・理事長裁量経費（2019年度〜2021年度，代表・入來篤史）

・大阪大学人間科学研究科ヒューマン・サイエンス・プロジェクト「プラネタリーヘルスに関する国際ネットワーク構築」（2020〜2021年度，代表・モハーチ ゲルゲイ）

索 引

*本書の内容に関わって特に重要な項目は，太字で示した

編 者 ・ 著 者 紹 介 (50音順, *は編者)

阿部健一* (あべ けんいち)
総合地球環境学研究所上廣環境日本学センター客員教授。専門は，人間環境学，相関地域研究。主著に『No Life, No Forest——熱帯林の「価値命題」を暮らしから問う』(共編著, 京都大学学術出版会, 2021年)。

池谷和信 (いけや かずのぶ)
国立民族学博物館名誉教授。専門は，環境人類学，人文地理学。主著に『人間にとってスイカとは何か——カラハリ狩猟民と考える』(臨川書店, 2014年)。

稲村哲也* (いなむら てつや)
愛知県立大学・放送大学名誉教授、野外民族博物館リトルワールド館長。専門は，文化人類学。主著に『遊牧・移牧・定牧——モンゴル・チベット・ヒマラヤ・アンデスのフィールドから』(ナカニシヤ出版, 2014年)。

石井祥子 (いしい しょうこ)
名古屋大学研究員。専門は，文化人類学。主著に『草原と都市——変わりゆくモンゴル』(風媒社, 2015年)。

入來篤史 (いりき あつし)
理化学研究所未来戦略室上級研究員。専門は，神経生理学。主著に『Homo faber 道具を使うサル』(医学書院, 2004年)。

魚住孝至 (うおずみ たかし)
放送大学特任教授。専門は，哲学，倫理学，日本思想。主著に『改訂版 哲学・思想を今考える——歴史の中で』(放送大学教育振興会, 2023年)。

大貫良夫 (おおぬき よしお)
野外民族博物館リトルワールド館長，東京大学名誉教授。専門は，文化人類学，アンデス考古学。主著に『アンデスの黄金——クントゥル・ワシの神殿発掘記』(中公新書, 2000年)。

川本　芳 (かわもと よし)
日本獣医生命科学大学客員教授。専門は，動物集団遺伝学。主著に『東ヒマラヤ　都市なき豊かさの文明』(分担執筆, 京都大学学術出版会, 2020年)。

木村友美（きむら ゆみ）

津田塾大学学芸学部准教授。専門は，公衆衛生学，フィールド栄養学。主著に『共生学宣言』（分担執筆，大阪大学出版会，2020年）。

後藤　明（ごとう あきら）

南山大学人類学研究所特任教授。専門は，海洋人類学，文化人類学。主著に『世界神話学入門』（講談社現代新書，2017年）。

清水　展*（しみず ひろむ）

京都大学名誉教授。専門は，文化人類学。主著に『草の根グローバリゼーション——世界遺産棚田村の文化実践と生活戦略』（京都大学学術出版会，2013年）。

杉山三郎（すぎやま さぶろう）

アリゾナ州立大学研究教授，愛知県立大学名誉教授。専門は，考古学・人類学。主著に『ロマンに生きてもいいじゃないか——メキシコ古代文明に魅せられて』（風媒社，2012年）。

鈴木康弘（すずき やすひろ）

名古屋大学教授。専門は，自然地理学。主著に『ボスフォラスを越えて——激動のバルカン・トルコ地理紀行』（風媒社，2021年）。

関野吉晴（せきの よしはる）

探検家・医師，武蔵野美術大学名誉教授。専門は，文化人類学。主著にシリーズ『グレートジャーニー・人類5万キロの旅 1〜15』（小峰書店，1995〜2004年）。

中原聖乃（なかはら さとえ）

総合地球環境学研究所研究員。専門は，文化人類学，民俗学。主著に『放射能難民から生活圏再生へ——マーシャルからフクシマへの伝言』（法律文化社，2012年）。

奈良由美子（なら ゆみこ）

放送大学教授。専門は，リスクマネジメント学，リスクコミュニケーション論。主著に『改訂版 生活リスクマネジメント——安心・安全を実現する主体として』（放送大学教育振興会，2017年）。

馬場悠男（ばば ひさお）

国立科学博物館名誉研究員。専門は，自然人類学。主著に『「顔」の進化』（講談社ブルーバックス，2021年）。

平野真理（ひらの まり）

お茶の水女子大学基幹研究院准教授。専門は，臨床心理学，パーソナリティ。主著に『レジリエンスは身につけられるか——個人差に応じた心のサポートのために』（東京大学出版会，2015年）。

藤井純夫（ふじい すみお）

金沢大学名誉教授。専門は，西アジア考古学。主著に『ムギとヒツジの考古学』（同成社，2001年）。

古川　彰（ふるかわ あきら）

関西学院大学名誉教授。専門は，環境社会学，村落社会学。主著に『村の生活環境史』（世界思想社，2004年）。

松木武彦（まつぎ たけひこ）

国立歴史民俗博物館教授。専門は，考古学・歴史学。主著に『日本列島の戦争と初期国家形成』（東京大学出版会，2007年）。

村山美穂（むらやま みほ）

京都大学野生動物研究センター教授。専門は，動物遺伝学。主著に『霊長類から人類を読み解く──遺伝子は語る』（河出書房新社，2003年）。

モハーチ ゲルゲイ

大阪大学大学院人間科学研究科准教授。専門は，医療人類学，科学技術社会論。主著に，"Toxic Remedies: On the cultivation of medicinal plants and urban ecologies." *East Asian Science, Technology and Society* 15(2):192-210., 2021, 『病む』（分担執筆，大阪大学出版会，2020年）。

山極壽一[*]（やまぎわ じゅいち）

総合地球環境学研究所所長，前京都大学総長，京都大学名誉教授。専門は，人類学，霊長類学。主著に『京大というジャングルでゴリラ学者が考えたこと』（朝日選書，2021年）。

山本太郎（やまもと たろう）

長崎大学熱帯医学研究所教授。専門は，感染症学，国際保健学，熱帯医学。主著に『感染症と文明──共生への道』（岩波新書，2011年）。

米本昌平（よねもと しょうへい）

東京大学教養教育高度化機構客員教授，総合地球環境学研究所客員教授。専門は，科学史，科学哲学。主著に『地球変動のポリティクス──温暖化という脅威』（弘文堂，2011年）。

レジリエンス人類史
（地球研学術叢書）

© T. Inamura et. al. 2022

2022 年 3 月 31 日　初版第一刷発行
2024 年 6 月 10 日　初版第二刷発行

編　者	稲　村　哲　也 山　極　壽　一 清　水　　　展 阿　部　健　一
発行人	足　立　芳　宏

京都大学学術出版会

京都市左京区吉田近衛町 69 番地
京都大学吉田南構内（〒606-8315）
電　話（075）761-6182
ＦＡＸ（075）761-6190
Home page http://www.kyoto-up.or.jp
振　替　01000-8-64677

ISBN978-4-8140-0401-0
Printed in Japan

装幀・ブックデザイン　森　華
印刷・製本　亜細亜印刷株式会社
定価はカバーに表示してあります